U0386691

高等学校计算机专业规划教材

数据挖掘算法与应用

（Python实现）

孙家泽　王曙燕　编著

清华大学出版社
北　京

内容简介

本书是作者近几年面向本科生和研究生开设的"数据挖掘及应用"课程的教学实践与积累，作者参考了国外著名大学相关课程的教学体系，系统地介绍数据挖掘领域的经典算法、Python 实现以及典型应用。本书共 14 章，主要内容包括数据探索与预处理、关联规则挖掘、聚类分析、分类算法（KNN 分类、贝叶斯分类、决策树分类）、神经网络、支持向量机、组合分类等经典算法，以及 Python 数据分析和数据挖掘的实现和 6 个经典应用案例。本书介绍的经典算法及其应用案例均给出了相关实验数据和 Python 程序代码。

本书可作为高等院校信息类以及相关专业的高年级本科生和研究生教材，也可供对数据挖掘感兴趣的工程技术人员阅读参考。

图书在版编目(CIP)数据

数据挖掘算法与应用：Python 实现/孙家泽，王曙燕编著. —北京：清华大学出版社，2020.10 (2025.1重印)
高等学校计算机专业规划教材
ISBN 978-7-302-56377-8

Ⅰ. ①数… Ⅱ. ①孙… ②王… Ⅲ. ①数据采集－高等学校－教材 Ⅳ. ①TP274

中国版本图书馆 CIP 数据核字(2020)第 166869 号

责任编辑：龙启铭　战晓雷
封面设计：何凤霞
责任校对：李建庄
责任印制：沈　露

出版发行：清华大学出版社
网　　址：https://www.tup.com.cn，https://www.wqxuetang.com
地　　址：北京清华大学学研大厦 A 座　　**邮　　编**：100084
社 总 机：010-83470000　　**邮　　购**：010-62786544
投稿与读者服务：010-62776969，c-service@tup.tsinghua.edu.cn
质量反馈：010-62772015，zhiliang@tup.tsinghua.edu.cn
课件下载：https://www.tup.com.cn，010-83470236
印 装 者：天津鑫丰华印务有限公司
经　　销：全国新华书店
开　　本：185mm×260mm　　**印　　张**：26　　**字　　数**：599 千字
版　　次：2020 年 11 月第 1 版　　**印　　次**：2025 年 1 月第 7 次印刷
定　　价：69.80 元

产品编号：080747-01

前言

数据挖掘是计算机科学和人工智能中非常重要的一个领域，融合了数据库、人工智能、统计学、机器学习、模式识别等多个领域的理论与技术。在过去的几十年中，各种信息系统以及互联网产生的大量数据已经将人们湮没在信息的汪洋大海中。存储数据的爆炸性增长激起了社会对新技术和自动工具的需求，以便帮助人们将海量数据转换成信息和知识。数据挖掘作为一种大有前途的工具和方法引起了产业界和学术界的极大关注，并形成了信息领域的热点，大数据作为其产业化的表现已经上升到国家战略层面。本书中的算法采用 Python 语言编写。Python 代码简单优雅、易于上手，科学计算软件包十分丰富，已成为不少大学和研究机构进行教学和科学计算的语言。相信用 Python 编写的数据挖掘算法能让读者尽快领略到这门学科的精妙之处。

本书作为数据挖掘领域的入门教材，在内容上尽可能涵盖数据挖掘经典算法及典型应用。全书共 14 章，大致分为 3 个部分：

第 1 部分(第 1～6 章)介绍数据挖掘的基础知识(数据挖掘过程、数据探索和数据预处理)和经典算法(关联规则、聚类、贝叶斯分类器、决策树、集成学习、智能优化、神经网络和支持向量机等)。第 1 部分是数据挖掘概念和算法的描述，本质上和具体编程语言无关，读者可以使用任何自己熟悉的计算机语言来描述。

第 2 部分(第 7、8 章)讨论 Python 数据分析和挖掘。第 7 章作为数据挖掘过程的 Python 描述的铺垫，讨论 Python 数据分析(NumPy、Pandas 和 Scikit-Learn)，Python 数据可视化(Matplotlib、Seaborn 和 Bokeh)。第 8 章讨论数据挖掘的 Python 实现，与第 1～6 章相呼应，给出了数据挖掘过程中数据探索、数据预处理、聚类算法、关联规则算法以及分类算法的 Python 实现。

第 3 部分(第 9～14 章)是数据挖掘算法应用部分，介绍了来自日常生活和学术研究的 6 个真实应用案例，这 6 个案例包括基于线性回归和随机森林的泰坦尼克号乘客生存预测、基于关联规则 Apriori 算法的电影推荐、航空公司价值客户分析、基于协同过滤的音乐推荐、基于支持向量机的手写数字图片识别和基于神经网络的代码坏味检测等，通过对这 6 个案例的数据挖掘全过程深入浅出的剖析，用 Python 语言实现案例全过程，使读者逐渐加深对经典算法的理解，获得数据挖掘应用项目经验，提高编程能力，同时快速领悟看似难懂的数据挖掘理论。

本书3个部分的内容呈现递进深入的关系：第1部分是经典算法；第3部分是用Python实现的算法应用案例；第2部分介绍的数据挖掘算法Python实现则是第1部分和第3部分的衔接，提供了数据挖掘过程的Python描述，读者可根据自己的知识储备、兴趣和时间情况选择阅读。本书通过经典算法、算法的Python实现和实际项目应用案例"三位一体"的方法强化读者对经典算法的理解和掌握，对经典算法真正达到"精"和"通"的水平。根据课时情况，一个学期32学时的本科生课程可考虑讲授前5章中的部分经典内容；一个学期48学时的本科生课程可考虑讲授前6章中的经典内容；第2部分(第7、8章)对于有Python基础的学生可作为课内实验的参考；想更深入地学习数据挖掘算法的本科生或研究生可以选择第3部分的部分或全部应用案例。

本书的第1～12章由孙家泽编写，第13、14章由王曙燕编写。孙家泽负责全书的统稿工作。感谢西安邮电大学可信软件研究团队的各位老师和同学在书稿检查和项目案例编写、测试中给予的帮助和支持。还有要感谢很多领域的专家在网络上共享的资源，这些资源对于本书的编写有很大的启发。这里还要特别感谢本书编辑龙启铭对本书出版给予的热情而专业的帮助。

数据挖掘技术的发展日新月异，大数据作为数据挖掘产业化最明显的表现以及创新和生产力提升的前沿已经上升到国家战略层面，与几乎所有的学科都有深度交叉。限于作者的才学、时间和精力，书中不妥之处在所难免，恳请读者批评指正。

孙家泽

2020年10月

目录

第1章 数据挖掘导论 /1

1.1 为什么进行数据挖掘 …… 2
1.1.1 数据挖掘起源 …… 2
1.1.2 数据挖掘是数据处理的高级阶段 …… 3
1.2 什么是数据挖掘 …… 4
1.2.1 广义技术角度的定义 …… 4
1.2.2 狭义技术角度的定义 …… 5
1.2.3 商业角度的定义 …… 6
1.2.4 数据挖掘与机器学习 …… 6
1.3 挖掘什么类型的数据 …… 7
1.3.1 数据库数据 …… 7
1.3.2 数据仓库数据 …… 8
1.3.3 事务数据 …… 9
1.3.4 其他类型的数据 …… 9
1.4 能挖掘到什么知识 …… 10
1.4.1 广义知识 …… 11
1.4.2 关联知识 …… 12
1.4.3 聚类知识 …… 13
1.4.4 分类知识 …… 13
1.4.5 预测型知识 …… 14
1.4.6 偏差型知识 …… 14
1.4.7 有价值的知识 …… 15
1.5 数据挖掘方法 …… 15
1.5.1 统计学 …… 16
1.5.2 机器学习 …… 16
1.5.3 数据库系统和数据仓库 …… 18
1.5.4 智能优化 …… 19
1.6 数据挖掘过程 …… 20
1.6.1 Fayyad 数据挖掘模型 …… 20
1.6.2 CRISP-DM 模型 …… 21

1.6.3 CRISP-DM 案例 …… 25
1.6.4 数据挖掘过程的工作量 …… 26
1.6.5 数据挖掘需要的人员 …… 26
1.7 数据挖掘应用 …… 27
1.7.1 数据挖掘在市场营销中的应用 …… 27
1.7.2 数据挖掘在电信行业的应用 …… 28
1.7.3 数据挖掘在银行业的应用 …… 29
1.7.4 数据挖掘在社交网络分析中的应用 …… 29
1.7.5 数据挖掘在软件工程中的应用 …… 30
1.8 数据挖掘中的隐私权保护 …… 33
1.8.1 侵犯隐私权的表现 …… 34
1.8.2 保护隐私权的对策 …… 35
1.9 数据挖掘课程学习方法和资源 …… 36
1.9.1 数据挖掘课程学习方法 …… 36
1.9.2 开源数据挖掘工具 …… 37
1.9.3 经典测试数据集 …… 39
1.9.4 著名国际会议和期刊 …… 40
1.10 思考与练习 …… 41

第 2 章 数据探索与预处理 /43

2.1 数据属性类型 …… 44
2.2 数据的统计描述 …… 45
2.2.1 中心趋势度量：均值、中位数和众数 …… 45
2.2.2 度量数据散布 …… 47
2.3 统计描述图形 …… 49
2.4 数据相似性度量 …… 53
2.4.1 数据矩阵与相异性矩阵 …… 53
2.4.2 标称属性的相异性度量 …… 54
2.4.3 二元属性的相异性度量 …… 54
2.4.4 数值属性的相异性 …… 56
2.4.5 序数属性的邻近性度量 …… 58
2.5 数据清洗 …… 59
2.5.1 缺失值处理 …… 59
2.5.2 噪声数据处理 …… 62
2.5.3 异常值处理 …… 67
2.6 数据集成 …… 68
2.6.1 实体识别问题 …… 68
2.6.2 冗余和相关分析 …… 69

2.6.3　数据值冲突的检测与处理 …… 71
2.7　数据变换 …… 72
2.7.1　数据变换策略概述 …… 72
2.7.2　数据规范化 …… 72
2.7.3　数据离散化和概念分层 …… 74
2.8　数据归约 …… 78
2.8.1　数值归约 …… 78
2.8.2　属性归约 …… 81
2.9　本章小结 …… 85
2.10　思考与练习 …… 86

第 3 章　关联规则挖掘　/87

3.1　基本概念 …… 87
3.2　Apriori 算法 …… 89
3.2.1　Apriori 算法详解 …… 90
3.2.2　Apriori 算法的例子 …… 95
3.2.3　Apriori 算法总结 …… 98
3.3　FP-Growth 算法 …… 98
3.3.1　FP-Growth 算法详解 …… 99
3.3.2　FP-Growth 算法的例子 …… 108
3.4　关联规则评价 …… 109
3.5　思考与练习 …… 112

第 4 章　聚类分析　/114

4.1　聚类分析简介 …… 114
4.2　基于划分的方法 …… 115
4.2.1　*k*-means 算法 …… 115
4.2.2　*k*-medoids 算法 …… 118
4.3　基于层次的方法 …… 120
4.3.1　AGNES 算法 …… 121
4.3.2　DIANA 算法 …… 122
4.3.3　BIRCH 算法 …… 124
4.4　基于密度的方法 …… 129
4.5　基于概率的聚类 …… 133
4.6　聚类图数据 …… 138
4.6.1　聚类图数据度量 …… 138
4.6.2　复杂网络 …… 140
4.7　聚类评估 …… 143

4.7.1 估计聚类趋势 …… 144
4.7.2 确定簇数 …… 145
4.7.3 测定聚类质量 …… 145
4.8 思考与练习 …… 152

第5章 分类 /154

5.1 基本概念 …… 154
5.1.1 什么是分类 …… 154
5.1.2 分类的过程 …… 155
5.1.3 分类器常见构造方法 …… 157
5.2 KNN分类 …… 157
5.3 贝叶斯分类 …… 160
5.3.1 贝叶斯定理 …… 160
5.3.2 朴素贝叶斯分类算法 …… 161
5.4 决策树分类 …… 164
5.4.1 相关定义 …… 165
5.4.2 CART算法原理 …… 166
5.4.3 CART算法实例 …… 167
5.4.4 CART算法的优缺点 …… 169
5.4.5 ID3算法原理 …… 169
5.4.6 ID3算法实例 …… 170
5.4.7 ID3算法的优缺点 …… 175
5.4.8 C4.5算法原理 …… 176
5.4.9 C4.5算法实例 …… 176
5.4.10 C4.5算法的优缺点 …… 184
5.4.11 3种算法的比较 …… 185
5.5 分类算法评价 …… 185
5.5.1 常用术语 …… 185
5.5.2 评价指标 …… 186
5.5.3 分类器性能的表示 …… 189
5.5.4 分类器性能的评估方法 …… 192
5.6 思考与练习 …… 193

第6章 高级分类算法 /195

6.1 组合分类算法 …… 195
6.1.1 算法起源 …… 195
6.1.2 AdaBoost算法基本原理 …… 196
6.1.3 分类器创建 …… 197

6.1.4 算法实例 …… 199
6.1.5 AdaBoost 算法的优缺点 …… 206
6.2 粒子群分类算法 …… 206
6.2.1 粒子群优化算法简介 …… 207
6.2.2 基本粒子群优化算法 …… 207
6.2.3 粒子群优化算法的特点 …… 209
6.2.4 基于粒子群优化算法的分类器构造 …… 210
6.3 支持向量机分类算法 …… 214
6.3.1 支持向量机的基本概念 …… 214
6.3.2 感知机模型 …… 215
6.3.3 硬间隔支持向量机 …… 215
6.3.4 软间隔支持向量机 …… 219
6.3.5 非线性支持向量机 …… 221
6.3.6 支持向量机算法实例 …… 222
6.3.7 支持向量机算法的优缺点 …… 224
6.4 BP 神经网络分类算法 …… 224
6.4.1 算法起源 …… 224
6.4.2 BP 神经网络的理论基础 …… 225
6.4.3 BP 神经网络基本原理 …… 229
6.4.4 BP 神经网络的学习机制 …… 230
6.4.5 BP 算法步骤 …… 233
6.4.6 BP 算法实例 …… 233
6.4.7 BP 算法的优缺点 …… 235
6.5 思考与练习 …… 235

第 7 章　Python 数据分析　/237

7.1 搭建 Python 开发平台 …… 237
7.2 Python 数据分析库 …… 238
7.2.1 NumPy …… 238
7.2.2 Pandas …… 246
7.2.3 SciPy …… 251
7.2.4 Scikit-Learn …… 252
7.3 Python 数据可视化 …… 254
7.3.1 Matplotlib …… 254
7.3.2 Seaborn …… 261
7.3.3 Bokeh …… 265
7.4 思考与练习 …… 267

第 8 章　Python 数据挖掘　/269

8.1　数据探索 …… 269
8.2　数据预处理 …… 270
8.2.1　数据清洗 …… 271
8.2.2　数据集成 …… 275
8.2.3　数据归约 …… 277
8.2.4　数据变换 …… 278
8.3　聚类分析算法 …… 280
8.3.1　*k*-means 算法 …… 280
8.3.2　DBSCAN 算法 …… 285
8.4　关联规则算法 …… 288
8.4.1　Apriori 算法 …… 288
8.4.2　FP 树算法 …… 293
8.5　分类算法 …… 298
8.5.1　ID3 算法 …… 299
8.5.2　C4.5 算法 …… 305
8.5.3　KNN 算法 …… 311
8.6　思考与练习 …… 317

第 9 章　泰坦尼克号乘客生存率预测　/318

9.1　背景与挖掘目标 …… 318
9.2　算法介绍 …… 318
9.2.1　线性回归算法 …… 318
9.2.2　逻辑回归算法 …… 320
9.2.3　随机森林算法 …… 322
9.3　分析方法与过程 …… 326
9.3.1　数据抽取 …… 326
9.3.2　数据探索与分析 …… 327
9.3.3　数据预处理 …… 330
9.3.4　模型构建 …… 333
9.3.5　模型检验 …… 335
9.4　思考与练习 …… 336

第 10 章　基于关联规则的电影推荐　/338

10.1　选择数据源 …… 338
10.2　数据探索 …… 340
10.2.1　异常值分析 …… 340

10.2.2　周期性分析 …… 341
10.2.3　统计量分析 …… 342
10.3　数据预处理 …… 344
10.3.1　数据加载 …… 344
10.3.2　缺失值处理 …… 344
10.3.3　异常值处理 …… 345
10.4　数据挖掘算法实现 …… 346
10.5　算法评估 …… 346
10.6　主要代码 …… 348
10.6.1　频繁项集生成代码 …… 348
10.6.2　关联规则生成代码 …… 350
10.6.3　电影推荐代码 …… 351
10.7　思考与练习 …… 351

第 11 章　航空公司客户价值分析　/353

11.1　背景与挖掘目标 …… 353
11.2　分析方法与过程 …… 353
11.2.1　数据抽取 …… 355
11.2.2　数据探索 …… 356
11.2.3　数据预处理 …… 357
11.2.4　模型构建 …… 359
11.2.5　模型检验 …… 360
11.3　思考与练习 …… 361

第 12 章　基于协同过滤的音乐推荐　/363

12.1　推荐系统和协同过滤算法 …… 363
12.1.1　推荐系统发展概况 …… 363
12.1.2　基于用户的协同过滤算法 …… 365
12.1.3　基于项目的协同过滤算法 …… 368
12.1.4　两种算法的比较 …… 369
12.1.5　协同过滤算法和基于内容的过滤算法比较 …… 370
12.1.6　推荐系统的评价 …… 370
12.2　音乐推荐 …… 371
12.2.1　数据获取 …… 371
12.2.2　数据预处理 …… 372
12.2.3　数据分析及算法设计 …… 372
12.2.4　结果输出和模型评价 …… 375
12.3　思考与练习 …… 377

第 13 章　基于支持向量机的手写数字识别　/378

13.1　背景与支持向量机的概念 …… 378
13.1.1　最优超平面 …… 378
13.1.2　软间隔 …… 378
13.1.3　线性不可分问题 …… 379
13.1.4　支持向量机类型 …… 379
13.1.5　支持向量机举例 …… 379
13.1.6　支持向量机的应用 …… 381
13.2　分析方法与过程 …… 382
13.2.1　数据集介绍 …… 382
13.2.2　数据集读取 …… 383
13.2.3　数据集可视化 …… 383
13.3　模型构建 …… 384
13.4　模型检验 …… 386
13.5　思考与练习 …… 387

第 14 章　基于神经网络的代码坏味检测　/388

14.1　神经网络 …… 388
14.2　代码坏味检测 …… 389
14.2.1　代码坏味简介 …… 389
14.2.2　代码坏味研究现状 …… 391
14.2.3　代码坏味公开数据集 …… 392
14.3　基于神经网络算法的代码坏味检测 …… 392
14.3.1　准备数据 …… 392
14.3.2　构建神经网络 …… 393
14.3.3　训练模型 …… 395
14.3.4　生成预测结果 …… 398
14.4　思考与练习 …… 399

参考文献　/400

第1章 数据挖掘导论

先讲一个“尿布和啤酒”的故事。

现代超市往往面积巨大，商品种类繁多，通过商品关联摆放促销可以实现商品的交叉销售，有利于提高销售额，获得更高的经营利润。但如何从浩如烟海并且杂乱无章的商品销售数据中发现具有销售关联关系的商品呢？1998年，《哈佛商业评论》上刊登了美国沃尔玛公司“尿布和啤酒”的营销案例。沃尔玛超市管理人员在统计销售数据时发现：尿布和啤酒这两种风马牛不相及的商品摆在一起居然使尿布和啤酒的销量都大幅增加。原来，美国妇女通常在家照顾孩子，她们经常会嘱咐丈夫在下班回家的路上为孩子买尿布，而丈夫在买尿布的同时又会顺便购买自己爱喝的啤酒。研究“尿布和啤酒”这种商品销售关联关系的方法是数据挖掘中的关联规则算法(也叫购物篮分析)。1993年，美国学者Agrawal提出通过分析顾客历史购物篮的商品集合找到商品之间关联关系的关联规则算法——Apriori算法，根据历史销售商品之间的同时销售关系，预测未来顾客的购买行为。沃尔玛超市将Apriori算法引入POS机数据分析中，取得了很大的成功。关联规则算法可以帮助超市在销售过程中找到具有同时销售关系的商品，并以此获得销售收益的增长。

再看一下航空公司客户价值分析问题。

随着世界民航业的高速发展，航空公司之间的市场竞争日趋激烈，客户关系管理成为航空公司的核心问题，客户细分营销是航空公司的一个重要竞争要素。航空公司都积累了大量的客户价值指标数据，这些数据包括客户关系时间长度、消费时间间隔、消费频率、飞行里程和折扣系数等，利用数据挖掘中的聚类算法，例如k-means算法，通过客户的历史价值指标数据进行客户分群，区分低价值客户和高价值客户，针对不同价值的客户制订优化的个性化服务方案，采取不同的营销策略，实现企业利润最大化目标。

数据挖掘是从大量的、各种各样的应用数据中发现有用知识的过程，是一个决策支持过程。数据挖掘是一个年轻而又充满活力的方向，本章将和大家一起来领略数据挖掘的概况，介绍以下问题：为什么进行数据挖掘？什么是数据挖掘？数据挖掘的数据对象有哪些？能挖掘到什么样的知识？使用什么样的技术进行挖掘？数据挖掘的过程是什么？数据挖掘的应用有哪些？最后介绍数据挖掘中的隐私权问题和数据挖掘课程的学习方法。

1.1 为什么进行数据挖掘

1.1.1 数据挖掘起源

随着计算机及通信技术的不断发展,人类越来越多地依赖计算机设备来存储各类海量数据,每天来自商业、社会、科学和工程、医学以及个人日常生活的以 PB 计①的各种类型的数据注入各种信息系统和各种数据存储设备。

世界范围的商业活动产生了巨大的数据集,包括银行和非银行的支付交易记录、线上和线下销售事务、股票交易记录、产品营销数据、公司利润和业绩以及顾客反馈等。例如,2019 年,中国非银行支付机构(例如微信、支付宝)累计发生网络支付业务 7199.98 亿笔,交易金额达 249.88 万亿元,而中国 2019 年全年 GDP 为 99.0865 万亿元,2019 年中国非银行支付业务金额远超 GDP。再如,连续多年位居世界 500 强榜首的沃尔玛公司,2017 年全球约有 2.49 亿的消费者光顾其全球 1 万多个实体店和 10 个网店,每小时沃尔玛公司从 100 万个顾客那里收集到大约 2.5PB 的非结构化数据。

还有其他类型的数据,例如视频数据,其产生的主要来源之一——视频监控是社会安全防范系统中的重要方式。据报道,截至 2017 年 11 月,中国在公共和私人领域(包括机场、火车站和街道)共装有 1.76 亿个监控摄像头,预计到 2020 年中国安装摄像头的数量会增加到 6.26 亿个。在 1080p 分辨率和 8Mb/s 的码率下,一个视频摄像头一天产生的视频数据约 84GB,这些数据一般要求在系统中保存 30 天以上。Web 搜索引擎每天要接收数百亿次的搜索请求,要处理数万兆兆字节的数据。例如仅百度搜索 2014 年的日均 Web 搜索查询量就已经超过了 50 亿次,每天处理的数据量将近 100 个 PB。社团和社交媒体目前已经成为越来越重要的数据源,产生图像、语音、视频、网络博客、网络社区和形形色色的社会网络活动,每日产生海量数据的数据源难以计数。例如,微信 2017 年平均每日登录用户数约为 9 亿,日均发送消息 380 亿条、日均发送语音 61 亿次,日均音视频通话超过 2 亿次。科学和工程实践持续不断地从遥感、过程测量、科学实验、系统实施、工程观测和环境监测中产生多达数千兆兆字节的数据。伴随着互联网的发展,全球的医疗行业积累了大量电子病例数据和电子健康数据。预计到 2020 年,全球的医疗数据量可以达到 40 万亿吉字节(GB)。

人类已经进入信息时代,各种类型数据的大规模爆炸式增长和广泛使用将人类真正带入大数据时代,数据已经渗透到当今社会的每一个行业和业务职能领域,成为重要的生产因素。一方面,快速增长的海量异构数据收集、存放在大量的大型数据库和网络中,如果没有强有力的分析工具,理解它们已经远远超出了人类的认知能力,大型数据库和网络中存放的数据就变成了"数据坟墓",有丰富的数据信息,却不能为决策提供支持。人类被淹没在数据的海洋中,却又十分渴求知识。另一方面,人们意识到,隐藏在这些数据背后的更深层次、更重要的信息能够描述数据的整体特征,可以预测发展趋势,这些信息在决

---

① $1PB=2^{10}TB=2^{20}GB=2^{30}MB$。

策生成的过程中具有重要的参考价值。激增的数据背后隐藏着许多重要的信息和知识，人们希望能够对其进行更高层次的分析，把这些数据转化成有用的知识，以便更好地利用这些数据。需求是发明之母，数据和知识之间的鸿沟激发了对强有力的数据分析工具的需求，从这些浩如烟海的数据中挖掘出有用知识的目标促进了基于数据库的知识发现(Knowledge Discovery in Database，KDD)以及相应的数据挖掘(Data Mining，DM)理论和技术研究的蓬勃发展。

KDD一词首先出现在1989年举行的第11届美国人工智能协会(American Association for Artificial Intelligence，AAAI)学术会议上，随后在超大规模数据库(Very Large DataBase，VLDB)及其他与数据领域相关的国际学术会议上也举行了KDD专题研讨会。到了20世纪90年代，"数据挖掘"这个术语出现在数据库社区。零售公司和金融团体使用数据挖掘分析数据和观察趋势，以扩大客源，预测利率的波动、股票价格和客户需求。1995年，在加拿大蒙特利尔召开了第一届KDD国际学术会议(KDD'95)。随后每年召开一次KDD会议，论文集由Kluwer Academic Publisher出版。1997年创刊的*Knowledge Discovery and Data Mining*是该领域的第一本学术刊物。美国政府开发的Sequoia 2000项目把KDD列为数据库领域中的重要课题之一。KDD也常常被称为数据挖掘，现在人们往往不加区别地使用两者。实际上两者是有区别的，一般将KDD中进行知识学习的阶段称为数据挖掘，即数据挖掘是KDD中一个非常重要的处理步骤。尽管数据科学在20世纪60年代就已存在，但直至2001年，William S. Cleveland在*Building Data Science Teams*中才以一个独立的概念介绍"数据科学"(data science)这个术语。2011年5月，在以"云计算相遇大数据"为主题的EMC World 2011会议中，提出了大数据(big data)的概念，标志着数据挖掘的研究进入了新的历史时期。大数据在计算机科学研究中处于前沿，数据仓库、数据安全、数据分析和数据挖掘等围绕大数据商业价值的产物已成为各个行业争相追逐的焦点。

1.1.2 数据挖掘是数据处理的高级阶段

数据挖掘是数据处理技术不断发展的自然结果。数据处理的核心问题是数据管理，数据管理是指对数据进行分类、组织、编码、存储、检索、维护等。随着计算机软硬件技术的发展，数据处理技术的发展经历了人工管理阶段、文件系统阶段、数据库管理系统阶段和高级数据分析阶段。人工数据管理基本是手工的、分散的，数据不能长久保存，不具有独立性，不能共享。文件系统阶段是由操作系统的文件系统实现对数据的管理，虽然实现了文件的长久保存，但各个文件之间是孤立的，没有统一的数据结构，各个程序之间不能共享相同的数据，数据冗余较大，易产生数据不一致、数据的表示和处理能力差、文件的结构和操作比较单一等问题。数据库管理系统阶段采用统一的数据结构实现了数据和程序的独立性，冗余度小，共享性高，保证了数据的安全性、完整性和一致性。该阶段采用数据库管理系统(DataBase Management System，DBMS)作为数据管理软件，能够实现数据定义、数据操作、数据库的事务管理和运行管理、数据库的建立和维护等功能，特别是联机事务处理(Online Transaction Processing，OLTP)技术将查询看作只读事务，对于关系数据库技术的发展以及把关系数据库技术作为大量数据的有效存储、检索和管理的主要工具作出了重要贡献。数据库管理系统建立之后，数据库技术就转向高级数据库系统、支持高级数据分析的数据仓库和数据挖掘、基于 Web 的数据库等新方向，数据处理技术进入了高级数据分析阶段。

高级数据分析始于 20 世纪 80 年代后期。随着计算机软硬件的快速发展，特别是存储能力的急速提高，大量数据库和信息存储库存储的数据逐渐用于事务管理、信息检索和数据分析。在数据库管理系统阶段，存在数据管理缺乏集成性、主题不明确、分析处理效率低等问题。作为一种新的数据存储结构，数据仓库(data warehouse)应运而生，它是一个面向主题的、集成的、非易失的且随时间变化的数据集合，用于支持管理人员的决策。数据仓库技术包括数据清理(抽取、转换和装载)、数据集成和联机分析处理(Online Analytical Processing，OLAP)。OLAP 是一种数据分析技术，从多方面和多角度以多维的形式观察数据信息。尽管 OLAP 工具支持多维分析和决策，但是对于深层次的分析，仍然需要其他分析工具，如提供数据分类、聚类、离群点检测、关联规则和时间序列变化等特征的数据挖掘工具。

除了数据库和数据仓库中积累的大量数据，基于互联网的各种异构数据更是海量存在，通过集成信息检索、数据挖掘和信息网络分析技术来有效地分析这些不同形式的数据，成为一项具有挑战性的任务。如图 1.1 所示，一方面是爆炸式增长的各类数据的海量存储，数据日益丰富；另一方面是人类的认知能力的限制，无法直观地理解和运用这些海量数据。这样，存储海量数据的数据库成了“数据坟墓”，而重要的决策往往又缺少海量数据的全面支持，产生“知识贫乏”。数据和知识之间的鸿沟越来越宽，亟须一系列的数据挖掘算法将“数据坟墓”转换成有用的知识，为决策提供支持。

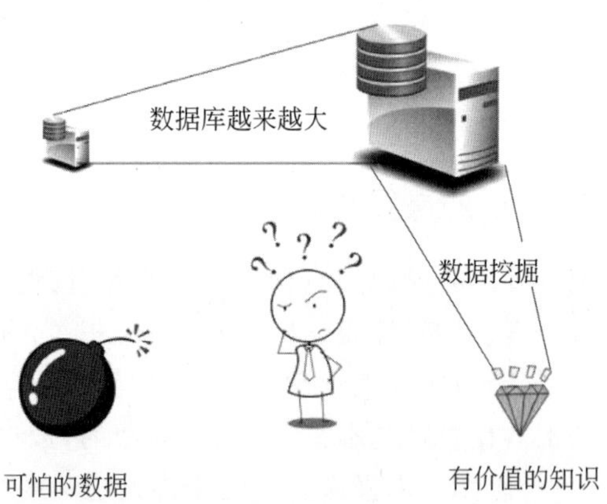

图 1.1　数据挖掘

1.2　什么是数据挖掘

1.2.1　广义技术角度的定义

数据挖掘作为一门新兴的交叉学科，许多人把数据挖掘又称数据库中的知识发现(KDD)，是目前人工智能和数据库领域研究的热点问题。从广义技术角度来看，数据挖掘是指从大量的、不完全的、有噪声的、模糊的、随机的实际应用数据中提取出隐含在其中、人们事先不知道而又是潜在有用的信息或知识的非平凡过程。所谓非平凡过程(nontrival process)是指具有一定程度的智能性和自动性的过程，而不仅仅是简单的数值统计和计算。这个定义包括以下几层含义：

数据源往往是真实的、大量的、含噪声的。数据源包括数据库、数据仓库、Web、其他信息存储库或动态地流入系统的数据。

数据挖掘发现的知识是从原始数据中发现的概念、规则、模式、规律和约束。人们把数据看作形成知识的源泉，就像从矿山中采矿一样。原始数据可以是结构化的，如关系数据库中的数据；也可以是半结构化的，如文本、图形和图像数据；还可以是分布在网络上的异构型数据。发现知识的方法可以是数学的，也可以是非数学的；可以是演绎的，也可以是归纳的。发现的知识可以用于信息管理、查询优化、决策支持和过程控制等，还可以用于数据自身的维护。因此，数据挖掘是一门交叉学科，它把人们对数据的应用从低层次的简单查询提升到从数据中挖掘知识和提供决策支持。

数据挖掘发现的知识是用户感兴趣的知识，这些知识要可接受、可理解、可运用。并不要求发现"放之四海而皆准"的知识，也不要求发现全新的自然科学定理和纯数学公式，更不是要进行机器定理证明。实际上，所有知识都是相对的，是有特定前提和约束条件且面向特定领域的，同时还要能够易于被用户理解，最好能用自然语言表达所发现的结果。

数据挖掘是一种决策支持过程，数据挖掘的同义词有数据融合、人工智能、商务智能、模式识别、机器学习、知识发现、数据分析和决策支持等。数据挖掘主要基于人工智能、机器学习、模式识别、统计学、数据库、可视化技术等，高度自动化地分析海量数据，作出归纳性的推理，从中挖掘出潜在的模式，帮助决策者调整策略，减小风险，作出正确的决策。

1.2.2　狭义技术角度的定义

也有人把数据挖掘视为知识发现过程中的一个基本步骤。例如，Fayyad过程模型主要包含数据清理、数据集成、数据选择、数据变换、数据挖掘、模式评估和知识表示7个阶段，知识发现过程由这些步骤的迭代序列组成：

(1) 数据清理(消除噪声和删除不一致的数据)。

(2) 数据集成(多种数据源可以组合在一起)。

(3) 数据选择(从数据库中提取与分析任务相关的数据)。

(4) 数据变换(通过汇总或聚集操作，把数据变换和统一成适合挖掘的形式)。

(5) 数据挖掘(是基本步骤，使用智能方法提取数据模式)。

(6) 模式评估(根据某种兴趣度度量，识别代表知识的真正有趣的模式)。

(7) 知识表示(使用可视化和知识表示技术，向用户提供挖掘到的知识)。

步骤(1)～(4)是数据预处理的不同形式，为挖掘准备数据。数据挖掘步骤可能要与用户或知识库进行交互。该模型是偏技术性的模型，从数据清洗开始，到知识表示结束，最终把有趣的模式提供给用户，或作为新的知识存放在知识库中。

这种观点把数据挖掘定义为知识发现过程中最重要的一个步骤，特指发现隐藏模式或知识的关键步骤。在这个关键步骤中，通常采用分类模型、回归分析模型、聚类模型、关联规则模型、孤立点分析模型、时序模型等进行模式挖掘,通常是用根据特定挖掘目标选择的特定挖掘算法进行挖掘的过程,主要包括确定 KDD 目标、选择算法和进行数据挖掘 3 个环节。在知识发现过程中所说的数据挖掘通常指的是狭义技术角度的数据挖掘算法;然而,在产业界和研究界,“数据挖掘”通常在广义上用来表示整个知识发现过程,即数据挖掘是从大量数据中挖掘有用的模式和知识的过程。

1.2.3 商业角度的定义

数据挖掘是一种新的商业信息处理技术,其主要特点是对商业数据库中的大量业务数据进行抽取、转换、分析和其他模型化处理,从中提取辅助商业决策的关键性数据。

简言之,数据挖掘其实是一类深层次的数据分析方法。数据分析本身已经有很多年的历史,只不过早期数据收集和分析的目的是用于科学研究。另外,由于当时计算能力的限制,对大数据量进行分析的复杂数据分析方法受到很大限制。现在,由于各行业业务自动化的实现,商业领域产生了大量的业务数据,这些数据不再是为了分析的目的而收集的,而是在商业运作过程中产生的。分析这些数据也不再是单纯为了研究的需要,更主要的是为商业决策提供真正有价值的信息,进而获得利润。但所有企业面临的一个共同问题是:企业数据量非常大,而其中真正有价值的信息却很少,因此,从大量的数据中经过深层分析获得有利于商业运作、提高竞争力的信息,就像从矿山中采掘矿石一样。

因此,数据挖掘从商业的角度可以描述为:按企业既定业务目标,对大量的企业数据进行探索和分析,揭示隐藏的、未知的规律性或验证已知的规律性,并进一步将其模型化的先进、有效的方法。

1.2.4 数据挖掘与机器学习

数据挖掘和机器学习有着密切的联系。机器学习是人工智能的核心研究领域之一,其最初的研究动机是为了让计算机系统具有人的学习能力,以便实现人工智能。众所周知,没有学习能力的系统很难被认为是具有智能的。目前被广泛采用的机器学习的定义是“利用经验来改善计算机系统自身的性能”。机器学习是以统计学为支撑的一门偏理论的学科。事实上,由于经验在计算机系统中主要是以数据的形式存在的,因此机器学习需要设法对数据进行分析,这就使得它逐渐成为智能数据分析技术的创新源泉之一,并且为此而受到越来越多的关注。

数据挖掘试图从海量数据中找出有用的知识。数据挖掘受到了很多学科领域的影响,其中数据库、机器学习、统计学对其影响最大。大体上看,数据挖掘可以视为机器学习和数据库的交叉,如图 1.2 所示,它主要利用机器学习和统计学提供的数据分析技术来分析海量数据,利用数据库提供的数据库管理技术来管理海量数据,是一门偏应用的学科。数据挖掘要使用一系列机器学习方法挖掘数据背后的知识。由于统计学界往往醉心于理论的优美而忽视实际的效用,因此,统计学提供的很多技术

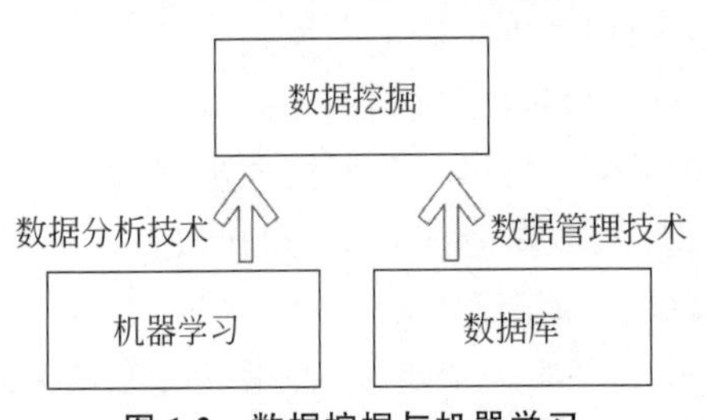

图 1.2 数据挖掘与机器学习

通常都要在机器学习界进一步加以研究，变成有效的机器学习算法之后才能进入数据挖掘领域。从这个意义上说，统计学主要是通过机器学习来对数据挖掘发挥影响，而机器学习和数据库则是数据挖掘的两大支撑技术。

从数据分析的角度来看，绝大多数数据挖掘技术都来自机器学习领域。但不能认为数据挖掘就是机器学习的简单应用。数据挖掘和机器学习的一个重要区别在于，传统的机器学习技术并不把海量数据作为处理对象，很多技术是为处理中小规模数据设计的，如果直接把这些技术用于海量数据，效果可能很差，甚至可能无法使用。因此，数据挖掘算法必须对这些技术进行专门的改造，以适应海量数据分析的需要。例如，决策树是一种很好的机器学习技术，不仅有很强的泛化能力，而且结果可理解性好，很适合应用于数据挖掘任务。但传统的决策树算法需要把所有的数据都读到内存中，在面对海量数据时，这显然是无法实现的。为了使决策树算法能够处理海量数据，数据挖掘界做了很多工作，例如通过引入高效的数据结构和数据调度策略等来改造决策树学习过程，而这其实正是在利用数据库领域的数据管理技术。实际上，在传统机器学习算法的研究中，在很多问题上如果能找到多项式时间的算法可能就已经很好了；但在面对海量数据时，可能连时间复杂度为 $O(n^3)$ 的算法都是难以接受的，这就给算法的设计带来了巨大的挑战。

1.3　挖掘什么类型的数据

数据挖掘作为一种通用技术，只要数据对目标应用有意义，可以对任何类型的数据进行挖掘。在数据挖掘的应用中，数据的最基本形式是数据库数据、数据仓库数据和事务数据。本书主要考虑这几类数据。数据挖掘当然也可以应用于其他类型的非结构数据，例如数据流、有序/序列数据、图或网络数据、空间数据、文本数据、多媒体数据和 Web 数据等。

1.3.1　数据库数据

数据库系统（Database System，DBS）是指在计算机系统中引入数据库后的系统，或者说数据库系统是指具有管理和控制数据库功能的计算机系统。DBS 一般由数据库、操作系统、数据库管理系统（及其工具）、应用系统、数据库管理员和用户构成。其中，数据库管理系统（DBMS）是位于用户与操作系统之间的数据管理软件，是帮助用户建立、使用和管理数据库的软件系统，是数据库与用户之间的接口。它的基本功能应包括数据定义、数据操纵、数据库的事务管理和运行管理、数据库的建立和维护以及与其他系统的通信转换等功能。

关系数据库系统是当前数据库技术的主流。在一个给定的应用领域中，所有实体及实体之间联系的集合构成一个关系数据库。实体以及实体间的联系都是用关系来表示的，关系可以用二维表格表示。每一个表格都有一个表名，表格的表头那一行称为关系模式。表中的每一行称为一个元组（tuple），相当于一条记录；表中的每一列称为一个属性（attribute），或者称为一个字段（field），相当于记录中的一个数据项。一个表中往往有多个属性，为了区分，要给每一列起一个属性名，同一个表中的属性应具有不同的属性名。

关系数据库中常用的关系操作包括查询(query)操作以及插入(insert)、删除(delete)、修改(update)等更新操作两大部分。关系的查询表达能力很强,是关系操作中最主要的部分。查询操作又可以分为选择(select)、投影(project)、连接(join)、除(divide)、并(union)、交(intersection)、差(except)、笛卡儿积等。其中选择、投影、并、差、笛卡儿积是5种基本操作,其他操作可以用基本操作来定义和导出。关系操作都是集合操作,即操作的对象和结果都是集合。这种操作方式也称为一次一集合(set-at-a-time)的方式。

当数据挖掘用关系数据库作为数据源时,可以从数据库中直接查询数据挖掘需要的数据,或者对查询的结果数据进行转换和综合等操作以得到数据挖掘需要的数据。通过数据挖掘可以发现有用的知识或模式,为决策提供支持。关系数据库是数据挖掘最常见、最丰富的数据源,因此它是数据挖掘研究中的一种主要数据形式。

1.3.2 数据仓库数据

数据仓库是一个面向主题的、集成的、非易失的且随时间变化的数据集合系统,用于支持管理人员的决策。数据仓库的目的是构建面向分析需要的集成化数据环境,为企业提供决策支持。数据仓库通过数据清理、数据变换、数据集成、数据装载和定期数据刷新来构造。数据仓库本身并不“生产”任何数据,同时也不“消费”任何数据,数据来源于外部,并且经过处理转换之后开放给外部应用。

数据库是数据仓库的基础。数据仓库本身是一个非常大的数据库,数据仓库往往需要对存放大量操作性基础业务数据的数据库进行筛选、抽取、归纳、统计、转换等处理,将得到的数据存储到一个新的数据库中,这个新的数据库由一些面向主题的事实表和维表组成,为管理层决策提供服务。为便于决策,数据仓库中的数据围绕主题(如顾客、商品、供应商和活动)组织。数据存储从时间的角度提供信息,并且通常是汇总的。数据仓库一般包含整合性数据、详细和汇总性数据、历史数据、解释数据的数据。通常,数据仓库用称作数据立方体(data cube)的多维数据结构建模。其中,每一维对应于模式中的一个或一组属性,而每个单元存放某种聚集度量值。数据立方体提供数据的多维视图,并允许预计算和快速访问汇总数据。通过提供多维数据视图和汇总数据的预计算,数据仓库非常适合联机分析处理(OLAP)。OLAP 操作使用要研究的数据的领域背景知识,允许在不同的抽象层提供数据。例如,OLAP 操作中的下钻(drill-down)操作和上卷(roll-up)操作向用户提供了在不同的汇总级别观察数据的途径。

在以数据仓库作为数据源的数据挖掘过程中,数据挖掘所需数据可能是数据仓库的一个逻辑上的子集,不一定是物理上单独的数据库。但如果数据仓库的计算资源已经很紧张了,最好还是建立一个单独的数据挖掘库。大部分情况下,数据挖掘时都要先把数据从数据仓库中拿到数据挖掘库中。数据仓库是数据挖掘的最佳数据源,因为在构建数据仓库的过程中,按照分析的主题已经进行了数据清洗、数据集成和数据转换等处理,数据仓库的数据预处理和数据挖掘的数据预处理差不多,如果数据在导入数据仓库时已做过预处理,那么很可能在数据挖掘时就没必要再预处理了。构建数据仓库是一项巨大的工程,当然,进行数据挖掘不一定要构建数据仓库,其他的各种数据源也是可以的,只不过可能要根据挖掘目标进行相关的数据预处理。例如,可以把一个或几个事务数据库根据需

要导出到一个只读的数据库中，然后在它上面进行数据挖掘。

1.3.3　事务数据

事务是计算机系统完成的一次交易，事务数据库主要是实时的、面向应用的数据库，例如超市的购物系统、火车订票系统等。一般来说，事务数据库对响应及时性要求高，只关注最近一段时间的数据。针对特定应用的事务，对应的项目集合（如超市所卖的全部商品集合）包含所有可能处理的对象。事务数据库由一系列具有唯一标识的事务组成，每个记录代表一个事务，如顾客的一次购物、一次订票或一个用户的网页点击。通常，一个事务包含一个唯一的事务标识号（Transaction IDentifier，TID）以及一个组成事务的项目集（如交易中购买的商品的集合）。事务数据库通常还有一些与之相关联的附加表，对事务的项目进行进一步的详细描述，如商品描述、关于销售人员或部门等的信息。

表 1.1 是超市购物事务表的示例。事务可以存放在表中，每个事务作为一个记录。

表 1.1　超市购物事务表的示例

TID	选购商品	TID	选购商品
1	面包，牛奶	4	面包，牛奶，尿布，啤酒
2	面包，尿布，啤酒，鸡蛋	5	面包，牛奶，尿布，可乐
3	牛奶，尿布，啤酒，可乐		

超市的营销经理关注哪些商品一起销售得更好的问题，这种“购物篮分析”能得到一些顾客购买商品的模式，也就是商品销售的一些关联规则，这些商品销售关联规则有助于制定促销策略，将商品捆绑销售，以提高销售额和经营利润。例如，有了“牛奶和面包经常一起销售”的知识，销售员可以将牛奶和面包摆放在同一个货架，甚至可以将牛奶和面包作为套装以稍微优惠的价格进行销售。频繁项集是频繁地一起销售的商品的集合。事务数据上的数据挖掘可以通过挖掘频繁项集来进行商品关联分析，进而发现这些有意义的顾客购买模式。

实际上，在面对少量数据时关联分析并不难，可以直接使用统计学中有关相关性的知识。关联分析的困难其实完全是由海量数据造成的，因为数据量的增加会直接造成挖掘效率的下降，当数据量增加到一定程度时，问题的难度就会产生质变，例如，在关联分析中必须考虑因数据太大而无法承受多次扫描数据库的开销、可能产生在存储和计算上都无法接受的大量中间结果等，而事务数据处理的关联分析技术不但要能够发现关联规则，更重要的是要对海量数据也能高效进行。

1.3.4　其他类型的数据

各种形式的数据可以归结为结构化数据、半结构化数据和非结构化数据三大种类。它们的区别在于数据的表示是否存在预先定义好的数据模型，因此数据模型是深入理解数据的关键。数据模型是一种抽象模型，它定义用于表达数据含义的构成单元及它们之间相互关系、数据与现实世界之间的对应关系。

上述的关系数据库数据、数据仓库数据和事务数据都是典型的结构化数据，可以使用关系数据模型表示和存储，表现为二维形式的数据。其一般特点是：数据以行为单位，一行数据表示一个实体的信息，每一行数据的属性是相同的。

半结构化数据不符合关系型数据库或以其他数据表的形式关联起来的数据模型结构，但包含相关标记，用来分隔语义元素以及对记录和字段进行分层。因此，它也被称为自描述的结构。半结构化数据介于完全结构化数据(如关系数据库、面向对象数据库中的数据)和完全无结构的数据(如声音、图像文件等)之间，XML、HTML 和 JSON 文档就属于半结构化数据。在半结构化数据中，属于同一类的实体可以有不同的属性，即使它们被组合在一起，这些属性的顺序也并不重要，不同的半结构化数据的属性的个数不一定是一样的。半结构化数据往往是以树或者图的数据结构存储的，通过这样的数据结构，可以自由地表达很多有用的信息，包括自我描述信息(元数据)。所以，半结构化数据的扩展性是很好的，已经成为互联网上数据交换的主流方式。

对于非结构化数据的表述方式，则不存在统一的结构模型。由于缺乏统一的结构限制，同样的含义就有不同的叙述方式。各种文档、图片、视频和音频等都属于非结构化数据。对于这类数据，一般直接整体进行存储，而且一般存储为二进制的数据格式。非结构化数据包含文本、图像、声音、影视、超媒体等类型，在互联网上的信息内容中占据了很大比例。随着"互联网＋"战略的实施，将会有越来越多的非结构化数据产生。据预测，非结构化数据将占据所有数据的 70％～80％甚至更高。结构化数据分析挖掘技术经过多年的发展，已经形成了相对比较成熟的技术体系。也正是由于非结构化数据中没有限定结构形式，表示灵活，蕴含了丰富的信息，非结构化数据挖掘的挑战性也更大，因此，综合来看，在未来的数据分析挖掘中，非结构化数据处理技术将变得更加重要。

非结构化数据在很多应用中都有显现，如时间相关或序列数据(例如历史记录、股票交易数据、时间序列和生物学序列数据)、数据流(例如视频监控和传感器数据，它们连续播送)、空间数据(如地图)、工程设计数据(如建筑图、系统部件图或集成电路图)、超文本和多媒体数据(包括文本、图像、视频和音频数据)、图和网状数据(如社会和信息网络)和万维网(由互联网提供的巨型、广泛分布的信息存储库)。

需要强调的是，在现代的数据挖掘中，数据源往往同时包含多种数据类型。一方面，异构数据的数据源可以相互提升与加强，挖掘复杂对象的多个数据源常常会有更有价值的发现；另一方面，由于异构数据源的数据清理和数据集成比较困难，同时异构数据的多个数据源之间有复杂的关系，这些都增加了挖掘复杂的数据对象的难度。虽然挖掘复杂的数据对象需要复杂的机制，以便有效地存储、检索和更新大量复杂的数据，但是它们也为数据挖掘的研究和应用提供了肥沃的土壤，提出了有挑战性的研究问题，这些都是数据挖掘的高级课题，所用的挖掘方法是本书提供的基本方法的扩展。

1.4 能挖掘到什么知识

前面提到，数据挖掘是指从大量的、不完全的、有噪声的、模糊的、随机的实际应用数据中提取出隐含在其中、人们事先不知道而又是潜在有用的信息或知识的非平凡过程。

数据挖掘发现的知识也叫作模式，是从原始数据中发现的概念、规则、模式、规律和约束。从数据分析角度出发，数据挖掘可以分为两种类型：描述性数据挖掘和预测性数据挖掘。描述型数据挖掘是以简洁、概括的方式表达数据中存在的有意义的性质。预测型数据挖掘是通过对数据集应用特定方法进行分析，获得一个或一组数据模型，并将该模型用于预测未来新数据的有关性质。数据挖掘获得的知识可以分为广义知识、关联知识、聚类知识、分类知识、预测型知识、偏差型知识和有价值的知识。下面对这些知识类型给出具体描述。

1.4.1　广义知识

数据库通常包含了大量细节性数据，然而用户却常常想要得到能以简洁而精确的方式描述的概要性总结。这样的数据摘要能够提供一类数据的整体情况描述，或与其他类别数据相比较的有关情况的整体描述。此外，用户通常希望能轻松灵活地获得从不同角度和分析粒度对数据所进行的描述。描述型数据挖掘又称为概念描述，它是数据挖掘中的一个重要组成部分。

1. 广义知识的概念

广义知识指类别特征的概括性描述知识。根据数据的微观特性发现其表征的、带有普遍性的、较高概念层次的、中观和宏观的知识，反映同类事物的共同性质、广义知识是对数据的概括、精练和抽象。

数据库中的数据及对象在基本概念层次包含了许多细节性的数据信息。在商场销售数据库的商品信息数据中，就包含了诸如商品编号、商品名称、商品品牌等许多低层次信息，对这类数量巨大的数据进行更高层次的抽象以提供一个概要性描述是十分重要的。例如，对节假日的销售商品情况进行概要描述，对于市场和销售主管来说显然是十分重要的。

最简单的描述型数据挖掘就是定性归纳。定性归纳常常也称为概念描述。概念描述涉及一组(同一类别)的对象。概念描述生成对数据的定性描述和对比定性描述。定性概念描述提供有关数据整体的简洁清晰的描述(概念内涵)，也叫数据特征化；对比定性概念描述提供基于多组(不同类别)数据的对比式描述(概念外延)，也叫数据区分。

给定存储在数据库中的大量数据，能够用简洁清晰的高层次抽象泛化名称来描述相应的定性概念是非常重要的，这样用户就可以利用基于多层次数据抽象的功能对数据中存在的一般性规律进行探索。例如，在商场数据库中，销售主管不用对每个顾客的购买记录进行检查，而只需要对更高抽象层次的数据进行研究即可，例如，对按地理位置进行划分的顾客购买总额、每组顾客的购买频率以及顾客收入情况进行更高层次的研究分析。

2. 广义知识的发现方法

数据泛化是进行概要描述的重要方法。数据泛化是一个从相对低层的概念到更高层的概念且对数据库中与任务相关的大量数据进行抽象概述的分析过程。广义知识的发现方法和实现技术有很多，如数据立方体、面向属性的归约等。

1) 数据立方体

数据立方体还有一些别名，如多维数据库、实现视图、OLAP 等。该方法的基本思想是实现某些常用的代价较高的聚集函数的计算，如计数、求和、求平均值、求最大值等，并将这些数据立方体保存在多维数据库中，可用于决策支持、知识发现或其他许多应用。既然很多聚集函数需经常重复计算，那么在多维数据立方体中存放预先离线计算好的结果能保证快速响应，并可灵活地提供不同角度和不同抽象层次上的数据视图。例如，对数据立方体的数据泛化和数据细化工作可以通过上卷或下钻操作实现。上卷是指汇总数据，消减数据立方体中的维数(维归约)，或将属性值泛化为更高层次的概念(概念分层向上攀升)；下钻是上卷的逆操作。

数据立方体方法有一些局限性。首先，对数据类型有限制。多数商用数据立方的实现都将维的类型限制在数值类型方面，而且将处理限制在简单数值聚合方面。由于许多应用涉及更加复杂的数据类型的分析，此时数据立方体的方法应用有限。其次，缺乏一定的标准。数据立方体方法并不能解决概念描述要解决的一些重要问题，例如，在描述中应该使用哪些维，泛化过程应该进行到哪个抽象层次。这些问题均要由用户负责提供答案。

2）面向属性的归约

作为一种在线数据分析技术方法，面向属性的归纳方法以类 SQL 表示数据挖掘查询，收集数据库中的相关数据集，然后在相关数据集上应用一系列数据泛化技术进行数据泛化，包括属性消减、概念层次提升、属性阈值控制、计数及其他聚集函数传播等。数据泛化操作是通过属性消减或属性泛化操作来完成的。通过合并(泛化后)相同行并累计它们相应的个数，自然减少泛化后的数据集大小，所获(泛化后)结果以图表和规则等多种不同形式提供给用户。

3. 广义知识的输出

广义知识的输出可以以多种形式提供，例如饼图、条图、曲线图、多维数据立方体和包括交叉表在内的多维表，结果描述也可以用特征规则或区分规则的形式提供，具体在第 2 章描述。

1.4.2 关联知识

关联知识反映一个事件和其他事件之间的依赖或关联的知识。如果两项或多项属性之间存在关联，那么其中一项属性值就可以依据其他属性值进行预测。频繁模式(frequent pattern)是在数据中频繁出现的模式。存在多种类型的频繁模式，包括频繁项目集、频繁子序列(又称序列模式)和频繁子结构。频繁项目集一般是指频繁地在事务数据集中一起出现的项目的集合。频繁子序列是指频繁出现的子序列，例如顾客倾向于先购买便携机，再购买数码相机，然后再购买内存卡，这样的模式就是一个频繁子序列模式。频繁子结构可能涉及不同的结构形式，可以与频繁项目集或频繁子序列组合在一起。如果一个子结构频繁地出现，则称它为频繁子结构模式。通过挖掘频繁模式可以发现数据中有用的关联和相关性。最为著名的关联规则发现方法是 Agrawal 提出的 Apriori 算法。关联规则的发现可分为两步：第一步是迭代识别所有的频繁项目集，要求频繁项目集的支持率不低于用户设定的最低值；第二步是从频繁项目集中构造可信度不低于用户设定的最低值的规则。频繁项目集挖掘是频繁模式挖掘的基础。识别或发现所有频繁项目集是关联规则发现算法的核心，也是计算量最大的部分。

关联知识挖掘最经典的案例就是“尿布与啤酒”的故事，即，通过分析购物篮中的商品集合，从而找出商品之间关联关系的关联算法，并根据商品之间的关系发现客户的购买行为特点。沃尔玛超市从20世纪90年代尝试将Apriori算法引入到POS机数据分析中，并获得了成功。

1.4.3 聚类知识

聚类是根据数据本身的相似性将研究对象的大量数据按照一定的规则或原则划分为一系列有意义的子集的过程。一般根据最大化类内相似性、最小化类间相似性的原则进行聚类。也就是说，聚类是将数据分类到不同的类或者簇的过程，所以同一个簇中的对象有很大的相似性，而不同簇间的对象有很大的相异性。聚类增强了人们对客观现实的认识，是概念描述和偏差分析的先决条件。

从技术和数据的角度讲，聚类分析就是利用数理统计的方法对数据的变量或观测结果进行分类。在进行聚类分析之前，往往不知道所考察的对象会存在哪些类别。

如何度量两个对象间的相似性是聚类的一个核心问题。一般情况下，使用距离函数来表示对象之间的距离，其值越小，表示对象越相似。对于同一组研究对象，定义距离的方法可以有很多。

从统计学的观点看，聚类分析是通过数据建模简化数据的一种方法。传统的统计聚类分析方法有k-均值算法、k-中心点算法、层次聚类法、密度聚类法、模型聚类法等。

从机器学习的角度讲，簇相当于隐藏模式。聚类是搜索簇的无监督学习过程。与分类不同，无监督学习不依赖预先定义的类或带类标记的训练实例，需要由聚类学习算法自动确定类标记；而分类学习的实例或数据对象有类标记。聚类是观察式学习，而不是示例式学习。

聚类分析是一种探索性分析，在分类的过程中，人们不必事先给出一个分类的标准，聚类分析能够从样本数据出发，自动进行分类。聚类分析使用不同的方法，常常会得到不同的结论。不同研究者对同一组数据进行聚类分析，得到的聚类数未必一致。

从实际应用的角度看，聚类分析是数据挖掘的主要任务之一。而且聚类能够作为一个独立的工具获得数据的分布状况，观察每一簇数据的特征，集中对特定的聚簇集合作进一步分析。聚类分析还可以作为其他算法（如分类和定性归纳算法）的预处理步骤。

1.4.4 分类知识

分类知识包括反映同类事物的共同性质的特征型知识和反映不同事物的区别的差异型知识。分类（classification）是数据挖掘中的一项很重要的任务，目前在商业上应用最多。分类是指把数据样本映射到一个事先定义的类中的学习过程，即给定一组输入的属性向量（训练集）及其对应的类标记，用基于归纳的学习算法得出分类模型（分类器），然后利用此模型来预测类标记未知的对象（测试集）的类标记。与聚类不同，分类在机器学习中是有监督的学习方法。即每个训练样本的数据对象已经有类标记，通过学习可以形成表达数据对象与类标记间对应关系的知识。从这个意义上说，数据挖掘的目标就是根据样本数据形成类知识并对源数据进行分类，进而预测未来数据的归类。分类具有广泛的应用，例如医疗诊断、信用卡的信用分级、图像模式识别。产生的分类模型可以用多种形式表示，如分类规则(即 IF-THEN 规则)、决策树、数学公式或神经网络。

最为典型的分类方法是基于决策树的分类。它从训练集中构造决策树，是一种有监督的学习方法。最终结果是一棵树，其叶节点是类名，中间节点是带有分枝的属性，该分枝对应该属性的某一可能值，因此，很容易把决策树转换成分类规则。最为典型的决策树学习系统是 ID3，它采用自顶向下不回溯策略，能保证找到一棵简单的决策树。算法 C4.5 和 C5.0 都是 ID3 的扩展，它们将分类领域从类别属性扩展到数值型属性。

数据分类还有统计、粗糙集、神经网络等方法。另外，分类的效果一般和数据的特点有关，有的数据噪声大，有的数据有空缺值，有的数据分布稀疏，有的字段或属性间相关性强，有的属性是离散的，而有的属性是连续值或混合式的。目前普遍认为不存在某种方法能适用于各种特点的数据。

1.4.5 预测型知识

预测型知识是根据时间序列型数据，由历史的和当前的数据产生的并能推测未来数据趋势的知识。这类知识可以被认为是以时间为关键属性的关联知识。预测可以分为类标识预测和数值预测。前者预测类(离散的、无序的)标识。而在某些应用中，人们希望预测某些遗漏的或不知道的数据值，而不是类标识。当被预测的值是数值数据时，通常称之为数值预测。

回归分析(regression analysis)是一种典型的对数值型连续随机变量进行预测和建模的监督学习算法。回归分析用于建立连续值函数模型。也就是说，回归用来预测缺失的或难以获得的数值，而不是(离散的)类标号。尽管还存在其他方法，但是回归分析是数值预测最常用的统计学方法。

1.4.6 偏差型知识

偏差型知识是对差异和极端特例的描述，揭示事物偏离常规的异常现象。在要处理的大量数据中，常常存在一些异常数据，它们与其他数据的一般行为或模型不一致。这些异常的数据记录就是偏差(deviation)，也叫作孤立点或离群点(outlier)，偏差包括很多潜在的知识，例如不满足常规类的异常例子、分类中出现的反常实例、在不同时刻发生了显著变化的某个对象或集合、观察值与模型推测出的期望值之间有显著差异的事例等。偏差可能是某种数据错误造成的，也可能是数据变异所固有的结果，大部分数据挖掘方法都将偏差视为噪声或异常而丢弃。然而，在一些应用中，从数据集中检测出这些偏差很有意义，罕见的事件可能比正常事件更令人感兴趣。例如，在欺诈探测中，偏差可能预示着欺诈行为。

偏差检测的主要问题在于：如何确定偏差与数据记录之间不一致的标准，如何区分噪声和偏差以及如何找到一个有效的方法来发现这样的偏差。

偏差检测的基本方法是：寻找观测结果与参照值之间有意义的差别。

基于计算机的偏差检测算法大致有 3 类：统计学方法、基于距离的方法和基于偏移的方法。可以假定一个数据分布或概率模型，使用统计检验来检测偏差；或者使用距离度量，将远离任何簇的对象视为偏差。偏差有时作为聚类算法的副产品使用。基于密度的方法也可以识别局部区域中的偏差，尽管从全局统计分布的角度看，这些局部偏差看上去是正常的。偏差分析的一个重要特征是它可以有效地过滤大量的无用模式。

1.4.7　有价值的知识

数据挖掘有3个重要问题需要回答：什么样的模式是有价值（用户感兴趣）的？数据挖掘系统能产生所有有价值的模式吗？数据挖掘得到的模式是否都是有价值的知识？下面分别加以讨论。

1. 什么样的模式是有价值的

如果挖掘出来的模式是新颖的、易于被人理解的和潜在有用的，同时在某种确信度上对于新的或检验数据是有效的，那么一般就可以认为它是有价值的。如果一个模式证实了用户要证实的某种假设，则它也是有价值的。

有很多用于度量模式是否有价值的客观度量。这些度量基于模式的结构和关于它们的统计量。例如，对于某个关联规则，一种客观度量是规则的支持度（support），它表示事务数据库中满足规则的事务所占的百分比；另一种客观度量是置信度（confidence），它评估发现的规则的确信程度。一般地，每个模式的价值度量都与一个阈值相关联，该阈值可以由用户控制。

尽管客观度量有助于识别有价值的模式，但是仅有这些还不够，还要结合反映特定用户需要和价值的主观度量。主观度量基于用户对数据的信念。如果一种模式是出乎意料的，或者可以给用户提供采取行动所需的重要信息，那么这种模式就是有价值的。如果发现的模式证实了用户要证实的假设，或与用户的预期相似，那么这种意料之内的模式也可能是有价值的。

2. 数据挖掘系统能否产生所有有价值的模式

该问题是算法的完全性问题。期望数据挖掘系统产生所有可能的模式通常是不现实的和低效的。实际上，应当根据用户提供的约束和模式知识度量对挖掘算法进行考量。对于某些数据挖掘任务而言，通常能够确保算法产生所有有价值的模式，即可以保证算法的完全性。

3. 数据挖掘系统得到的模式是否都是有价值的知识

该问题是数据挖掘的优化问题。对于数据挖掘系统，人们都非常期望仅产生有价值的模式。在数据挖掘之后可以对挖掘出的模式进行度量，根据模式的价值对发现的模式进行排序，过滤掉用户不感兴趣的模式。更重要的是，这种度量可以用来指导和约束发现过程，通过排除模式空间中不满足预先设定的价值约束的子集来提高搜索性能。

1.5　数据挖掘方法

作为一个应用驱动的领域，数据挖掘吸纳了统计学、机器学习、数据库系统和数据仓库、智能优化等应用领域的大量方法。

1.5.1 统计学

统计学研究数据的收集、分析、解释和表示。数据挖掘与统计学之间具有天然联系。

广义的概念描述性知识往往是通过统计方法获得的，通过统计结果得到数据的整体情况描述、与其他类别数据相比较的有关情况的整体描述或者从不同角度和分析粒度对数据的描述。

统计模型是一组数学函数，它们用随机变量及其概率分布刻画目标类对象的行为。统计模型广泛用于对数据和数据类建模。例如，在像数据特征化和分类这样的数据挖掘任务中，可以建立目标类的统计模型。换言之，这种统计模型可以是数据挖掘任务的结果。反过来，数据挖掘任务也可以建立在统计模型之上。例如，可以使用统计模型对噪声和缺失的数据值建模。这样，在大数据集中挖掘模式时，数据挖掘过程就可以使用该模型来帮助识别大数据集中的噪声和缺失值。

统计学研究开发了一些统计模型作为预测和预报的工具。统计学方法可以用来汇总或描述数据集。数据的基本统计描述在第 2 章介绍。对于从数据中挖掘各种模式及理解产生和影响这些模式的潜在机制，统计学是有用的。推理统计学(或预测统计学)用某种方式对数据建模，解释观测中的随机性和确定性，并提取关于被考察的过程或总体的结论。

统计学方法也可以用来验证数据挖掘结果。例如，建立分类或预测模型之后，应该使用统计假设检验来验证模型。统计假设检验(有时称作证实数据分析)使用实验数据进行统计判决。如果结果不大可能随机出现，则称它为统计显著的。如果分类或预测模型有效，则该模型的描述统计量将增强模型的可靠性。

在数据挖掘中使用统计学方法并不简单。通常，一个巨大的挑战是如何把统计学方法用于大型数据集。许多统计学方法具有很高的计算复杂度。当这些方法应用于分布在多个逻辑或物理站点上的大型数据集时，应该小心地设计和调整算法，以降低计算开销。对于联机应用(如 Web 搜索引擎中的联机查询建议)而言，数据挖掘必须连续处理快速、实时的数据流，这种情况更加难以应对。

1.5.2 机器学习

机器学习研究如何利用历史数据并通过计算的手段实现系统自身性能的改善，是数据挖掘的主要数据分析手段，也就是说，机器学习是数据挖掘的主要技术手段。从数据分析的角度来看，绝大多数数据挖掘技术来自机器学习领域，数据挖掘与机器学习关系密切，有许多相似之处。对于分类和聚类任务，机器学习研究通常关注模型的准确率。除准确率之外，机器学习视角下的数据挖掘研究强调挖掘方法在大型数据集上的有效性和可伸缩性以及处理复杂数据类型的办法，即强调开发新的、非传统的方法。

下面介绍一些与数据挖掘高度相关的、典型的机器学习技术。

1. 有监督学习

有监督学习(supervised learning)通过已有的一部分输入数据与输出数据之间的对应关系(训练数据和类标记)生成一个函数，将输入映射到合适的输出，该函数的输出可以是一个连续的值(称为回归分析)或预测的一个类标识(称为分类)。训练样本包含类标识信息的学习。学习中的监督来自训练数据集中类标识的实例。例如,在邮政编码识别问题中,将一组手写邮政编码图像与其对应的机器可读的转换物用作训练实例,以监督分类模型的学习。

2. 无监督学习

无监督学习(unsupervised learning)的数据集与有监督学习不同,训练样本不包含类标识信息的学习,即输入数据(训练数据)没有对应的输出类标识。在学习时没有类标识的监督指导,只能根据输入数据本身的相似性来对数据进行聚类。因此,学习到的模型并不能表明其发现的簇的语义。无监督学习典型的例子是聚类分析。聚类分析的目的在于把相似的东西聚在一起,而并不关心这一类是什么。因此,一个聚类算法的关键问题是如何计算相似度。相对于有监督学习,无监督学习显然难度更大,在只有特征而没有类标识的训练数据集中,通过数据之间的内在联系和相似性将它们分成若干类。例如,百度新闻按照内容的不同分成财经、娱乐、体育等不同的类,这就是一种聚类。

3. 半监督学习

半监督学习(semi-supervised learning)如图 1.3 所示,在学习模型时,它使用有类标识的和无类标识的实例。例如,有类标识的实例用来学习类模型,而无类标识的实例用来进一步改进类边界。从样本的角度而言,这种方法是利用少量有类标识的样本和大量无类标识的样本进行机器学习。事实上,无类标识的样本虽不包含类标识信息,但它们与有类标识的样本一样,都是从总体中通过独立同分布采样得到的,因此它们所包含的数据分布信息对学习器的训练大有裨益。如何让学习过程不依赖外界的咨询交互,自动利用无类标识的样本所包含的分布信息的方法便是半监督学习,即训练集同时包含有类标识的样本数据和无类标识的样本数据。

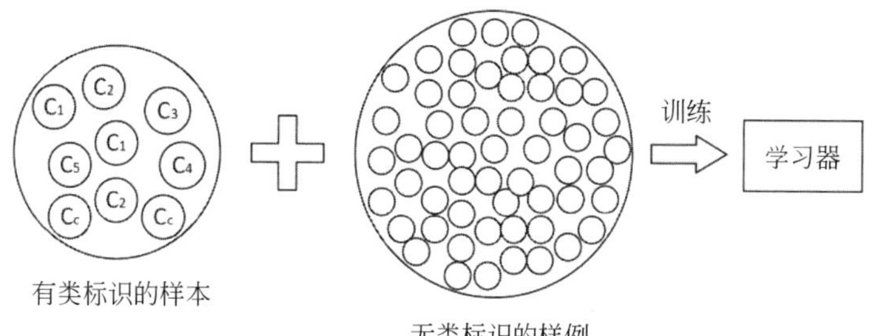

图 1.3 半监督学习

4. 主动学习

监督学习是训练样本包含类标识信息的学习任务,例如常见的分类与回归算法;无监督学习则是训练样本不包含类标识信息的学习任务,例如聚类算法。在实际生活中,常常会出现小部分样本有类标识和大部分样本无类标识的情形。例如,进行网页推荐时需要让用户标记出感兴趣的网页,但是多数用户不愿意花时间来提供标记。若直接丢弃未标记样本集,使用传统的监督学习方法,常常会由于训练样本的不足,使得其刻画总体分布的能力减弱,从而影响了学习器的泛化性能。那么,如何利用未标记的样本数据呢?一种简单的做法是通过专家知识对这些未标记的样本进行打标,但随之而来的就是巨大的人力耗费。若先使用已标记的样本数据集训练出一个学习器,再基于该学习器对未标记的样本进行预测,从中挑选出不确定性高或分类置信度低的样本来咨询专家并进行打标,最后使用扩充后的训练集重新训练学习器,这样便能大幅度降低标记成本。这便是主动学习(active learning),它让用户在学习过程中扮演主动角色。主动学习方法可能要求用户(例如领域专家)对一个可能来自未标记的实例集或由学习程序合成的实例进行标记,其目标是使用尽量少的、有价值的咨询来获得更好的性能。显然,主动学习需要与外界进行交互,通过查询和标记来提高模型质量,其本质上仍然属于一种监督学习。

5. 迁移学习

迁移学习(transfer learning)根据学习领域和任务的相似性,将从一个环境中学到的知识用于新环境中的学习任务,是一种新的机器学习技术。也就是说,它将在一个任务中训练过的模型在第二个相关的任务中重复使用。迁移学习是一种优化,它允许在第二个任务建模时取得快速进步和性能改善,即通过从一个已经学习过的相关任务中转移过来的知识对当前任务中的学习加以改进。迁移学习在深度学习中是非常流行的,这主要是因为在训练深度学习模型时需要耗费巨大的资源,以及在深度学习模型训练时要面对具有挑战性的大型数据集。在迁移学习中,首先在基础数据集和任务中训练一个基础网络,然后重新调整学习到的模型特性,或将它们转移到第二个目标网络,在目标数据集和新任务中接受训练。如果学习到的特性是常规的,那么这个过程将会起作用,这就意味着模型可以同时适用于基础任务和目标任务,而不只适用于基础任务。这种用于深度学习的迁移学习形式被称为归纳转移。它通过一个不同但相关的任务来缩小可能模型的范围(模型偏差)。前百度首席科学家、斯坦福大学教授吴恩达(Andrew Ng)在广为流传的 2016 年 NIPS(Neural Information Processing System,神经信息处理系统)会议的教程中说:迁移学习将是继监督学习之后的下一个机器学习商业成功的关键驱动力。

6. 强化学习

强化学习(reinforcement learning)又称再励学习、评价学习,是一种重要的机器学习方法,在智能控制机器人及分析预测等领域有许多应用。强化学习是智能系统从环境到行为映射的学习,以使奖励信号(强化信号)函数值最大。强化学习不同于连接主义学习中的监督学习,主要表现在教师信号上,强化学习中由环境提供的强化信号是对产生动作的好坏的一种评价(通常为标量信号),而不是告诉强化学习系统如何产生正确的动作。由于外部环境提供的信息很少,强化学习系统必须靠自身的经历进行学习。通过这种方式,强化学习系统在行动-评价的环境中获得知识,改进行动方案,以适应环境。

1.5.3 数据库系统和数据仓库

数据库系统是一种较为理想的数据处理系统,是存储介质、处理对象和管理系统的集合体。数据库系统提供数据建模、查询语言、查询处理与优化方法、数据存储/索引/存取方法、数据安全性保护、数据完整性保护和数据恢复等功能。数据库系统能够快速处理大规模的结构化数据,系统可伸缩性好。数据挖掘往往是在大规模数据集上进行的,现代数据库系统增添了数据仓库和数据挖掘机制,在数据库上建立了系统的数据分析能力,为数据挖掘提供了高效的、可伸缩的数据分析处理能力。例如，SQL Server 2017 具有强大的数据分析和挖掘功能，支持大型企业数据仓库的建立，具有强大的人工智能功能和商业智能的分析能力，支持 Python 进行机器学习功能集成，在作为高效数据管理系统的同时已经成为一个名副其实的数据分析和挖掘工具。当然，数据库和数据仓库都不是数据挖掘必需的数据源，数据挖掘的数据源还可以是 Web 页面、视频数据和文本数据等。但是数据库和数据仓库中的数据有统一的结构，特别是数据仓库中的数据大都按照主题进行了清洗等预处理，往往是数据挖掘比较理想的数据源。

1.5.4 智能优化

最优化的概念反映了人类社会活动中十分普遍的现象，即在特定的现实环境约束下，争取获得最佳的实践结果。最优化问题在社会生产的各个领域广泛存在，许多工程的核心问题最终都归结为优化问题，也是应用数学的重要研究方向，具有重要的应用价值。其应用领域已经涉及系统控制、人工智能、模式识别、生产调度、VLSI 技术和计算机工程等。

所谓最优化问题，就是在一定的约束条件下寻找一组参数值，以使某些最优性度量得到满足，也就是使系统的某些性能指标达到最大或最小。最优化问题根据其目标函数、约束函数的性质以及优化变量的取值等可以分成许多类型，每一类最优化问题根据其具体性质都有特定的求解方法。

最优化问题研究的是从众多可行方案中选择一种最合理的方案，以实现目标最优。解决最优化问题的算法可以分为经典优化算法和启发式优化算法。经典优化算法（例如牛顿法、梯度下降法等）基本上是确定型算法，即按照固定的搜索方式来寻找最优解，寻找最优解的过程可以重复，这类算法效率一般较高。但确定型算法通常对待求解的问题的数学特性要求较高，例如要求其可微、连续等，并且寻优结果和初值有关，所以它们可解决的最优化问题非常有限。大自然是神奇的，它造就了很多巧妙的手段和运行机制。人们从大自然的运行规律中找到了许多解决实际问题的方法。对于那些受大自然的运行规律或者面向具体问题的经验、规则启发而来的方法，人们常常称之为启发式算法（heuristic algorithm）。

智能优化算法是一种启发式优化算法，包括遗传算法、蚁群算法、禁忌搜索算法、模拟退火算法、粒子群算法、细菌趋药算法、差分进化算法和社会认知算法等。这些算法因其理论要求弱、速度快、原理简单和应用性强等优点而得到了国内外学者的广泛关注，在学术界掀起了研究热潮，在信号处理、图像处理、生产调度、任务分配、模式识别、自动控制和机械设计等众多领域得到了成功应用。

数据挖掘技术和最优化技术在实际应用中可以密切地结合起来，为复杂的管理决策分析问题的求解和决策实施提供新的途径。一方面，智能优化的发展为数据挖掘提供了大量新型的研究手段与有效工具；另一方面，数据挖掘的实际应用也为智能优化提供了许多崭新的研究契机与实用平台。在后面的学习中可以发现，数据挖掘中的模型基本上都有一个目标函数，通过使目标函数最优化来获得模型的参数，因为模型中的参数一般是多参数的，所以基本上都是多变量最优化。当然，简单的模型可以得到解析解（例如线性回归、残差平方最小化），但是更多的模型是无法得到解析的。数据挖掘中的数据分类问题、数据聚类问题、回归问题以及数据相关性问题等都可以建立相应的最优化数学模型,选择合适的智能优化算法以求解数据挖掘的优化模型。截至 2019 年,中国已经连续举办了 7 届数据挖掘与智能计算论坛,推动了从智能优化的角度进行数据挖掘的研究与应用发展。

1.6 数据挖掘过程

如前所述,数据挖掘就是从大量数据中获取有效的、新颖的、潜在有用的、最终可理解的模式的非平凡过程。简单地说,数据挖掘就是从大量数据中提取或挖掘知识。数据挖掘是一个典型的面向应用领域的过程,数据挖掘的过程会随不同领域的应用而有所变化,每一种数据挖掘技术也会有各自的特性和使用步骤,针对不同的问题和需求所设计的数据挖掘过程也会存在差异,因此对于数据挖掘过程的系统化、标准化格外重要。最有代表性的数据挖掘过程模型是 Fayyad 提出的数据挖掘模型和数据挖掘特别兴趣小组提出的 CRISP-DM (Cross-Industry Standard Process for Data Mining,跨行业数据挖掘标准过程)模型。

1.6.1 Fayyad 数据挖掘模型

Fayyad 数据挖掘模型将数据库中的知识发现看作一个多阶段的处理过程,它从数据集中识别出以模式来表示的知识,在整个知识发现过程中包含很多处理步骤,各个步骤相互影响、反复调整,形成一种螺旋式上升过程,Fayyad 模型是一个偏技术性的模型,该模型忽略了具体业务问题的确定环节,缺少将挖掘出的模型到操作环境中反复迭代应用的过程。为了弥补这两个问题,基于 Fayyad 模型的数据挖掘的经典过程增加了问题定义和各阶段反馈迭代的过程,如图 1.4 所示。

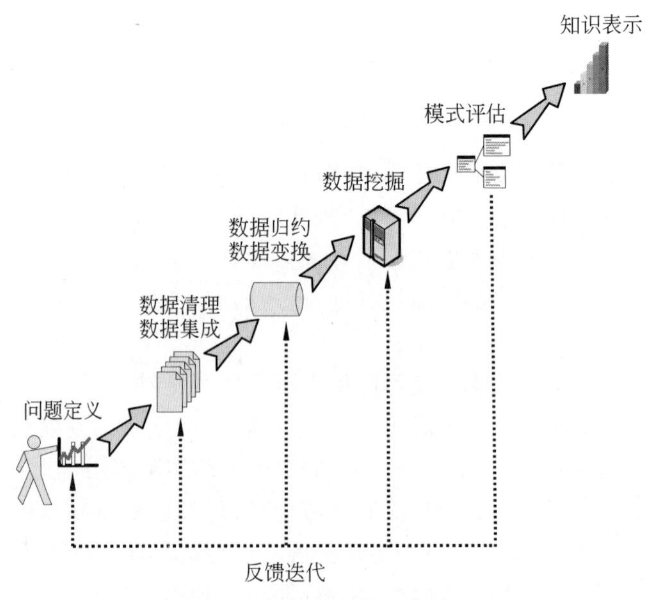

图 1.4 数据挖掘的经典过程

从数据本身来考虑，根据确定的数据分析对象定义挖掘问题，抽象出数据分析所需的特征信息，然后选择合适的信息收集方法，将收集到的信息存入数据库。在Fayyad模型基础上完善的数据挖掘经典过程主要包含问题定义、数据清理、数据集成、数据归约、数据变换、数据挖掘、模式评估和知识表示8个步骤。

（1）问题定义。数据挖掘过程的第一步就是明确定义问题，并考虑可以何种方式利用数据来解答该问题。这一步的工作包括分析业务需求、定义问题的范围、定义计算模型所使用的度量以及定义数据挖掘项目的特定目标。

（2）数据清理。有些数据是不完整的（缺少属性值）、含噪声的（包含错误的属性值）或不一致的（同样的信息有不同的表示方式），因此需要进行数据清理，得到完整、正确、一致的数据信息。

（3）数据集成。把不同来源、格式、性质的数据在逻辑上或物理上按照挖掘要求有机地集中，从而提供全面的数据共享。

（4）数据归约。为了提高数据挖掘的效率，需要对大规模的数据集进行归约，以大幅降低算法处理数据规模，虽然归约后的数据量变小，但仍然基本保持原数据的完整性，并且归约后执行数据挖掘的结果与归约前执行数据挖掘的结果相同或几乎相同。

（5）数据变换。通过平滑聚集、数据概化、规范化等方式将数据转换成适用于数据挖掘的形式。对于有些实数型数据，通过概念分层和数据的离散化来转换数据也是重要的一步。

（6）数据挖掘。根据预处理后的数据信息，选择合适的分析工具，应用统计方法、决策树、聚类、模糊集甚至神经网络、遗传算法等方法处理信息，得出有用的分析信息。

（7）模式评估。从应用角度，由行业专家对结果进行解释，并验证数据挖掘结果的正确性。

（8）知识表示。将数据挖掘所得到的分析信息以可视化的方式呈现给用户，或作为新的知识存放在知识库中，供其他应用程序使用。

数据挖掘过程是一个反复循环的过程，如果某个步骤没有达到预期目标，都需要回到前面的步骤，重新调整并执行。不是所有数据挖掘的工作都需要这里列出的每一步。例如，在某个挖掘对照中不存在多个数据源的时候，步骤（3）便可以省略。

步骤（2）～（5），即数据清理、数据集成、数据归约和数据变换，又合称数据预处理。在数据挖掘中，至少有60%的精力和时间要用于数据预处理。

1.6.2　CRISP-DM 模型

CRISP-DM作为一种流程模型，描述了数据挖掘的生命周期，是迄今为止最流行的数据挖掘流程模型，它解决了Fayyad模型存在的两个问题，给出了一个标准的数据挖掘流程，是对1.6.1节介绍的完善的数据挖掘经典过程的标准化。1999年，在欧盟（European Union，EU）的资助下，由SPSS、DaimlerChrysler、NCR和OHRA发起，CRISP-DM特殊兴趣小组开发并提炼出CRISP-DM模型，进行了大规模数据挖掘项目的实际试用。它是一种业界认可的用于指导数据挖掘工作的方法。作为一种方法，它包含对项目中各个典型阶段的说明、每个阶段所包含的任务以及对这些任务之间的关系的说明。

通过多年的发展,CRISP-DM 模型在各种知识发现过程模型中占据领先位置,绝大多数数据挖掘系统的研制和开发都遵循 CRISP-DM 模型的数据挖掘流程,将典型的挖掘和模型的部署紧密结合起来,在分析应用中完成提出问题、分析问题和解决问题的过程。该模型更可贵之处在于其提纲挈领的特性,非常适合工程管理,适合大规模定制,因此 CRISP-DM 模型如今已经成为事实上的行业标准。下面详细介绍 CRISP-DM 模型。

CRISP-DM 模型为数据挖掘工程提供了完整的过程描述。该模型将一个数据挖掘工程分为 6 个不同的但顺序并非完全不变的阶段。CRISP-DM 模型的数据挖掘过程的基本步骤包括商业理解、数据理解、数据准备、建立模型、模型评价、系统部署 6 个阶段。在实际工程中,经常需要前后调整这些阶段,这取决于一个阶段或该阶段中特定任务的产出物是否是下一个阶段必需的输入。图 1.5 中的箭头指出了最重要的和依赖度高的阶段之间的关系。

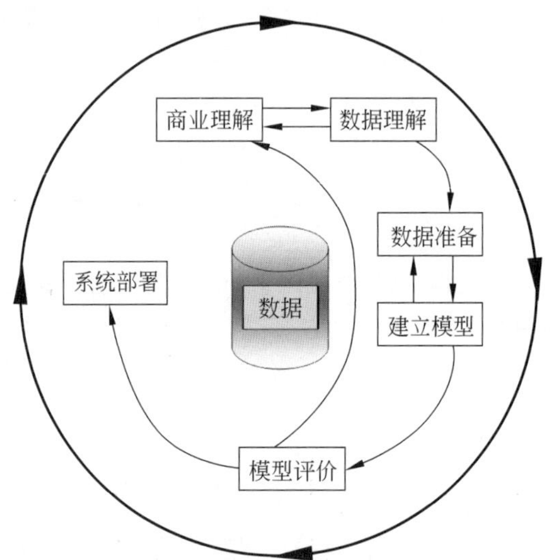

图 1.5　CRISP-DM 参考模型的 6 个阶段

图 1.6 的外圈圆环形象地表达了数据挖掘本身的循环特性。数据挖掘不是一次部署完就可以结束的活动。在项目进程中和方案部署过程中获得的经验教训可能触发新的、通常更值得关注的商业问题。以后的数据挖掘进程将从以前的实践经验中受益。

1. 商业理解

商业理解(business understanding)阶段关注从商业角度来理解项目目标和要求,并把这些理解知识转换成数据挖掘问题的定义和实现目标的最初规划。该阶段的主要任务如下:

(1) 确定业务目标,包括背景、商业目标和商业成功标准。

从商业角度全面理解客户真正想要达到什么目标。通常,客户有很多竞争目标,需要合理地权衡,描绘首要目标,揭示出能影响项目结果的重要因素。忽视这个步骤的一个可能后果是花费了大量精力却只对错误的问题给出了正确答案。

(2) 评估环境,包括资源目录、需求、假设和约束、风险和所有费用、术语、成本和收益。

该任务主要涉及更详细地查找全部资源、约束、假设及在确定数据分析目标和项目计划时应该考虑的各种其他因素。

(3) 确定数据挖掘目标,包括数据挖掘目标和数据挖掘成功标准。

商业目标是以商业术语描述的,而数据挖掘目标是以技术术语描述的项目目标。例如,商业目标可能是“增加现有客户的总销售额”;而一个数据挖掘目标则可能是“给定客户过去3年的购买信息、人口统计学信息(年龄、收入、城市等)和项目明细价格,预测客户会买多少商品”。

(4) 制订项目计划,包括项目计划、工具和技术的初步评价。

该任务描述为达到数据挖掘目标进而实现商业目标的计划。该计划应该详细列出项目实施期间需要完成的一系列步骤,包括最初对工具和技术的选择。

2. 数据理解

数据理解(data understanding)阶段由数据收集和一系列数据探索和评价任务组成,具体任务如下:收集原始数据,对数据进行装载;描述数据;探索数据,进行简单的特征统计;检验数据质量,包括数据的完整性和正确性、缺失值的填补等。这些活动的目的是:熟悉数据,甄别数据质量问题,发现数据中的规律和有用知识,或者构造出令人感兴趣的数据子集并形成对隐藏信息的假设。

该阶段的任务如下:

(1) 收集原始数据,生成原始数据收集报告。

在收集数据之前,需要根据业务问题明确数据挖掘过程需要哪些信息,哪些变量是必需的,哪些变量与数据挖掘目标不相关,然后根据选择的标准收集数据,检查是否所有的数据确实可以用来实现数据挖掘的目标。

(2) 描述数据,生成数据描述报告。

描述数据的主要工作是熟悉数据,理解数据的内涵,描述数据的统计特征。例如,从商业的角度理解每个变量及其值的含义,变量的含义是否始终一致,变量是否与具体的数据挖掘目标相关联等。

(3) 探索数据,生成数据探索报告。

探索数据的主要工作是详细分析变量的表面特征,识别潜在的特征,思考和评估在描述数据过程中的信息和发现,提出假设并确定方案,阐明数据挖掘的目标。

(4) 检验数据质量,生成数据质量报告。

列出数据质量检验的结果。若存在质量问题,给出可能的解决办法。质量问题的解决办法通常在很大程度上依赖于数据和商业知识。

3. 数据准备

数据准备(data preparation)是对可用的原始数据进行预处理,使之满足建模需求。该阶段包括从最初原始数据构建到最终生成数据集(作为建模工具的输入)的全部活动。数据准备很可能被执行多次并且不以任何既定的次序进行。该阶段的具体任务如下:

(1) 选择数据。

该任务确定用于分析的数据。确定的标准包括与数据挖掘目标的相关性、质量和技术限制,例如数据容量或数据类型的限制。

(2) 清洗数据,生成数据清洗报告。

借助选用的分析技术将数据质量提升到既定层次。该任务涉及数据清洗子集的选择、恰当默认值的估计等。

(3) 构造数据。

该任务包括构造性的数据准备操作,如派生属性、全新记录的生成或现有属性的值转换。

(4) 整合数据。

该任务提供合适的方法,能够从多个表或记录组合数据,构造数据挖掘需要的新的记录或值。

(5) 格式化数据。

格式化主要是指对数据进行的不改变数据含义的转换,使数据满足建模需要。

4. 建立模型

建立模型(modeling)阶段选择和使用各种建模技术,并对其参数进行调优。对于同一类数据挖掘问题,可以选择多种方法。如果一些建模方法对数据的形式有特殊要求,就需要重新回到数据准备阶段执行特定的数据准备。该阶段的主要任务如下:

(1) 选择建模技术。

选择将要使用的实际建模技术。若有多种技术可用,需要按不同建模技术分别执行本任务。

(2) 生成测试方案。

在实际构建模型之前,需要设计一个测试模型质量和有效性的机制。

(3) 建立模型。

在准备好的数据集上运行建模工具,以创建一个或多个模型。

(4) 评估模型。

根据数据挖掘专家的领域知识、数据挖掘成功标准和既定的测试方案来解释模型。

5. 评价

评价(evaluation)阶段对前面建立的模型进行全面评价,重新审查建模过程,确认它能够正确地达到商业目的,同时判断是否有重要的商业问题还没有被充分考虑。该阶段的主要任务如下:

(1) 评价结果。

根据商业成功标准评价数据挖掘结果,确认模型。前面的评估步骤处理的是模型准确度和一般性的因素。该任务评价的是模型符合商业目标的程度,并从商业视角发现某个模型的不足。

(2) 重审过程。

对数据挖掘项目合同进行全面的重审,以确定是否有任何重要因素或任务被忽略了。重审也涉及一些质量确认问题,例如,正确地建立了模型吗?仅使用了那些许可使用的且将来在数据分析时也可用的属性吗?

(3) 确定下一步可能的活动列表和最终决定。

根据评价结果和重审过程，确定项目在这个阶段该如何推进，即决定是结束本阶段并适时进入部署阶段还是继续重复前面的步骤或者创建新的数据挖掘项目。

6. 部署

部署(deployment)就是将其发现的结果及过程表示为可读文本形式。模型建立后，往往需要将获得的知识组织和表示为用户可用的形式。部署与具体需求有关，简单的部署可以是生成一份报告，复杂的部署可能是实施一个覆盖整个企业的可重复的数据挖掘过程。在大多数情况下，由用户来完成部署。对用户而言，理解前端需要完成哪些活动并充分利用已经建立好的模型是很重要的。该阶段的主要任务如下：

(1) 规划部署。

给出部署的策略，把数据挖掘结果部署到商业环境。

(2) 规划监控和维护。

细致准备维护策略有助于避免数据挖掘结果长期被不正确地应用。需要一个详细计划来监控数据挖掘结果的部署。

(3) 生成最终报告。

项目小组撰写一份最终报告。依赖于部署计划，这份报告可能仅对项目及其经历进行概述，也可能是全面展示数据挖掘结果的报告。

(4) 回顾项目。

评论数据挖掘项目成功经验和失败教训以及需要改进的地方。

1.6.3 CRISP-DM 案例

某家银行存在一个业务难题：家庭抵押贷款产品不能吸引客户，家庭抵押贷款业务量低。为此，美国消费者资产协会决定与 Hyper Parallel 公司合作，采取数据挖掘的方法来解决这个问题。

根据 CRISP-DM 建模体系，第一阶段是业务理解。本案例主要业务问题是解决家庭抵押贷款的业务量低。从业务角度看，要分析以下问题：是否存在一些客户群体对家庭抵押贷款这项业务感兴趣，而这些客户群体又有什么共同的特征，客户什么时候最可能需要这种贷款，等等。根据一般常识和商业顾问、领域专家的意见，可能办理家庭贷款业务的人有两种：一种是有孩子上大学的家长，想通过家庭抵押贷款支付学费；另一种是高收入但收入不稳定的人，想通过家庭抵押贷款使其收入削峰填谷。

经过上述业务理解后，需要进行数据理解。首先要收集数据挖掘过程所需要的数据。多年来，美国银行一直将数百万个客户数据存储在一个巨大的关系数据库中。这个关系数据库中的数据共有 42 个字段，每个记录保存了客户的详细信息。收集到原始数据后，需要根据问题识别数据有用的特征，检验数据的质量，对缺失的字段、数值型变量的取值范围等质量问题进行检验并作出处理。

然后，对这些数据进行筛选、转换、调整、规范化，输入公司的数据仓库。该银行利用这个系统，能获得与银行保持联系的客户的所有关系。将数据库中数据的属性汇集成客户的特征，然后利用 Hyper Parallel 公司的数据挖掘工具进行分析。

使用数据挖掘工具的决策树功能，按照现有银行划分客户的规则，将客户分成两类，即可能或者不可能对家庭抵押贷款作出反应的客户。经过对大量的购买了产品和没有购买产品的客户的数据分析,决策树最终获得判定不同类型客户之间差别的规则。一旦发现规则,利用得到的模型就可以给每个潜在客户记录增加一个属性,即是否是好的潜在客户,这个属性的值是由数据挖掘模型生成的。接着使用模式的查找工具,确定客户什么时候最有可能需要这种贷款。最后,使用聚类工具将具有相似属性的客户聚成不同的簇。数据挖掘工具发现了14个客户簇,其中很多簇似乎没有什么特别之处。但是,有一个簇具有两个出乎意料的特点:一是这个簇有39%的人不同时拥有企业和个人账户,二是这个簇中的客户占家庭抵押贷款业务可能响应者的1/4。这些数据显示,这个簇中的客户有可能使用家庭抵押贷款从事商业活动。

利用数据挖掘的结果,美国消费者协会资产协会和该银行的分支机构联合组织市场调查,与客户面谈。市场调查的结果证实了家庭抵押贷款将被用于商业活动。对由数据挖掘产生的结果进行评估之后,该银行制订部署方案,采取相应的实施措施,最终,家庭抵押贷款的响应率从0.7%上升到了7%。

1.6.4 数据挖掘过程的工作量

在数据挖掘中,被研究的业务对象是整个过程的基础,它驱动了整个数据挖掘过程,也是检验最后结果和指引分析人员完成数据挖掘的依据。当然,整个过程中还会存在步骤间的反馈。数据挖掘的过程并不是自动的,绝大多数工作需要人工完成。概括地说,数据挖掘主要包括4个步骤:确定业务对象、数据准备、数据挖掘、结果分析和知识同化。图1.6给出了这4个步骤在整个数据挖掘过程中的工作量的比例。可以看到,60%的时间用在数据准备上,这说明了数据挖掘对数据的严格要求,随后的数据挖掘工作仅占总工作量的10%。

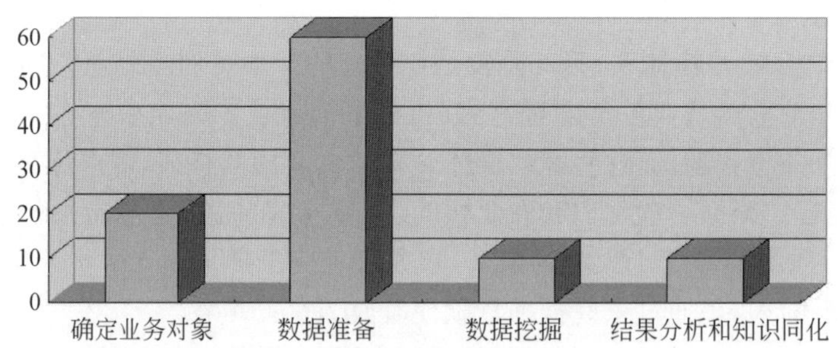

图1.6 数据挖掘过程工作量比例

1.6.5 数据挖掘需要的人员

数据挖掘过程是分阶段实现的,不同阶段需要有不同专长的人员。数据挖掘需要的人员大体可以分为3类。

(1) 业务分析人员。要求精通业务,能够解释业务对象,并根据各业务对象确定出用于数据定义和挖掘算法的业务需求。

(2) 数据分析人员。精通数据分析技术,并较熟练地掌握统计学,有能力把业务需求转化为数据挖掘的各步操作,并为每步操作选择合适的技术。

(3) 数据管理人员。精通数据管理技术,并从数据库或数据仓库中收集数据。

由此可见,数据挖掘是一个多方面专家合作的过程,也是一个在资金和技术上高投入的过程。这一过程要反复进行,在反复过程中,不断地趋近事物的本质,不断地优化问题解决方案。

1.7 数据挖掘应用

数据挖掘技术从诞生开始就是面向应用的。数据挖掘应用的领域非常广泛,在几乎所有的领域中都有数据挖掘的应用,只要有分析价值与需求的数据,都可以利用数据挖掘工具进行发掘分析。目前,数据挖掘应用最集中的领域包括金融、医疗、零售、电商、教育、电信和交通等,而且每个领域都有特定的应用问题和应用背景。本节以典型的市场营销、电信行业、银行业、社交网络和软件工程领域为例来简要说明其应用。

1.7.1 数据挖掘在市场营销中的应用

数据挖掘技术在企业市场营销中得到了比较普遍的应用。它以市场营销学的市场细分原理为基础,其基本假定是"消费者过去的行为是其今后消费倾向的最好说明"。

通过收集、加工和处理涉及消费者消费行为的大量信息,确定特定消费群体或个体的兴趣、消费习惯、消费倾向和消费需求,进而推断出相应消费群体或个体下一步的消费行为。然后,以此为基础,对识别出来的消费群体进行特定内容的定向营销。与传统的不区分消费者对象特征的大规模营销手段相比,定向营销大大节省了营销成本,提高了营销效果,从而能为企业带来更多的利润。

商业消费信息来自市场中的各种渠道。例如,每当人们用信用卡消费时,商业企业就可以在信用卡结算过程中收集商业消费信息,记录人们消费的时间、地点、感兴趣的商品或服务、愿意接受的价格水平和支付能力等数据;当人们在办理信用卡、申请汽车驾驶执照、填写商品保修单时,他们的个人信息就存入了相应的业务数据库;企业除了自行收集相关业务信息之外,还可以从其他公司或机构购买此类信息为自己所用。

这些来自各种渠道的数据信息被组合起来,应用超级计算机、并行处理、神经元网络、模型化算法和其他信息处理技术进行处理,从中得到商家据以向特定消费群体或个体进行定向营销的决策信息。这种数据信息是如何应用的呢?举一个简单的例子,当银行对业务数据进行挖掘后,发现一个银行账户持有者突然要求申请双人联合账户,并且确认该消费者是第一次申请联合账户,银行会推断该客户可能要结婚了,银行就会向该客户定向推销用于购买房屋、支付子女学费等的长期投资业务,银行甚至可能将该客户的信息卖给专营婚庆商品和服务的公司。

在市场经济比较发达的国家和地区,许多公司都开始在原有信息系统的基础上通过数据挖掘对业务信息进行深加工,以构筑自己的竞争优势,扩大自己的营业额。美国运通公司(American Express)有一个用于记录信用卡业务的数据库,数据量达到54亿字符,并随着业务进展不断更新。运通公司通过对这些数据进行挖掘,制订了"关联结算

(relationship billing)优惠"的促销策略,即,如果一个顾客在一个商店用运通卡购买一套时装,那么在同一个商店再买一双鞋,就可以得到比较大的折扣,这样既可以增加该商店的销售量,也可以增加运通卡在该商店的使用率。再如,居住在伦敦的持卡消费者如果最近刚刚乘英国航空公司的航班去过巴黎,那么他可能会得到一个周末前往纽约的机票打折优惠券。

基于数据挖掘的营销常常可以向消费者发出与其以前的消费行为相关的推销内容。卡夫(Kraft)食品公司建立了一个拥有3000万客户资料的数据库,该数据库是通过收集对公司发出的优惠券等促销手段作出积极反应的客户和相应的销售记录建立起来的,卡夫公司通过数据挖掘了解特定客户的兴趣和口味,以此为基础向他们发送特定产品的优惠券,并为他们推荐符合客户口味和健康状况的卡夫产品食谱。美国的读者文摘(Reader's Digest)出版公司运行着一个积累了40年的业务数据库,其中包含遍布全球的一亿多个订户的资料,数据库每天24小时连续运行,保证数据不断得到实时更新。正是基于对客户资料数据库进行数据挖掘的优势,使读者文摘出版公司能够从通俗杂志扩展到专业杂志、书刊和声像制品的出版和发行,极大地扩展了自己的业务范围。

基于数据挖掘的营销对我国当前的市场竞争也很具有启发意义。人们经常可以看到在繁华商业街上一些商家对来往行人不加区分地散发大量商品宣传广告,其结果是大多数人随手丢弃资料,而需要的人并不一定能够得到这些资料。如果从事家电维修服务的公司向刚刚购买家电的消费者邮寄维修服务广告,卖特效药品的厂商向在医院特定门诊就医的病人邮寄药品广告,肯定会比漫无目的的营销效果要好得多。

1.7.2 数据挖掘在电信行业的应用

电信运营商已逐渐发展为一个融合了语音、图像、视频等增值服务的全方位、立体化的综合电信业务服务商,电信数据的存储量以几何级数增长。电信运营商希望从庞杂的电信数据中获得更精细、更有价值的信息,挖掘隐藏在海量电信数据中的知识,由此推动了数据挖掘在电信领域的广泛应用,电信运营商希望运用数据挖掘分析商业形式和模式,提高市场竞争力。

早期的电信数据挖掘主要集中在电信业务的营销方面,使用数据挖掘技术进行客户分类、客户业务分析、客户流量分析、代理销售分析、客户流失预警、欺诈行为检测、交叉销售分析等。例如,基于客户价值数据,利用分类算法进行高价值客户流失预测,利用聚类算法进行客户细分和精准营销。

随着移动通信技术的快速发展和智能手机的广泛普及,现代电信运营商积累的数据规模更加庞大,这些数据具有数据量大、维度高、高噪声和非线性等特点,特别是它包含了丰富的时间和空间信息,不仅可以反映对象的行为活动,还能体现外界因素(如时间、天气、交通等)对对象行为的影响。对电信数据进行深入的数据挖掘,可以更加深入地理解用户的活动,探索用户的活动特征和规律,把握用户的活动趋势及外部因素对其活动的影响,对促进社会管理有重要的价值。例如,通过电信基站实时采集道路交通状态数据并进行特征信息分析,可以构建智能交通分析系统;利用电信基站的位置数据,采用回归分析来预测特定区域人群流量和进行异常情况检测,对节假日或特殊时间点的区域社会管理应对预案制订或公共安全事件应急防控有重要价值。

1.7.3 数据挖掘在银行业的应用

数据挖掘在银行业的应用如下：

(1) 对账户进行信用等级的评估。银行业是负债经营的产业，风险与收益并存，分析账户的信用等级对于降低风险、增加收益是非常重要的。利用数据挖掘工具进行信用评估的最终目的是：通过对已有数据的分析得到信用评估的规则或标准，即得到"满足什么条件的账户属于哪一类信用等级"的规则或标准，并将得到的规则或标准应用于新账户的信用评估，这是一个获取知识并应用知识的过程。

(2) 金融市场分析和预测。对庞大的数据进行主成分分析，剔除无关的甚至是错误的或相互矛盾的数据"杂质"，以更有效地进行金融市场分析和预测。

(3) 分析信用卡的使用模式。通过数据挖掘，人们可以得到这样的规则："什么样的人使用信用卡属于什么样的模式"。一个人在相当长的一段时间内使用信用卡的习惯往往是较为固定的。因此，一方面，通过判别信用卡的使用模式，可以监测到信用卡的恶性透支行为；另一方面，根据信用卡的使用模式，可以识别合法用户。

(4) 发现隐含在数据后面的不同的财政金融指数之间的联系。

(5) 探测金融政策与金融业行情的相互影响。

1.7.4 数据挖掘在社交网络分析中的应用

在互联网上，人们经常使用社交网络(例如微信、QQ、微博、Twitter、Facebook 和 MSN 等)分享信息和实时交流，社交网络大大方便了人们的沟通交流，具有广泛的应用价值。人们在社交网络上分享信息，海量的数据为数据挖掘提供了前提条件，采用数据挖掘技术，可挖掘出数据之间存在的潜在信息。例如，社交数据挖掘将识别出在互联网社交环境中具有重要影响力的人；发现和划分隐藏在社交网络中具有不同兴趣的群组；识别特定用户并根据用户某一时刻的主观情感进行主动规划；开发商品购买推荐系统和朋友推荐的应用；在社交网络中实现社区圈子的识别、社交网络中人物影响力的计算、信息在社交网络上的传播模型的建立、虚假信息和机器人账号的识别，还可以基于社交网络信息对股市、大选以及传染病进行预测；等等。

社交网络分析是一个多学科交叉应用，在研究过程中，通常会利用社会学、心理学甚至医学中的基本结论和原理作为指导。社交网络建立的模型大多是图模型，主要通过图数据挖掘算法对社交网络中的群体行为和未来的趋势进行模拟和预测，典型的图数据挖掘算法主要有图查询、图聚类、图分类和图的频繁子图挖掘等。下面介绍两个典型的应用。

1. 社团结构检测

社团是由个体组成的，并且社团内个体之间的交互活动比个体与外面的活动更为频繁。基于此定义，社团也常常被称为群组、集群、凝聚子群或者模块。在社交网络中，社团大致可以分为显性群体和隐性群体。显性群体是由用户间明显的关注关系产生的，而隐性群体则是由自然的网络交流活动产生的。社团分析普遍面临的问题有社团的发现、形成和演变。社团结构检测往往是指对社交网络中的隐性群体进行抽取。社团结构检测的主要挑战有：社团的定义可以是主观的；社团评估的标准可以多样化，往往没有最佳标准。

检测社团结构具有重要的实际意义：随着社交网络的发展，网络经济会受到越来越多的关注，产品销售商在社交网络上推广某种商品或者服务时，可以选择处于社团中心位置的用户，通过这些用户的介绍和宣传，能将商家的商品更快、更有效地传播给社交网络中的其余用户。分析社团结构能展现出用户聚集情况，研究社团结构可以分析社会网络的发展演化过程，有助于开展有针对性的商业活动，合理整合社交网络中的各类信息资源，为信息的检索以及资源的共享提供更为方便快捷的途径。例如，社交网络的广告运营商可以发现并分析出特定社团结构，通过分析这个社团结构中用户的兴趣偏好等相关信息，定向投放商业广告，以最大化商业利益。

2. 信息的波浪式传播分析

在社交网络上发布的信息如同石块入水形成的涟漪。则涟漪会逐渐变小直至消失，这就是社交网络的自洁功能。但是仅仅依靠自洁是远远不够的。如果在涟漪扩散过程中的某个点再继续投入一块石头，则原有的涟漪会扩大或者缩小，只要找准点，这些涟漪就可能形成波浪。社交网络中充斥着各种可能成为波浪的信息，有针对某款产品的，有针对某部电影的，还有针对某位公众任务或某个公共事件的。掌握这些数据并加以分析，对于产品的改进、未来走向和品牌价值或者社会舆情的引导都是十分重要的。寻找这些信息，找准这些点，扩大品牌正面影响，减少并消除负面影响，成为企业或社会组织在社会化营销中制胜的关键。信息的波浪式传播分析能给企业或社会组织带来巨大帮助。例如，通过数据挖掘与分析，可以对一些网络中突然发布的一条可能给企业带来危机的信息进行即时监控，并追踪其传播路径，找到其中的关键点。利用“乱石”打散其传播轨迹，从而让危机尽快消除。一个企业面对社交媒体中网民创造的成千上万甚至几百万个讨论内容，想要通过人工方式判断哪些对品牌有利、哪些将会成为品牌危机是一个不可能完成的任务。而舆情监测则可以围绕某一监测领域或事件，经过科学部署，不间断地进行数据收集与分析。前期需要对收集范围和关键词群进行设置；中期需要对采集的数据进行过滤、分组、聚类等预处理；后期需要对数据进行分析，并以分析报告的形式让企业了解到自身的口碑状况。

目前，对社交网络数据的挖掘和分析都还处于初级阶段，大规模、高维度数据的挖掘方法在不断地演化。但是社交网络数据挖掘的一些基础性问题还没有得到有效解决，例如文本语言的情感分析等，这些问题对深入研究社交网络造成了一些限制。但随着研究水平的不断提高，社交网络必将成为帮助人们预测未来趋势的有力工具。借助于社交网络的数据挖掘与分析，企业或社会组织可以制订出更精准、广泛、有效的社会化营销或管理体系，更好地服务于品牌认知的建立及市场销售的提升或社会管理能力的提高。

1.7.5 数据挖掘在软件工程中的应用

软件工程数据即软件开发过程中积累的各种数据，包括可行性分析和需求分析文档、设计文档、使用说明、软件代码和注释、软件版本及其演化数据、测试用例和测试结果、软件开发者之间的通信、用户反馈等。在绝大多数情况下，软件工程数据是开发者获取信息的唯一来源。随着软件越来越大型化、工程化，软件工程数据的数量和复杂性都在极快地增长。例如，著名的开源操作系统 Linux，其代码行数在 2004 年已经达到 550 万行左右。相应地，开发者在这些数据中获取所需信息的难度也在不断增大。在这种情况下，软件开发者采用传统的方法，如浏览文档和代码，以期获取软件开发所需的信息，已越来越接近“不可能的任务”。因此，有必要探索基于数据挖掘技术的软件工程信息、知识自动发现方法。

软件工程数据挖掘(data mining for software engineering)是数据挖掘技术在软件工程领域的应用和发展。它是指在海量的软件工程数据中利用已有的技术或者开发新的数据挖掘技术和算法，经过提取、分析、表示等步骤，发现对软件开发者有用的信息、知识的过程。由于其广阔的应用前景，软件工程数据挖掘成为目前软件工程、数据挖掘、人工智能、模式识别等领域的研究热点。

作为数据挖掘技术在软件工程领域的应用和拓展，软件工程数据挖掘既与传统数据挖掘有联系和相似之处，又有其自身的特色与问题，主要体现在以下 3 个方面：如何提取和处理软件工程数据；如何选择合适的算法挖掘各种软件工程数据和应用；如何向软件开发者提供有意义且便于理解的信息、知识。

软件工程数据挖掘作为一种特定的数据挖掘技术或者说一个特定的数据挖掘领域，其操作过程符合数据挖掘技术或领域的一般要求。一般来说，数据挖掘过程可以分为 3 个主要阶段：数据预处理、挖掘、结果评估。图 1.7 为软件工程数据挖掘的一般流程。

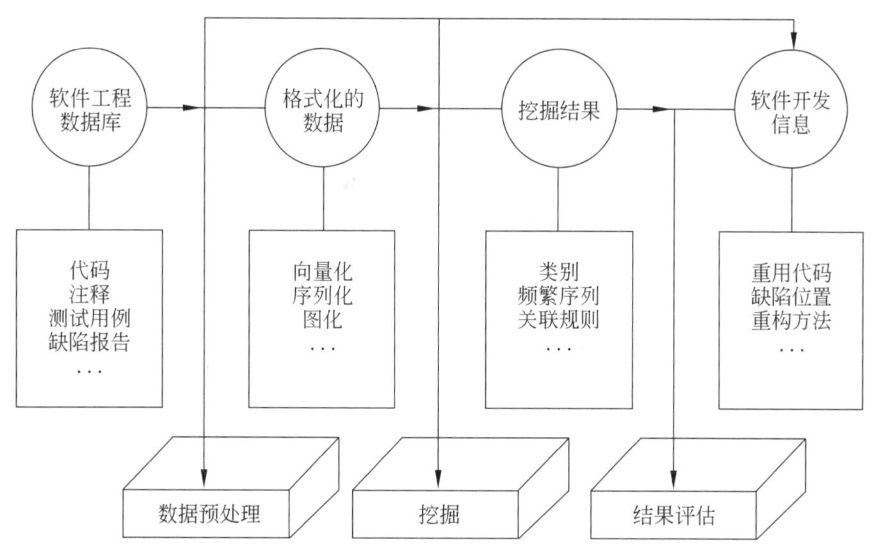

图 1.7　软件工程数据挖掘流程图

(1) 数据预处理。其目的是把未加工的数据转换成适合挖掘处理的形式。预处理的步骤涉及融合不同来源、不同格式的数据，将非格式化的数据转换成格式化数据，选择与当前数据挖掘任务相关的记录和特征，清洗数据以消除噪声和重复的值。由于数据收集和存储的方式可能有许多种，预处理是整个数据挖掘过程中最费力、最耗时的阶段。目前软件工程数据挖掘中应用的数据预处理技术主要包括文本数据向量化和降维的LSA(Latent Semantic Analysis,潜在语义分析)、PLSA(Probabilistic Latent Semantic Analysis,概率潜在语义分析)、LDA(Latent Dirichlet Allocation,潜在狄利克雷分布)等。

(2) 挖掘。其目的是在海量数据中探索反映本质性或者规律性的信息或知识。挖掘过程体现为一系列算法的运用,其输入是经过数据预处理的结构规整的数据,输出是模式,包括关联、统计、分类等各种信息。挖掘任务有频繁序列、关联规则、分类和聚类、异常检测等方面。

(3) 结果评估。即数据后处理,其目的是把有用信息展示给用户。该阶段的难点在于人能处理的信息、知识量和能理解的信息、知识表述方式与计算机有很大不同,而要使数据挖掘的结果有意义,就必须让人能够理解。结果评估的步骤包括模式过滤(即剔除信息含量不高的结果集)和模式表示(即模式表示方式的转换)。

软件开发和维护的工作分为3个阶段:软件开发阶段、修复性维护阶段和改善性维护阶段。下面介绍每个阶段开发者所需的信息,以及如何利用数据挖掘工具发现其中有用的信息。

(1) 软件开发阶段的数据挖掘。

编写程序是软件开发阶段的重要工作。挖掘在编程过程中和提交编程成果时所需的信息对于软件开发的自动化非常重要。在编写代码的过程中,开发者对要编写的代码结构和功能有了理解后,可以利用数据挖掘搜索编程所需的信息:

- 在已有的代码库中寻找与所需代码结构、功能相近的,可重用的模式,包括数据结构、模块、对象、方法等。
- 在数据库中寻找重用该模式的静态规则,如类的属性、方法和继承关系。
- 进一步寻找重用模式的动态规则,如API(Application Programming Interface,应用程序编程接口)的调用顺序等。

该阶段的挖掘基本上都是频繁序列挖掘。

(2) 软件修复性维护阶段的数据挖掘。

软件的修复性维护是围绕软件缺陷进行的。在该阶段,数据挖掘主要是对缺陷分派和缺陷重现进行挖掘。

所谓缺陷分派就是在发现软件缺陷后将该缺陷分派给合适的开发人员或者维护人员进行修复处理。进行缺陷分派时,开发者需要理解缺陷报告所描述的造成缺陷的原因,以获取缺陷的性质、特征等信息。缺陷报告的数量通常很多,而且撰写报告的是非专业用户,对缺陷的描述通常比较模糊,因此缺陷分派是一个很困难且工作量很大的过程。在实践中往往将缺陷分派看作一个分类问题,将被分派缺陷的每个开发者看作一个类,将现有的缺陷报告看作已分类文本,这样缺陷分派问题就转换为文本分类问题。挖掘的对象主要是文本数据,预处理方法则主要是文本的向量化。

为了自动地获取缺陷重现所需的信息,加快软件调试和维护的进程,可以在以下3方面应用数据挖掘技术:

① 改进缺陷报告,在对用户透明的前提下丰富缺陷报告所包含的信息,有利于开发者迅速地理解缺陷产生的原因。

② 在缺陷报告所提供信息的基础上，找到缺陷自动搜索的方法，帮助开发者更快地找到缺陷的原因。

③ 利用缺陷报告的信息和数据挖掘工具，在操作可能触发缺陷时对用户进行警示，以帮助用户避免缺陷爆发。

(3) 软件改善性维护阶段的数据挖掘。

软件的改善性维护涉及更改软件的结构，因此必须理解和评估软件现有的程序和设计。在程序理解方面，常见的工作包括：利用图结构对代码的行为进行描述，对可重用的代码进行聚类，利用分类方法对软件需求和法律条文进行对照检查，利用分类方法对恶意程序进行分类，对软件按照主题分类，利用程序的依赖图的同构性进行代码的克隆检测等。理解软件行为从本质上说是对软件的结构和功能重新进行描述的过程。这种重新描述可以使用的语言包括自然语言和符号语言等。为了定量地验证这种描述的有效性，软件工程数据挖掘通常把挖掘的结果和缺陷检测联系起来。数据挖掘在软件设计上的应用主要在于：基于已有的设计模式发现可以改善设计的模块或者需要更改的软件部件，并且对软件设计结构的更改给出建议。在方法上主要采用分类算法。

1.8 数据挖掘中的隐私权保护

数据挖掘在社会的各行各业得到了广泛的应用，同时数据挖掘技术也面临着许多的问题。本节介绍数据挖掘中的隐私权保护问题。

人类社会进入了大数据时代，在大数据时代，个人隐私权的一个重要方面就是个人数据隐私权。所谓个人数据隐私权就是个人对以数据形式收集和存储在信息系统中的有关自己的资料加以控制和保护的权利。然而，数据挖掘是建立在大量真实数据分析的基础之上的，这就会产生个人数据的隐私保护问题。从数据挖掘的角度来看，隐私既可能带来成功，也可能带来威胁。滥用隐私不仅破坏企业在客户心目中的良好形象，也会将数据挖掘推入灰暗的前景中，阻碍数据挖掘这一新兴技术的采纳、应用和推广。

例如，2018 年 3 月 18 日曝光的 Facebook 裙带公司——剑桥分析公司(Cambridge Analytic)数据隐私丑闻事件。剑桥分析公司是美国一家政治数据分析公司，被曝光在未经用户同意的情况下，利用在 Facebook 上获得的 5000 万名用户的个人隐私数据来创建档案，并在 2016 年美国总统大选期间针对这些人进行定向宣传，有助推特朗普获胜的嫌疑。2018 年 3 月 19 日，受到丑闻影响，Facebook 公司股价大跌 7%，市值缩水 360 多亿美元，扎克伯格也因此损失了 60 多亿美元的股票价值。正如此前《华尔街见闻》提到的，该丑闻凸显了 Facebook 公司的“DNA”中存在的问题——数据挖掘。

2019 年 3 月 15 日，CCTV“3·15”晚会曝光了众多 APP 通过不平等、不合理条款强制索取用户隐私权、过度用权的问题。例如“社保掌上通”APP，用户在填写各种资料注册该 APP 时，该 APP 通过隐秘的隐私条款获得了用户的授权，将用户的信息全部截取，计算机远程就能截取用户的几乎所有信息。这也是很多 APP 的通病，不管什么应用都要获取用户的通讯录、位置信息、存储信息、短信和相册等，而且是强制性的，不给权限就不让使用。这也暴露了侵犯隐私权的行为广泛存在。

当然,不仅仅是Facebook和社保掌上通,谷歌、微软、微博、微信和百度等很多公司的赢利模式就是收集数据并将数据出售给应用程序开发人员和广告客户来赚钱,让广告商通过数据挖掘能够精准地投放广告,因此它们都或多或少有泄露用户隐私数据的嫌疑,这将为数据挖掘的推广应用的光明前景埋下危机。因此,处理好数据挖掘对个人数据隐私权的保护对于数据挖掘能否在未来成为社会发展的催化剂而不是社会发展的毒瘤至关重要,对于维护社会公德、保护个人权益非常重要。个人隐私权的保护能力给数据挖掘的未来增添了不确定性,也最终会决定数据挖掘的未来。

1.8.1 侵犯隐私权的表现

个人数据是一个含义相当广泛的概念,包含所有可以用来识别具体个人的信息,例如个人姓名、年龄、学历、单位、住址、工作情况、婚姻状况、身份证号、银行卡号、电子邮箱和电话号码等都属于个人数据。数据挖掘者可能从以下几个方面侵犯公民的个人数据隐私权。

(1) 过度采集个人数据。数据挖掘要取得预期的成功,首先必须采集足够全面和丰富的数据。数据挖掘在数据收集阶段对个人数据隐私权的侵犯主要表现在挖掘者在没有取得数据主体同意并说明数据的用途、使用范围的前提下获取了公民的个人数据,更为严重的是部分挖掘者采取欺骗、盗窃或其他非法手段来收集个人数据。2018年3月7日,北京市消费者协会发布了《北京市消协发布手机APP个人信息安全调查报告》,该报告指出,约90%的人认为手机APP存在过度采集个人信息,过度地采集了联系方式、姓名、头像、身份证号和银行账号等敏感个人信息,手机APP软件过度采集个人信息已经成为网络诈骗的主要源头之一。

(2) 挖掘者超常规使用个人数据。在使用阶段,数据挖掘对个人数据隐私权的侵犯主要表现在挖掘者擅自扩大个人数据的使用范围和改变个人数据的使用方向。挖掘者在收集数据时没有向数据主体明确告知收集到的数据将会用于数据挖掘。例如,大多数信息系统的会员条款和条件中的隐私政策只是笼统的描述,没有显式说明数据将是否用于数据挖掘或用于何种数据挖掘,很多对于用户个人数据建档并进行数据挖掘是超常规使用个人数据的行为。

(3) 挖掘者不当或错误分析个人数据。挖掘者收集数据的目的是对数据进行分析,从中得到潜在有用的知识。然而由于数据本身可能存在错误,数据收集得不全面,挖掘工具本身存在缺陷,或者选择了不当的挖掘方法,数据挖掘的结果可能出现谬论。例如,美国国土安全部在国家安全计划下为了刑事、民事、行政执法的需要可以收集和维护个人数据,根据这些数据和信息,数以千万计的个人都有可能被列为调查或起诉的对象。由于其收集的个人海量数据和信息可能不准确、不可靠,因此错误的分析经常发生,导致不少无辜的人被诬告,受到不公正和有损害的调查和起诉。

(4) 挖掘者非法公开个人数据。挖掘者不经当事人同意,非法公开数据主体的个人数据,就构成了对隐私权的侵犯。挖掘者在收集数据时往往并没有说明个人数据将用于数据挖掘活动;即使已经声明,但在挖掘结束之后,这些数据又可能被移作他用,更有甚者,挖掘者公开拍卖个人数据,从而侵犯公民的隐私权。例如,据英国《星期日电讯》报道,在用户不知情的情况下，剑桥分析公司的学者 Aleksandr Kogan 向 Twitter 购买了大量推文、用户名、照片、位置数据等。他用这些数据创建了分析目标选民的工具。这些现象都表明，尽管挖掘者在收集个人数据时都声明会替用户保护个人隐私，但实际情况往往令人失望。

1.8.2　保护隐私权的对策

因为私有数据关系到人这个主体，所以在防止对私有数据的滥用和误用方面有着强烈的伦理和法律传统惯例。当前个人隐私数据保护问题不容乐观，保护数据挖掘中个人数据隐私权的对策以及数据挖掘中的隐私权问题已经引起人们的广泛关注。如果数据挖掘的发展以破坏隐私为代价，甚至成为隐私权的“根本的挑战”，将会使数据挖掘的发展受阻，这是我们所不愿意看到的结果。因此，必须采取措施解决这一问题。

(1) 加强法律法规的建设和监督执行。

针对个人信息泄露问题，《中华人民共和国刑法修正案（七）》设立了侵犯公民个人信息罪，规定：“国家机关或者金融、电信、交通、教育、医疗等单位的工作人员，违反国家规定，将本单位在履行职责或者提供服务过程中获得的公民个人信息出售或非法提供给他人，情节严重的，处三年以下有期徒刑或者拘役，并处或者单处罚金。窃取或者以其他方法非法获取上述信息，情节严重的，依照前款的规定处罚。”此外，2017 年实施的《中华人民共和国网络安全法》也明确规定：“网络运营者应当采取技术措施和其他必要措施，确保其收集的个人信息安全，防止信息泄露、毁损、丢失。在发生或者可能发生个人信息泄露、毁损、丢失的情况时，应当立即采取补救措施，按照规定及时告知用户并向有关主管部门报告。”总的指导要求已经明确，但相应的具体技术安全规范仍未出台，尤其是对商业公司的信息监管没有具体的要求。所以有关部门应该尽快出台网络安全保护细则，明确个人数据收集的依据，强调未经本人同意，不得将数据用于除收集个人数据时声称的目的以外的用途和场合。同时，数据收集人还要保证个人数据的完整、准确和安全。通过严格立法要求企业对安全事故负责，尤其是与隐私相关的数据泄露，必须有惩罚和赔偿机制，不允许企业增加“黑客攻击导致的数据泄露不承担责任”等霸王免责条款。同时，严格管束企业方对数据的利用情况，出一次事，处罚一次。

(2) 提高保护隐私的技术手段。

商业公司要及时更新信息保护手段，建立深层防护机制，在分析和使用数据时，采用可靠的匿名化和去标识化方法，对数据标识符进行加密，使处理后的数据满足特定领域规定和说明的要求。商业公司还应完善信息管理机制，例如，技术加密的算法是什么，什么样的人才能接触到用户数据，建立详细的技术标准规范。同时研究保护隐私的挖掘算法和挖掘方法，隐私保护和信息安全是数据挖掘中有重大意义的研究方向。

(3) 提高用户的隐私数据自我保护意识。

由于种种原因，我国历来对隐私权不够重视。应该通过宣传教育，加强公民的隐私权意识，树立公民的隐私权观念，使公民认识到自己的隐私权；同时提高公民的信息素养，特别是信息和网络安全的素养，在使用互联网时要小心谨慎，不轻易同意信息系统获取个人信息权限，尽量避免在不熟悉、不可信的系统上输入银行账号及密码等重要个人信息。一旦个人信息遭到侵害,应及时、主动依法维权,及时向有关部门投诉举报,通过合法途径维护自身权益。当然,要彻底保护自己的个人数据,现在的唯一办法就是不上网,但这是不现实的。如果认真读一读所有社交网站的会员条款和条件(terms and conditions),就会发现这些网站出售会员的数据看起来完全"合理合法"。所以,要记住"免费的才是最贵的"和"没有免费的午餐"。

总之,进行数据挖掘可能会侵犯隐私权,保护隐私权可能会阻碍数据挖掘的发展,保护隐私权和进行数据挖掘有着难以调和的矛盾。今后应致力于在个人数据的保护与利用方面找到平衡点,使隐私权保护和数据挖掘协调发展,既保证隐私权不受侵犯,又保证数据挖掘活动能够正常进行。数据挖掘隐私权的问题是数据挖掘中一个非常重要的问题,它的解决程度直接决定了数据挖掘的未来。

1.9 数据挖掘课程学习方法和资源

1.9.1 数据挖掘课程学习方法

在大多数非计算机专业人员以及部分计算机专业人员的眼中,数据挖掘是一个高深的领域,这是一种"仰视"的理解误区。事实上,从数据挖掘的起源可以发现,数据挖掘并不是一门崭新的科学,与计算机其他领域一样都是在融汇理论和实践的过程中综合了统计分析、机器学习、人工智能、数据库等诸多方面的研究成果而形成的,它的特殊之处仅在于渗透了更多的数学知识(主要是统计学知识)。与专家系统、知识管理等传统研究方向不同的是,数据挖掘是一个更加侧重于应用的领域,是一门涉及面很广的交叉学科,在处理各种问题时,需要理解业务逻辑并将问题转换为数据挖掘问题。同时,数据挖掘需要很强的应用系统开发能力。因此,数据挖掘融合了很多理论和技术内容,要掌握相关的理论技术和应用细节,需要花费很大精力。

计算机技术发展日新月异,一个人没有精力和时间全方位地掌握所有技术细节。学习技术要和行业应用靠拢,没有行业应用背景的技术如空中楼阁。面向应用的数据挖掘更是这样,面面俱到地学习所有的技术基本上是不可能的。

目前,数据挖掘人员的工作领域大致可分为 3 类:

(1) 数据分析师。在拥有行业数据的电商、金融、电信、咨询等行业做业务咨询和商务智能分析等工作,并提供分析报告。

(2) 数据挖掘工程师。在多媒体、电商、搜索、社交网络等大数据相关行业做机器学习算法实现和分析工作。

(3) 科学研究人员。在高校、科研单位、企业研究院等科研机构研究新算法效率改进及未来应用。

每一类工作需要掌握的技能侧重点不同:

(1) 数据分析师需要有深厚的数理统计基础,而在程序开发能力上要求不高;需要熟练使用主流的数据挖掘工具,如 SAS、SPSS、Excel 等;需要对所在行业有关的核心数据有深入的理解和一定的敏感性。

（2）数据挖掘工程师需要理解主流机器学习算法的原理和应用；需要熟悉至少一门编程语言（Python、C、C++、Java、Delphi等）；需要理解数据库原理，能够熟练操作至少一种数据库（MySQL、SQL Server、DB2、Oracle等）；需要理解MapReduce的操作原理以及熟练使用Hadoop、Spark等系列工具。

（3）科学研究人员需要深入学习数据挖掘算法，包括关联规则、分类预测、聚类、孤立点分析等算法，掌握各类算法的使用情况和优缺点，尝试改进一些主流算法，使其更加高效；需要广泛而深入地阅读数据挖掘相关领域的重要国际会议和期刊论文，跟踪热点技术，尝试参加数据挖掘比赛，培养全面解决实际问题的能力；尝试在SourceForge或GitHub上参与一些开源项目，贡献自己的代码。

数据挖掘课程的目标是：深入学习数据挖掘的经典基本算法原理和应用，能够分别用已有数据挖掘工具和高级语言实现基本算法并在实际挖掘系统中应用，具有独立的分析和解决实际数据挖掘问题的能力。该课程对于计算机类专业的学生最基本的要求是掌握数据挖掘的常用技术，如分类、聚类、预测、关联分析、孤立点分析等，基本目标是明白这些技术是用来干什么的，典型的算法大致是怎样的，以及在什么情况下应该选用什么样的技术和算法。当然，如果计划把数据分析作为自己未来职业发展的方向，就需要朝着研究的方向努力，不但要掌握基本的算法及其实现，还要关注最新的研究进展，以期针对具体问题提出更先进的算法。

1.9.2　开源数据挖掘工具

当前的商用数据挖掘软件已经比较成熟，例如SAS Enterprise Miner和IBM SPSS Modeler，这些商用软件提供了易用的可视化界面，集成了数据处理、建模、评估等一整套功能。尽管开源的数据挖掘工具在稳定性和成熟性上可能都无法跟商用数据挖掘软件相比，在性能和售后支持上也无法提供让商业用户放心的保障，但对于数据挖掘学习者来说，开源软件便于学习者深入理解和掌握数据挖掘完整过程的详细实现，也有助于学习者优化已有算法和开发新的算法来丰富数据挖掘算法。同时，有些开源工具还是做得不错的，可以选择它们做一些不太重要的分析挖掘工作。

早期的数据挖掘软件采用命令行界面，用户很难对数据进行交互式分析，而且文本格式的输出结果也不够直观。现在的开源数据挖掘软件大多内置数据可视化功能并强化了交互功能，采用可视化编程的设计思路，即用图形化的方法建立整个挖掘流程。可视化编程大大提高了系统的灵活性和易用性，降低了用户使用软件的门槛，有利于非计算机专业的用户使用。同时其可扩展性允许用户开发和扩展新的挖掘算法。当然，开源的数据挖掘软件非常多，可以在KDnuggets和Open Directory上查看。下面就介绍几种经典的常用开源数据挖掘软件。

1. Weka

Weka作为一个公开的数据挖掘工作平台，是名气最大的开源数据挖掘软件，包含了大量能承担数据挖掘任务的机器学习算法，包括对数据进行预处理、分类、回归分析、聚类、关联规则以及交互式的可视化。同时，Weka提供了文档全面的Java函数和类库，非常便于扩展，包含很多扩展包，例如文本挖掘、可视化、网格计算等。很多其他开源数据挖掘掘软件也支持调用 Weka 的分析功能。Weka 为普通用户提供了图形化界面,称为 Weka Knowledge Flow Environment 和 Weka Explorer。高级用户可以通过 Java 编程和命令行来调用其分析组件,并且很多公开数据集支持 Weka 的 arff 文件格式。

2. RapidMiner

该工具是用 Java 语言编写的,通过基于模板的框架提供先进的分析技术。该工具最大的好处就是用户无须写任何代码。它是作为一个服务提供的,而不是一款本地软件。值得一提的是,该工具在数据挖掘工具榜上位列榜首。

另外,除了数据挖掘,RapidMiner 还提供数据预处理和可视化、预测分析和统计建模、评估和部署等功能。它还提供来自 Weka 和 R 脚本的学习方案、模型和算法。RapidMiner 在 AGPL 开源许可下发布,可以从 SourceForge 下载。

3. Orange

Orange 是一个基于组件的数据挖掘和机器学习软件套装,它简单易学并且功能强大,拥有快速而又多功能的可视化编程前端,以便用户浏览数据分析和可视化结果。它绑定了 Python 以进行脚本开发。它的图形环境称为 Orange 画布(Orange Canvas),用户可以在画布上放置分析控件(widget),然后把分析控件连接起来,即可组成挖掘流程。Orange 包含了完整的一系列组件以进行数据预处理,并提供了数据账目、过渡、建模、模式评估和勘探的功能。Orange 是用 C++ 和 Python 开发的,它的图形库是由跨平台的 Qt 框架开发的。它是一个基于 Python 语言、功能强大的开源工具,并且对初学者和专家级用户均适用。它不仅有机器学习的组件,还有生物信息和文本挖掘组件,具备数据分析的各种功能。

4. R 语言

R 语言是用于统计分析和图形化的计算机语言及分析工具,为了保证性能,其核心计算模块是用 C、C++ 和 FORTRAN 编写的。同时为了便于使用,它提供了一种脚本语言。R 语言和贝尔实验室开发的 S 语言类似。R 语言被广泛应用于数据挖掘,支持一系列分析技术,包括统计检验、预测建模、数据可视化等。在 CRAN 上可以找到众多开源的 R 语言扩展包。近年来,易用性和可扩展性也大大提高了 R 的知名度。R 软件的首选界面是命令行界面,通过编写脚本来调用分析功能。如果用户缺乏编程技能,也可使用图形界面。

此外,还有其他一些工具。NLTK 是用 Python 语言编写的,提供了一个语言处理工具,能完成数据挖掘、机器学习、数据抓取、情感分析等各种语言处理任务。KNIME 是基于 Eclipse,用 Java 语言编写的,并且易于扩展和补充插件。其附加功能可随时添加,并且大量的数据集成模块已包含在其核心版本中。它提供了图形化的用户界面,以便对数据节点进行处理。它是一个开源的数据分析、报告和综合平台,同时还通过其模块化数据的流水型概念,集成了各种机器学习和数据挖掘组件,并引起了商业智能和财务数据分析行业的关注。jHepWork 是一套功能完整的面向对象的科学数据分析框架。Jython 宏是用来展示一维和二维直方图的数据可视化工具,该程序包括许多工具,可以用来和二维三维的科学图形进行互动。

1.9.3 经典测试数据集

本节介绍一些经典测试数据集。

1. UCI

UCI机器学习数据集是一个常用的标准测试数据集，也是数据挖掘和机器学习中经典的公开数据集。它是美国加州大学欧文分校(University of California Irvine)提出的，这个数据库目前共有335个数据集，其数目还在不断增加。例如，本书练习中用到的Iris数据集(鸢尾花数据集)、Wine数据集(酒数据集)、Soybean数据集(大豆疾病数据集)、Zoo数据集(动物园数据集)等都来自UCI数据集。其下载地址为http://archive.ics.uci.edu/ml/datasets.html。

2. Kaggle数据集

Kaggle是一个数据建模和数据分析竞赛的平台。企业和研究者可在其上发布数据，统计学者和数据挖掘专家可在其上举办竞赛，它通过众包的形式以产生最好的模型。Kaggle可以分为Competitions(竞赛)、Datasets(数据集)以及Kernel(内核)3个子平台以及配套的Forum论坛模块和供各类公司或组织招聘人才的Jobs模块。

Kaggle的比赛类型按照奖励内容可以分成3种，分别是：提供奖金的Featured类，提供实习、面试机会的Recruitment类，以及纯粹用于练习的Playground类。作为入门经典的Titanic数据集预测问题将在第9章详细介绍。可以通过Kaggle平台提升自己的数据分析能力，由一个初学者转变为一个高级数据分析师。

Kaggle在2016年1月上线了数据集服务，收集了许多公共的数据集，提供数据下载、介绍、相关脚本以及独立的论坛等服务，共有350多个数据集，特征数据集超过200个，下载地址为https://www.kaggle.com/datasets。

3. 其他数据集

除了上述两个数据集，还有一些政府和国际组织机构的公开数据集，例如：

- 美国政府公开数据集，https://www.data.gov/。
- 印度政府公开数据集，https://data.gov.in/。
- 世界银行公开数据集，http://data.worldbank.org/。

还有各个领域的公开数据集。例如，以下是几个文本分类数据集：

- Spam，可区分短信是否为垃圾邮件的数据集，下载地址为http://www.esp.uem.es/jmgomez/smsspamcorpus/。
- Twitter Sentiment Analysis，可进行推文情绪分析的数据集，下载地址为http://thinknook.com/twitter-sentiment-analysis-training-corpus-dataset-2012-09-22/。
- Movie Review Data，电影评论数据集，下载地址为http://www.cs.cornell.edu/People/pabo/movie-review-data/。

以下是几个图像分类数据集：

- The MNIST Database，手写数字的图像识别数据集，下载地址为http://yann.lecun.com/exdb/mnist/。
- Chars74K，自然图像中的字符识别数据集，下载地址为http://www.ee.surrey.ac.

uk/CVSSP/demos/chars74k/。

- Frontal Face Images，人脸正面图像数据集，下载地址为 http://vasc.ri.cmu.edu//idb/html/face/frontal_images/index.html。

当然，有时需要产生一些模拟数据来做实验，有一些数据生成器可以根据用户的业务需要产生数据，例如 http://www.cse.cuhk.edu.hk/～kdd/data_collection.html 和 http://www.almaden.ibm.com/cs/quest/syndata.html。

1.9.4 著名国际会议和期刊

数据挖掘算法的研究近年来非常火热，经常有新的问题和新的算法被提出来加以研究。为了跟踪最前沿的研究成果，有必要关注著名的数据挖掘国际会议和国际期刊中有关数据挖掘研究进展的论文，尝试改进一些主流算法，使其更加快速、高效。下面就介绍几个著名的国际会议和期刊。

数据挖掘领域的国际会议如下：

- ACM Knowledge Discovery and Data Mining(ACMSIGKDD)，http://www.sigkdd.org/。
- IEEE International Conference on Data Mining(IEEEICDM)，http://www.cs.uvm.edu/～icdm/。
- SIAM International Conference on Data Mining(SIAMSDM)，http://www.siam.org/meetings/sdm18/。

以上3个国际会议并称为数据挖掘领域的三大顶级国际会议。其中，ACMSIGKDD是由美国计算机学会下属数据挖掘和知识发现的专业组织SIGKDD主办的，是数据挖掘领域的最高学术会议，IEEEICDM和SIAMSDM是仅次于ACMSIGKDD的两个著名的顶级国际学术会议。

除此之外，还有以下的主要国际会议：

- IEEE International Conference on Data Engineering(ICDE)。
- European Conference on Principles and Practice of Knowledge Discovery in Databases(ECML-PKDD)。
- International Conference on Information and Knowledge Management(CIKM)。
- ACM International Conference on Web Search and Data Mining(WSDM)。

由于数据挖掘和机器学习以及人工智能的密切关系，在机器学习和人工智能领域的著名国际会议上也有不少关于数据挖掘研究的论文。相关会议包括人工智能领域国际顶级学术会议 International Joint Conference on Artificial Intelligence(IJCAI)以及美国人工智能协会主办的年会 The National Conference on Artificial Intelligence(AAAI)等。另外，国际机器学习学会主办的国际机器学习大会 International Conference on Machine Learning(ICML)和NIPS基金会主办的神经信息处理系统大会 Conference and Workshop on Neural Information Processing Systems(NIPS)等机器学习领域的顶级会议，也值得密切关注。

数据挖掘领域的著名国际期刊有以下几种：

- *IEEE Transactions on Knowledge and Data Engineering*（IEEE TKDE），http://www.ieee.org/organizations/pubs/transactions/tkde.htm）。
- *ACM Transactions on Information Systems*（ACM TOIS），http://www.acm.org/pubs/tois/。
- *ACM Transactions on Intelligent Systems and Technology*（ACM TIST），https://tist.acm.org/。
- *ACM Transactions on Knowledge Discovery from Data*（ACM TKDD），http://tkdd.cs.uiuc.edu/。

人工智能领域的主要国际期刊是 *Artificial Intelligence*（AI），http://www.sciencedirect.com/science/journal/00043702。

以下几种机器学习领域的主要国际期刊也经常刊登数据挖掘的研究成果：

- *Journal of Machine Learning Research*（JMLR），http://www.jmlr.org/editorial-board.html）。
- *IEEE Transactions on Pattern Analysis and Machine Intelligence*（PAMI），http://www.jmlr.org/。
- *Machine Learning*（ML），http://www.springerlink.com/content/）。

1.10 思考与练习

1. 什么是数据挖掘？给出一个你在生活中应用数据挖掘技术的例子，分析数据挖掘的意义。

2. 数据仓库与数据库有何不同，又有哪些相似之处？

3. 数据挖掘对于工商企业的成功是至关重要的。给出一个例子，并回答以下问题：该工商企业需要什么数据挖掘功能？这种模式能够通过简单的查询处理或统计分析得到吗？

4. 解释区分和分类、特征化和聚类、分类和回归分析之间的区别和相似之处。

5. 描述 CRISP-DM 模型的主要流程并给出简要说明。

6. 简述一种数据挖掘方法并举例说明它的应用。

7. 作为数据挖掘者需要具备哪些专业技能？

8. 对于学校数据库，你认为数据挖掘的目的是什么？

9. 离群点经常被当作噪声丢弃。然而，一个人的垃圾可能是另一个人的宝贝。例如，信用卡交易中的异常可能帮助银行检测信用卡的欺诈使用。以欺诈检测为例，提出两种可以用来检测离群点的方法，并讨论哪种方法更可靠。

10. 与挖掘少量数据（例如几百个元组的数据集合）相比，挖掘海量数据（例如数十亿个元组）的主要挑战是什么？

11. 解读一个你熟悉的常用手机 APP 的用户协议，谈谈其中涉及个人隐私的条款对个人隐私数据的保护是否得当，是否符合国家法律法规。

12. 谈谈在你的生活中发生的个人隐私数据泄露的经历和解决策略。

13. 谈谈你对数据挖掘中个人隐私数据以及如何进行隐私保护的看法，和同学辩论隐私数据挖掘的必要性或非必要性。

14. 公开数据集对于数据挖掘算法的学习和研究十分重要。尝试找到几个你关注的领域的公开数据集网站，描述这些数据的内容和结构以及重要的挖掘目标。

15. 上网查找数据挖掘论坛并注册，开启你的数据挖掘之旅。

第2章 数据探索与预处理

现实世界的数据往往是大量的、有噪声的，并且来自多个数据源。在开始数据挖掘之前，有必要探索挖掘对象——数据的基本情况，例如观察数据的类型，计算数据的统计量，度量数据的分布情况，可视化显示数据，考查数据的相似性或相异性。数据探索就是对调查、观测所得到的一些原始的、杂乱无章的数据，在尽可能少的先验假设下进行处理，通过检验数据集的数据质量、绘制图表、计算某些特征量等手段，对样本数据集的结构和规律进行分析的过程。数据探索是从数据质量和数据特征两个角度进行的分析。探索性数据分析是数据分析的第一个重要的工作，这是因为输入数据的质量决定了数据挖掘模型输出结果的质量，即数据决定了模型的上限。1977年，美国统计学家John W.Tukey出版了《探索性数据分析》(*Exploratory Data Analysis*)，引起统计学界的关注。他在书中提出，统计建模应该结合实际数据，而不是从理论假设出发构建。

使用数据挖掘技术分析的数据很多是所谓的“脏数据”，即它是不完整的(缺少属性值或某些感兴趣的属性，或仅包含聚集数据)、含噪声的(包含错误或存在偏离期望的离群值)，并且是不一致的(例如用于商品分类的部门编码存在差异)。数据挖掘对象往往数据量庞大并且可能来自异种数据源。没有高质量的数据，就没有高质量的挖掘结果。因此，在通过数据探索发现数据中存在上述“脏数据”后，需要对数据进行预处理，提高数据的质量，以提高数据挖掘的效率。

通常需要花费大量的时间来对数据进行处理。一般来说，数据探索和预处理将花费整个项目周期70%以上的工作量，往往是进行特定领域数据挖掘时最有挑战性的工作。探索数据特性对于数据预处理非常有利。掌握数据的各种属性类型，有助于在数据预处理时填补缺失值、光滑噪声、识别离群点等，从而提高数据质量。数据的特征分析可以通过绘制图表、计算某些特征量等手段进行。基本的统计描述可以用来获得关于属性值的更多知识，有助于解决数据集成时出现的不一致问题。绘制中心趋势的图形可以显示数据是对称的还是倾斜的。数据可视化有助于识别隐藏在无结构数据集中的关系、趋势和偏差。考查数据的相似性也有助于检测数据中的离群点或进行最近邻分类。数据预处理是数据挖掘过程的重要环节，可以提高数据挖掘获得的知识的质量和数据挖掘的效率，数据预处理的主要工作有数据清理、数据集成、数据变换和数据归约。本章主要介绍数据探索的方法与数据预处理技术。

2.1 数据属性类型

数据集是数据挖掘的对象。数据集中的数据对象通常也称为样本、实例、数据点或元组等。属性是一个数据字段，表示数据对象的一个特征。在不同的文献中属性也可以称为列、维、特征和变量等。在数据仓库中一般用术语“维”；在机器学习中倾向于使用术语“特征”；而在统计学中经常使用术语“变量”；在数据挖掘和数据库中一般使用术语“属性”，用来描述一个给定对象的一组属性称作属性向量(或特征向量)。

在关系数据库中，表头描述数据的类型，行对应数据对象，列对应属性。不同类型的属性其值集和操作差异很大，属性可以是标称的(枚举的)、二元的、序数的或数值的。在数据探索中很有必要考查属性的类型。

1. 标称属性

标称属性(nominal attribute)的值是一些符号或事物的名称。每个值代表某种类别、编码或状态，在分类中类标号属性就是这种类型。

例如在学生数据对象中，属性民族可能的值为汉族、满族、藏族、蒙古族、维吾尔族、回族、壮族等 56 个民族；属性生源省份可能的值为北京市、天津市、上海市、重庆市、河北省、山西省、辽宁省等 34 个省级行政区域。

一种比较常见的标称属性是二元属性(binary attribute)，只有两个类别或状态：0 或 1，其中 0 通常表示该属性不出现，而 1 表示出现。如果两种状态对应于 true 和 false，二元属性又称布尔属性。例如，性别只有“男”和“女”两种状态；乙肝病毒化验结果只有“阳性”和“阴性”两种状态，通常用 1 表示阳性，而另用 0 表示阴性。

标称属性的值是一些符号或“事物的名称”，虽然可以用数字来表示，例如对于民族，可以指定 1 表示汉族，2 表示满族，3 表示藏族，等等，但它不具有有意义的序，进行数值运算是没有意义的。

2. 序数属性

序数属性(ordinary attribute)的值有顺序，往往是属性的一个定性描述，相邻值之间的差是未知的。例如，学生课程设计的成绩属性可以分为优、良、中、及格和不及格 5 个等级，大学教师的职称有助教、讲师、副教授和教授 4 个级别，餐厅供应的炒饭有大份、中份、小份 3 个可能值。序数属性也可以通过把数值量的值域划分成有限个有序类别，通过数值属性离散化而得到。这些值具有有意义的先后次序，然而，具体“中份”比“小份”大多少是未知的。

标称属性、二元属性和序数属性都是定性的。它们描述对象的特征，而不给出具体数量。这种定性属性的值通常是代表类别的。

3. 数值属性

数值属性(numeric attribute)是定量的、有序的，用整数或实数值表示。数值属性有区间标度和比率标度两种类型。

1) 区间标度属性

区间标度(interval-scaled)属性用相等的单位尺度度量。区间属性的值有序，所以，这种属性允许比较和定量评估值之间的差。例如，身高属性是区间标度的。假设有一个班学生的身高统计表，将每一个人视为一个样本，将这些学生的身高值排序，可以量化不同值之间的差。张同学（身高 180cm）比李同学（170cm）高 10cm。但是，对于没有真正零值的用摄氏度和华氏度表示的温度，其零值不表示没有温度。例如，1℃是水在标准大气压下沸点温度与冰点温度之差的 1/100。尽管可以计算温度之差，但因没有真正的零值，因此不能说 20℃是 10℃的两倍，不能用比率描述这些值的关系。但比率标度属性存在真正的零值。

2）比率标度属性

比率标度(ratio-scaled)属性的度量是比率，可以用比率来描述两个值的关系，即一个值是另一个值的多少倍，也可以计算值之间的差。例如，不同于用摄氏度和华氏度表示的温度，用开氏度表示的温度具有绝对零值。在 0K 时，构成物质的粒子具有零动能。比率标度属性的例子还包括字数和工龄等计数属性，以及度量重量、高度、速度的属性。

4. 离散属性与连续属性

属性的类型除了上述标称属性、序数属性和数值属性外，还有其他的分类方式。在数据挖掘的分类算法中通常把属性分成离散型或连续型。属性类型不同，往往采用的处理方法也不同。离散属性具有有限个值或可数无穷多个值。例如，学生课程设计的成绩属性和大学教师的职称属性都有有限个值，都是离散的。离散属性可以具有数值。例如，对于年龄属性取 0～130 的整数值。如果一个属性可能的值集合是无限的，但是可以建立一个与自然数一一对应的关系，则这个属性是可数无穷多的。例如，属性订单流水号是可数无穷多的。顾客数量是无限增长的，但事实上实际的值集合是可数的。如果属性不是离散的，则它就是连续的。在实践中，实数值用有限位数字表示。连续属性一般用浮点变量表示。

2.2　数据的统计描述

对于数据预处理，把握数据的全貌特征是至关重要的。在基本统计描述中，可以通过计算某些特征量来识别数据的整体特征性质，同时其副产品可以显现数据中的噪声或离群点。

2.2.1　中心趋势度量：均值、中位数和众数

假设有某个属性 X，如西安市在岗工作人员年薪。令 $x_1,x_2,\cdots,x_N$，即 X 的 N 个观测值。需要统计西安市在岗工作人员的年薪信息。要描述大部分人员的年薪情况，就需要统计西安市在岗工作人员年薪数据的中心趋势度量。中心趋势度量包括均值、中位数和众数。

数据集的中心最常用的数值度量是均值，令 $x_1,x_2,\cdots,x_N$ 为数值属性 X 的 N 个观测值。该值集合的均值如式(2.1)所示：

$$\bar{x}=\frac{\sum_{i=1}^{N}x_i}{N}=\frac{x_1+x_2+\cdots+x_N}{N} \tag{2.1}$$

【例 2.1】 假设有西安市在岗工作人员年薪值(以千元为单位):50,51,67,70,72,72,76,80,83,90,90,130。将值代入式(2.1),有

$$\begin{aligned}\bar{x}&=\frac{50+51+67+70+72+72+76+80+83+90+90+130}{12}\\&=\frac{931}{12}\approx 77.583\end{aligned}\tag{2.2}$$

因此,年薪的均值为 77 583 元。

有时,对于 $i=1,2,\cdots,N$,每个值 x_i 可以与一个权重 w_i 相关联。权重反映它们所依附的对应值的重要性或出现的频率等。考虑权重的平均值称为加权平均值,如式(2.3)所示:

$$\bar{x}=\frac{\sum_{i=1}^{N}w_ix_i}{\sum_{i=1}^{N}w_i}=\frac{w_1x_1+w_2x_2+\cdots+w_Nx_N}{w_1+w_2+\cdots+w_N}\tag{2.3}$$

尽管均值是描述数据集最常用的统计值,但是它不是度量数据中心的最佳方法。因为均值对极端值很敏感,有时不能反映数据的整体情况。例如,一个班的考试平均成绩可能被少数很低的成绩拉低。为了抵消少数极端值的影响,可以使用截尾均值。截尾均值是丢弃高/低端值后的均值。例如,在多位专家的评分中,会去掉一个最高分和一个最低分,然后再求剩余分数的平均值,作为最终评分。对上述西安市在岗工作人员年薪的观测值进行排序,并且在计算均值之前去掉高端和低端的 2%。应避免在两端截去太多,否则可能导致有价值的信息被截掉。

对于非对称数据,中位数是常用的数据中心度量。中位数是有序数据的中间值,是把数据较高的一半与较低的一半分开的值。假设给定属性 X 的 N 个值,按递增序列排序。如果 N 是奇数,则中位数是该有序集的中间值;若 N 是偶数,则中位数不唯一,它是最中间的两个值和它们之间的任意值。在 X 是数值属性的情况下,中位数取作最中间两个值的平均值。

【例 2.2】 找出例 2.1 中数据的中位数。该数据已经按递增序列排序。有偶数(12)个观测值,因此中位数不唯一,它可以是最中间的两个值 72 和 76 和它们之间的任意值,也可以是最中间的两个值的平均值,即$\frac{72+76}{2}=\frac{148}{2}=74$。于是,中位数为 74 000 元。假设只有该列表的前 11 个值,则中位数是最中间的值,即列表的第 6 个值,其值为 72 000 元。

众数是另一种中心趋势度量。数据集的众数是集合中出现最频繁的值。因此,可以对定性和定量属性确定众数。可能最高频率对应多个不同值,导致多个众数。具有一个、两个、三个众数的数据集分别称为单峰的、双峰的和三峰的。一般,将具有两个或更多众数的数据集称为多峰的。在另一种极端情况下,如果每个数据值仅出现一次,则它没有众数。

【例 2.3】 例 2.1 中的数据是双峰的,两个众数为 72 000 元和 90 000 元。

在具有完全对称的数据分布的单峰频率曲线中,均值、中位数和众数都是相同的中心

值，如图 2.1(a)所示。在大部分实际应用中，数据都是不对称的。它们可能是正倾斜的，其中众数小于中位数，如图 2.1(b)所示；或者是负倾斜的，其中众数大于中位数，如图 2.1(c)所示。

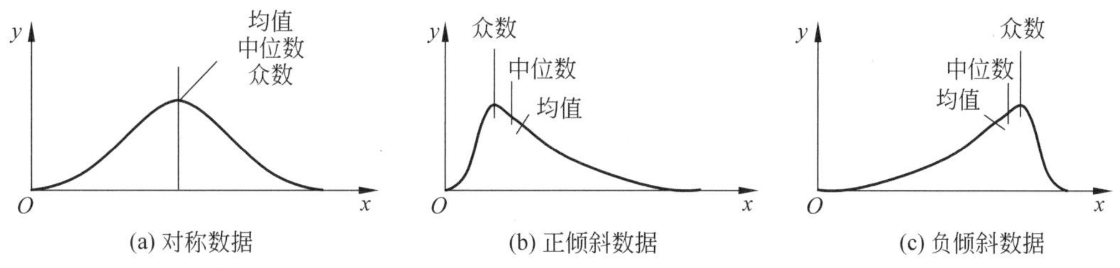

图 2.1 对称、正倾斜和负倾斜数据的均值、中位数和众数

2.2.2 度量数据散布

对于观测的数据集，不但要度量数据的中心趋势，还要度量数据散布或发散的程度。这些度量包括极差、分位数、四分位数、四分位数极差、方差和标准差，它们都经常用来表示数据的散布程度。

1. 极差、分位数、四分位数和四分位间距

设 $x_1, x_2, \cdots, x_N$ 是数值属性 X 上的值集合。该集合的极差是最大值与最小值之差。

假设属性 X 的数据以数值递增序排列，挑选某些数据点，以便把数据划分成大小(基本)相等的连贯集，挑选的这些数据点称为分位数。

分位数是在数据中每隔一定间隔所取的点，它把数据划分成基本上大小相等的连贯集合。给定数据的第 k 个 q 分位数是值 x，使得小于 x 的数据值最多为 kq 个，而大于 x 的数据值最多为$(q-k)q$ 个，其中 k 是整数，使得 $0<k<q$，这样就有 $q-1$ 个 q 分位数。

二分位数是一个数据点，它把数据划分成高低两半。二分位数对应于中位数。四分位数是 3 个数据点，它们把数据划分成 4 个相等的部分，使得每部分为数据的 1/4，通常称它们为四分位数。百分位数把数据分布划分成 100 个大小相等的连贯集。中位数、四分位数和百分位数是使用最广泛的分位数。

四分位数给出数据的中心、散布和形状的某种指示。第 1 个四分位数记作 Q_1，是第 25 个百分位数，它"砍掉"数据的最低 1/4；第 2 个四分位数记作 Q_2，是第 50 个百分位数，作为中位数，它给出数据的中心；第 3 个四分位数记作 Q_3，是第 75 个百分位数，它"砍掉"数据的最低 3/4(或最高 1/4)。当然数据集中数据数量的奇偶性对于四分位数数据点的确定有一定的影响，处理策略不同的系统选择的四分位数略有差异，有兴趣的读者可以查阅相关资料。

第 1 个和第 3 个四分位数之间的距离是数据散布程度的一种简单度量，它给出被数据的中间一半所覆盖的范围。该距离称为四分位间距(InterQuartile Range, IQR)，定义为式(2.4)：

$$\mathrm{IQR} = Q_3 - Q_1 \tag{2.4}$$

【例 2.4】 四分位数是 3 个值，把排序的数据集划分成 4 个相等的部分。例 2.1 的数据包含 12 个观测值，已经按递增序排序。这样，该数据集的四分位数分别是该有序表的第 3、第 6 和第 9 个值。因此，$Q_1=67\ 000$ 元，而 $Q_3=83\ 000$ 元。于是，四分位间距为

$$\text{IQR}=83\ 000\text{元}-67\ 000\text{元}=16\ 000\text{元}$$

2. 方差和标准差

方差和标准差代表数据的散布程度，是数据散布的度量。低标准差意味数据比较靠近均值，而高标准差表示数据散布在一个大的值域中。

数值属性 X 的 N 个观测值 $x_1,x_2,\cdots,x_N$ 的样本方差用式(2.5)计算：

$$\sigma^2=\frac{1}{N-1}\sum_{i=1}^{N}(x_i-\bar{x})^2 \tag{2.5}$$

其中，$\bar{x}$ 是观测值的均值。观测值的标准差 σ 是方差 σ^2 的平方根。标准差 σ 是数据集散布程度的很好的指示器。当选择均值作为中心度量时，标准差 σ 度量关于均值的散布程度。当不存在散布时，即当所有的观测值都具有相同值时，$\sigma=0$；否则，$\sigma>0$。

需要注意的是，在统计学中样本方差和总体方差是有区别的，总体方差计算公式中的除数是 N，当样本数量足够多时，样本方差就可以逼近总体方差(其期望是总体方差)，也就是说达到了总体方差的无偏估计。

3. 协方差和协方差矩阵

协方差(covariance)在概率论和统计学中用于衡量两个变量的总体误差。而方差是协方差的一种特殊情况，即两个变量相同的情况。

协方差表示的是两个变量的总体误差，也就是度量两个变量线性相关性程度。如果两个变量的变化趋势一致，也就是说，如果其中一个大于自身的期望值，另一个也大于自身的期望值，那么两个变量之间的协方差就是正值；如果两个变量的变化趋势相反，即其中一个大于自身的期望值，另一个却小于自身的期望值，那么两个变量之间的协方差就是负值。N 个样本的样本协方差计算公式如式(2.6)所示。

$$\text{cov}(X,Y)=\frac{\sum_{i=1}^{N}(x_i-\bar{x})(y_i-\bar{y})}{N-1} \tag{2.6}$$

若协方差不为 0，则大于 0 表示正相关，小于 0 表示负相关。如果协方差大于 0，一个变量增大时，另一个变量也会增大；如果协方差小于 0，一个变量增大时，另一个变量会减小；如果两个变量的协方差为 0，则统计学上认为二者线性无关。

协方差矩阵(covariance matrix)由数据集中两两变量(属性)的协方差组成。矩阵的第(i,j)个元素是数据集中第 i 个和第 j 个元素的协方差。例如，三维数据集的协方差矩阵如式(2.7)所示。

$$\boldsymbol{C}=\begin{bmatrix}\text{cov}(x_1,x_1) & \text{cov}(x_1,x_2) & \text{cov}(x_1,x_3)\\ \text{cov}(x_2,x_1) & \text{cov}(x_2,x_2) & \text{cov}(x_2,x_3)\\ \text{cov}(x_3,x_1) & \text{cov}(x_3,x_2) & \text{cov}(x_2,x_3)\end{bmatrix} \tag{2.7}$$

2.3　统计描述图形

本节介绍基本统计描述的图形显示，包括直方图、散点图、箱形图和小提琴图。这些图形能够揭示数据的分布特征和分布类型，有助于从整体上直观地审视数据。

1. 直方图

直方图(histogram)又称频率直方图(frequency histogram)或条形图(bar chart)，是一种显示数据分布情况的柱形图，它反映不同数据出现的频率。通过这些高度不同的柱形，可以直观、快速地观察数据的分散程度和中心趋势。

如果 X 是标称的，如商品类型，则对于 X 的每个已知值，画一个柱，柱的高度标示该 X 值出现的频率(即计数)。

如果 X 是数值类型的，则多使用术语直方图。X 的值域被划分成不相交的连续子域。这些子域称为桶(bucket)或箱(bin)，桶的范围称为宽度。通常，各桶是等宽的。例如，值域为 1～10 元(对最近的值取整)的价格属性可以划分成子域 1～2，2～4，4～6，等等。对于每个子域，画一个柱形，其高度表示在该子域观测到的商品的计数。

【例 2.5】 已知某班 50 名学生的身高(单位为 cm)数据如下：

158，162，169，165，151，160，161，158，172，149，168，158，165，166，158，163，159，168，170，168，155，162，171，153，159，163，165，162，164，156，170，166，159，164，171，168，168，164，166，168，160，154，154，157，155，164，163，156，159，164。

根据所给的数据画出直方图。

先计算最大值和最小值的差。最大值为 172，最小值为 149，其差为 172－149＝23，取组距为 4，分为 6 组。数出每一组的频数，得到频数分布表，在此基础上画出直方图，如图 2.2 所示。注意，在每一组计数时，包含下限值，但不包含上限值。

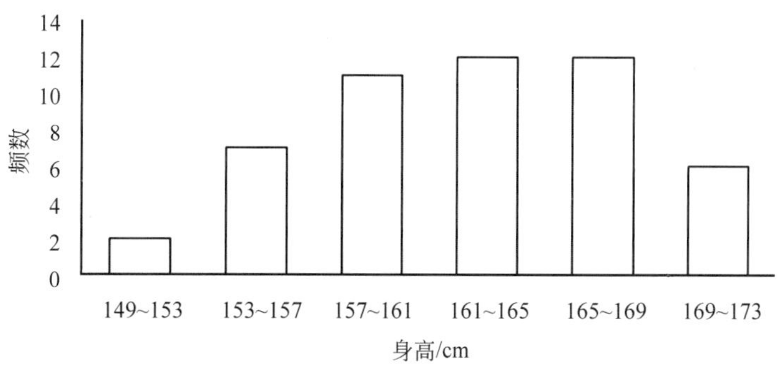

图 2.2　学生身高直方图

2. 散点图

散点图又称散点分布图，是反映因变量随自变量而变化的大致趋势的图形。将数据点描绘在直角坐标系平面上，以一个变量为横坐标，以另一个变量为纵坐标，利用散点(坐标点)的分布形态反映变量间的统计关系。它的特点是能以图形方式直观地表现出影响因素和预测对象之间的总体关系趋势。

散点图是确定两个数值变量之间看上去是否存在联系、模式或趋势的最有效的图形方法之一。为构造散点图,将每个值对视为一个点的坐标值,并将其画在直角坐标系平面上。

【例 2.6】 某班 8 位学生的身高和体重如表 2.1 所示。

表 2.1　某班 8 位学生的身高和体重

学　　生	身高/cm	体重/kg
A	167	55
B	156	50
C	185	70
D	175	65
E	180	70
F	150	50
G	170	60
H	157	55

散点图如图 2.3 所示。

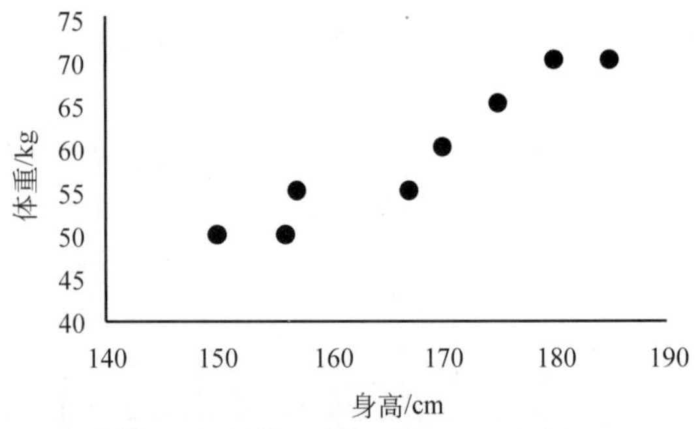

图 2.3　某班 8 位学生身高体重散点图

3. 箱形图

箱形图(box plot)又称为盒形图,是一种用于显示一组数据分散情况的统计图,因其形状如箱子而得名。箱形图是在 1977 年由美国统计学家约翰・图基(John Tukey)发明的。它由 5 个数值点组成:最小值(min)、下四分位数(Q_1)、中位数(median)、上四分位数(Q_3)和最大值(max)。也可以在箱形图中加入平均值(mean)。下四分位数、中位数、上四分位数组成一个"带有隔间的盒子"。上四分位数到最大值之间建立一条延伸线,这个延伸线称为 whisker。

箱形图包括一个矩形箱体和上下两条竖线,箱体表示数据的集中范围,箱体的高度是四分位间距($IQR = Q_3 - Q_1$),即上四分位数与下四分位数之差。上下两条竖线分别表示数据向上和向下的延伸范围。箱形图的结构如图 2.4 所示。

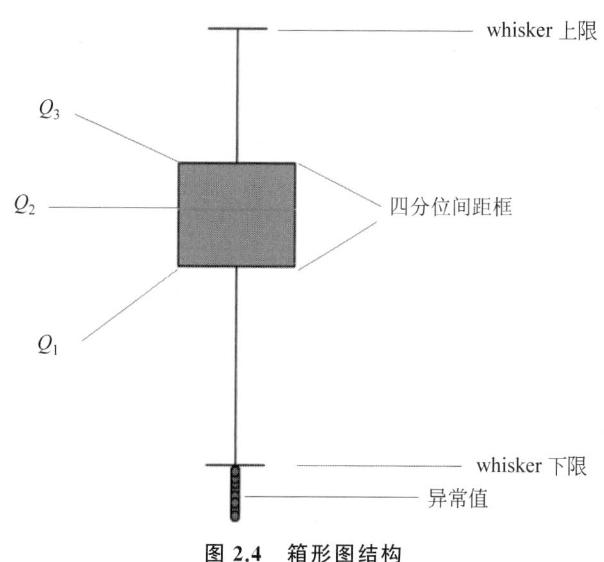

图 2.4　箱形图结构

由于实际数据中总是存在各式各样的“脏数据”，称为离群点或异常值，因此，为了不使这些少数的离群点导致数据整体特征的偏移，应将这些离群点单独绘出。一般情况下，离群点被定义为小于 $Q_1-1.5\text{IQR}$ 或大于 $Q_3+1.5\text{IQR}$ 的值。通常情况下，最大(最小)观测值设置为与四分位数值间距离为 1.5 个 IQR。

最小观测值为 $\min=Q_1-1.5\text{IQR}$。如果存在小于最小观测值的离群点，则 whisker 下限为最小观测值，将离群点单独绘出。如果没有比最小观测值更小的数，则 whisker 下限为最小观测值。最大观测值为 $\max=Q_3+1.5\text{IQR}$。如果存在大于最大观测值的离群点，则 whisker 上限为最大观测值，离群点单独绘出。如果没有比最大观测值大的数，则 whisker 上限为最大观测值。

当然，也有一些数据处理软件在绘箱形图时并没有按照上面的约定来确定 whisker 的上下限，例如，Excel 使用去掉离群点后的数据的最大值和最小值来作为 whisker 的上下限。

箱形图可以用来比较若干个可比较的数据集。在分析数据的时候，箱形图能够有效地帮助人们直观地识别数据集中的异常值(离群点)，判断数据集的数据分散程度和偏向(盒子的高度以及 whisker 的长度)。

【例 2.7】　假设西安市在岗工作人员年薪值如下(以千元为单位)：{50,51,67,70,72,72,76,80,83,90,90,130}；北京市在岗工作人员年薪值如下：(以千元为单位)：{46,71,90,97,98,99,99,100,109,115,120,130}。图 2.5 给出了西安市和北京市在岗工作人员年薪数据的箱形图。为了便于观察各个分位值和均值，图 2.5 中标出了各个位置对应的数值，其中◦对应的是离群点，×对应的是均值。注意，图 2.5 中有两个奇异的离群观测值被单独绘出，西安数据集中的 130 和北京数据集中的 46 两个离群点被抛出，因为其值不在区间$[Q_1-1.5\text{IQR},Q_3+1.5\text{IQR}]$之内。从图 2.5 中可以看出两个数据集的对比情况，北京的在岗工作人员年薪值整体高于西安，差距大于西安(即更分散)。

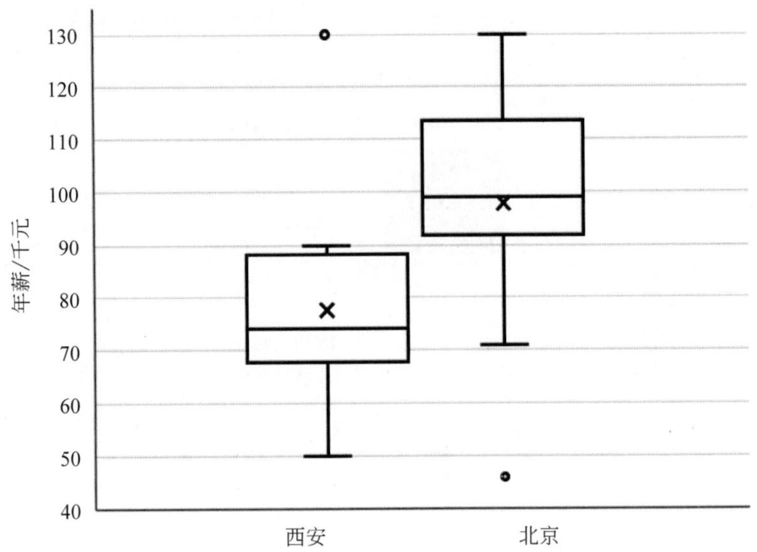

图 2.5　年薪数据的箱形图

4. 小提琴图

小提琴图(violin plot)结合了箱形图和密度图(或直方图)的特征,用于显示数据分布及其概率密度,主要用来显示数据的分布形状。箱形图展示了分位数的位置,小提琴图则展示了任意位置的概率密度,通过小提琴图可以知道哪些位置的概率密度较高。

如图 2.6 所示,白点是中位数,粗黑线的范围是下四分位点到上四分位点,细黑线表示 whisker。小提琴图的外部形状为概率密度估计(在概率论中用来估计未知的概率密度函数,属于非参数检验方法之一)。

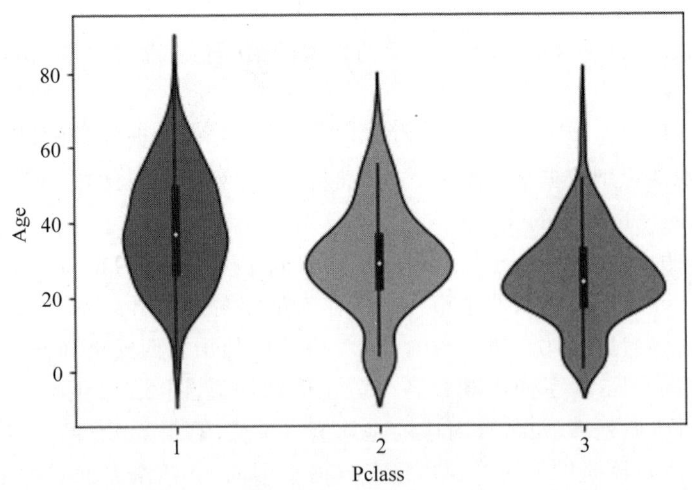

图 2.6　不同船舱等级乘客的年龄分布小提琴图

使用泰坦尼克号乘客数据集中年龄特征(Age)和船舱等级特征(Pclass)绘制小提琴图,其中 Pclass 为船舱等级,有 3 种等级(1,2,3),从图 2.6 中可以看出:大体上乘坐的船舱等级越高的人年龄往往越大,1 等和 2 等船舱中大部分人的年龄为 35～38 岁,3 等船舱中大部分人在 20 岁左右。图 2.6 中的 2 等和 3 等船舱乘客年龄的分布不均匀(中间大、两头小),且 2 等和 3 等船舱乘客的年龄存在比较明显的离散值(上侧的 whisker 或下侧的 whisker 较长)。

2.4 数据相似性度量

评价数据的相似性是数据分析的基础。在数据挖掘应用中,需要度量对象之间的相似性(或相异性)的程度,相似性(或相异性)度量是很多数据挖掘技术(如聚类、最近邻分类和离群点检测等)的基础。相似性和相异性都称邻近性(proximity)。相似性和相异性是有关联的。在许多情况下,一旦计算出相似性(或相异性),就不再需要原始数据了。这种方法可以看作将原始数据空间变换到相似性(或相异性)空间,然后以相似性(或相异性)空间为基础进行数据分析。

两个对象之间的相似度是这两个对象相似程度的数值度量。因而,两个对象越相似,它们的相似度就越高。通常,相似度是非负的,并常常在 0(完全不同)和 1(完全相同)之间取值。同样,两个对象之间的相异度是这两个对象差异程度的数值度量。两个对象越相似,它们的相异度就越低。通常,术语距离(distance)用作相异度的同义词,距离常常用来表示特定类型的相异度。

2.4.1 数据矩阵与相异性矩阵

通常情况下观测的对象都是用多个属性刻画的。假设有 n 个对象(如学生),用 p 个属性(又称维或特征,如姓名、年龄、身高、体重或性别)刻画。这些对象表示为 $x_1=(x_{11},x_{12},\cdots,x_{1p})$,$x_2=(x_{21},x_{22},\cdots,x_{2p})$,$\cdots$,$x_n=(x_{n1},x_{n2},\cdots,x_{np})$,其中 x_{ij} 是对象 x_i 的第 j 个属性的值。为简化描述,以后称对象 x_i 为对象 i。这些对象可以是关系数据库的元组,也称数据样本或特征向量。通常在以下两种数据结构上进行数据处理:

(1) 数据矩阵(data matrix),也称对象-属性结构。这种数据结构用关系表的形式或 $n\times p$(n 个对象和 p 个属性)矩阵存放 n 个数据对象,如式(2.8)所示:

$$\begin{bmatrix} x_{11} & x_{12} & \cdots & x_{1f} & \cdots & x_{1p} \\ x_{21} & x_{22} & \cdots & x_{2f} & \cdots & x_{2p} \\ \vdots & \vdots & \vdots & \vdots & \ddots & \vdots \\ x_{n1} & x_{n2} & \cdots & x_{nf} & \cdots & x_{np} \end{bmatrix} \tag{2.8}$$

每行对应于一个对象,每一列对应一个属性。

(2) 相异性矩阵(dissimilarity matrix),也称对象-对象结构。存放 n 个对象两两之间的邻近度,通常用一个 $n\times n$ 矩阵表示,如式(2.9)所示:

$$\begin{bmatrix} 0 & & & & \\ d(2,1) & 0 & & & \\ d(3,1) & d(3,2) & 0 & & \\ \vdots & \vdots & \vdots & \ddots & \\ d(n,1) & d(n,2) & d(n,3) & \cdots & 0 \end{bmatrix} \tag{2.9}$$

其中$d(i,j)$是对象i和对象j之间的相异性或“差别”的度量，一般也称为对象i和对象j之间的距离。通常情况下，$d(i,j)$是一个非负的数值，对象i和j彼此高度相似或“接近”时，其值接近于0；而两者差异越大，该值越大。$d(i,i)=0$，即一个对象与自己的差别为0。此外，该矩阵是对称的，即$d(i,j)=d(j,i)$。

相似性度量可以表示成相异性度量的函数。例如，相似性矩阵元素可以用式(2.10)表示：

$$\text{sim}(i,j)=1-d(i,j) \tag{2.10}$$

其中，$\text{sim}(i,j)$是对象i和j之间的相似性度量。

数据矩阵由两种实体组成，即行(代表对象)和列(代表属性)。相异性矩阵只包含一类实体(代表相异度)。许多算法都在相异性矩阵上运行，在使用这些算法之前，可以把数据矩阵转化为相异性矩阵。

2.4.2 标称属性的相异性度量

标称属性的值是一些符号或事物的名称，可以取两个或多个离散状态。例如，颜色是一个标称属性，它可以有5种状态：红、黄、绿、粉红和蓝。设一个标称属性的状态数目是M。这些状态可以用字母、符号或者一组整数(如$1,2,\cdots,M$)表示。

两个对象i和j之间的相异性可以用不匹配率来表示，如式(2.11)所示：

$$d(i,j)=\frac{p-m}{p} \tag{2.11}$$

其中，m是匹配的数目(即i和j取值相同的属性数)，而p是用于刻画对象的属性总数。

同样，相似性可以用匹配率来表示，如式(2.12)所示：

$$\text{sim}(i,j)=1-d(i,j)=\frac{m}{p} \tag{2.12}$$

2.4.3 二元属性的相异性度量

通常用对称和非对称二元属性刻画对象间的相异性和相似性。二元属性只有两种状态：0或1，其中0表示该属性不出现，1表示它出现。例如，给出一个描述患者是否抽烟的属性smoker，1表示患者抽烟，而0表示患者不抽烟。像对待数值一样处理二元属性会使结果对用户产生误导。因此，要采用特定的方法计算二元属性的相异性。

如何计算两个二元属性之间的相异性？一种方法是由给定的二元属性计算相异性矩阵。如果所有的二元属性都被看作具有相同的权重，则可得到一个两行两列的列联表，如图2.7所示。其中，q是在对象i和j中都取1的属性数，r是在对象i中取1、在对象j中取0的属性数，s是在对象i中取0、在对象j中取1的属性数，而t是在对象i和j中都取0的属性数。属性的总数是 p，$p=q+r+s+t$。

		对象 j		
		1	0	sum
对象 i	1	q	r	$q+r$
	0	s	t	$s+t$
	sum	$q+s$	$r+t$	p

图 2.7 二元属性的列联表

对于对称的二元属性，每个状态都同样重要。基于对称二元属性的相异性称为对称的二元相异性。如果对象 i 和 j 都用对称的二元属性刻画，则 i 和 j 的相异性可以用式(2.13)计算：

$$d(i,j)=\frac{r+s}{q+r+s+t} \tag{2.13}$$

对于非对称的二元属性，两个状态不是同等重要的，例如病理化验的阳性(1)和阴性(0)结果。给定两个非对称的二元属性，两个都取1的情况(正匹配)被认为比两个都取0的情况(负匹配)更有意义。因此，这样的二元属性经常被认为是"一元的"(只有一种状态)。基于这种属性的相异性称为非对称的二元相异性，其中负匹配数 t 被认为是不重要的，因此在计算时被忽略。此时，对象 i 和 j 的相异性如式(2.14)所示：

$$d(i,j)=\frac{r+s}{q+r+s} \tag{2.14}$$

可以基于相似性而不是基于相异性来度量两个二元属性的差别。例如，对象 i 和 j 之间的非对称的二元相似性可以用式(2.15)计算：

$$\mathrm{sim}(i,j)=\frac{q}{q+r+s}=1-d(i,j) \tag{2.15}$$

式(2.15)中的 $\mathrm{sim}(i,j)$ 被称为 Jaccard 系数，它在文献中被广泛使用。

当对称的和非对称的二元属性出现在同一个数据集中时，可以使用混合属性方法。

【例 2.8】 假设一个患者记录表(表 2.2)包含属性 name(姓名)、gender(性别)、fever(发烧)、cough(咳嗽)、test-1、test-2、test-3 和 test-4，其中 name 是对象标识符，gender 是对称属性，其余的属性都是非对称二元属性。

表 2.2 患者记录表

name	gender	fever	cough	test-1	test-2	test-3	test-4
Jack	M	Y	N	P	N	N	N
Jim	M	Y	Y	N	N	N	N
Mary	F	Y	N	P	N	P	N

对于非对称属性，值 Y(yes)和 P(positive)被设置为 1，值 N(no 或 negative)被设置为 0。假设对象(患者)之间的距离只基于非对称属性来计算。根据式(2.14)，3 名患者 Jack、Jim 和 Mary 两两之间的距离如式(2.16)所示：

$$\begin{aligned} d(\text{Jack},\text{Jim}) &= \frac{1+1}{1+1+1} = 0.67 \\ d(\text{Jack},\text{Mary}) &= \frac{0+1}{2+0+1} = 0.33 \\ d(\text{Jim},\text{Mary}) &= \frac{1+2}{1+1+2} = 0.75 \end{aligned} \tag{2.16}$$

这些值显示 Jim 和 Mary 不大可能患有类似的疾病，因为他们的相异性最大。在这 3 名患者中，Jack 和 Mary 最可能患有类似的疾病。

2.4.4 数值属性的相异性

距离常常用来表示特定类型的相异度。用数值属性刻画的对象的相异性度量计算方法有很多种，常见的有欧几里得距离、曼哈顿距离、闵可夫斯基距离、切比雪夫距离、马氏距离和汉明距离等。

1. 欧几里得距离和曼哈顿距离

欧几里得距离是高维空间中两点之间的距离，它计算简单，应用广泛。它对向量中的每个分量的误差都同等对待。

令 $i=(x_{i1},x_{i2},\cdots,x_{ip})$ 和 $j=(x_{j1},x_{j2},\cdots,x_{jp})$ 是用 p 个数值属性描述的两个对象。对象 i 和 j 之间的欧几里得距离定义为式(2.17)：

$$d(i,j)=\sqrt{(x_{i1}-x_{j1})^2+(x_{i2}-x_{j2})^2+\cdots+(x_{ip}-x_{jp})^2} \tag{2.17}$$

欧几里得距离虽然很有用，但也有明显的缺点。它没有考虑变量之间的相关性，当体现单一特征的多个变量参与计算时会影响结果的准确性。同时，它将对象的不同属性(即各指标或各变量)等同看待，一定程度上放大了较大的变量误差在距离测度中的作用。例如，在教育研究中，对人进行分析和判别时，个体的不同属性对于区分个体有着不同的重要性。因此，有时需要采用不同的距离函数。欧几里得距离主要用于表示信号的相似程度，距离越近，两个信号就越相似，就越容易相互干扰，误码率就越高。

曼哈顿距离也称为城市街区距离(city block distance)，可以形象地理解为城市两点之间的街区距离(如，向南 3 个街区，再向东 2 个街区，共计 5 个街区)，其定义如式(2.18)所示：

$$d(i,j)=|x_{i1}-x_{j1}|+|x_{i2}-x_{j2}|+\cdots+|x_{ip}-x_{jp}| \tag{2.18}$$

欧几里得距离和曼哈顿距离都满足以下 3 个数学性质：

- 对称性：$d(i,j)=d(j,i)$，即距离是一个对称函数。
- 同一性：$d(i,i)=0$，即对象到自身的距离为 0。
- 三角不等式：$d(i,j)\leqslant d(i,k)+d(k,j)$，即从对象 i 到对象 j 的直接距离不会大于途经任何其他对象 k 的距离。

满足这些性质的测度称作度量(metric)。

另外，这两种距离还满足非负性：$d(i,i)\geqslant 0$，即距离是一个非负的数值。该性质被上面3个性质所蕴含。

【例 2.9】 令 $x_1=(1,2)$ 和 $x_2=(3,5)$ 表示如图2.8所示的两个对象。那么，这两点间的欧几里得距离是$\sqrt{2^2+3^2}=3.61$，曼哈顿距离是 $2+3=5$。

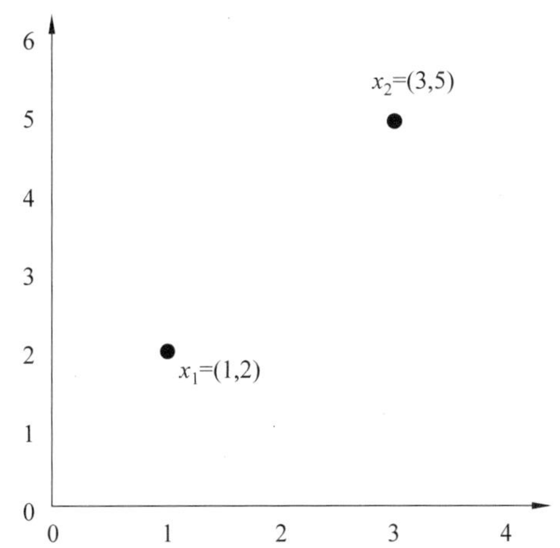

图 2.8　两个对象之间的欧几里得距离和曼哈顿距离

2. 闵可夫斯基距离

闵可夫斯基距离是欧几里得距离和曼哈顿距离的推广，是衡量数值点之间距离的一种常见的方法，其定义如式(2.19)所示：

$$d(i,j)=\sqrt[h]{|x_{i1}-x_{j1}|^h+|x_{i2}-x_{j2}|^h+\cdots+|x_{ip}-x_{jp}|^h} \tag{2.19}$$

其中，h 是实数，$h\geqslant 1$。闵可夫斯基距离不是一种距离，而是一组距离。当 $p=1$ 时，它表示曼哈顿距离；当 $h=2$ 时，它表示欧几里得距离；当 $h\to\infty$时，它表示切比雪夫距离。

3. 切比雪夫距离

切比雪夫距离也称作棋盘距离，是向量空间中的一种度量，它将两个点之间的距离定义为其各坐标数值差绝对值的最大值。

切比雪夫距离是 $h\to\infty$时闵可夫斯基距离的推广。为了计算它，要找出属性 f，它产生两个对象的最大值差。这个差是上确界距离，形式化地定义为式(2.20)：

$$d(i,j)=\lim_{h\to\infty}\left(\sum_{f=1}^{p}|x_{if}-x_{jf}|^h\right)^{\frac{1}{h}}=\max_{f=1,2,\cdots,n}^{p}|x_{if}-x_{jf}| \tag{2.20}$$

4. 马哈拉诺比斯距离

马哈拉诺比斯距离是表示数据的协方差的距离。它是一种有效地计算两个未知样本集的相似度的方法。与欧几里得距离不同的是，它考虑到各种特性之间的联系(例如，一条关于身高的信息会影响一条关于体重的信息，因为两者是有关联的)，并且是与尺度无关的，即它独立于测量尺度。例如，分别坐飞机和坐火车从上海到北京，由于速度的差异，会让人觉得距离也有变化。坐飞机很快就到了，感觉两个城市距离比较近；而坐火车时感觉两个城市距离很远。

对于一个均值为 $\boldsymbol{\mu}=(\mu_1,\mu_2,\cdots,\mu_p)^{\mathrm{T}}$、协方差矩阵为 $\boldsymbol{\Sigma}$ 的多变量向量 $\boldsymbol{x}=(x_1,x_2,\cdots,$

$x_p)^{\mathrm{T}}$，其马哈拉诺比斯距离如式(2.21)所示：

$$\mathrm{DM}(\boldsymbol{x})=\sqrt{(\boldsymbol{x}-\boldsymbol{\mu})^{\mathrm{T}}\boldsymbol{\Sigma}^{-1}(\boldsymbol{x}-\boldsymbol{\mu})} \tag{2.21}$$

协方差矩阵是方阵，其维度与样本维度一样。

两个变量 x 和 y 的协方差计算公式如式(2.22)所示。

$$\mathrm{cov}(\boldsymbol{x},\boldsymbol{y})=E(\boldsymbol{x}-E(\boldsymbol{x}))(\boldsymbol{y}-E(\boldsymbol{y})) \tag{2.22}$$

对于多个列向量，协方差矩阵计算公式如式(2.23)所示。

$$\boldsymbol{\Sigma}_{ij}=\mathrm{cov}(\mathrm{Dim}_i,\mathrm{Dim}_j) \tag{2.23}$$

例如，设4个维度分别为 a,b,c,d，则协方差矩阵为

$$\boldsymbol{\Sigma}_{ij}=\begin{bmatrix}\mathrm{cov}(a,a) & \mathrm{cov}(a,b) & \mathrm{cov}(a,c) & \mathrm{cov}(a,d)\\ \mathrm{cov}(b,a) & \mathrm{cov}(b,b) & \mathrm{cov}(b,c) & \mathrm{cov}(b,d)\\ \mathrm{cov}(c,a) & \mathrm{cov}(c,b) & \mathrm{cov}(c,c) & \mathrm{cov}(c,d)\\ \mathrm{cov}(d,a) & \mathrm{cov}(d,b) & \mathrm{cov}(d,c) & \mathrm{cov}(d,d)\end{bmatrix} \tag{2.24}$$

如果协方差矩阵为单位矩阵，马哈拉诺比斯距离就简化为欧几里得距离；如果协方差矩阵为对角矩阵，也可称为正规化的欧几里得距离，如式(2.25)所示：

$$\mathrm{DM}(\boldsymbol{x})=\sqrt{\sum_{i=1}^{p}\frac{(x_i-y_i)^2}{\sigma_i^2}} \tag{2.25}$$

其中 σ_i 是 x_i 的标准差。

5. 汉明距离

汉明距离是指两个等长的字符串在相同位置上不同字符的个数。例如，字符串1011101与1001001之间的汉明距离是2，字符串2143896与2233796之间的汉明距离是3，字符串toned与roses之间的汉明距离是3。

在一个码组集合中，任意两个码字之间对应位上码元取值不同的位数定义为这两个码字之间的汉明距离，可用式(2.26)表示：

$$d(x,y)=\sum_{i=0}^{n-1}x[i]\oplus y[i] \tag{2.26}$$

其中，x、y 都是 n 位的编码，$\oplus$表示异或运算。

例如，00与01的汉明距离是1，110与101的汉明距离是2。在一个码组集合中，任意两个码字之间汉明距离的最小值称为这个码组集合的最小汉明距离。最小汉明距离越大，码组集合抗干扰能力越强。

2.4.5 序数属性的邻近性度量

序数属性的值之间具有有意义的序或排位，而相邻值之间的量值未知。例如，size属性的值序列为small，medium，large。序数属性也可以通过把数值属性的值域划分成有限个类别，将数值属性离散化得到。这些类别具有排位，即数值属性的值域可以映射到具有 M_f 个状态的序数属性 f。例如，区间标度的属性temperature(温度)可以组织成如下状态：−30～−10，−10～10，10～30，分别代表cold temperature、moderate temperature和warm temperature。令序数属性可能的状态数为 M，这些有序的状态定义了一个排位：1,2,…,M_f。

在计算对象之间的相异性时，序数属性的处理与数值属性的处理非常类似。假设 f

是用于描述 n 个对象的一组序数属性之一。关于 f 的相异性计算包括如下步骤：

(1) 第 i 个对象的 f 值为 x_{if}，属性 f 有 M_f 个有序的状态，表示排位 $1,2,\cdots,M_f$。用对应的排位 $r_{if}\in\{1,2,\cdots,M_f\}$ 取代 x_{if}。

(2) 由于各个序数属性可能有不同的状态数，所以通常需要将每个属性的值域都映射到[0.0,1.0]上，以便每个属性都有相同的权重。通过用 z_{if} 代替第 i 个对象的 r_{if} 来实现数据规格化，其中：

$$z_{if}=\frac{r_{if}-1}{M_f-1} \tag{2.27}$$

(3) 相异性可以用任意一种数值属性的距离度量计算，使用 z_{if} 作为第 i 个对象的 f 值。

【例 2.10】 假定有表 2.2 中的样本数据，不过这次只有对象标识符和连续的序数属性 test-2 可用。test-2 有 3 个状态，分别是 fair、good 和 excellent，也就是 $M_f=3$。第一步，如果把 test-2 的每个值替换为它的排位，则 4 个对象将分别被赋值为 3、1、2、3。第二步，通过将排位 1 映射为 0.0、将排位 2 映射为 0.5、将排位 3 映射为 1.0 来实现对排位的规格化。第三步，可以使用欧几里得距离公式[式(2.17)]得到如下的相异性矩阵：

$$\begin{bmatrix} 0 & & & \\ 1.0 & 0 & & \\ 0.5 & 0.5 & 0 & \\ 0 & 1.0 & 0.5 & 0 \end{bmatrix} \tag{2.28}$$

因此，对象 1 与对象 2 最不相似，对象 2 与对象 4 也不相似，即，$d(2,1)=1.0$，$d(4,2)=1.0$。这符合直观判断，因为对象 1 和对象 4 都是 excellent，而对象 2 是 fair，在 test-2 的值域的另一端。

序数属性的相似性值可以由相异性得到：

$$\text{sim}(i,j)=1-d(i,j)$$

2.5 数据清洗

数据挖掘中的原始数据是面向某一主题的数据集合，这些数据往往是从多个业务系统中抽取而来的，而且包含历史数据，这样就避免不了有的数据是错误的，有的数据之间有冲突，这些不完整的、含噪声的和不一致的数据显然是不好的，称为脏数据。

数据清洗就是把脏数据洗掉，即发现并纠正数据文件中可识别的错误数据，包括检查数据的一致性和完整性、处理噪声(异常数据)等。不完整的脏数据往往缺少属性值或用户感兴趣的某些属性，或仅包含聚集数据，例如职业=""(丢失的数据)。含噪声的脏数据往往包含错误或存在偏离期望的离群值，例如，工资="−20"(错误数据)。不一致的脏数据往往对于相关属性采用的编码或表示有矛盾，例如，年龄="23"，生日="05/04/1996"。

总之，由于现实世界的数据一般是不完整的、含噪声的和不一致的，因此数据清洗试图填充空缺的值、识别孤立点、消除噪声，并纠正数据中的不一致性。

2.5.1 缺失值处理

采集到的数据往往是不完整的。例如，许多元组没有属性(如销售表中的顾客收入)。

数据的丢失可能有多种原因,例如,发生设备故障,与其他已有数据不一致从而被删除,因误解而没有被输入,在输入的时候某些数据可能没有被重视而没有输入,数据的改变没有记入日志,等等。如果数据挖掘需要使用这些缺失值,就要经过推断补上缺失值。常用的缺失值处理方法有如下几种。

(1) 忽略元组。若一条记录中有属性值被遗漏了,则将该记录排除在数据挖掘之外,尤其当缺少类标号时通常这样做(假定挖掘任务涉及分类或描述)。但是,当某个属性的缺失值所占百分比很大时,直接忽略元组会使挖掘性能变得非常差。采用忽略元组的方法,就不能使用该元祖的剩余属性值,而这些数据可能对其他任务是有用的。

(2) 人工填写缺失值。一般情况下,该方法工作量大,很费时,特别是当数据量很大时,该方法更不可行。

(3) 使用属性的均值填充缺失值。例如,假定顾客的平均收入为 100 000 元人民币,则使用该值替换顾客收入中的缺失值。

(4) 使用一个全局常量填充缺失值。将缺失值用同一个常量(如 Unknown)替换。如果缺失值都用 Unknown 替换,则挖掘程序可能误认为它们形成了一个有意义的概念,因为它们都具有相同的值 Unknown。此方法虽然简单,但不可靠,所以不推荐使用。

(5) 使用与给定元组属于同一类的所有样本的属性均值。例如,将顾客按信用度分类,则用具有相同信用度的顾客的平均收入替换顾客收入中的缺失值。如果给定类的数据分布是倾斜的,则中位数是较好的选择。

(6) 使用最可能的值填充缺失值。可以用回归分析、基于推理的工具或决策树确定。例如,利用数据集中其他顾客的属性,可以构造一棵决策树来预测顾客收入的缺失值。本方法是目前常用的策略。与其他方法相比,它使用已有数据的信息来推测缺失值。在估计顾客收入的缺失值时,应通过考虑其他属性的值,尽可能保持顾客收入和其他属性之间的联系。

(7) 使用填充算法来处理缺失值。例如,可以采用基于 k 近邻算法(一种典型的简单的分类算法,在第 5 章会详细讲述)来填充缺失值。

【例 2.11】 缺失值清洗实例。以鸢尾花数据集为例,鸢尾花的原始数据集是一个完整的数据集,拥有 150 个样本,每个数据样本有 5 个字段,其中 4 个字段是其特征变量,即萼片长度(sepal_len)、萼片宽度(sepal_wid)、花瓣长度(petal_len)、花瓣宽度(petal_wid),还有一个字段是其所属的品种的类别变量(species)。鸢尾花共有 3 种类别,分别是山鸢尾(iris-setosa)、变色鸢尾(iris-versicolor)和维吉尼亚鸢尾(iris-virginica)。删去 sepal_len 字段的第 3 行数据(原本是 4.7),使其含有缺失值 NaN,如图 2.9 所示。

	sepal_len	sepal_wid	petal_len	petal_wid
0	5.1	3.5	1.4	0.2
1	4.9	3.0	1.4	0.2
2	NaN	3.2	1.3	0.2
3	4.6	3.1	1.5	0.2
4	5.0	3.6	1.4	0.2
5	5.4	3.9	1.7	0.4
6	4.6	3.4	1.4	0.3
7	5.0	3.4	1.5	0.2
8	4.4	2.9	1.4	0.2
9	4.9	3.1	1.5	0.1
10	5.4	3.7	1.5	0.2
11	4.8	3.4	1.6	0.2
12	4.8	3.0	1.4	0.1
13	4.3	3.0	1.1	0.1
14	5.8	4.0	1.2	0.2

图 2.9 鸢尾花数据

图 2.9 是鸢尾花的前 15 个样本的数据,可以很

明显地观察到：序号 2 在字段 sepal_len 上存在缺失值 NaN。在数据集很大的情况下，往往会对含缺失值的数据记录作丢弃处理；但是在样本数据很少的情况下，往往需要对缺失值进行填充。下面以 k 近邻算法为例来展示缺失值的填充过程。

首先使这个数据集不含缺失值的各个字段值非量纲化。非量纲化是指将不同规格的数据转换到同一规格，或将不同分布的数据转换到某个特定分布，这种处理统称为将数据非量纲化。非量纲化可以提升模型精度，避免某个取值范围特别大的特征对距离计算造成影响。线性的非量纲化包括中心化和缩放处理。中心化的本质是让所有记录减去一个固定值，即让样本数据平移到某个位置。缩放的本质是通过除以一个固定值将数据调整到某个范围中，取对数也是一种缩放处理。

通常通过对数据进行标准化来实现非量纲化。标准化就是将数据(x)按均值(μ)中心化后，再按标准差(σ)缩放，数据就会服从均值为 0、方差为 1 的正态分布(即标准正态分布)。数据标准化可以用式(2.29)表示：

$$x^* = \frac{x-\mu}{\sigma} \tag{2.29}$$

为了填补第 3 行记录在萼片长度(sepal_len)字段上存在的缺失值，首先选取除萼片长度(sepal_len)字段以外的其他字段，即萼片宽度(sepal_wid)、花瓣长度(petal_len)和花瓣宽度(petal_wid)这 3 个字段，并对其进行标准化，消除字段间单位不统一的影响，得到标准化的数据，如图 2.10 所示。

然后，计算第 3 行记录与其他不包含缺失值的数据点的距离矩阵，即通过萼片宽度(sepal_wid)、花瓣长度(petal_len)和花瓣宽度(petal_wid)求得该点与其他数据点的欧几里得距离并按升序排序，对含缺失值 NaN 的数据点利用 k 近邻算法填充，取 k 值为 3，即选出与该数据点的欧几里得距离最小的 3 个数据点，如图 2.11 所示。

	sepal_wid	petal_len	petal_wid
0	0.461293	-0.140488	-7.601177e-16
1	-1.042924	-0.140488	-7.601177e-16
2	-0.441237	-0.842927	-7.601177e-16
3	-0.742081	0.561951	-7.601177e-16
4	0.762137	-0.140488	-7.601177e-16
5	1.664668	1.966830	2.738613e+00
6	0.160450	-0.140488	1.369306e+00
7	0.160450	0.561951	-7.601177e-16
8	-1.343768	-0.140488	-7.601177e-16
9	-0.742081	0.561951	-1.369306e+00
10	1.062981	0.561951	-7.601177e-16
11	0.160450	1.264391	-7.601177e-16
12	-1.042924	-0.140488	-1.369306e+00
13	-1.042924	-2.247806	-1.369306e+00
14	1.965511	-1.545367	-7.601177e-16

图 2.10 标准化的数据

	序号	欧几里得距离
0	1	0.924904
1	0	1.143670
2	8	1.143671

图 2.11 与该数据点的欧几里得距离最小的 3 个数据点

用这 3 个近邻的数据点对应的字段均值来填充第 3 行记录中的 NaN 值，即对数据集中序号为 1、0、8 的样本的 sepal_len 字段取均值(为 4.8)。将这个值填入第 3 行记录的缺失值位置，得到完整的数据，如图 2.12 所示。填充缺失值后的数据如图 2.13 所示。

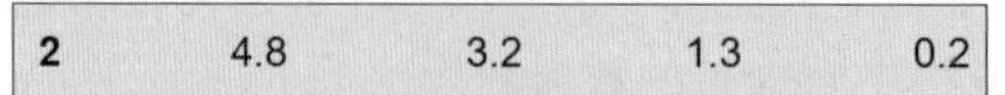

2	4.8	3.2	1.3	0.2

图 2.12　填充后的第 3 行记录

	sepal_len	sepal_wid	petal_len	petal_wid
0	5.1	3.5	1.4	0.2
1	4.9	3.0	1.4	0.2
2	4.8	3.2	1.3	0.2
3	4.6	3.1	1.5	0.2
4	5.0	3.6	1.4	0.2
5	5.4	3.9	1.7	0.4
6	4.6	3.4	1.4	0.3
7	5.0	3.4	1.5	0.2
8	4.4	2.9	1.4	0.2
9	4.9	3.1	1.5	0.1
10	5.4	3.7	1.5	0.2
11	4.8	3.4	1.6	0.2
12	4.8	3.0	1.4	0.1
13	4.3	3.0	1.1	0.1
14	5.8	4.0	1.2	0.2

图 2.13　填充缺失值后的数据

使用 k 近邻算法求出的缺失值填充值为 4.8，而实际值是 4.7，由此可见，这种通过相似性填补缺失值的方法很难得到精确的结果。产生误差的原因主要是样本少。另外，人为设定的参数 k 的取值也会影响分类的结果。但本例的结果还是比较准确的，可以达到提高后续的分类模型的准确性和可靠性的要求。

用上述几种方法填入的缺失值可能不正确。另外，在某些情况下，存在缺失值不意味着数据错误。例如，在申请信用卡时，可能要求申请人提供驾驶执照号。没有驾驶执照的申请者不填写该字段也能顺利申请。在理想情况下，每个属性都应当有一个或多个关于空值条件的规则。这些规则可以说明是否允许有空值，或者说明这些空值该如何处理或转换。如果在业务处理的后续步骤中提供某属性的值，也可能在前面的步骤中留下空白待后续填充。因此，尽管在得到数据后需要尽力清洗数据，但是，良好的数据库和数据输入设计将有助于在采集数据时把缺失值或错误的数据数量降到最低。

2.5.2　噪声数据处理

噪声(noise)是一个测量变量中的随机错误或偏差，包括错误的值和偏离期望的孤立点值。常用分箱法、回归、聚类等方法进行噪声处理。针对数值型数据，往往采用数据平滑技术来消除噪声。

1. 分箱法

分箱法(binning)是指通过考查相邻的值来平滑数据的值，由于分箱法考虑相邻的值，因此是一种局部平滑方法。用箱的深度表示箱里的数据个数；用箱的宽度表示每个箱里的数据的取值区间，宽度越大，光滑效果越明显。分箱的主要目的是去噪，将连续数据离散化，增加粒度。分箱法也常作为一种离散化技术使用。按照取值的不同可划分为按箱平均值平滑、按箱中值平滑以及按箱边界值平滑3种方法。

【例2.12】 已知客户收入属性income排序后的值(人民币元)：

800,1000,1200,1500,1500,1800,2000,2300,2500,2800,3000,3500,4000,4500,4800,5000

要求分别用等深分箱方法(箱深为4)、等宽分箱方法(宽度为1000)对其进行平滑，以消除数据中的噪声。

等深分箱方法的步骤如下：

(1) 将数据划分为等深的箱：

箱1：800,1000,1200,1500。

箱2：1500,1800,2000,2300。

箱3：2500,2800,3000,3500。

箱4：4000,4500,4800,5000。

(2) 按箱的平均值平滑，结果如下：

箱1：1125,1125,1125,1125。

箱2：1900,1900,1900,1900。

箱3：2950,2950,2950,2950。

箱4：4575,4575,4575,4575。

(3) 按箱的中值平滑，结果如下：

箱1：1100,1100,1100,1100。

箱2：1900,1900,1900,1900。

箱3：2900,2900,2900,2900。

箱4：4650,4650,4650,4650。

(4) 按箱的边界值平滑，结果如下：

箱1：800,800,1500,1500。

箱2：1500,1500,2300,2300。

箱3：2500,2500,3500,3500。

箱4：4000,4000,5000,5000。

等宽分箱方法的步骤如下：

(1) 将数据划分为等宽的箱：

箱1：800,1000,1200,1500,1500,1800。

箱2：2000,2300,2500,2800,3000。

箱3：3500, 4000,4500。

箱4：4800,5000。

(2) 按箱的平均值平滑,结果如下:

箱 1:1300,1300,1300,1300,1300,1300。

箱 2:2520,2520,2520,2520,2520。

箱 3:4000,4000,4000。

箱 4:4900,4900。

(3) 按箱的中值平滑,结果如下:

箱 1:1350,1350,1350,1350,1350,1350。

箱 2:2500,2500,2500,2500,2500。

箱 3:4000,4000,4000。

箱 4:4900,4900。

(4) 按箱的边界值平滑,结果如下:

箱 1:800,800,800,1800,1800,1800。

箱 2:2000,2000,3000,3000,3000。

箱 3:3500,3500,4000。

箱 4:4800,5000。

2. 回归

可以用一个函数(如回归函数)拟合数据来平滑数据。线性回归涉及找出拟合两个属性(或变量)的最佳直线,使得一个属性可以用来预测另一个属性。多元线性回归是线性回归的扩充,其中涉及的属性多于两个,并且数据拟合到一个多维曲面。在线性回归中,把远离直线的点视为离群点,如图 2.14 所示。

3. 聚类

可以通过聚类检测离群点,将类似的值组织成群,将落在簇集合之外的值视为离群点,如图 2.15 所示。

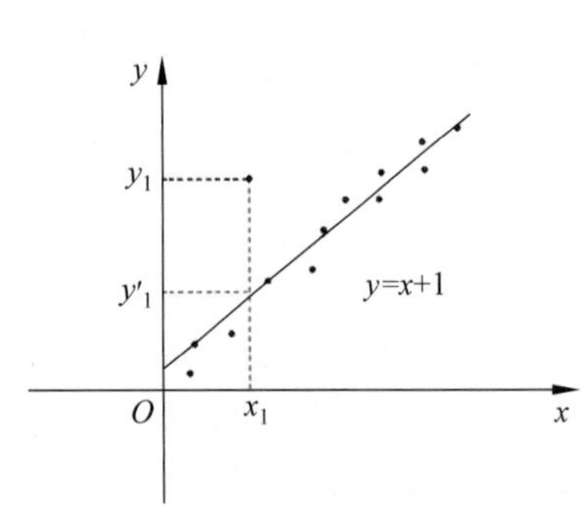

图 2.14 利用线性回归确定离群点

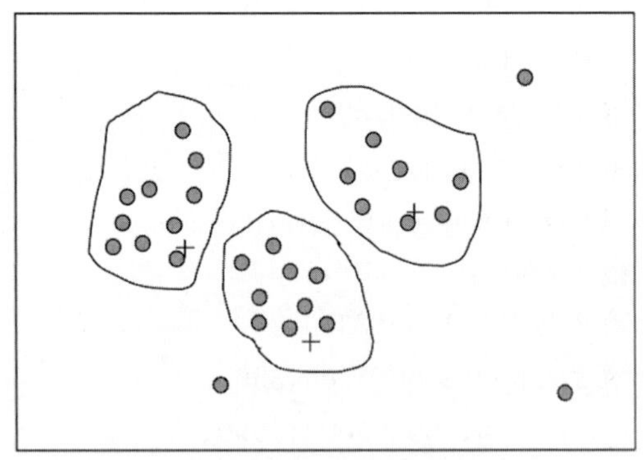

图 2.15 利用聚类确定离群点

【例 2.13】 对泰坦尼克号乘客数据集进行数据清洗,利用数据分布特征及箱形图方法来识别单维数据集中的噪声数据。

假设一组数据如下:

序号:1 2 … n

数据：$E_1\ E_2\cdots\ E_n$

一般情况下，对于离散程度不高的数据源来说，数据分布集中在某一区域之内，所以，可以利用数据自身的分布特征来识别噪声数据，再根据箱形图方法在数据集中域中识别离群值。

首先，将数据集等分成 α_n 个区间（α_n 可取 1，10，100，1000），区间大小为

$$\theta=(\text{Max}\{E_1,E_2,\cdots,E_n\}-\text{Min}\{E_1,E_2,\cdots,E_n\})/\alpha_n$$

将数据分布集中的区间作为数据集中域，如图 2.16 所示。

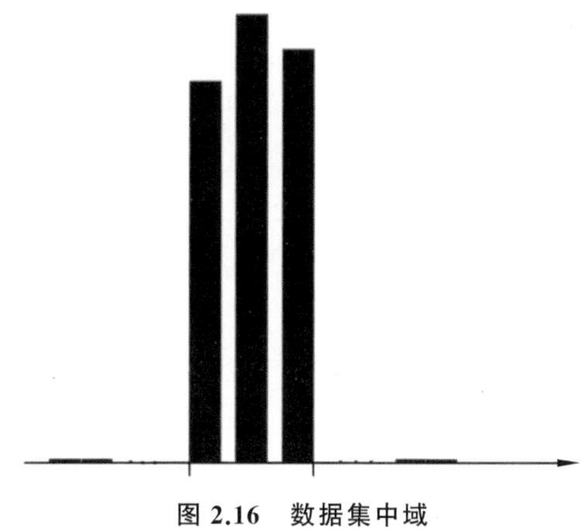

图 2.16 数据集中域

利用箱形图方法，剔除数据集中域中的离群值，得到非离群数据组$[Q_1-3\text{IQR},Q_3+3\text{IQR}]$，再取非异常数据组$[Q_1-1.5\text{IQR},Q_3+1.5\text{IQR}]$，得到目标数据，如图 2.17 所示。其中，$Q_1$ 为第一四分位数，Q_3 为第三四分位数，IQR 为四分位间距。

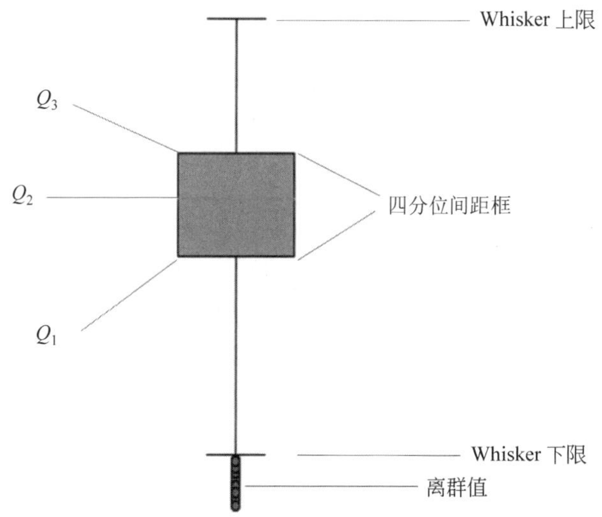

图 2.17 利用箱形图法剔除离群值

在本数据集中有乘客的年龄、性别、登船舱口及幸存与否这 4 个特征。按照数理统计的规律，此时极大噪声数据对均值计算的负面影响是显著的。将原始数据源中含有年龄

缺失值的样本删除后,部分数据如图 2.18 所示。

	Age	Sex	Embarked	Survived
0	22.0	male	S	No
1	38.0	female	C	Yes
2	26.0	female	S	Yes
3	35.0	female	S	Yes
4	35.0	male	S	No
6	54.0	male	S	No
7	2.0	male	S	No
8	27.0	female	S	Yes
9	14.0	female	C	Yes
10	4.0	female	S	Unknown
11	58.0	female	S	Yes
12	20.0	male	S	No
13	39.0	male	S	No
14	14.0	female	S	No
15	55.0	female	S	Unknown
16	2.0	male	Q	No
18	31.0	female	S	No
20	35.0	male	S	Unknown
21	34.0	male	S	Yes
22	15.0	female	Q	Yes
23	28.0	male	S	Yes
24	8.0	female	S	No

图 2.18　进行缺失值处理后的数据集

通过绘制其频率分布直方图,如图 2.19 所示,可看出其数据的分布情况,所有登船乘客的年龄分布在[0,80]区间。

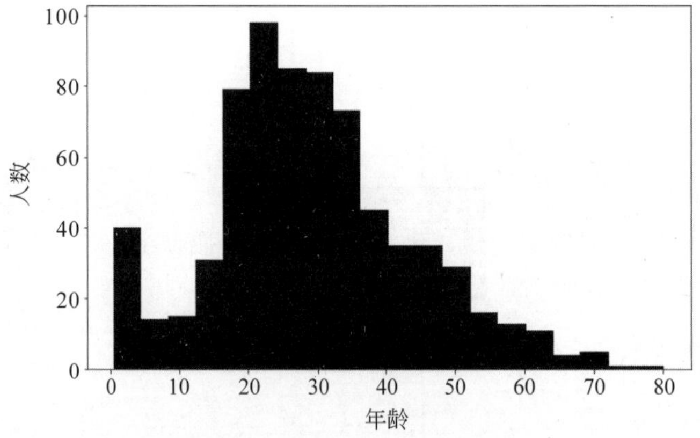

图 2.19　登船乘客年龄分布图

对取值在[0,80]之间的数据作箱形图分析,剔除新数据组中的离群值,得到非离群数据组[Q_1－3IQR, Q_3＋3IQR],再取非异常数据组[Q_1－1.5IQR, Q_3＋1.5IQR],分别绘制箱形图,如图 2.20 所示,其中,圆点为离群点。

通过数据分布特征分析及箱形图的方法来识别和剔除噪声数据较为快捷,而且效果显著,可以作为数据清洗的预清洗步骤。

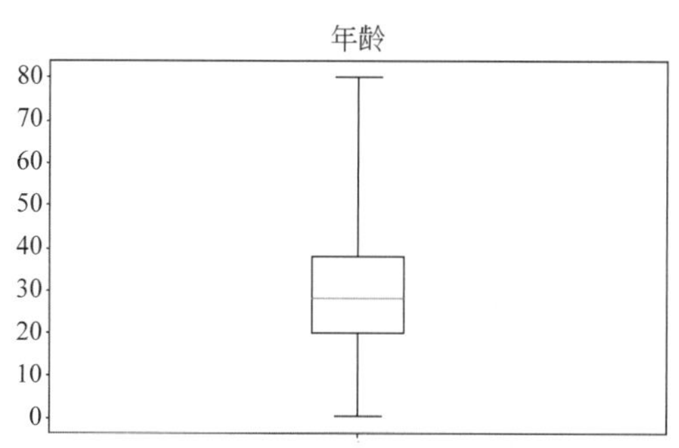

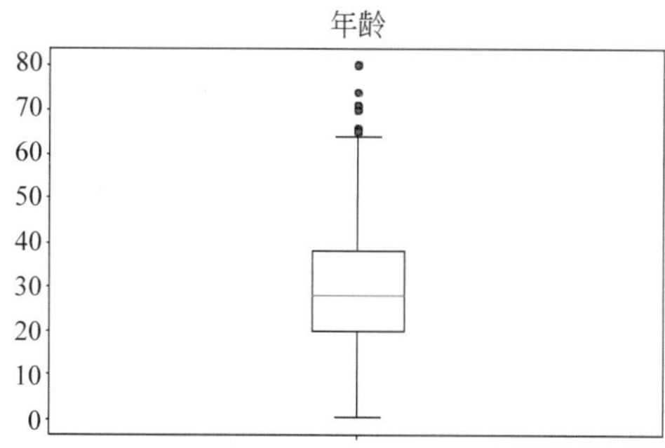

图 2.20 箱形图

2.5.3 异常值处理

异常值处理也叫作不一致数据处理，异常值通常也称为离群点。对于发现的异常值的处理方法有以下 4 种：

(1) 删除异常值。明显可以看出是异常值且数量较少时，可以直接删除。

(2) 不处理。如果算法对异常值不敏感则可以不处理；但如果算法对异常值敏感(例如基于距离计算算法，包括 k-means、KNN 等)，则最好不要选用该方法。

(3) 平均值替代。这种方法损失信息少，简单高效。

(4) 视为缺失值。可以按照处理缺失值的方法来处理。

当然，在进行异常值处理时，首先要发现异常值。发现异常值的常用方法有以下 5 种。

1. 3δ 原则

如果数据服从正态分布，在 3δ 原则下，异常值为一组测定值中与平均值的偏差超过 3 倍标准差的值。如果数据服从正态分布，距离平均值 3δ 之外的值出现的概率 $P(|x-\mu|>3\delta)\leqslant 0.003$，属于小概率事件。如果数据不服从正态分布，也可以用远离平均值多少倍标准差来描述异常值。

2. 箱形图

箱形图提供了识别异常值的一个标准：如果一个值小于 $Q_L-1.5\text{IQR}$ 或大于 $Q_U+1.5\text{IQR}$ 的值，则被称为异常值。Q_L 为下四分位数，表示全部观察值中有 1/4 的数据取值比它小；Q_U 为上四分位数，表示全部观察值中有 1/4 的数据取值比它大；IQR 为四分位间距，是上四分位数 Q_U 与下四分位数 Q_L 的差值，包含了全部观察值的一半。利用箱形图判断异常值的方法以四分位数和四分位间距为基础，四分位数具有鲁棒性：25%的数据可以分布在任意长的区间内并且不会干扰四分位数，所以异常值不会对这个标准有影响。因此，利用箱形图识别异常值比较客观，有一定的优越性。

3. 基于模型检测

采用基于模型检测方法时，首先建立一个数据模型。异常值是同模型不能完美拟合的对象；如果模型是簇的集合，则异常值是不属于任何簇的对象；在使用回归模型时，异常值是远离预测值的对象。基于模型检测方法有坚实的统计学理论基础，当存在充分的数据和关于检验类型的知识时,基于模型检测方法可能非常有效。但是,对于多元数据,可用的选择较少;对于高维数据,这些检测可行性很差。

4. 基于距离检测

通常可以在对象之间定义邻近性度量。异常对象是那些远离其他对象的对象。基于距离检测方法简单,但是基于邻近度的方法需要 $O(m^2)$时间,对大数据集不适用。同时,该方法对参数的选择也是敏感的,并且不能处理具有不同密度区域的数据集,这是因为它使用全局阈值,不能考虑密度的变化。

5. 基于密度检测

采用基于密度检测方法时,当一个点的局部密度显著低于它的大部分近邻时才将其分类为离群点。这种方法适合非均匀分布的数据。这种方法的优点是给出了对象是否为离群点的定量度量,即使数据具有密度不同的区域也能够很好地处理。但是这种方法具有 $O(m^2)$的时间复杂度,同时参数选择比较困难。

6. 基于聚类检测

在聚类中,如果一个对象不强属于任何簇,那么该对象是基于聚类的离群点。如果基于聚类检测离群点,由于离群点影响初始聚类,则存在聚类是否有效的问题。可以使用如下方法来解决这个问题:对象聚类;删除离群点;对象再次聚类(当然,这个方法不能保证产生最优结果)。

基于聚类的离群点检测的特点如下:

(1) 基于线性和接近线性复杂度(k-mean)的聚类技术来发现离群点可能是高度有效的。

(2) 簇的定义通常是离群点的补,因此可能同时发现簇和离群点。

(3) 产生的离群点集和它们的得分可能非常依赖于簇的个数和数据中离群点的存在性。

(4) 聚类算法产生的簇的质量对该算法产生的离群点的质量影响非常大。

2.6 数据集成

数据挖掘需要的数据往往来自不同的数据源,数据集成就是将多个数据源合并在一个一致的数据存储(如数据仓库)中的过程。

在数据集成时,来自多个数据源的现实世界实体的表达形式往往是不一样的,有可能不匹配,要考虑实体识别问题和属性冗余问题,从而将数据源在最低层上加以转换、提炼和集成。

2.6.1 实体识别问题

数据分析任务多半涉及多个数据源的数据集成。这些数据源可能包括多个数据库、数据立方体或一般文件。在数据集成时,要考虑模式的集成和对象匹配问题。实体识别是对来自多个信息源的现实世界的等价实体进行匹配。例如,要判断一个数据库中的 customer_id 和另一个数据库中的 cust_number 是否为相同的属性。每个属性的元数据包括名字、含义、数据类型和属性的允许取值范围，以及处理空白、零或 null 值的空值规则。可以通过属性的元数据来识别实体，同时，元数据还可以用来避免模式集成的错误，也有利于转换数据。

2.6.2 冗余和相关分析

冗余是数据集成的一个重要问题。如果一个属性能由另一个或一组属性导出，那么它可能是冗余的。属性命名的不一致也可能导致结果数据集中的冗余。有些冗余可以被相关分析检测到。相关并不意味着因果关系，如果 A 和 B 是相关的，并不意味着 A 导致 B 或 B 导致 A。例如，在分析人口统计数据库时，可能发现一个地区的医院数与汽车被盗数是相关的，但这并不意味着一个属性导致另一个属性。实际上，二者必然地关联到第三个属性：人口。对于分类(离散)数据，两个属性之间的相关联系可以通过卡方检验发现。除了检测属性间的冗余外，还应当在元组级检测数据不一致问题。

1. 标称数据的卡方检验

卡方检验是一种假设检验方法，专门针对离散型标签(例如性别、职业、民族等)，主要用于两个及以上样本以及标称属性的相关性分析，通过比较理论频数和实际频数的吻合程度发现两个属性 A、B 之间的相关性。假设 A 有 c 个不相同的值 $a_1,a_2,\cdots,a_c$，B 有 r 个不同的值 $b_1,b_2,\cdots,b_r$。用 A 和 B 描述的数据元组可以用相依表来表示，其中 A 的 c 个值构成列，B 的 r 个值构成行。令 (A_i, B_j) 表示属性 A 取值为 a_i、属性 B 取值为 b_j 的联合事件，即 $(A=a_i, B=b_j)$。每个可能的 (A_i, B_j) 联合事件在相依表中都有自己的单元。属性 A 和 B 的相关性通过计算 χ^2 值(又称皮尔逊 χ^2 统计量)来得到，χ^2 值可以用式(2.30)计算：

$$\chi^2=\sum_{i=1}^{c}\sum_{j=1}^{r}\frac{(o_{ij}-e_{ij})^2}{e_{ij}} \tag{2.30}$$

其中，o_{ij} 是联合事件 (A_i, B_j) 的观测频度(即实际计数)；e_{ij} 是 (A_i, B_j) 的期望频度，用式(2.31)来计算：

$$e_{ij}=\frac{\text{count}(A=a_i)\text{count}(B=b_j)}{n} \tag{2.31}$$

其中，n 是数据变量的个数，$\text{count}(A=a_i)$ 是 A 上具有值 a_i 的变量个数，而 $\text{count}(B=b_j)$ 是 B 上具有值 b_j 的变量个数。对 χ^2 值贡献最大的单元是其实际计数与期望计数之差最大的单元。卡方检验假设 A 和 B 是独立的。

卡方检验的步骤如下：

(1) 假设两个变量是独立的。根据假设计算出每种情况的期望频率，由期望频率与实际值的差计算出卡方值和自由度。检验基于显著性水平，具有自由度 $(r-1)(c-1)$。

(2) 查卡方表，求得 P 值。卡方值越大，P 值越小，变量相关的可能性越大。当 $P\leqslant 0.05$ 时，否定假设，证明变量相关。

【例 2.14】 使用 χ^2 的标称属性的相关分析。

假设调查了 1500 名学生，记录了每名学生的性别。每个人对他们喜爱的阅读材料类型是否是小说进行投票。调查结果如图 2.21 所示，其中括号中的数是期望频率。

	男	女	合计
小说	250(90)	200(360)	450
非小说	50(210)	1000(840)	1050
合计	300	1200	1500

图 2.21 学生阅读材料类型调查结果

使用式(2.31),可以验证每个单元的期望频率。例如,单元(男,小说)的期望频率如式(2.32)所示:

$$e_{11}=\frac{\text{count(男)count(小说)}}{n}=\frac{300\times 450}{1500}=90 \tag{2.32}$$

同理求得单元(男,非小说)、(女,小说)、(女,非小说)的期望频率。计算出的期望频率必须满足以下条件:在任意行或列,期望频率的和必须等于该行或列的总观测频率。最后将观测频率和期望频率带入式(2.30),结果如式(2.33)所示:

$$\begin{aligned}\chi^2&=\frac{(250-90)^2}{90}+\frac{(50-210)^2}{210}+\frac{(200-360)^2}{360}+\frac{(1000-840)^2}{840}\\&=507.93\end{aligned} \tag{2.33}$$

对于这个 2×2 的表,其自由度为(2−1)×(2−1)=1。对于自由度 1,在 0.001 的置信水平下,拒绝假设的值是 10.828。由于式(2.33)计算的值大于该值,因此拒绝性别和阅读倾向相互独立的假设,并断言:对于给定的人群,这两个属性是(强)相关的。

2. 数值数据的相关系数

对于数值数据,可以通过计算属性 A 和 B 的相关系数(又称皮尔逊积距系数)来估计两个属性的相关度,如式(2.34)所示:

$$r_{A,B}=\frac{\sum_{i=1}^{n}(a_i-\overline{A})(b_i-\overline{B})}{n\sigma_A\sigma_B}=\frac{\sum_{i=1}^{n}(a_ib_i)-n\overline{A}\overline{B}}{n\sigma_A\sigma_B} \tag{2.34}$$

相关系数定义为两个变量之间协方差和标准差的商。在式(2.34)中,n 是变量的取值个数,a_i 和 b_i 分别是变量 i 在属性 A 和属性 B 上的值,分母是变量个数 n 与 A 的标准差和 B 的标准差的乘积。相关系数只在两个属性的标准差均不为 0 时才有意义,所以它适用于以下情况:

(1) 两个变量之间是线性关系,都是连续数据。

(2) 两个变量的总体是正态分布或接近正态的单峰分布。

(3) 两个变量的观测值是成对的,各对观测值之间相互独立。

相关系数的取值区间是[−1,1]。

如果相关系数大于 0,那么 A 和 B 正相关,这意味着 A 值随 B 值的增加而增加。相关系数的值越大,相关性越强。例如,可以有如下定义:0.8~1.0 为极强相关,0.6~0.8 为强相关,0.4~0.6 为中等程度相关,0.2~0.4 为弱相关,0.0~0.2 为极弱相关或不相关。因此,一个较大的相关系数值表明 A(或 B)可以作为冗余而被删除,通过删除与其他属性具有高相关性的属性可以减少计算开支,提高效率。

如果相关系数的值等于 0,则 A 和 B 是相互独立的,它们之间不存在相关性。

如果相关系数的值小于 0，则 A 和 B 是负相关，即一个值随另一个值的减少而增加。这意味着每一个属性都可能阻止另一个属性的出现。

3. 数值数据的协方差

在概率论与统计学中，可以通过计算协方差来分析数值数据的相关性。协方差和方差是两个类似的度量。协方差评估两个变量的总体误差。两个变量的变化趋势相同，协方差为正值，其变化呈正相关；两个变量的变化趋势相反，协方差为负值，变化呈负相关；两个变量不相关，则协方差值为 0。

例如，有两个数值属性 A、B 的 n 次观测结果的集合 $\{(a_1,b_1),(a_2,b_2),\cdots,(a_n,b_n)\}$。$A$ 和 B 的均值又分别称为 A 和 B 的期望，如式(2.35)所示：

$$E(A)=\bar{A}=\frac{\sum_{i=1}^{n}a_i}{n}$$
$$E(B)=\bar{B}=\frac{\sum_{i=1}^{n}b_i}{n} \tag{2.35}$$

求 A 和 B 的协方差的过程是：用每个时刻的“A 值与其均值之差”乘以“B 值与其均值之差”，得到一个乘积，再对每个时刻的上述乘积求和并求出均值，如式(2.36)所示：

$$\mathrm{Cov}(A,B)=E((A-\bar{A})(B-\bar{B}))=\frac{\sum_{i=1}^{n}(a_i-\bar{A})(b_i-\bar{B})}{n} \tag{2.36}$$

A 和 B 的相关系数表达式即是 A 和 B 的协方差除以 A 和 B 的标准差的乘积，如式(2.37)所示：

$$r_{A,B}=\frac{\mathrm{Cov}(A,B)}{\sigma_A\sigma_B} \tag{2.37}$$

可以证明式(2.38)成立：

$$\mathrm{Cov}(A,B)=E(AB)-\bar{A}\bar{B} \tag{2.38}$$

对于两个趋向于一起改变的属性 A 和 B，如果 A 大于 A 的期望，则 B 很可能大于 B 的期望。因此 A 和 B 的协方差为正；反之，则为负。如果 A 和 B 是相互独立的(即它们不具有关联性)，则 $E(AB)=E(A)E(B)$。因此，A 和 B 的协方差如式(2.39)所示。

$$\mathrm{Cov}(A,B)=E(AB)-\bar{A}\bar{B}=E(A)E(B)-\bar{A}\bar{B}=0 \tag{2.39}$$

然而，其逆不成立。某些随机变量(属性)对可能协方差为 0，但它们不是相互独立的。仅在某种附加的假设下(如数据服从多元正态分布)，协方差为 0 才蕴含相互独立性。

4. 元组级检测

除了检测属性的冗余外，还应当在元组级检测数据不一致问题。不一致通常出现在各种不同的副本之间，其原因可能是不正确的数据输入，也可能是由于更新了数据库的某些地方，但未更新所有的数据。

2.6.3　数据值冲突的检测与处理

数据集成的第三个重要问题是对数据值冲突的检测与处理。例如，对于现实世界的同一实体,来自不同数据源的属性值可能不同。这可能是因为表示方法、单位或编码不同造成的。例如,重量属性可能在一个系统中采用公制单位,而在另一个系统中采用英制单位。不同学校交换信息时,每个学校可能都有自己的课程计划和评分方案。一所学校可能采取三学期制,开设 3 门数据库系统课程,用 A+~F 评分;而另一所学校可能采用两学期制,开设两门数据库课程,用 1~10 评分。很难在这两所大学之间制定精确的课程成绩转换规则,这使得信息交换非常困难。同时,属性也可能出现在不同的抽象层,属性在一个系统中所处的抽象层可能比它在另一个系统中所处的抽象层低。

2.7 数据变换

数据变换主要是对数据进行规范化处理,以达到适用于数据挖掘的目的。

2.7.1 数据变换策略概述

在数据变换中,数据被变换成适用于数据挖掘的形式。数据变换包括以下几种:

(1) 平滑。去掉数据中的噪声。这类技术包括分箱、回归和聚类等。

(2) 属性构造。由给定的属性构造新的属性并添加到属性集中。

(3) 聚集。对数据进行汇总,通常是为多个抽象层的数据构造数据立方体,例如,聚集日销售数据,计算月和年销售量。

(4) 规范化。把属性数据按特定比例缩放,使之落入一个特定的小区间,如[-1.0,1.0]或[0.0,1.0]。

(5) 离散化。将数值属性(例如年龄)的原始值用区间标签(例如 0~10、11~20 等)或概念标签(例如青年、中年、老年)替换。这些标签可以递归地组织成更高层概念,导致数值属性的概念分层。

(6) 由标称数据产生概念分层。属性(例如街道)可以泛化到较高的概念层(例如城市或国家)。离散化技术可以从不同角度分类,例如根据是否使用类信息或根据离散化的进行方向(即自顶向下或自底向上)来分类。如果离散化过程使用类信息,则称它为有监督的离散化;否则是无监督的离散化。如果离散化过程首先找出一个或几个点(称为分裂点或割点)来划分整个属性区间,然后在结果区间上递归地重复分裂过程,则称为自顶向下离散化或分裂;自底向上离散化或合并正好相反,首先将所有的连续值看作可能的分裂点,通过合并邻域的值形成区间,然后在结果区间递归地应用合并过程。

数据离散化和概念分层的过程也是数据归约的过程。原始数据被少数区间或标签取代。这简化了原始数据,使数据挖掘更有效,使数据挖掘的结果模式更容易理解。

2.7.2 数据规范化

数据规范化(归一化)处理是数据挖掘的一项基础工作。不同评价指标往往具有不同的量纲和单位,这样的情况会影响到数据分析的结果。为了消除指标之间的量纲影响,需要进行数据规范化处理,以解决数据之间的可比性问题。原始数据经过数据规范化处理后,各指标处于同一数量级,适合进行综合对比评价。下面介绍常见数据规范化方法。

1. 最小最大规范化

最小最大规范化(Min-Max Normalization)将原始数据用线性方法转换到[0, 1]区间。计算公式如式(2.40)所示。在不涉及距离度量、协方差计算、数据不符合正态分布等问题的时候,使用该方法比较好。

$$X_{\text{norm}}=\frac{X-X_{\min}}{X_{\max}-X_{\min}} \tag{2.40}$$

【例 2.15】 假设收入属性的最小值与最大值分别为 12 000 元和 98 000 元。若想把收入映射到区间[0,1],采用最小最大规范化方法,收入值 73 600 元将变换为

$$\frac{73\ 600-12\ 000}{98\ 000-12\ 000}(1.0-0)+0=0.716 \tag{2.41}$$

最小最大规范化能够保持原始数据值之间的联系。但是,如果新的输入数据落在原数据值域之外,则该方法将出现越界错误。

2. 零均值标准化

在回归问题和一些机器学习算法中,通常需要对原始数据进行中心化处理和标准化处理。数据中心化是指数值减去均值;数据标准化是指数值减去均值,再除以标准差。

零均值标准化(z-score standardization)方法是通过中心化和标准化处理将原始数据集归一化为均值为 0、标准差为 1 的数据集。其计算公式如式(2.42)所示:

$$z=\frac{x-\mu}{\sigma} \tag{2.42}$$

其中,μ 为均值,σ 为标准差。在分类、聚类算法中,当需要使用距离来度量相似性或者使用 PCA 技术进行降维、涉及正态分布的时候,使用该方法较好。

【例 2.16】 假设收入属性的均值和标准差分别为 54 000 元和 16 000 元。使用零均值标准化方法,收入值 73 600 元被转换为

$$\frac{73\ 600-54\ 000}{16\ 000}=1.22 \tag{2.43}$$

式(2.42)中的标准差可以用均值绝对偏差替换。设集合 $A=\{a_1,a_2,\cdots,a_n\}$ 的均值为 $\overline{A}$,则集合 A 的均值绝对偏差(mean absolute deviation)s_A 定义为

$$s_A=|a_1-\overline{A}|+|a_2-\overline{A}|+\cdots+|a_n-\overline{A}| \tag{2.44}$$

对于离群点,均值绝对偏差比标准差更加鲁棒,可以降低离群点的影响。

3. 均值绝对偏差标准化

将式(2.42)中的标准差替换为均值绝对偏差,就是均值绝对偏差标准化。

4. 对数规范化

在实际工程中,经常会有服从长尾分布的特征,例如点击次数/浏览次数特征,这类长尾分布的特征可以用对数函数进行规范化。规范化后,在特征相除时,可以用对数规范化后的特征相减。对数规范化的常见形式是 $-\log_2(x+1)$。

5. 小数定标规范化

小数定标规范化主要是通过移动属性值的小数点位置,将属性值映射到[-1, 1]区间,使得数据得到一定的简化与压缩。移动小数点的位数取决于属性值绝对值的最大值。

【例 2.17】 假设属性的取值为−916～935。属性的最大绝对值为 986。使用小数定标规范化方法时,可以用 1000 去除每个值。因此,−916 被规范化为−0.916,而 935 被规范化为 0.935。

规范化可能使原来的数据改变很多,特别是使用零均值标准化或小数定标规范化方法时。因此,有必要保留规范化参数,例如,零均值标准化要保留均值和标准差,以便新数据可以用一致的方式规范化。

6. 三角函数规范化

三角函数的值在[0,1]区间,可以用三角函数将原始数据变换到[0,1]区间。

7. Sigmoid 函数规范化

Sigmoid 函数的取值范围为(0,1),它可以将一个实数映射到(0,1)区间,对数据进行有效的压缩。Sigmoid 函数可以用于隐层神经元输出,同时在逻辑回归中起着决定性作用。Sigmoid 函数的定义如下：

$$S(x)=\frac{1}{1+\mathrm{e}^{x}}$$

2.7.3 数据离散化和概念分层

数据挖掘中的一些算法只能在离散型数据上进行分析,然而大部分数据集常常是连续值和离散值并存的。为了使离散型数据上的算法发挥作用,需要对数据集中的连续型属性进行离散化操作。

通过将属性连续值域划分为区间,数据离散化技术可以用来减少给定连续属性值的个数。可以用区间标记替换连续属性的数值,从而减少和简化原来的数据。如果离散化过程不使用类信息,则通常采用一些相对简单的方法。例如,等宽方法将属性的值域划分成具有相同宽度的区间,而区间的个数由用户指定。这种方法可能受离群点的影响而性能不佳,因此等频率或等深方法通常更为可取。等频率方法试图将相同数量的对象放进每个区间。也可以使用 k-means 等聚类方法进行离散化。

对于给定的数值属性,通过概念分层也可以使属性离散化。通过收集较高层的概念(如青年、中年或老年)并用它们替换较低层的概念(如年龄),概念分层可以用来归约数据。尽管这种数据泛化丢失了细节,但是泛化后的数据对具体业务而言往往更有意义、更容易解释,有助于多种挖掘任务的数据挖掘结果的一致表示。此外,与对大型未泛化的数据集进行挖掘相比,对归约的数据进行挖掘所需的 I/O 操作更少,并且更有效。离散化技术和概念分层往往作为预处理步骤,在数据挖掘之前而不是在挖掘过程中进行。价格属性的概念分层例子如图 2.22 所示。当然,对于用户或领域专家来说,人工地定义概念分层可能是一项乏味、耗时的工作。也可以使用一些离散化方法来自动地产生或动态地提炼数值属性的概念分层。对于同一个属性可以定义多个概念分层,以满足不同用户的需要。

1. 通过直方图分析离散化

直方图使用分箱法来近似地描述数据分布,是一种流行的数据归约形式。一个属性的直方图将该属性的数据划分为不相交的子集,称为桶。如果每个桶只代表单个属性值/

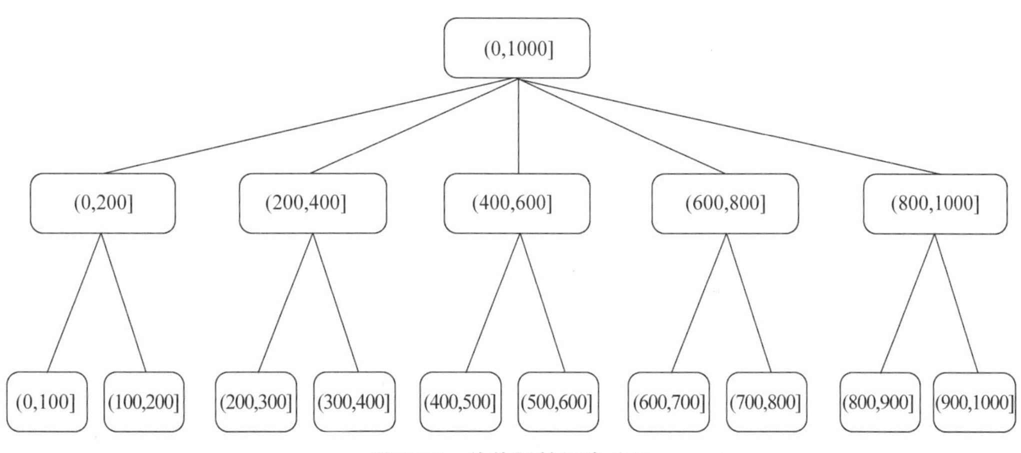

图 2.22 价格属性概念分层

频率对,则该桶称为单值桶。通常,桶表示给定属性的一个连续区间。

【例 2.18】 下面是 51 个年龄数据的排序结果:

2,2,3,4,7,8,14,14,14,15,18,18,19,19,20,21,22,26,27,27,28,28,28,28,28,28,28,28,28,28,28,28,28,28,28,2,31,34,35,35,35,38,38,39,40,40,42,54,55,58,66

图 2.23(a)是使用单值桶显示这些数据的直方图。为进一步压缩数据,通常让一个桶代表给定属性的一个连续值域。在图 2.23(b)中,每个桶代表的一个跨度为 25 岁的区间。如果要存放具有高频率的离群点,单值桶是有用的。

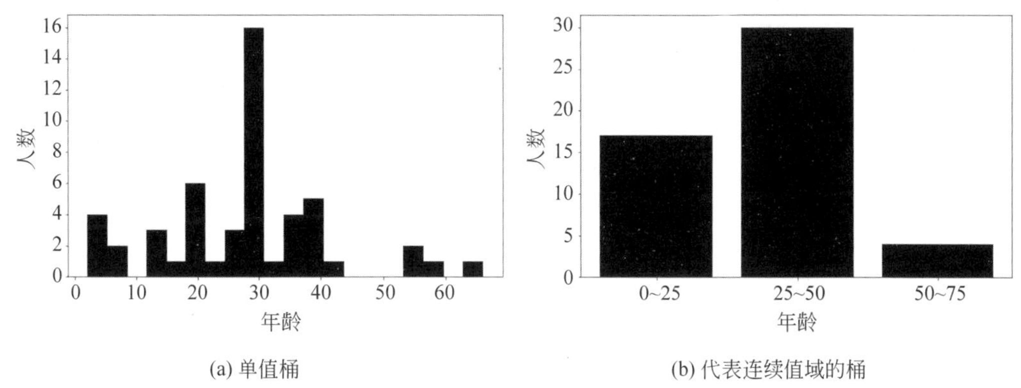

(a) 单值桶 (b) 代表连续值域的桶

图 2.23 年龄数据直方图

桶和属性值的划分规则如下:

(1) 等宽。在等宽直方图中,每个桶的宽度是一致的。

(2) 等频(或等深)。在等频直方图中,各个桶的频率接近一个常数,即各个桶包含个数大致相同的邻近数据样本。

对于稀疏和稠密数据,以及高倾斜和均匀分布的数据,直方图都是非常有效的。单属性直方图可以推广到多个属性。多维直方图可以表现属性间的依赖关系。目前多维直方图能够有效地显示多达 5 个属性的数据。

2. 基于熵的离散化

熵是对随机变量不确定性的度量,用来衡量物体内部的混乱程度,不确定性越大,熵值越大。熵是常用的离散化度量之一。它是由 Claude Shannon 在关于信息论和信息增益概念的开创性工作中首次引进的,其中,信息增益表示属性 x 使得类属性 y 的不确定性减少的程度。基于熵的离散化是一种有监督的、自顶向下的分裂技术。它在计算和确定分裂点(即划分属性区间的数据值)时利用了类分布信息。为了离散数值属性 A,该方法选择 A 的具有最小熵的值作为分裂点,计算分裂前后信息增益变化的阈值(即分裂前后的信息熵)。如果左右两个区间的差值超过阈值,就继续分裂,每次将差值最大的点作为分类点,直到收敛,并递归地划分结果区间,得到分层离散化。这种分层离散化就形成了 A 的概念分层。

设 D 由属性集和类标号属性定义的数据元组组成。类标号属性提供每个元组的类别信息。该集合中属性 A 的基于熵的离散化方法如下:

(1) A 的每个值都可以看作一个划分 A 的值域的潜在的区间边界或分裂点(记作 split_ point)。也就是说,A 的分裂点可以将 D 中的元组划分成分别满足条件 $A \leqslant$split_point 和 $A>$split_point 的两个子集,这样就完成了一次二元离散化。

(2) 基于熵的离散化使用元组的类标号信息。假定要根据属性 A 和某分裂点上的划分将 D 中的元组分类,希望该划分导致元组的准确分类。例如,如果有两个类,希望类 C_1 的所有元组落入一次划分的一个子集,而类 C_2 的所有元组落入一次划分的另一个子集。然而,这不太现实。例如,第一次划分时,其中一个子集可能包含许多 C_1 的元组,同时也包含某些 C_2 的元组。该次划分之后,为了得到完全的分类,还需要多少信息?这个量称作基于 A 的划分对 D 的元组分类的期望信息需求,如式(2.45)所示:

$$\text{Info}_A(D)=\frac{|D_1|}{|D|}\text{Entropy}(D_1)+\frac{|D_2|}{|D|}\text{Entropy}(D_2) \tag{2.45}$$

其中,D_1 和 D_2 分别对应于 D 中满足条件 $A \leqslant$split_point 和 $A>$split_point 的元组,$|D|$ 是 D 中元组的个数。给定集合的熵函数 Entropy 由集合中元组的类分布来决定。例如,给定 m 个类 $C_1,C_2,\cdots,C_m$,D_1 的熵是 m,如式(2.46)所示。

$$\text{Entropy}(D_1)=-\sum_{i=1}^{m}p_i\log_2 p_i \tag{2.46}$$

其中,p_i 是 D_1 中元组属于是 C_i 的概率,一般可以由 D_1 中 C_i 类的元组数除以 D_1 中的元组总数 $|D_1|$ 来确定。这样,在选择属性 A 的分裂点时,希望选择产生最小期望信息需求(即 $\min(\text{Info}_A(D))$)的属性值。这将导致在用 $A \leqslant$split_point 和 $A>$split_point 划分之后,对元组完全分类需要的期望信息需求最小。使用分裂点将 A 的值域划分成两个区间,对应于 $A \leqslant$split_point 和 $A>$split_point。

(3) 确定分裂点的过程递归地用于每一次划分的结果,直到满足某个终止标准:当所有候选分裂点上的最小期望信息需求小于阈值 ε 或者当区间的个数大于阈值 max_interval 时终止。基于熵的离散化可以减少数据量。基于熵的离散化使用类信息,更有可能将区间边界(分裂点)定义在准确位置,有助于提高分类的准确性,使得离散化过程能根据区间内样本的密度情况适当地改变阈值,具有自适应能力。

3. 通过聚类分析离散化

聚类分析是一种流行的数据离散化方法。通过将属性 A 的值划分成簇或组，聚类算法可以用来离散化数值属性 A。聚类时考虑 A 的分布以及数据点的邻近性，因此，可以产生高质量的离散化结果。遵循自顶向下的划分策略或自底向上的合并策略，聚类可以用来产生 A 的概念分层，其中每个簇形成概念分层的一个节点。自顶向下的划分策略可以将每一个初始簇或划分出的簇进一步分解成若干子簇，形成较低的概念层。自底向上的合并策略通过反复地对邻近簇进行合并，形成较高的概念层。数据挖掘的聚类方法将在第 4 章详细阐述。

4. 通过直观划分离散化

虽然上面的离散化方法对于数值分层的产生是有用的，但是许多用户希望看到数值区域被划分为相对一致的、易于阅读的、看上去直观或自然的区间。例如，更希望将年薪划分成像(50 000,60 000]这样的区间，而不是由某种复杂的聚类技术得到的(51 263.98，60 872.34]这样的区间。

3—4—5 规则是一种常用的直观离散化方法，可以用来将数值数据分割成相对一致、看上去自然的区间。该规则一般根据最高有效位的取值范围，递归逐层地将给定的数据区域划分为 3 个、4 个或 5 个大致等宽的区间，具体规则可以参考相关文献。

5. 分类数据概念分层

分类数据是离散数据。分类属性具有有限个不同值，值之间无序。产生分类数据概念分层的方法有很多。

用户或专家在模式级通过说明属性的偏序或全序，可以很容易地定义概念分层。例如，关系数据库地址属性可能包含如下属性组：街道、城市、省和国家。可以在模式级说明这些属性的全序来定义分层结构，如“街道＜城市＜省＜国家”。

用户可以说明一个属性集以形成概念分层，但并不显式说明它们的偏序。系统可以尝试自动地产生属性的序，构造有意义的概念分层。因为一个较高层的概念通常包含若干从属它的较低层的概念，定义在较高概念层的属性(如国家)与定义在较低概念层的属性(如街道)相比，通常包含数目较少的不同值。基于这一事实，可以根据给定属性集中每个属性不同值的个数自动地产生概念分层。不同值个数最多的属性放在分层结构的最低层。一个属性的不同值个数越少，它在概念分层结构中所处的层次越高。在许多情况下，这种启发式规则都很有用。在考查了产生的分层之后，如果必要，可以由用户或专家进行局部的层次交换或调整。

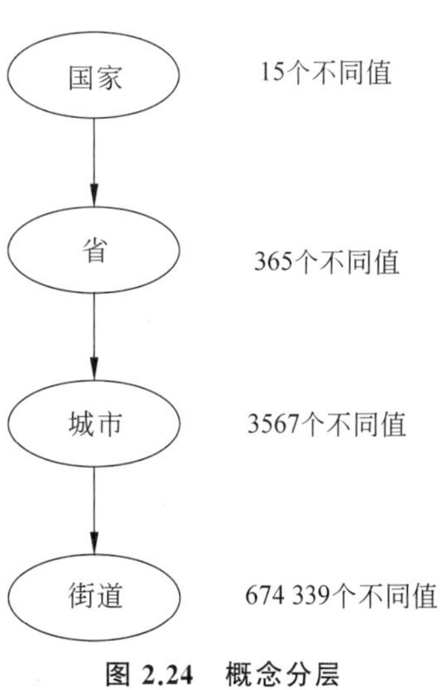

图 2.24 概念分层

【例 2.19】 根据每个属性的不同值的个数产生概念分层。假定用户从数据库中选择了关于地址的属性集：街道、城市、省和国家，但没有指出这些属性之间的层次序。

地址属性的概念分层可以自动地产生，如图 2.24 所示。首先，根据每个属性的不同值的个数，将属性按升序排列,其结果如下(其中,每个属性的不同值的个数在括号中):国家(15),省(365),城市(3567),街道(674 339)。其次,按照排好的次序,自顶向下产生分层,第一个属性在最顶层,最后一个属性在最底层。最后,用户考查产生的概念分层,必要时修改它以反映属性之间期望的语义联系。

2.8 数据归约

数据归约(data reduction)也叫数据消减或数据约简,是指在尽可能保持数据原貌的前提下最大限度地精简数据量,或者说在不影响最终挖掘结果的前提下缩小所挖掘数据的规模。一般来说,对归约后的数据集进行数据挖掘可提高挖掘的效率,并产生相同(或几乎相同)的结果。当然,数据归约操作也是有代价的,一般来说,用于数据归约的时间不应当超过或抵消在归约后的数据集上进行数据挖掘所节省的时间,否则数据归约操作就没有意义了。常用的数据归约方法主要包括数值归约和属性归约。

数值归约通过选择替代的、较少的数据来减少数据量,包括有参数方法和无参数方法。有参数方法是假设数据符合某些模型,对模型参数进行评估,仅需要存储模型参数,不需要存储实际数据。无参数方法不存在假想的模型,需要存放实际数据。

属性归约通过属性合并或者删除不相关的属性来减少数据维数,寻找出最小的属性子集并确保数据子集的概率分布尽可能地接近原有数据集的概率分布。常用的方法有属性子集选择、合并属性和主成分分析等。

数值归约是从横向上减少数据集中数据的数量,没有改变数据的属性;而属性归约是从纵向上删除或者融合属性,减少属性的个数,进而减少数据量。上述两类归约方法在数据预处理过程中经常使用,除此之外,在信息传输系统中减少数据量的常用方法是数据压缩。数据压缩是指:在不丢失信息的前提下,缩减数据量,以减少存储空间,提高传输、存储和处理效率;或者按照一定的算法对数据进行重新组织,以减少数据的冗余和存储的空间。数据压缩的主要目的还是减少数据传输或者转移过程中的数据量。从某种意义上来说,数值归约和属性归约都可以看作某种形式的数据压缩。如果原数据可以由归约后的数据重新构造而不丢失任何信息,则该数据归约是无损的;如果只能重新构造原数据的近似表示,则该数据归约是有损的。

2.8.1 数值归约

数值归约是用较小规模的有代表性的数据集来表示大规模的原始数据集。数值归约可以是无参的,也可以是有参的。

无参的数值归约有 4 种:

(1) 直方图。采用分箱近似地描述数据分布,其中 V 最优直方图和 MaxDiff 直方图是较精确和实用的。

(2) 聚类。将数据元组视为对象,将对象划分为群或聚类,使得在一个聚类中的对象相似,而与其他聚类中的对象不相似,在数据归约时用数据的聚类代替实际数据。

(3) 抽样。用数据的较小随机样本表示大的数据集,如简单选择 n 个样本(类似样本归约)、聚类选样和分层选样等。

(4) 数据立方体聚集。归约操作用于数据立方体结构中的数据,相当于对数据进行上卷,使数据描述粒度变粗,进而减少数据数量。

有参的数值归约使用一个模型来评估数据,只需存放参数,而不需要存放实际数据(离群点可能需要单独存放)。有参的数值归约常用的方法有以下两种:

(1) 回归,包括线性回归和多元回归。

(2) 对数线性模型,近似于离散多维概率分布。

对数值归约中的无参数值归约和有参数值归约的典型方法分别介绍如下。

1. 直方图

直方图类似于分箱技术,使用分箱来近似地描述数据分布,是一种常用的数据归约方式。将属性值划分为不相交的子集,称为桶。直方图根据属性的数据分布将其分成若干不相交的区间(桶),桶放在水平轴上,每个桶的高度与其出现的频率成正比。桶的高度是该桶所代表的值的平均频率。属性 A 的直方图将 A 的数据划分为不相交的子集或桶。如果每个桶只代表单个属性值/频率对,则该桶称为单桶。对于存放具有高频率的离群点,单桶值是有用的。通常,桶表示给定属性的一个连续区间。

桶可以表示给定属性的一个连续空间,根据桶和属性值划分规则的不同,直方图可以分为等宽直方图、等深直方图、V 最优直方图和 MaxDiff 直方图等。

(1) 等宽分箱。在整个属性值的区间上平均分布,即每个箱的区间范围设定为一个常量,称为箱子的宽度。

(2) 等深分箱。按记录数进行分箱,每箱具有大致相同的记录数,即每个桶大致包含相同个数的邻近数据样本,每箱的记录数称为箱的权重,也称箱子的深度,即每个桶的频率粗略地为常数。

(3) V 最优直方图。给定桶的个数,如果考虑所有可能的直方图,则 V 最优直方图是具有最小方差的直方图。直方图的方差是每个桶代表的原数据的加权和,其中权等于桶中值的个数。V 最优直方图避免将极不相同的样本划分到同一个桶中,其目标是使各桶的方差之和最小,是一种较实用的直方图。

(4) MaxDiff 直方图。考虑每对相邻值之间的差。桶的边界是具有 $b-1$ 个最大差的对,其中 b 是用户指定的桶数。

在数值归约中,V 最优直方图和 MaxDiff 直方图是比较实用的两种直方图。

2. 聚类

聚类技术将待分析的数据对象根据数据本身的相似性划分为簇,使一个簇中的数据对象尽可能相似,而与其他簇中的数据对象尽可能相异。簇的质量可以用直径表示,簇的直径是簇中两个相距最远的对象的距离。质心距离是簇质量的另一种度量,定义为簇质心(表示平均对象,或簇空间中的平均点)到簇中每个对象的平均距离。在数据归约中,从聚类得到的簇中选择代表(例如簇的中心点、质心或均值等)来代替实际数据进行数据挖掘。具体内容将在第 4 章进行详细介绍。

3. 抽样

抽样就是用比原数据集小得多的随机样本(子集)表示大型数据集。假定大型数据集

D 包含 N 个元组，从中抽取 s 个样本。常用的用于数据归约的抽样方法有以下 4 种：

(1) 无放回简单随机抽样。从 D 的 N 个元组中抽取 s 个样本($s<N$)，D 中任意元组被抽取的概率均为 $1/N$，即所有元组的抽取是等可能的。

(2) 有放回简单随机抽样。该方法类似于无放回简单随机抽样，不同在于：每次从 D 中抽取一个元组后，记录它，然后将它放回原处，下一次再抽取时，该元组可能再次被抽取。

(3) 聚类抽样。又称整群抽样，将总体中各单位归并成若干个互不交叉、互不重复的簇(也称之为群)，然后以簇为抽样单位抽取样本。应用整簇抽样时，要求各簇有较好的代表性，即簇内各单位的差异要大，簇间差异要小。如果 D 中的元组分组放入 M 个互不相交的簇，则可以得到 s 个簇的简单随机抽样，其中 $s<M$。

(4) 分层抽样。按照总体的某种特征，将总体分成几个不同的部分，称作层，然后在每一层(或子总体)中进行简单的随机取样。如果将 D 划分成互不相交的几个层，则通过对每一层的简单随机抽样就可以得到 D 的分层样本。特别是当数据倾斜时，这种方法可以确保样本的代表性。例如，可以得到关于顾客数据的一个分层样本，各分层针对顾客的各年龄组创建。这样，顾客数目最少的年龄组也能够被表示。

分层抽样和聚类抽样的区别如下：当某个总体是由若干个有着自然界限和区分的子群(或类别、层次、簇)组成，不同子群之间差异很大、而每个子群内部的差异不大时，则适合采用分层抽样的方法；反之，当不同子群之间差异不大、而每个子群内部的差异较大时，则特别适合采用聚类抽样的方法。

采用抽样进行数据归约的优点如下：得到样本的花费正比于样本集的大小 s，而不是数据集的大小 N。因此，抽样的复杂度与数据的大小成正比；而其他数据归约技术至少需要完全扫描 D。对于固定的样本大小，抽样的复杂度仅随数据的维数 n 线性增长；而其他技术，如使用直方图，复杂度随 n 指数增长。

4. 数据立方体聚集

利用数据立方体可以对预处理的汇总数据进行快速访问，因此，数据立方体适合联机数据分析处理和数据挖掘。在最低抽象层创建的立方体称为基本立方体，基本立方体应当对应于用户感兴趣的个体实体。换言之，最低层应当是对于分析可用的或有用的。最高抽象层的立方体称为顶点立方体。每个较高抽象层将比相邻的较低抽象层进一步减少结果数据的规模。当进行数据挖掘查询时，应当使用与给定任务相关的最小可用立方体。

5. 回归和对数线性模型

回归和对数线性模型可以用来近似地描述给定的数据。在简单线性回归中，将数据建模拟合为一条直线。例如，将随机变量 y(称作响应变量)建模为另一随机变量 x(称作预测变量)的线性函数，如式(2.47)所示。

$$y=ax+b \tag{2.47}$$

其中，假定 y 的方差是常量。在数据挖掘中，x 和 y 是数值属性。系数 a 和 b(称作回归系数)分别为直线的斜率和截距。系数可以用最小二乘法求解，通过最小化分离数据的实际直线与估计直线之间的误差得到。多元线性回归是一元线性回归的扩充，允许响应变

量 y 建模为两个或多个预测变量的线性函数。

对数线性模型可以近似地描述离散的多维概率分布。给定 n 元组(例如用 n 个属性描述)的集合,把每个元组看作 n 维空间的点。对数线性模型基于维组合的一个较小子集,估计离散化的属性集的多维空间中每个点的概率,高维空间可以由较低维空间构造。因此,对数线性模型可以用于维归约(低维空间的数据点通常比原来的高维空间的数据点占据较少的空间)和数据平滑(与较高维空间的估计相比,较低维空间的聚集估计较少受抽样方差的影响)。

2.8.2 属性归约

属性归约是从原有的特征属性中删除不重要或不相关的特征属性,或者通过对属性进行重组来减少属性的个数。其原则是在保留甚至提高原有判别能力的同时减少特征向量的维度。属性归约算法的输入是一组属性,输出是它的一个子集(或者一个较小的新集合),把原数据变换或投影到较小的空间。属性归约的常用方法有属性子集选择和主成分分析。

1. 属性子集选择

在数据库设计过程中,为了充分描述数据对象,往往存储数据对象的所有属性,而不是面向某一个应用选择特定属性加以存储。因此,用于数据分析的数据集可能包含很多和数据挖掘主题不相关或者是冗余的属性。遗漏相关属性和使用不相关属性对数据挖掘都是有害的,会影响发现的知识模式的质量。同时,不相关或冗余的属性会增加数据量,增加计算成本,降低数据挖掘的效率。

属性子集选择方法通过删除不相关或冗余的属性来减小数据集。属性子集选择的目标是找出最小属性集,使归约之后属性的数据概率分布尽可能地接近原来所有属性的概率分布。同时,选择较小的属性集,减少出现在发现的知识模式中的属性数目,便于用户理解发现的知识模式的含义。

从组合数学来说,对于 n 个属性的属性集,有 2^n 个可能的子集。穷举搜索所有可能的属性子集,按照评价准则找出属性的最佳子集,是最简单的方法。但是,当属性集和数据的规模比较大时,穷举搜索是不现实的。在选择属性子集时,通常采用启发式算法来搜索可行空间。贪心算法是典型的启发式算法,在对问题进行求解时,总是做出在当前看来最好的选择。也就是说,贪心算法不从整体最优上加以考虑,它求出的是在某种意义上的局部最优解,期望由此导致全局最优解。虽然贪心算法不是对所有问题都能得到全局最优解,但是在实践中,贪心算法可以逼近全局最优解,是一种常用的有效工程方法。在贪心算法中,需要为贪心选择策略建立评价准则,“最好的”(和“最差的”)属性通常使用统计显著性检验来评价。这种检验假定属性是相互独立的。当然也可以使用其他属性评估度量,如建立分类决策树时使用信息增益度量。属性子集选择的基本启发式算法有逐步向前选择、逐步向后删除和决策树归纳等,如图 2.25 所示,启发式算法通过直接删除不相关的属性(或选择相关属性子集)来进行属性归约。

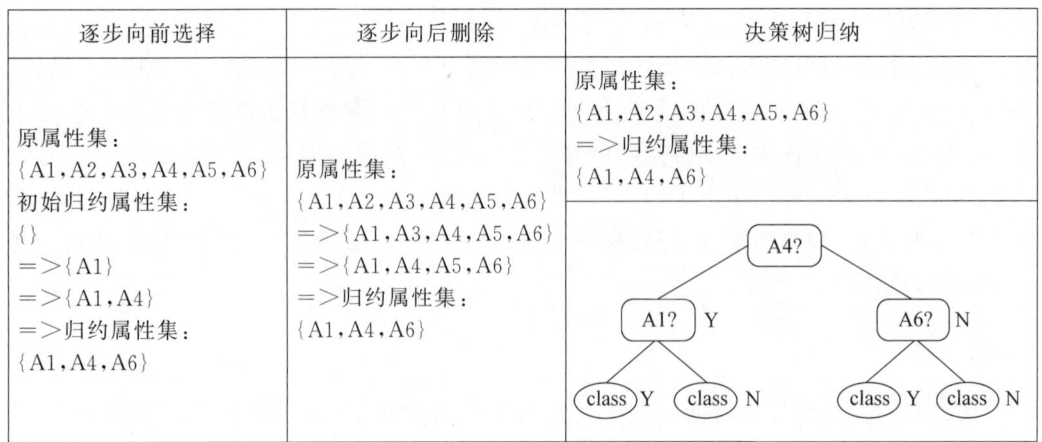

逐步向前选择	逐步向后删除	决策树归纳
原属性集： {A1,A2,A3,A4,A5,A6} 初始归约属性集： {} =>{A1} =>{A1,A4} =>归约属性集： {A1,A4,A6}	原属性集： {A1,A2,A3,A4,A5,A6} =>{A1,A3,A4,A5,A6} =>{A1,A4,A5,A6} =>归约属性集： {A1,A4,A6}	原属性集： {A1,A2,A3,A4,A5,A6} =>归约属性集： {A1,A4,A6}

图 2.25　属性子集选择的 3 种基本启发式算法

（1）逐步向前选择(添加)。该过程以空属性集作为初始归约属性集，逐步选择原属性集中最好的属性加入归约属性集。在每一次迭代中，将剩下的原属性集中最好的属性添加到归约属性集中。

（2）逐步向后删除。该过程从原属性集开始。在每一次迭代中，删除原属性集中最差的属性。

可以将逐步向前选择和逐步向后删除两种方法结合在一起，每一步选择一个最好的属性，并在剩余属性中删除一个最差的属性。

（3）决策树归纳。决策树算法采用自顶向下的递归方法，以信息熵为度量，构造一棵熵值下降最快的决策树，其中，每个内部节点(非叶节点)表示一个属性的测试，每个分支对应于测试的一个输出；每个外部节点(叶节点)表示一个类预测。在每个节点处，算法选择最好的属性，将数据划分成类。决策树算法具有可读性好、分类速度快的优点，是一种典型的有监督学习方法，在分类学习中得到了广泛应用。决策树思想的早期代表是 Breiman 等人在 1984 年提出的 CART 算法、Quinlan 在 1986 年提出的 ID3 算法和在 1993 年提出的 C4.5 算法。决策树算法主要用于分类，在分类问题中，它表示基于特征对实例进行分类的过程，利用训练数据建立决策树模型，再利用决策模型进行新数据的分类预测。

当决策树归纳用于属性子集选择时，和用于分类的决策树构造过程一样，根据构造的决策树，假定不出现在树中的所有属性是不重要的、不相关的。出现在树中的属性构成归约后的属性子集。构造决策树的过程就是属性选择的过程，较早被选择的属性更为重要，可以使用一个度量阈值来决定何时停止属性选择过程。

2. 主成分分析

主成分分析(Principal Components Analysis，PCA)通常用于高维数据集的探索与可视化，还可以用于数据压缩、数据预处理等。主成分分析可以把可能具有相关性的高维变量转化成线性无关的低维变量，新的低维数据集会尽可能保留原始数据的变量。主成分分析将数据投射到一个低维子空间以实现降维，是数据归约的一种常用方法。属性归约是用较少的属性去解释原始数据中的大部分属性，即将许多相关性很高的属性转化成彼此相互独立或不相关的属性。当自变量之间不相互独立时，主成分分析能够将自变量转换成独立的成分；在自变量太多的情况下，PCA 能够降维。

假定待归约的数据用 n 个属性描述。主成分分析搜索 k 个最能代表数据的 n 维正交向量，其中 $k \leqslant n$。主成分分析通过创建一个新的、更小的"组合"属性来替代原来的属性集，把原来的数据投影到一个小得多的空间中，以实现维度归约。主成分分析常常能够揭示先前未曾察觉的联系，因此有时能解释不寻常的结果。

主成分分析的计算步骤如下：

(1) 将原始数据标准化(中心化)。

(2) 计算标准化变量间的相关系数矩阵。

(3) 计算相关系数矩阵的特征值和特征向量。

(4) 计算主成分变量值。

(5) 对统计结果进行分析，提取所需的主成分。

(6) 将原始数据投影到新的空间中。

【例 2.20】 使用一组简单数据对上述算法进行说明，这组数据只有两个特征：x_1 和 x_2，利用主成分分析方法将二维数据降到一维。原始数据集如表 2.3 所示。

表 2.3　原始数据集

数据序号	特征 x_1	特征 x_2
数据 1	−1	−2
数据 2	−1	0
数据 3	0	0
数据 4	2	1
数据 5	0	1

原始数据集的两列分别是特征 x_1 和特征 x_2，也就是二维。降维过程如下：

(1) 让 x_1 和 x_2 分别作为两个特征变量，得到原始数据组成的矩阵 $\boldsymbol{X}$，如式(2.48)所示：

$$\boldsymbol{X}=\begin{bmatrix} -1 & -2 \\ -1 & 0 \\ 0 & 0 \\ 2 & 1 \\ 0 & 1 \end{bmatrix} \tag{2.48}$$

其中，每行都是一个数据，共 5 个数据；每列为一个特征。

下面对矩阵 $\boldsymbol{X}$ 进行标准化。

根据均值(μ)的定义分别求两列的均值：

$$\begin{aligned} \mu_1 &= \frac{(-1)+(-1)+0+2+0}{5}=0 \\ \mu_2 &= \frac{(-2)+0+0+1+1}{5}=0 \end{aligned} \tag{2.49}$$

可见,两列的均值都是 0。

再计算两列的方差,如式(2.50)所示:

$$\text{var}_1=\frac{(-1-0)^2+(-1-0)^2+(0-0)^2+(2-0)^2+(0-0)^2}{4}=\frac{6}{4}=\frac{3}{2}$$
$$\text{var}_2=\frac{(-2-0)^2+(0-0)^2+(0-0)^2+(1-0)^2+(1-0)^2}{4}=\frac{6}{4}=\frac{3}{2} \tag{2.50}$$

由于两个特征的均值都是 0,方差都是 1.5,为计算简便,不除以方差。

(2) 求协方差矩阵:

$$\boldsymbol{R}=\frac{1}{m}\boldsymbol{X}^{\mathrm{T}}\boldsymbol{X}=\frac{1}{5}\begin{bmatrix}-1 & -1 & 0 & 2 & 0\\ -2 & 0 & 0 & 1 & 1\end{bmatrix}\begin{bmatrix}-1 & -2\\ -1 & 0\\ 0 & 0\\ 2 & 1\\ 0 & 1\end{bmatrix}=\begin{bmatrix}\frac{6}{5} & \frac{4}{5}\\ \frac{4}{5} & \frac{6}{5}\end{bmatrix} \tag{2.51}$$

(3) 求协方差矩阵的特征值和特征向量。

矩阵 $\boldsymbol{R}$ 的特征值为

$$\lambda_1=2,\lambda_2=0.4 \tag{2.52}$$

对应的特征向量为

$$\boldsymbol{c}_1=\begin{bmatrix}1\\1\end{bmatrix},\boldsymbol{c}_2=\begin{bmatrix}-1\\1\end{bmatrix} \tag{2.53}$$

对其进行单位化(归一化)后的结果为

$$\boldsymbol{c}_1=\begin{bmatrix}\frac{1}{\sqrt{2}}\\ \frac{1}{\sqrt{2}}\end{bmatrix},\boldsymbol{c}_2=\begin{bmatrix}\frac{-1}{\sqrt{2}}\\ \frac{1}{\sqrt{2}}\end{bmatrix} \tag{2.54}$$

实对称矩阵一定可以对角化,且对角矩阵的对角线元素为其特征值,所以对角矩阵为

$$\boldsymbol{\Lambda}=\begin{pmatrix}2 & 0\\ 0 & \frac{2}{5}\end{pmatrix} \tag{2.55}$$

(4) 将特征值从大到小排列:$\lambda_1>\lambda_2$。

(5) 计算累计贡献率,确定主成分个数。贡献率计算公式如下:

$$\alpha_i=\frac{\lambda_i}{\sum_{i=1}^{2}\lambda_i} \tag{2.56}$$

因此,

$$\alpha_1=\frac{\lambda_1}{\sum_{i=1}^{2}\lambda_i}=\frac{2}{2+\frac{2}{5}}=83.33\% \tag{2.57}$$

一维的累计贡献率已经达到 83.33%,基本满足需要,主成分个数为 1 就可以了。

(6) 将矩阵 $\boldsymbol{X}$ 投影到新的基下，就是降为一维的数据。$\boldsymbol{R}$ 的特征值分别为 2 和 $\frac{2}{5}$，因此选取 2 的特征向量作为新的基，乘以原始数据矩阵 $\boldsymbol{X}$，就可以得到降维后的表示，如式(2.58)所示：

$$\boldsymbol{Y}=\boldsymbol{c}_1\boldsymbol{X}=\begin{bmatrix}-1 & -2\\ -1 & 0\\ 0 & 0\\ 2 & 1\\ 1 & 1\end{bmatrix}\begin{bmatrix}\frac{1}{\sqrt{2}}\\ \frac{1}{\sqrt{2}}\end{bmatrix}=\begin{bmatrix}\frac{-3}{\sqrt{2}}\\ \frac{-1}{\sqrt{2}}\\ 0\\ \frac{3}{\sqrt{2}}\\ \frac{-1}{\sqrt{2}}\end{bmatrix} \tag{2.58}$$

通过上面的二维降到一维的过程，可以看到，在降维的第(5)步中，需要降到几维，就找几个特征向量作为新的基即可。

2.9 本章小结

数据预处理是对数据进行检测和修正，通常会遇到以下问题：

- 数据之间的类型不同。例如，有的是连续型的，有的是离散型的；有的是文字，有的是数字。
- 数据的质量没有保证。例如，有异常值(例如年龄大于 150 的数据)或缺失值，数据的量纲不统一，造成某个特征对研究问题的影响被放大或缩小；数据是偏态；数据量过少或者过多。

数据探索与数据预处理是数据挖掘中很重要然而常常被忽视的流程。数据预处理的目的是对现实中获取的脏数据进行一些处理，提高数据的质量，让数据适应和匹配模型，最终使得数据挖掘的结果更准确、更有价值。数据预处理的主要步骤包括数据清洗、数据集成、数据变换和数据归约。

在数据清洗阶段需要做的工作有填写缺失值、处理异常值。如果数据量足够大，可以删除含有缺失值或异常值的数据，以避免分析结果不准确；如果数据量比较小，就需要对缺失值进行填充。填充缺失值的方法很多，通常可以利用属性的均值、众数或者中位数进行填充，也可以使用 KNN 方法在记录中找到与缺失值最接近的样本的属性值，还可以利用回归方法对已知数据和与其相关的其他变量建立拟合模型来预测缺失值，或者用拉格朗日插值法、牛顿插值法等数学方法对缺失值进行填补。而处理异常值时，除了可以利用箱形图等找到数据集中域，识别并删除异常值，还可以将异常值视为缺失值，采用缺失值处理方法。

数据集成就是数据合并，是将多个数据源合并存放在一个数据存储中的过程。不同数据源可能具有的问题主要有同名不同义、不同名同义和单位不统一等，这些问题需要通过实体识别来解决。而当不同的数据源中都含有某一属性时,某一属性有可能重复出现,造成数据冗余。通过进行相关分析检测,消除数据冗余,可以有效提高数据挖掘的效率。通常,对于标称数据,使用卡方检验消除数据冗余;对于数值数据,使用相关系数和协方差消除数据冗余。

数据变换是将数据变换(或统一)成适合挖掘的形式。数据变换策略如下:

(1) 对数据进行简单数学变换,例如,通过取对数对数据进行压缩是比较常用的方法。

(2) 规范化。把属性数据按比例缩放,使之落到一个特定的小区间,可以采用最大最小值归一化、零均值规范化以及小数定标规范化等方法。

(3) 属性构造(或特征构造)。可以由给定的属性构造新的属性,并将其添加到属性集中。

(4) 聚集。对数据进行汇总或聚集。

(5) 将连续属性离散化,用区间标签或概念标签替换数值属性的原始值。

(6) 由标称数据产生概念分层,将属性泛化到较高的概念层。

数据归约是指在保持原始数据完整性的前提下减少数据的特征或数据量。归约后的数据集可以节约数据挖掘时间,并且减少存储数据的成本。数据归约分为属性归约和数值归约。属性归约主要通过降低维度来实现,可采用合并属性、决策树归纳、主成分分析等方法。可以使用维归约中的主成分分析方法对数据集的特征进行压缩,把原始数据投射到低维空间中。数值归约则是减少数据量,分为有参数方法(回归、对数线性模型)和无参数方法(直方图、聚类、抽样)两类。

2.10 思考与练习

1. 描述数据探索和数据处理的主要工作。

2. 对鸢尾花数据集(iris.csv)的 4 个特征——萼片长度(sepal_len)、萼片宽度(sepal_wid)、花瓣长度(petal_len)和花瓣宽度(petal_wid)进行标准化。

3. 用主成分分析方法对鸢尾花数据集(iris.csv)进行维归约。

4. 对美国总统竞选政治献金数据集 contb_01、contb_02、contb_03 进行数据集成。

5. 填补第 4 题中集成后的数据缺失值。

第3章 关联规则挖掘

假如你是一个超市促销员，正在和一位购买了可乐和面包的顾客交谈。此时你会向他推荐一些什么东西呢？你可能会凭直觉推荐一些他有可能购买的东西。那么，这些东西是否真的是他需要的呢？频繁模式和关联规则在很大程度上解决了这类问题。超市促销员根据超市的历史销售记录，查找出频繁出现的可乐和面包的组合销售记录。这些组合就形成了频繁购物模式，利用这些频繁出现的购物模式信息，促销员就可以有效地针对顾客的需求给出一些合理的推荐。

频繁模式和关联规则反映了一个事物与其他事物同时出现的相互依存性和关联性，常用于实体商店或在线电商的推荐系统。通过对顾客的历史购买记录数据进行关联规则挖掘，发现顾客群体购买习惯的内在共性，根据挖掘结果，可以调整货架的布局陈列，设计促销组合方案，从而实现销量的提升。

本章介绍频繁模式和关联规则的基本概念，讲解关联规则挖掘的核心挖掘算法——Apriori 算法和 FP-Growth 算法。

3.1 基本概念

设 $I=\{i_1,i_2,\cdots,i_m\}$ 是项(item)的集合，D 是事务(transaction)的集合(事务数据库)，事务 T 是项的集合，并且 $T\subseteq I$。每一个事务具有唯一的标识，称为事务号，记作 TID。设 A 是 I 中的一个项集，如果 $A\subseteq T$，那么事务 T 包含 A。

例如，一个商店所售商品的集合 I={可乐，薯片，面包，牛奶，尿布，啤酒}。假设商店某段时间的事务数据库 D 如表 3.1 所示，该数据库有 5 个事务，D={{可乐，薯片}，{可乐，面包}，{可乐，面包，牛奶}，{尿布，啤酒}，{可乐，面包，啤酒}}。其中，事务{可乐，面包，牛奶}包含了事务{可乐，面包}。

表 3.1 某商店事务数据库

事务号(TID)	购买商品列表
100	可乐，薯片
200	可乐，面包
300	可乐，面包，牛奶
400	尿布，啤酒
500	可乐，面包，啤酒

定义 1：关联规则。

关联规则是形如 $A \rightarrow B$ 的逻辑蕴含式，其中 $A \neq \varnothing, B \neq \varnothing$，且 $A \subset I, B \subset I$，并且 $A \cap B = \varnothing$。

定义 2：关联规则的支持度。

规则 $A \rightarrow B$ 具有支持度 S，表示 D 中事务包含 $A \cup B$ 的百分比，它等于概率 $P(A \cup B)$，也叫相对支持度。

$$S(A \rightarrow B) = P(A \cup B) = \frac{|A \cup B|}{|D|}$$

另外，还有绝对支持度，又叫支持度计数、频度或计数，是事务在事务数据库中出现的次数，表示为 $|A \cup B|$。

例如，对于表 3.1 所示的商店事务数据库，顾客购买可乐和薯片有 1 笔，顾客购买可乐和面包有 3 笔，那么可乐和薯片的关联规则的支持度 $S(\text{可乐} \rightarrow \text{薯片}) = \frac{1}{5} = 20\%$，可乐和面包的关联规则的支持度 $S(\text{可乐} \rightarrow \text{面包}) = \frac{3}{5} = 60\%$。

定义 3：关联规则的置信度。

规则 $A \rightarrow B$ 在事务数据库中具有置信度 C，它表示包含项集 A 的同时也包含项集 B 的概率，即条件概率 $P(B|A)$。因为事务数据库 D 的规模是一定的，所以

$$C(A \rightarrow B) = \frac{P(A \cup B)}{P(A)} = \frac{|A \cup B|}{|A|}$$

其中 $|A|$ 表示事务数据库中包含项集 A 的事务个数。

例如，对于表 3.1 所示的商店事务数据库，顾客购买可乐有 4 笔，顾客购买可乐和薯片有 1 笔，顾客购买可乐和面包有 3 笔，那么顾客购买可乐和薯片的置信度 $C(\text{可乐} \rightarrow \text{薯片}) = \frac{1}{4} = 25\%$，购买可乐和面包的置信度 $C(\text{可乐} \rightarrow \text{面包}) = \frac{3}{4} = 75\%$。这说明买可乐和买面包的关联性比买可乐和买薯片的关联性强，在营销上可以作为组合策略销售。

定义 4：阈值。

为了在事务数据库中找出有用的关联规则，需要由用户确定两个阈值：最小支持度阈值(min_sup)和最小置信度阈值(min_conf)。

定义 5：强关联规则。

同时满足最小支持度阈值(min_sup)和最小置信度阈值(min_conf)的规则称为强关联规则，即，当 $S(A \rightarrow B) >$ min_sup 且 $C(A \rightarrow B) >$ min_conf 成立时，规则 $A \rightarrow B$ 称为强关联规则。

规则的支持度和置信度是规则价值的两种度量。它们分别反映了规则的有用性和确定性。支持度很低的规则只是偶然出现。支持度通常用于排除那些无意义的规则。置信度体现了规则推理的可靠性，对于给定的规则，置信度越高，其发生的概率越大。在典型情况下，如果关联规则满足最小支持度阈值和最小置信度阈值，则通常认为它是有价值的。

例如，假设表 3.1 的事务最小支持度阈值 min_sup 为 50%，最小置信度阈值 min_

conf 也为 50%。容易看出：关联规则(可乐→面包)的支持度 S(可乐→面包)=60%大于最小支持度阈值；置信度 C(可乐→面包)=75%，大于最小可信度阈值。所以，(可乐→面包)是强关联规则。而关联规则(可乐→薯片)不是强关联规则。所以关联规则(可乐→面包)是有价值的规则。

定义 6：频繁模式。

频繁模式是频繁地出现在数据集中的模式(如项集、子序列或子结构)。

项的集合称为项集(itemset)，包含 k 个项的集合称为 k-项集。项集的出现频度是包含项集的事务数，简称为项集的频度、支持度计数或计数。如果项集频繁地出现在交易数据集中，同时其支持度大于或等于最小支持度阈值，则称为频繁项集。

例如，在表 3.1 的事务数据库中，项集{可乐，面包}的支持度为 60%，大于规定的最小支持度阈值，所以{可乐，面包}是频繁 2 项集。项集{可乐，薯片}的支持度为 20%，小于规定的最小支持度阈值，所以{可乐，薯片}不是频繁 2 项集。

一个子序列，例如首先购买 PC，然后购买数码相机，最后购买内存卡，如果它频繁地出现在事务数据库中，则称它为频繁子序列。

一个子结构可能涉及不同的结构形式，如子图、子树或子格，它可能与项集或子序列结合在一起。如果一个子结构频繁地出现在事务数据库中，则称它为频繁子结构。

频繁项集模式挖掘的一个典型例子是购物篮分析。购物篮分析通过发现顾客放入“购物篮”中的商品之间的关联，分析顾客的购物习惯。这种关联的发现可以帮助零售商了解哪些商品频繁地被顾客同时购买，从而帮助零售商制订更好的营销策略。例如，可以将顾客经常同时购买的商品摆放在一起，以便促进这些商品的销售。换一个角度，也可以把顾客经常同时购买的商品摆放在商店的两端，以诱导同时购买这些商品的顾客一路挑选其他商品。当然，购物篮分析也可以帮助零售商决定将哪些商品降价出售。例如，表 3.1 的事务数据库显示，顾客经常同时购买可乐和面包，{可乐，面包}是频繁项集，则可乐的降价出售可能既促进可乐销售，又促进面包销售。

如果项集的全域是商店中的商品的集合，每种商品有一个对应的布尔变量，表示该商品是否被顾客购买，则每个购物篮都可以用一个布尔向量表示。可以通过分析布尔向量得到反映商品频繁关联或同时购买的模式，这些模式可以用关联规则的形式表示。例如，购买可乐也趋向于同时购买面包的顾客信息可以用以下的关联规则表示：

可乐→面包 [support=60%, confidence=75%]

3.2 Apriori 算法

关联规则挖掘的一种自然的、原始的方法是穷举所有可能的规则，计算每个规则的支持度和置信度，但是这种方法代价很高。提高性能的方法是拆分支持度和置信度。因为规则的支持度主要依赖于规则前件和后件项集的支持度，因此大多数关联规则挖掘算法通常采用的策略是分为两阶段：第一阶段从事务数据库中找出所有大于或等于用户指定的最小支持度的频繁项集；第二阶段利用频繁项集生成需要的关联规则，根据用户设定的最小置信度进行取舍，最后得到强关联规则。由于第二阶段的开销远低于第一阶段，因此挖掘关联规则的总体性能取决于第一阶段的频繁项集产生算法。

关联规则挖掘的第一阶段的任务是从事务数据库中找出所有的频繁项集,也就是找出所有大于或等于最小支持度阈值(min_sup)的项集。算法一般首先统计事务数据库中各个项,产生频繁1项集,从频繁1项集中产生频繁2项集……从频繁 $k-1$ 项集中产生频繁 k 项集,直到无法再找到更长的频繁项集为止。

关联规则挖掘的第二阶段的任务是由频繁项集产生关联规则。若一个规则的置信度满足最小置信度阈值,称此规则为强关联规则。首先根据选定的频繁项集找到它的所有非空子集,找到所有可能性的关联规则。例如,频繁项集为{1,2,3},它的所有非空子集则为{1,2},{1,3},{2,3},{1},{2},{3}。可能的关联规则为:{1,2}→3,{1,3}→2,{2,3}→1,1→{2,3},2→{1,3},3→{1,2}。最后计算所有可能的关联规则的置信度,找到符合最小置信度的规则,它们就是强关联规则。

3.2.1 Apriori 算法详解

1. 第一阶段:产生频繁项集

从大型数据集中挖掘频繁项集的主要挑战是:挖掘过程中常常产生大量满足最小支持度阈值的项集,特别是当最小支持度阈值 min_sup 设置得很低时尤其如此。这是因为,如果一个项集是频繁的,则它的每个子集也是频繁的。

格结构(lattice structure)常常被用来表示所有可能的项集。从中可以看出频繁项集的搜索空间是指数搜索空间,随着事务数据库中项的增加,候选项集和比较次数都呈指数级增长,计算复杂度很高。图3.1为项集 $I=\{a,b,c,d,e\}$ 的格。

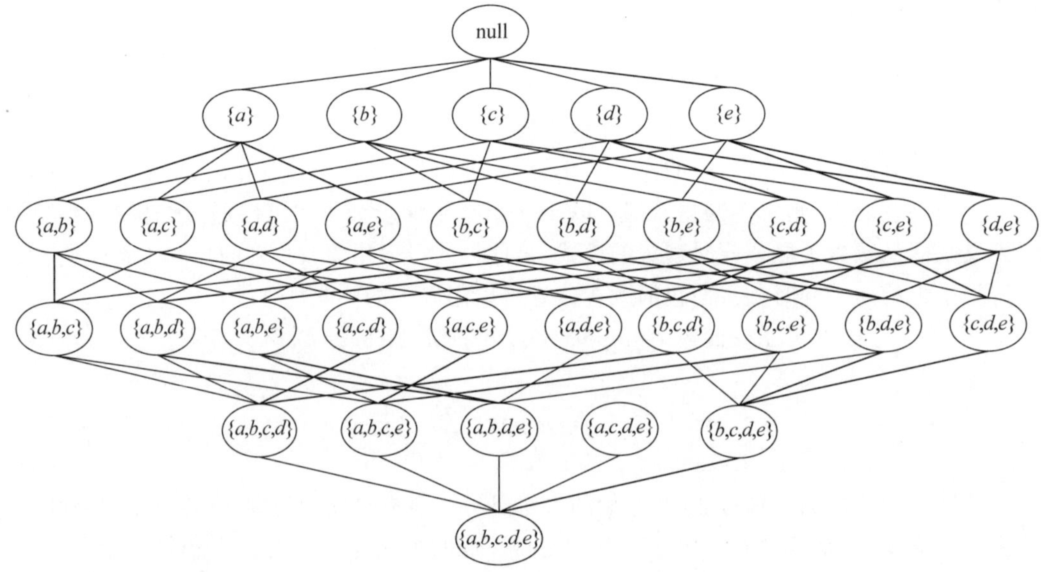

图3.1 项集 $I=\{a,b,c,d,e\}$ 的格

发现频繁项集的一个朴素的方法是确定格结构中每个候选项集的支持度,但是工作量比较大。降低产生频繁项集的计算复杂度的方法有以下两个:

（1）减少候选项集的数目。例如，根据先验性质原理，可以不用计算支持度，因而可以删除某些候选项集。

（2）减少比较次数。利用更高级的数据结构，或者存储候选项集，或者压缩数据集，以减少比较次数。

定理1：先验性质。频繁项集的所有非空子集也一定是频繁的。

这个性质很容易理解。例如，一个项集$\{I_1,I_2,I_3\}$是频繁的，那么这个项集的支持度大于最小支持度阈值min_sup。显而易见，它的任何非空子集（如$\{I_1\}$、$\{I_2,I_3\}$等）的支持度也一定比最小支持度阈值min_sup大，因此一定都是频繁的。

如图3.2所示，如果$\{c,d,e\}$是频繁的，则它的所有子集也是频繁的。反过来，如果项集I是频繁的，那么给这个项集再添加新项A，则这个新的项集$\{I\cup A\}$至少不会比I更加频繁，因为增加了新项，所以新项集中所有项同时出现的次数一定不会增加。如果项集I是非频繁的，给项集I增加新项A后，这个新的项集$\{I\cup A\}$一定还是非频繁的。这种性质叫反单调性。

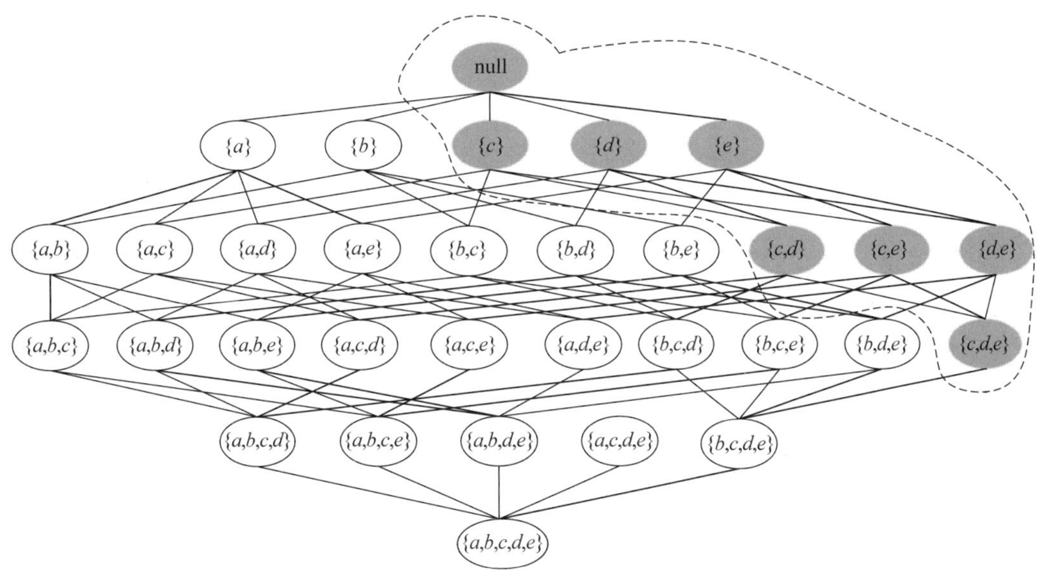

图3.2　先验性质图示

定理2：反单调性。在一个项集中，如果有至少一个非空子集是非频繁的，那么这个项集一定是非频繁的。即，如果一个项集是非频繁的，则它所有的超集都是非频繁的。

这种基于支持度度量修剪指数搜索空间的策略称为基于支持度的剪枝。如图3.3所示，如果$\{a,b\}$是非频繁项集，则它的所有超集也是非频繁的，其超集在搜索过程中都可以剪掉。

Apriori算法利用定理1和定理2，通过逐层搜索的模式，由频繁$k-1$项集生成频繁k项集，从而最终得到全部的频繁项集。

由定理1和定理2可知：如果一个项集是频繁k项集，那么它的任意非空子集一定是频繁的，所以，频繁k项集一定是由频繁$k-1$项集组合生成的。

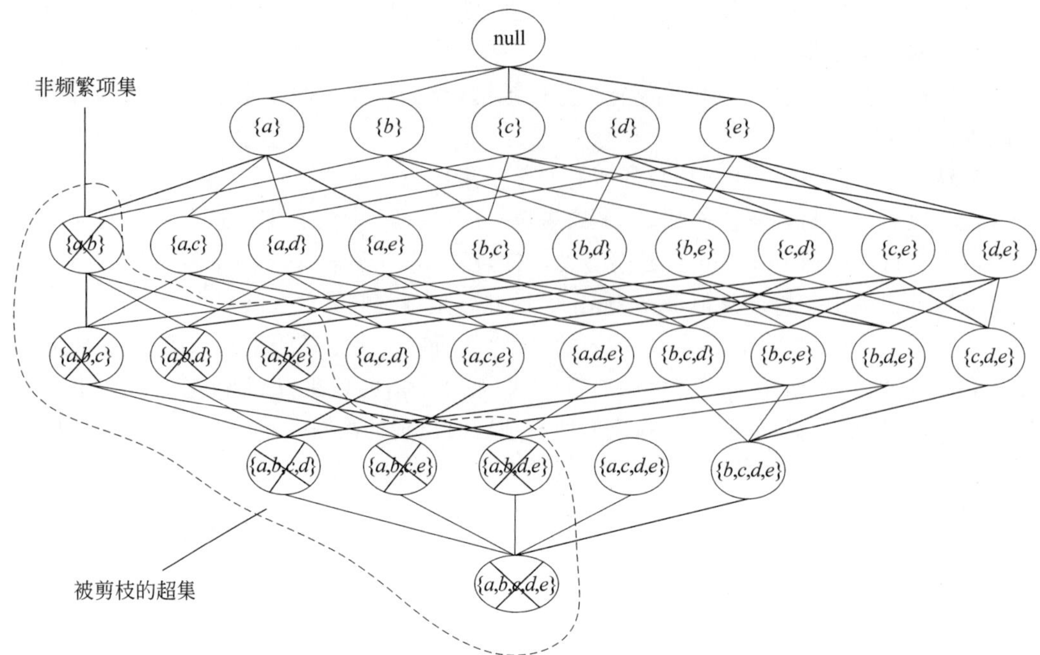

图 3.3　基于支持度的剪枝图示

Apriori 算法的核心是通过频繁 $k-1$ 项集生成频繁 k 项集。定理 1 和定理 2 可以简洁地描述为定理 3 和定理 4。

定理 3：任何频繁 k 项集都是由频繁 $k-1$ 项集组合生成的。

定理 4：频繁 k 项集的所有 $k-1$ 项子集一定都是频繁 $k-1$ 项集。

Apriori 算法使用一种称为逐层搜索的迭代算法，其中 k 项集用于探索 $k+1$ 项集。首先，通过扫描数据库，累计每个项的个数，并收集满足最小支持度的项，找出频繁 1 项集的集合，该集合记为 L_1。然后，使用 L_1 找出频繁 2 项集的集合 L_2，使用 L_2 找出 L_3，如此迭代进行下去，直到不能再找到频繁 $k-1$ 项集。找出每个 L_k 需要对数据库进行一次完整扫描。

Apriori 算法的步骤如下：

(1) 扫描全部数据，产生候选项 1 项集的集合 C_1。

(2) 根据最小支持度，由候选 1 项集的集合 C_1 产生频繁 1 项集的集合 L_1。

(3) 若 $k>1$，重复步骤(4)、(5)和(6)。

(4) 由 L_k 执行连接和剪枝操作，产生候选 $k+1$ 项集的集合 C_{k+1}。

(5) 根据最小支持度，由候选 $k+1$ 项集的集合 C_{k+1}，筛选产生频繁 $k+1$ 项集的集合 L_{k+1}。

(6) 若 $L\neq\varnothing$，则 $k=k+1$，跳往步骤(4)；否则，跳往步骤(7)。

(7) 根据最小置信度，由频繁项集产生强关联规则，结束。

Apriori 算法可以描述为算法 3.1：

算法 3.1 Apriori 算法的频繁项集产生

```
k=1
F_k={i|i∈I∧∂({i})≥N * minsup}          {发现所有的频繁1项集}
repeat
  k=k+1
  C_k=apriori-gen(F_k-1)                {产生候选项集}
  for 每个事务 t∈T do
    C_t=subset(C_k,t)                   {识别属于t的所有候选项集}
    for 每个候选项集 c∈C_t do
      ∂(c)=∂(c)+1                       {支持度计数增值}
    end for
  end for
  F_k={c|c∈C_k∧∂(c)≥N * minsup}         {提取频繁k项集}
until F_k=∅
Result=∪F_k
```

Apriori 算法产生频繁项集的过程有两个重要的特点：

(1) 逐层进行。从频繁1项集到最长的频繁 k 项集，每次遍历项集格中的一层。

(2) 它使用产生和测试(generate-and-test)策略发现频繁项集，每次迭代后的候选项集都由上一次迭代发现的频繁项集产生。算法总迭代次数为 $k_{max}+1$，其中 k_{max} 为频繁项集最大长度。

此过程中最重要的环节是如何从频繁 $k-1$ 项集产生频繁 k 项集，即如何从 L_{k-1} 找出 L_k。该环节可由连接、剪枝和扫描筛选3步组成，首先通过连接和剪枝产生候选项集，然后通过扫描筛选来实现进一步的删除小于最小支持度阈值的项集。

(1) 连接。

为找出 L_k，通过将 L_{k-1} 与自身连接产生候选 k 项集的集合。连接的作用就是用两个频繁 $k-1$ 项集组成一个 k 项集。该候选 k 项集的集合记为 C_k。具体来说，分为两步：

① 判断两个频繁 $k-1$ 项集是否是可连接的：对于两个频繁 $k-1$ 项集 I_1 和 I_2，先将项集中的项排序(例如按照字典排序或者人为规定的其他顺序)，如果 I_1、I_2 的前 $k-2$ 项都相等，则 I_1 和 I_2 可连接。

② 如果两个频繁 $k-1$ 项集 I_1 和 I_2 可连接，则用它们生成一个新的 k 项集：$\{I_1[1], I_1[2], \cdots, I_1[k-2], I_1[k-1], I_2[k-1]\}$，也就是用相同的前 $k-2$ 项加上 I_1 和 I_2 不同的末尾项，这个过程可以用 $I_1 \times I_2$ 表示。只需找到所有的 C_n^2 个两两组合，n 为 L_{k-1} 的长度，挑出其中可连接的，就能生成所有可能是频繁项集的 k 项集，也就是候选频繁 k 项集，将这些候选频繁 k 项集构成的集合记为 C_k。

说明：经过上述方法连接起来的 k 项集，至少有两个 $k-1$ 子集是频繁的，由定理4可知，这样的 k 项集才有可能是频繁的。这种连接方法一开始直接排除了大量不可能的组合，所以不需要通过找出所有项的 k 组合来生成候选频繁 k 项集 C_k。

(2) 剪枝。

Apriori 算法使用逐层搜索技术。为了压缩 C_k，利用定理1给出的先验性质(任何非

频繁的 $k-1$ 项集都不是频繁 k 项集的子集)来剪掉非频繁的候选 k 项集。对给定候选 k 项集 C_k,只需检查它们的 $k-1$ 项的所有子集是否频繁即可。

说明:因为在连接之后所有的候选频繁 k 项集都在 C_k 中,所以现在的任务是对 C_k 进行筛选,剪枝是初步的筛选。具体过程是:对于每个候选 k 项集,找出它的所有 $k-1$ 项子集,检测其是否频繁,也就是看其是否都在 L_{k-1} 中,只要有一个子集不在其中,那么这个 k 项集一定不是频繁的。剪枝的原理就是定理 4。经过剪枝,C_k 进一步缩减。这个过程也叫子集测试。

(3) 扫描筛选。

因为当前候选频繁 k 项集 C_k 中仍然可能存在支持度小于最小支持度阈值 min_sup 的项集,所以需要做进一步筛选。扫描事务数据库 D,得出在当前 C_k 中 k 项集的计数,这样能统计出目前 C_k 中所有项集的频数,从中删去支持度小于 min_sup 的项集,就得到了频繁 k 项集组成的集合 L_k。

说明:在候选频繁 k 项集的产生过程中要注意以下 3 点。

(1) 应当避免产生太多不必要的候选项集。如果一个候选项集的子集是非频繁的,则该候选项集肯定是非频繁的。

(2) 确保候选项集的集合完整性,即在产生候选项集的过程中没有遗漏任何频繁项集。

(3) 不应当产生重复的候选项集。

2. 第二阶段:由频繁项集产生关联规则

首先,对于每一个频繁项集产生关联规则。计算频繁项集的所有非空真子集,计算所有可能的关联规则的置信度,如果其置信度大于最小置信度阈值,则该规则为强关联规则,输出该规则。即,对于选定的频繁项集 I 的每个非空子集 S,如果 $\boldsymbol{C}(S\rightarrow I-S)=\dfrac{\text{Support}(I)}{\text{Support}(S)}=\dfrac{|I|}{|S|}\geqslant \text{min\_conf}$,则输出规则 $S\Rightarrow(I-S)$。其中,min_conf 是最小置信度阈值。

说明:由于规则由频繁项集产生,每个规则都自动满足最小支持度阈值,这里不需要再计算支持度的满足情况。

例如,频繁项集为{1,2,3},则其非空真子集为{1,2},{1,3},{2,3},{1},{2},{3}。

可能的关联规则为{1,2}→3, {1,3}→2, {2,3}→1, 1→{2,3},2→{1,3},3→{1,2}。

最后,计算所有可能的关联规则的置信度,找到满足置信度大于或等于阈值的规则,它们就是强关联规则。

图 3.4 给出了从项集{0,1,2,3}产生的所有关联规则,其中阴影区域给出的是低置信度的规则。可以发现,如果{0,1,2}→{3}是一条低置信度规则,那么所有其他以 3 作为后件(箭头右部包含 3)的规则均为低置信度的规则。

可以观察到,如果某条规则并不满足最小置信度阈值要求,那么该规则的所有子集也不会满足最小置信度阈值要求。以图 3.4 为例,假设规则{0,1,2} → {3}并不满足最小置信度阈值要求,那么任何左部为{0,1,2}子集的规则也不会满足最小置信度阈值要求。可以利用关联规则的上述性质来减少需要测试的规则数目,类似于 Apriori 算法求解频繁

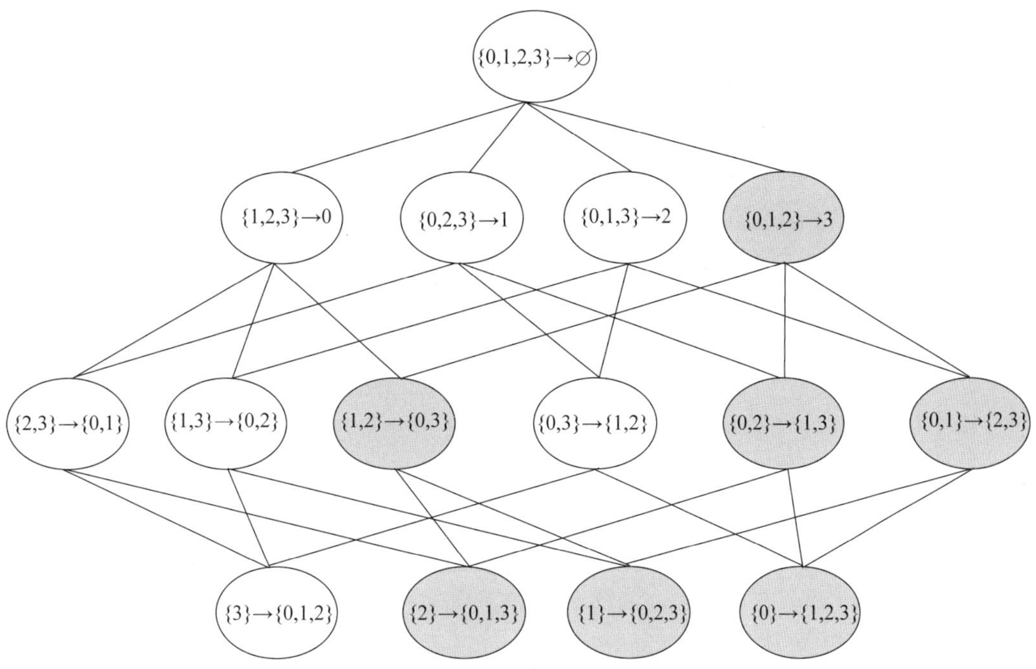

图 3.4　频繁项集{0,1,2,3}的关联规则

项集时采用的方法。

3.2.2　Apriori 算法的例子

本例子依据的交易数据如表 3.2 所示(假设给定的最小支持度阈值为 2,最小置信度阈值为 0.6)。

针对本例,最简单的办法是穷举法,即把每个项集都作为候选项集,统计它在数据集中出现的次数,如果其出现次数大于最小支持度计数,则为频繁项集,如图 3.5 所示,但该方法开销很大。

表 3.2　某商店交易数据

交易号码	商　品
100	Cola,Egg,Ham
200	Cola,Diaper,Beer
300	Cola,Diaper,Beer,Ham
400	Diaper,Beer

采用 Apriori 算法挖掘规则的过程如下:

第 1 步:生成 1 项集的集合 C_1。将所有事务中出现的项组成一个集合,记为 C_1,C_1 可以看作由所有的 1 项集组成的集合。在本例中,所有可能的 1 项集 C_1 为{E}、{C}、{D}、{B}、{H},分别代表{Egg}、{Cola}、{Diaper}、{Beer}、{Ham}。

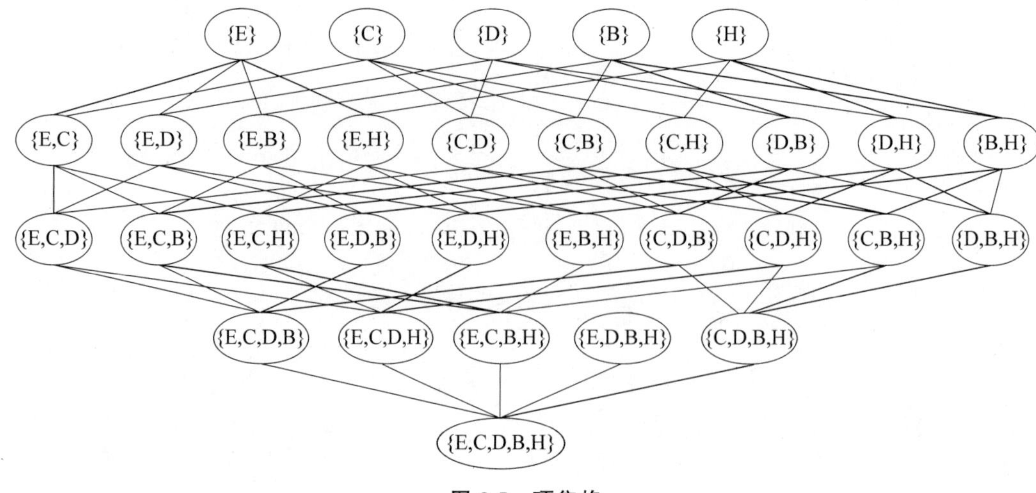

图 3.5 项集格

第 2 步：寻找频繁 1 项集。统计 C_1 中所有元素出现的次数，再与最小支持度阈值 min_sup 比较，筛除小于 min_sup 的项集，剩下的都是频繁 1 项集。将这些频繁 1 项集组成的集合记为 L_1。在本例中，设置 min_sup=2。经过这一步的筛选，项集{E}被淘汰。{E}的超集都不可能是频繁项集，这样，在项集空间中就剪掉了一个分枝。经过剪枝后的图如图 3.6 所示。

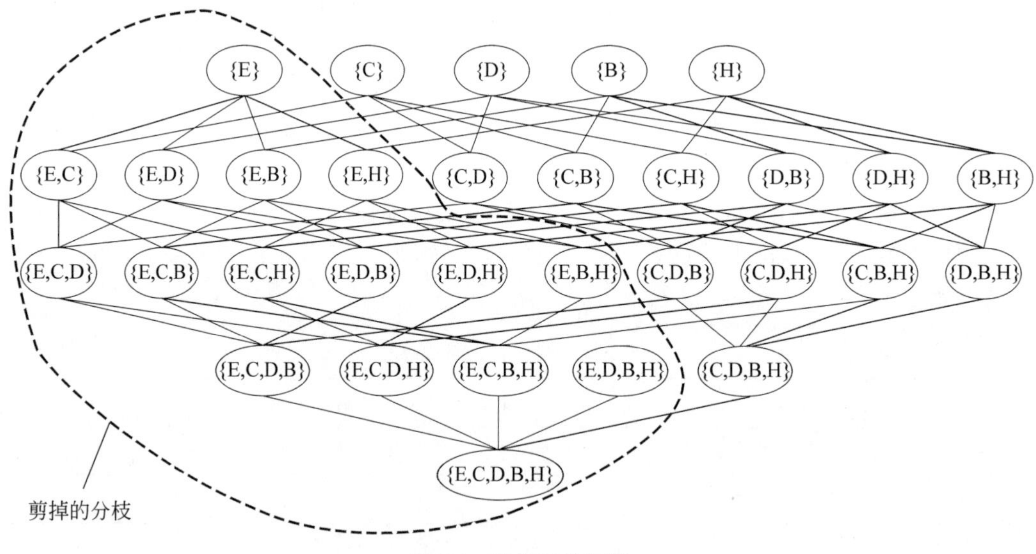

图 3.6 剪枝后的项集

频繁 1 项集为{C}、{D}、{B}、{H}。

频繁 1 项集的发现过程如图 3.7 所示。

按照算法流程，在得到频繁 1 项集后，通过连接和剪枝得到候选 2 项集 C_2，通过扫描事务数据库并进行计数筛选得到频繁 2 项集 L_2。同样，使用 L_2 找出 L_3。如此继续下去，直到不能再找到频繁项集时为止。

图 3.7 频繁 1 项集发现过程

具体过程如图 3.8 所示。

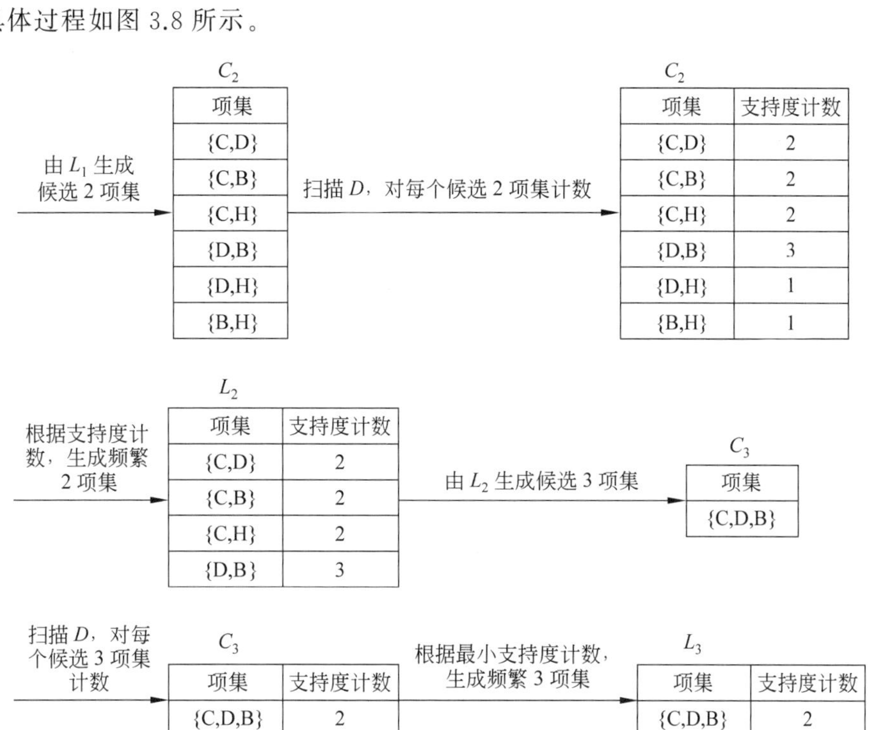

图 3.8 频繁项集生成过程

从上述过程可以看到，频繁 2 项集有{C,D}，{C,B}，{C,H}，{D,B}，最后得到的最大频繁项集为频繁 3 项集：{C,D,B}。

在第二阶段，由频繁项集产生关联规则。

频繁 2 项集{C,D}生成强关联规则的过程如下：

{C,D}的非空真子集为{C}、{D}。$P(C\to D)=2/3$，$P(D\to C)=2/3$，都大于最小置信度阈值，所以规则 C→D 和 D→C 都是强关联规则。

同理，可以计算频繁 2 项集{C,B}生成的强关联规则：$P\{C\to B\}=2/3$，$P\{B\to C\}=2/3$，都大于最小置信度阈值，所以规则 C→B 和 B→C 都是强关联规则。

同理，可以计算频繁 2 项集{C,H}生成的强关联规则：$P\{C\to H\}=2/3$，$P\{H\to C\}=1$，都大于最小置信度阈值，所以规则 C→H 和 H→C 都是强关联规则。

同理,可以计算频繁2项集{D,B}生成的强关联规则:$P\{D\rightarrow B\}=1$,$P\{B\rightarrow D\}=1$,都大于最小置信度阈值,所以规则D→B和B→D都是强关联规则。

频繁3项集{C,D,B}生成强关联规则的过程如下:

最终生成的{C,D,B}可能的非空真子集为{C}、{D}、{B}、{C,D}、{D,B}、{B,C}。

分别计算以下概率:

$$P(C,D|B)=\frac{P(C,D,B)}{P(B)}=\frac{2}{3}$$

$$P(B,D|C)=\frac{P(B,D,C)}{P(C)}=\frac{2}{3}$$

$$P(B,C|D)=\frac{P(B,D,C)}{P(D)}=\frac{2}{3}$$

$$P(C,D\rightarrow B)=\frac{2}{2}=1$$

$$P(B,D\rightarrow C)=\frac{2}{3}$$

$$P(B,C\rightarrow D)=\frac{2}{2}=1$$

因此,这些规则都为强关联规则。

3.2.3 Apriori算法总结

关联分析是用于发现大数据集中各项间有价值的关系的一种方法。可以采用两种方式来量化这些有价值的关系:第一种方式是使用频繁项集,它会给出经常在一起出现的项;第二种方式是关联规则,关联规则意味着项之间存在"如果……那么……"关系。

发现项的不同组合是十分耗时的任务,不可避免地需要消耗大量的计算资源,这就需要采用一些智能的方法在合理的时间范围内找到频繁项集。Apriori算法是一个经典的算法,它使用Apriori原理来减少在数据库上进行检查的集合的数目。Apriori算法从1项集开始,通过组合满足最小支持度阈值要求的项集来形成更大的集合。每次增加频繁项集的大小,Apriori算法都会重新扫描整个数据集。当数据集很大时,这会显著降低频繁项集的发现速度。

3.3 FP-Growth算法

在关联分析中,Apriori算法是挖掘频繁项集常用的算法。Apriori算法是一种先产生候选项集再检验是否频繁的"产生并测试"方法。它使用先验性质来压缩搜索空间,以提高逐层产生频繁项集的效率。尽管Apriori算法非常直观,但需要进行大量计算,包括产生大量候选项集和进行支持度计算,需要频繁地扫描数据库,运行效率很低。特别是对于海量数据,Apriori算法的时间和空间复杂度都不容忽视,每计算一次C_k就需要扫描一遍数据库。

Jiawei Han等人在2000年提出了FP-Growth算法(Frequent Pattern Growth,频繁

模式增长),它可以挖掘出全部频繁项集,而无须经历 Apriori 算法代价昂贵的候选项集产生过程。FP-Growth 算法是基于 Apriori 原理提出的关联分析算法,FP-Growth 算法巧妙地将树状结构引入算法,采取分治策略:将提供频繁项集的数据库压缩为一棵频繁模式树(Frequent Pattern Tree,FP-Tree),并保留项集的关联信息。该算法和 Apriori 算法最大的不同有两点:第一,该算法不产生候选集;第二,该算法只需要扫描两次数据库,大大提高了效率。在 FP-Growth 算法中经常用到以下几个概念。

(1) 频繁模式树(以下简称 FP 树)。将事务数据表中的各个事务数据项按照支持度排序后,把每个事务数据项按降序依次插入一棵以 NULL 为根节点的树中,同时在每个节点处记录该节点的支持度。

(2) 条件模式基。包含在 FP 树中与后缀模式一起出现的前缀路径的集合。

(3) 条件树。将条件模式基按照 FP 树的构造原则形成的一棵新的 FP 子树。

FP-Growth 算法发现频繁项集的过程如下:

(1) 构建 FP 树。将提供频繁项集的数据库压缩为一棵 FP 树,并保留项集的关联信息。

(2) 从 FP 树中挖掘频繁项集。把这种压缩后的数据库划分成一组条件数据库,每个条件数据库关联一个频繁项或模式段,并分别挖掘每个条件数据库。具体步骤如下:

① 扫描原始事务数据集,根据最小支持度阈值条件得到频繁 1 项集,对频繁 1 项集中的项按照频度降序排序。然后,删除原始事务数据集中非频繁的项,并将事务按项集中降序排列。

② 第二次扫描,根据频繁 1 项集创建频繁项头表(从上往下降序)。

③ 构建 FP 树。读入排序后的数据集,插入 FP 树。插入时按照排序后的顺序,排序靠前的是祖先节点,而靠后的是子孙节点。如果有共同的祖先节点,则对应的共同祖先节点计数加 1。插入节点后,如果有新节点出现,则频繁项头表对应的节点会通过节点链表链接新节点。直到所有的数据都插入 FP 树后,FP 树的构建完成。

④ 从 FP 树中挖掘频繁项集。从频繁项头表的底部依次从下向上找到所有包含该项的前缀路径,即其条件模式基(Conditional Pattern Base,CPB),从条件模式基递归挖掘得到频繁项头表项的频繁项集。递归调用树结构构建 FP 子树时,删除小于最小支持度阈值的项。如果条件模式基(FP 子树)最终呈现单一路径的树结构,则直接列举所有组合;否则继续调用树结构,直到形成单一路径时为止。

说明:FP-Growth 算法通过两次扫描数据库,将原始数据集压缩为一个树状结构;然后找到每个项的条件模式基,递归挖掘频繁项集。

3.3.1 FP-Growth 算法详解

1. FP 树数据结构

为了减少 I/O 次数,FP-Growth 算法使用一种称为频繁模式树(FP 树)的数据结构来存储数据。FP 树是一种特殊的前缀树,由频繁项头表和项前缀树构成。

FP-Growth 算法基于以上的树状结构来加快整个挖掘过程。这个数据结构包括 3 部分,如图 3.9 所示。

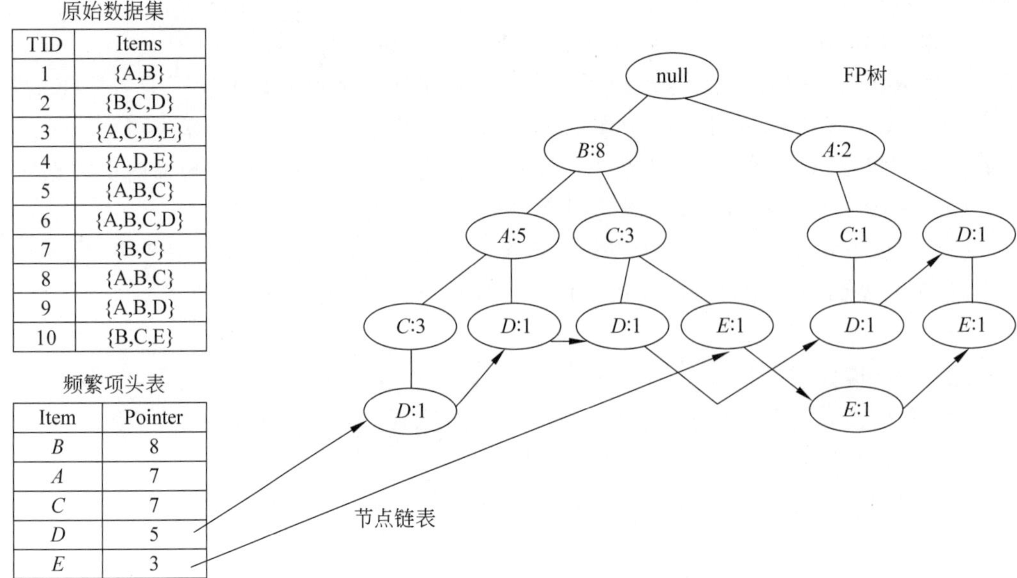

图 3.9　FP 树的数据结构

第一部分是频繁项头表。它记录了所有的频繁 1 项集出现的次数，按照次数降序排列。例如，在图 3.9 中，B 在所有 10 组数据中出现了 8 次，出现次数最多，因此排在第一位；E 出现了 3 次，出现次数最少，排在最后一位。

第二部分是 FP 树。原始数据集被映射到内存中的一棵 FP 树，它保留了项集的关联信息。

第三部分是节点链表。频繁项头表里的每个频繁 1 项集都是一个节点链表的头，它指向 FP 树中该频繁 1 项集出现的位置，构成该项集在树中出现的节点的节点链表。这样做主要是为了方便频繁项头表和 FP 树之间的联系的查找和更新。

下面分别讨论频繁项头表和 FP 树的建立过程。

2. 频繁项头表的建立

FP 树的建立需要依赖频繁项头表的建立。首先要建立频繁项头表。

第一次扫描原始数据集，得到所有频繁 1 项集的计数。然后删除小于最小支持度阈值的项，将频繁 1 项集放入频繁项头表，并按照支持度降序排列。第二次扫描原始数据集，剔除原始数据中的非频繁 1 项集，并按照支持度降序排列。

例如，如图 3.10 所示，假设最小支持度阈值是 20%，事务数据集中有 10 条数据。第一次扫描数据并对 1 项集进行计数，发现 O、I、L、J、P、M、N 都只出现一次，支持度低于 20%的阈值，因此不会出现在频繁项头表中；剩下的 A、C、E、G、B、D、F 按照支持度的大小降序排列，组成了频繁项头表。

接着第二次扫描数据，剔除非频繁 1 项集，并按照支持度降序排列。例如，在数据项 $ABCEFO$ 中，O 是非频繁 1 项集，因此被剔除，只剩下 $ABCEF$；然后按照支持度降序排序，变成了 $ACEBF$。其他的数据项以此类推。对原始数据集里的数据项进行排序是为了在后面构建 FP 树时可以尽可能地共用祖先节点。

通过两次扫描，频繁项头表已经建立，也得到了排序后的数据集，如图 3.10 所示。接下来就可以建立 FP 树了。

原始数据集	频繁项头表		排序后的数据集
ABCEFO	*A*:8		*ACEBF*
ACG	*C*:8		*ACG*
EI	*E*:8		*E*
ACDEG	*G*:5		*ACEGD*
ACEGL	*B*:2		*ACEG*
EJ	*D*:2		*E*
ABCEFP	*F*:2		*ACEBF*
ACD			*ACD*
ACEGM			*ACEG*
ACEGN			*ACEG*

图 3.10 建立项头表

3. FP 树的建立

有了项头表和排序后的数据集，就可以开始 FP 树的建立了。开始时 FP 树没有数据。在建立 FP 树时，一条一条地读入排序后的数据集，并按照排序后的顺序插入 FP 树中。

下面用图 3.10 的例子说明 FP 树的建立过程。

首先，插入第一条数据 *ACEBF*，如图 3.11 所示。此时 FP 树没有节点，因此 *ACEBF* 是一个独立的路径，所有节点计数为 1。频繁项头表通过节点链表链接对应的新增节点，如图 3.11 所示。

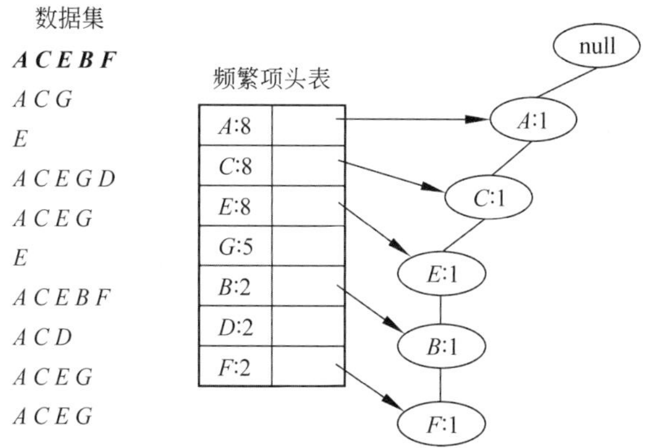

图 3.11 插入数据 *ACEBF*

接着插入数据 *ACG*，如图 3.12 所示。由于 *ACG* 和现有的 FP 树可以有共同的祖先节点序列 *AC*，因此只需要增加一个新节点 *G*，其计数为 1。同时 *A* 和 *C* 的计数加 1，成为 2。当然，*G* 的节点链表要更新。

用同样的方法插入数据 *E*，如图 3.13 所示。需要注意的是，由于插入 *E* 后多了一个节点，因此需要通过节点链表链接新增的节点 *E*。

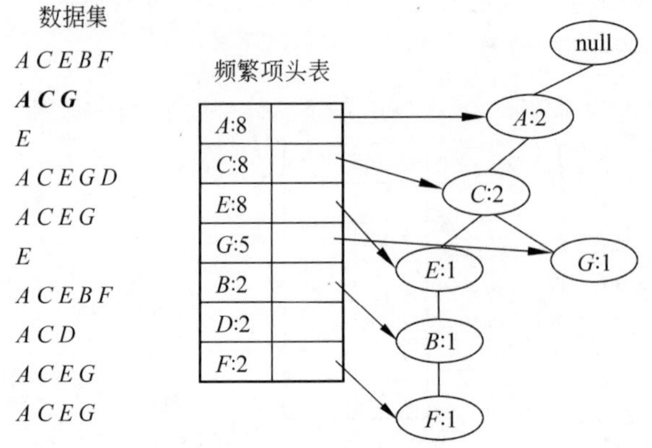

图 3.12　插入数据 ***ACG***

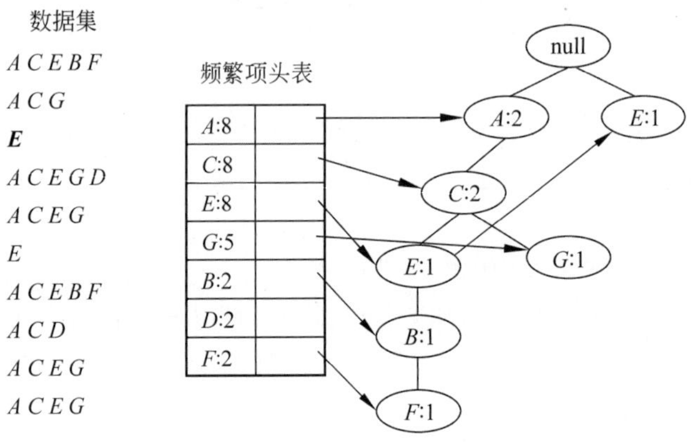

图 3.13　插入数据 ***E***

采用同样的方法更新其余 7 条数据，如图 3.14～图 3.20 所示。由于原理类似，这里就不再一一讲解了。

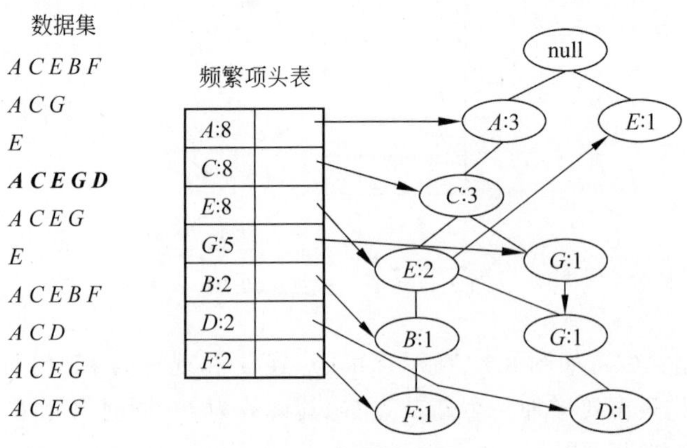

图 3.14　插入数据 ***ACEGD***

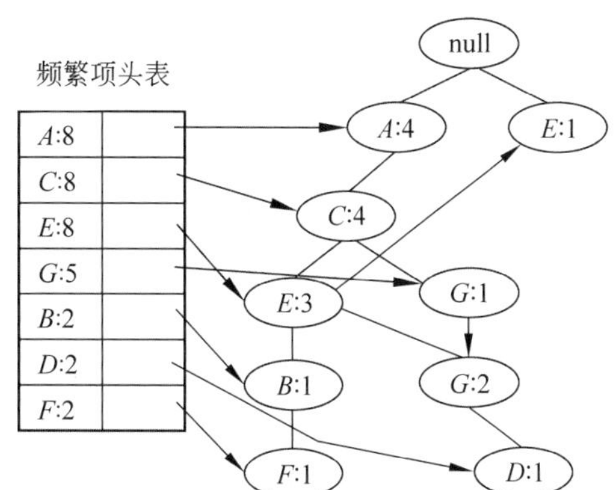

图 3.15　插入数据 *ACEG*

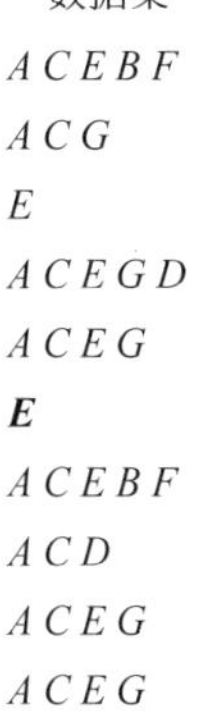

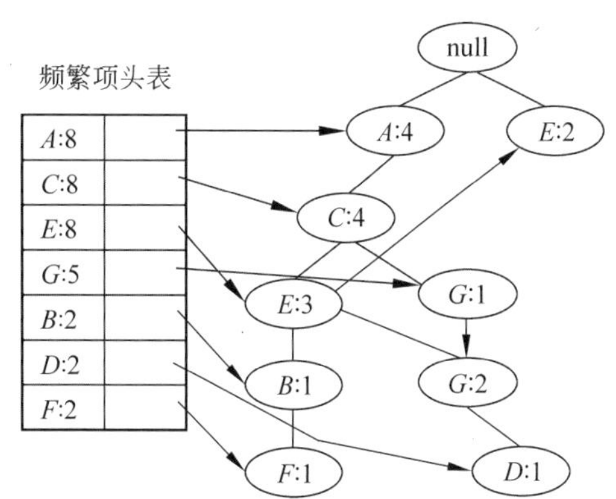

图 3.16　插入数据 *E*

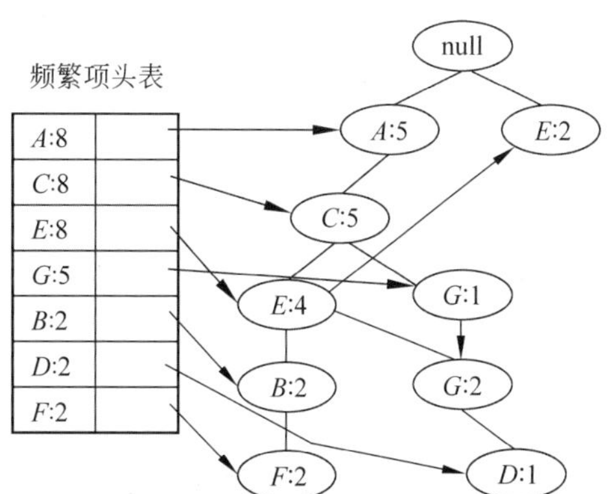

图 3.17　插入数据 *ACEBF*

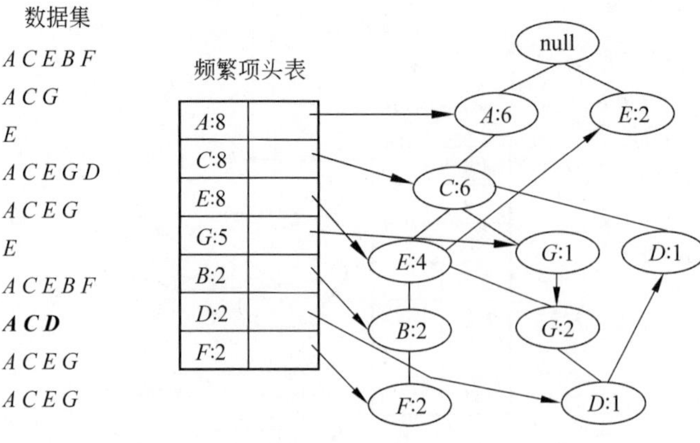

图 3.18 插入数据 *ACD*

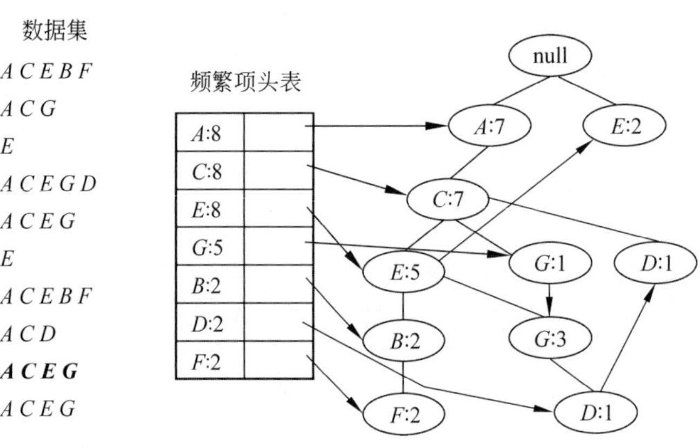

图 3.19 插入数据 *ACEG*

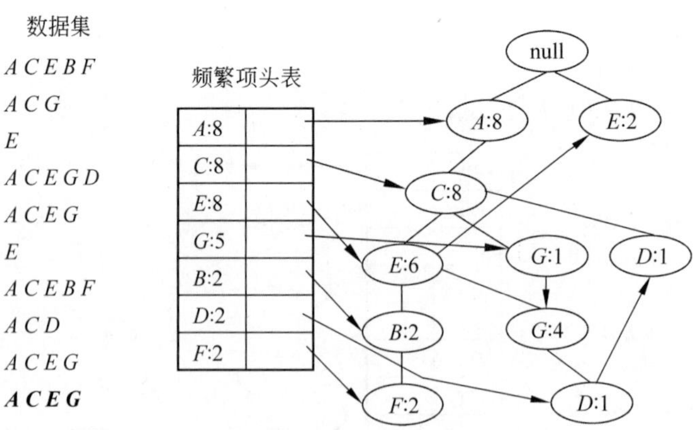

图 3.20 插入数据 *ACEG*

4. 挖掘频繁项集

至此,已经把 FP 树建立起来了,并得到了项头表以及节点链表。那么,如何从 FP 树里挖掘频繁项集呢?

首先要从项头表的底部项依次向上挖掘。对于项头表对应于FP树的每一项，要找到它的条件模式基。所谓条件模式基，是以要挖掘的节点作为叶子节点的FP子树。得到这棵FP子树后，将该子树中每个节点的计数设置为叶子节点的计数，并删除计数低于支持度计数阈值的节点。如果条件模式基(FP子树)最终呈现单一路径的树结构，则直接列举所有组合；否则继续递归调用树结构，直到形成单一路径时为止。从条件模式基(FP子树)出发，就可以通过递归挖掘得到频繁项集了。

下面以图3.20中的FP树为例，介绍从FP树中挖掘频繁项集的过程。首先从最底下的F节点开始，先寻找F节点的条件模式基。由于F在FP树中只有一个节点，因此候选就只有图3.21(a)所示的一条路径，对应{A:8,C:8,E:6,B:2,F:2}。接着将所有的祖先节点计数设置为叶子节点的计数，即FP子树变成{A:2,C:2,E:2,B:2,F:2}。一般条件模式基可以不写叶子节点，因此最终F的条件模式基如图3.21(b)所示。

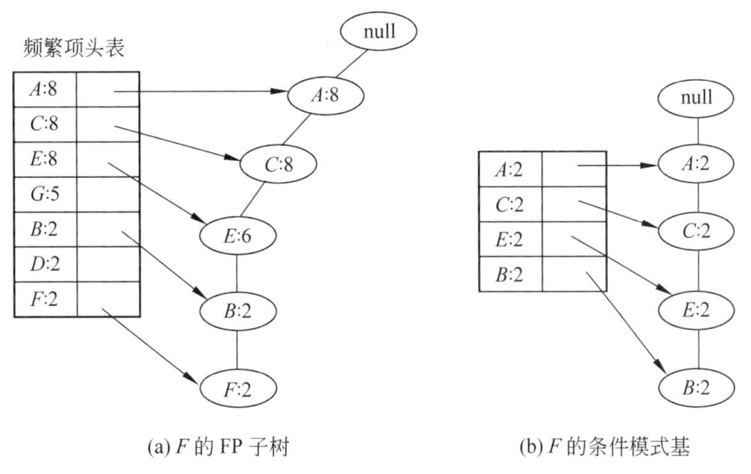

(a) F的FP子树　　(b) F的条件模式基

图3.21　建立F的条件模式基

因为该条件模式基呈现单一路径树结构，可以直接列举其所有组合，很容易得到F的4个频繁2项集：{A:2,F:2}、{C:2,F:2}、{E:2,F:2}、{B:2,F:2}。递归合并频繁项集，得到的频繁3项集有6个：{A:2,C:2,F:2}、{A:2,E:2,F:2}、{A:2,B:2,F:2}、{C:2,E:2,F:2}、{C:2,B:2,F:2}、{E:2,B:2,F:2}；频繁4项集有4个：{A:2,C:2,E:2,F:2}、{A:2,C:2, B:2,F:2}、{A:2,E:2,B:2,F:2}、{C:2,E:2,B:2,F:2}；最大的频繁项集为频繁5项集，有1个：{A:2,C:2,E:2,B:2,F:2}。

F节点频繁集挖掘完后，开始挖掘D节点的频繁项集。D节点比F节点复杂一些，因为它有两个叶子节点，因此首先得到的FP子树如图3.22(a)所示。接着将所有的祖先节点计数设置为叶子节点的计数，即变成{A:2,C:2,E:1,G:1,D:1}，此时E节点和G节点由于在条件模式基中的支持度低于阈值，被删除。最终，D的条件模式基为{A:2,C:2}。很容易得到D的频繁2项集为{A:2,D:2}、{C:2,D:2}。合并频繁2项集，得到的频繁3项集为{A:2,C:2,D:2}，是D对应的最大的频繁项集。

用同样的方法可以得到B的FP子树和条件模式基，如图3.23所示。递归挖掘得到的B的最大频繁项集为频繁4项集：{A:2,C:2,E:2,B:2}。

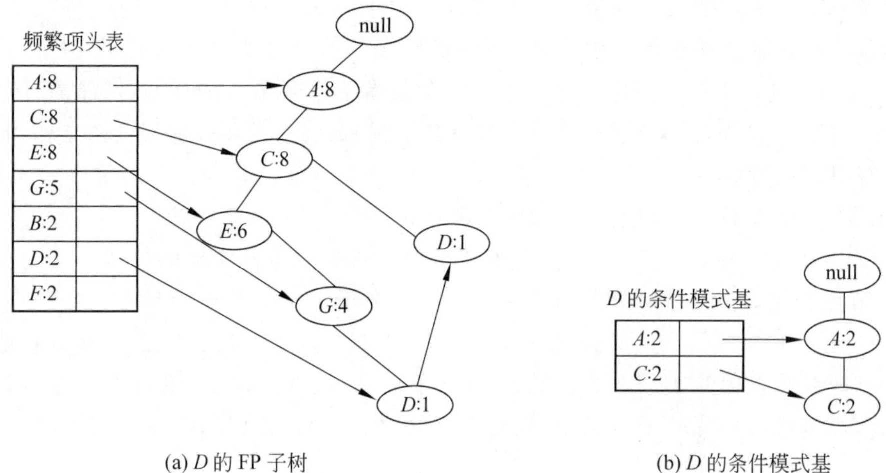

(a) D 的 FP 子树　　(b) D 的条件模式基

图 3.22　建立 D 的条件模式基

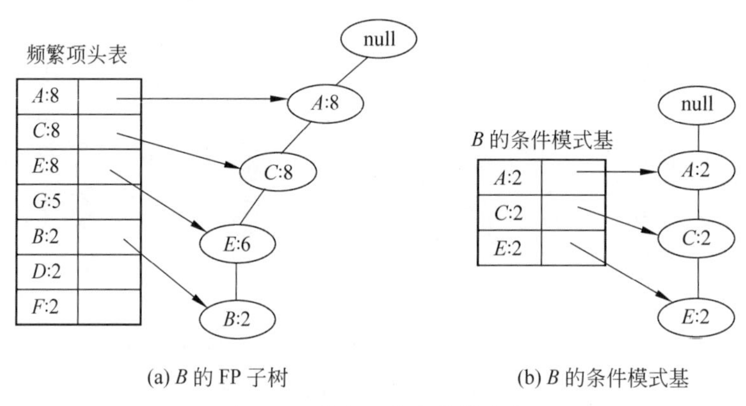

(a) B 的 FP 子树　　(b) B 的条件模式基

图 3.23　建立 B 的条件模式基

继续挖掘 G 的频繁项集。G 的 FP 子树和条件模式基如图 3.24 所示。递归挖掘得到的 G 的最大频繁项集为频繁 4 项集：$\{A:5, C:5, E:4, G:4\}$。

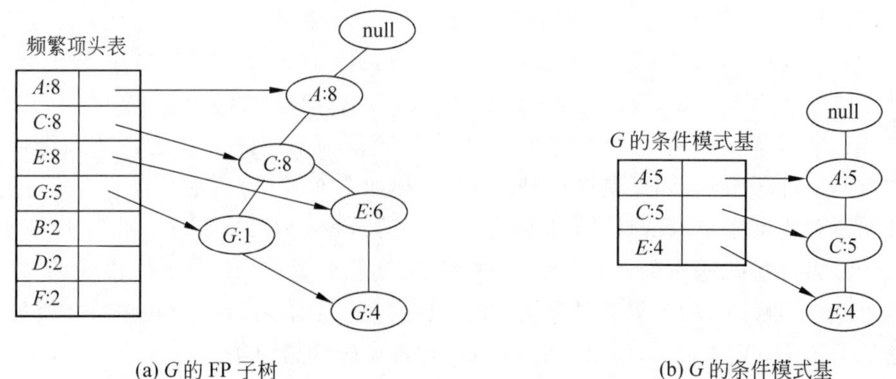

(a) G 的 FP 子树　　(b) G 的条件模式基

图 3.24　建立 G 的条件模式基

E 的 FP 子树和条件模式基如图 3.25 所示。递归挖掘得到的 E 的最大频繁项集为频繁 3 项集：{A:6,C:6,E:6}。

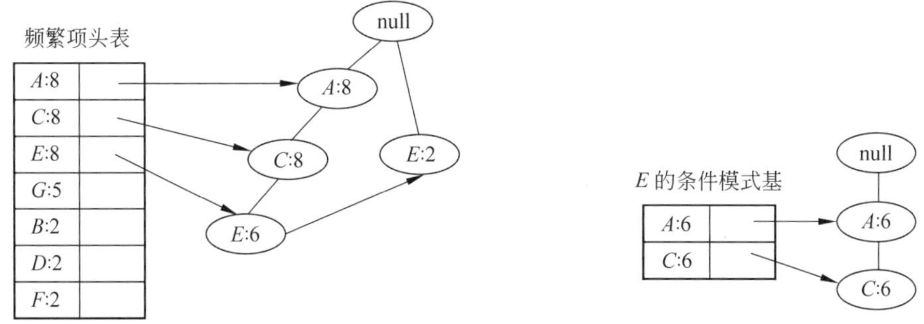

(a) E 的 FP 子树　　(b) E 的条件模式基

图 3.25　建立 E 的条件模式基

C 的 FP 子树和条件模式基如图 3.26 所示。递归挖掘得到的 C 的最大频繁项集为频繁 2 项集：{A:8,C:8}。

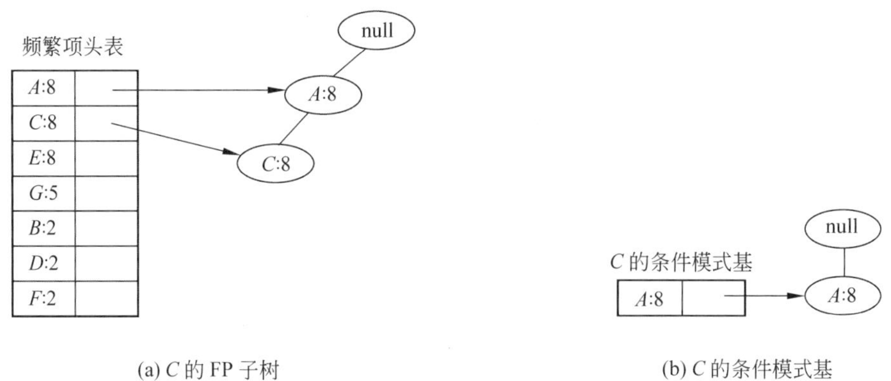

(a) C 的 FP 子树　　(b) C 的条件模式基

图 3.26　建立 C 的条件模式基

至于 A，由于它的条件模式基为空，因此可以不用挖掘了。

至此就得到了所有的频繁项集。如果只是要最大的频繁 k 项集，从上面的分析可以看到，最大的频繁项集为频繁 5 项集：{A:2,C:2,E:2,B:2,F:2}。

下面对 FP-Growth 算法加以总结。

FP-Growth 算法的工作流程是：首先构建 FP 树，然后利用它来挖掘频繁项集。为构建 FP 树，需要对原始数据集扫描两次。第一次对所有元素项的出现次数进行计数，而第二次扫描中只考虑那些频繁元素。

FP-Growth 算法将数据存储在一种称为 FP 树的紧凑数据结构中。FP 树通过链来连接相似项，相似项之间的链称为节点链，用于快速发现相似项的位置。被链起来的项可以看成一个节点链表。

与一般搜索树不同的是，一个项可以在一棵 FP 树中出现多次。FP 树中存储项集的出现频率，而每个项集会以路径的方式存储在树中。存在相似项的集合会共享树的一部分。只有当项集完全不同时，树才会分叉。在树节点上给出项集中的单个项及其在序列中的出现次数。

3.3.2 FP-Growth 算法的例子

某商店交易数据表如表 3.3 所示，其最小支持度阈值为 50%。利用 FP-Growth 算法挖掘频繁项集。

表 3.3 某商店交易数据表

TID	商　品
100	Cola，Egg，Ham
200	Cola，Diaper，Beer
300	Cola，Diaper，Beer，Ham
400	Diaper，Beer

1. 项头表的建立

如图 3.14 所示，现在有 4 条数据。第一次扫描数据集并对 1 项集计数，发现 Egg 只出现一次，Ham 出现两次，支持度均低于 50% 的阈值，因此它们不会出现在项头表中。剩下的 Cola、Diaper、Beer 按照支持度的大小降序排列，组成了频繁项头表。

接着第二次扫描数据集，对于每条数据剔除非频繁 1 项集，并按照支持度降序排列。通过两次扫描，频繁项头表已经建立，也得到了排序后的数据集，如图 3.27 所示。接下来就可以建立 FP 树了。

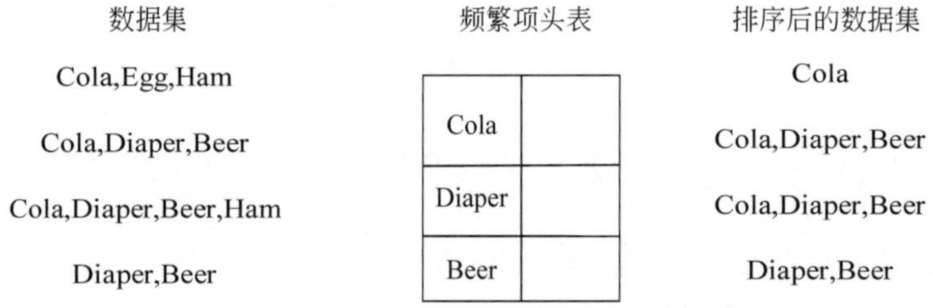

数据集
Cola,Egg,Ham
Cola,Diaper,Beer
Cola,Diaper,Beer,Ham
Diaper,Beer

频繁项头表
Cola
Diaper
Beer

排序后的数据集
Cola
Cola,Diaper,Beer
Cola,Diaper,Beer
Diaper,Beer

图 3.27 建立项头表

2. 构建 FP 树

FP 树的挖掘过程如下。

首先扫描一次数据集，找出频繁项的列表 L，按照它们的支持度计数递减排序，即 L＝＜(Cola:3)，(Diaper:3)，(Beer:3)＞。

再次扫描数据集，利用每个事务中的频繁项构造 FP 树，其根节点为 null。处理每个事务时，按照 L 中的顺序将事务中出现的频繁项添加到 FP 树中的一个分枝上。

例如，第一个事务创建一个分枝＜(Cola: 1)＞；第二个事务中包含频繁项，排序后为＜(Cola，Diaper，Beer)＞，与 FP 树中的分枝共享前缀 Cola。因此，将 FP 树中的节点

Cola 的计数分别加 1，在 Cola 节点创建分枝<(Diaper：1)，(Beer：1)>。依此类推，将数据集中的事务都添加到 FP 树中。为便于遍历 FP 树，创建一个项头表，使得每个项通过一个节点链指向它在 FP 树中的位置，相同的链在一个链表中。最小支持度阈值为 50% 的 FP 树如图 3.28 所示。

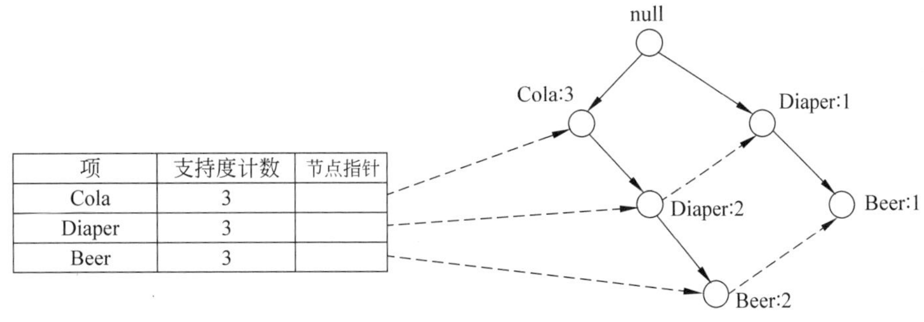

图 3.28 FP 树

3. 在 FP 树上挖掘频繁模式

从最底下的 Beer 节点开始，先寻找 Beer 节点的条件模式基。由于 Beer 在 FP 树中有两个节点，因此候选路径为{Cola:3，Diaper:2，Beer:2}和{Diaper:1，Beer:1}。Beer 的条件模式基为{Cola:2，Diaper:3}。由于 Diaper 的支持度计数大于或等于支持度计数阈值 3，所以 Beer 的最大频繁项集为频繁 2 项集{Diaper:3，Beer:3}。

接下来挖掘 Diaper，寻找 Diaper 节点的条件模式基。由于 Diaper 在 FP 树中有两个节点，因此候选路径为{Cola:2，Diaper:2}和{Diaper:1}。Diaper 的条件模式基为{Cola:2}，由于 Cola 的支持度计数小于支持度计数阈值 3，所以 Cola 被删除。Diaper 的最大频繁项集为{Diaper:3}。

最后挖掘 Cola，由于没有路径到达 Cola，所以 Cola 的最大频繁项集为{Cola:3}。

综上所述，最大频繁项集为{Diaper:3，Beer:3}。由于

$$P\{\text{Diaper}\rightarrow\text{Beer}\}=P\{\text{Beer}|\text{Diaper}\}=\frac{P\{\text{Beer},\text{Diaper}\}}{P\{\text{Diaper}\}}=\frac{3}{3}=1$$

$$P\{\text{Beer}\rightarrow\text{Diaper}\}=P\{\text{Diaper}|\text{Beer}\}=\frac{P\{\text{Beer},\text{Diaper}\}}{P\{\text{Beer}\}}=\frac{3}{3}=1$$

均大于最小置信度阈值，因此，{Diaper，Beer}为强关联规则。

3.4 关联规则评价

关联规则的挖掘基于事务数据集中的支持度和置信度概念来评价物品间的关系。但是，仅仅看这些指标，对一些问题还是无能为力。

表 3.4 给出的交易数据集有 10 000 条数据，其中有 6000 条数据包括购买游戏，有 7500 条数据包括购买影片，有 4000 条数据是既购买游戏又购买影片。

表 3.4 购买游戏和影片关联表

	购 买 游 戏	不购买游戏	合 计
购买影片	4000	3500	7500
不购买影片	2000	500	2500
合计	6000	4000	10 000

设置最小支持度阈值为 30%,最小置信度阈值为 60%。从表 3.4 可以得到

$$\text{Support}(\text{游戏}\rightarrow\text{影片})=\frac{4000}{10\ 000}=40\%$$

$$\text{Confidence}(\text{游戏}\rightarrow\text{影片})=\frac{4000}{7500}=66\%$$

可以看出,规则"游戏→影片"的支持度和置信度都满足阈值要求,是一个强关联规则。于是,似乎可以建议超市把影片光碟和游戏光碟放在一起以提高销量。

可是,一个爱玩游戏的人会有时间看影片吗? 这个规则是不是有问题? 事实上这个规则有误导性。在整个数据集中,购买影片的概率是 P(影片)=7500/10 000=75%,而既购买游戏又购买影片的概率是 66%。66%<75%,所以购买游戏对购买影片的提升度为 66%/75%=0.88,规则的提升度小于 1,说明这个规则对于影片的销量没有提升,游戏限制了影片的销量,也就是说购买了游戏的人更倾向于不购买影片,这是符合现实的。

从上面的例子可以看出,支持度和置信度并不能成功过滤没有价值的规则,因此需要一些新的评价标准。下面介绍 6 种评价标准:提升度、卡方系数、全置信度、最大置信度、kulc 系数和 cosine 距离。

1. 提升度

提升度表示 A 项集对 B 项集的概率的提升作用,用来判断规则是否有实际价值,即,在使用规则后,项集出现的次数是否高于项单独发生的频率。其计算公式如下:

$$\text{Lift}(A\rightarrow B)=\frac{P(B|A)}{P(B)}$$

如果提升度大于 1,说明规则有效,A 和 B 呈正相关;如果提升度小于 1,说明规则无效,A 和 B 呈负相关;如果提升度等于 1,说明 A 和 B 相互独立,自然就互不相关。

例如,可乐和面包的关联规则的支持度是 60%,购买可乐的支持度是 80%,购买面包的支持度是 60%,则购买可乐对购买面包的提升度为

$$\text{Lift}(\text{可乐}\rightarrow\text{面包})=\frac{P(\text{面包}|\text{可乐})}{P(\text{面包})}=\frac{\frac{0.6}{0.8}}{0.6}=1.25$$

因此购买可乐对购买面包的提升度是 1.25>1,说明关联规则"可乐→面包"对于面包的销售有提升效果。

又如,在表 3.4 的交易数据集中,购买影片的概率是 P(影片)=7500/10 000=3/4,而既购买游戏又购买影片的概率是 4000/6000=2/3。购买游戏对于购买影片的提升度

可以计算为 Lift(游戏→影片)$=\dfrac{P(\text{影片}\mid\text{游戏})}{P(\text{影片})}=\dfrac{\frac{2}{3}}{\frac{3}{4}}=\dfrac{8}{9}=0.8889$，提升度小于1，说明关联规则“游戏→影片”对于影片的销量没有提升。

2. 卡方系数

卡方分布是数理统计中的一个重要分布，利用卡方系数可以确定两个变量是否相关。卡方系数的定义如下：

$$\chi^2=\sum_{i=1}^{n}\frac{O_i-E_i}{E_i}$$

其中，O 表示数据的实际值，E 表示期望值。

表3.5是对表3.4计算期望值之后的结果，括号中的数字是期望值。以第一行第一列的4500为例，其计算方法是6000×(7500/10 000)。总体记录中有75%的交易中包括了购买影片。而购买游戏的只有6000人。于是我们希望这6000人中有75%的人(即4500人)买影片。其他3个值可以类似地得到。下面计算买游戏和买影片的卡方系数。

表3.5 购买游戏和影片带期望值的关联表

	购买游戏	不购买游戏	合计
购买影片	4000(4500)	3500(3000)	7500
不购买影片	2000(1500)	500(1000)	2500
合计	6000	4000	10 000

$$\chi^2=\frac{(4000-4500)^2}{4500}+\frac{(3500-3000)^2}{3000}+\frac{(2000-1500)^2}{1500}+\frac{(500-1000)^2}{1000}=555.6$$

卡方系数需要查表才能确定其意义。通过查表，拒绝 A、B 独立的假设，即认为 A、B 是相关的。而“影片→游戏”的期望是4500，大于实际值4000，因此认为 A、B 呈负相关。也就是说购买影片和购买游戏是负相关的，它们不能相互提升的。

3. 全置信度

全置信度的定义如下：

all_confidence$(A,B)=P(A\cap B)/\max\{P(A),P(B)\}=\min\{P(B\mid A),P(A\mid B)\}=$ $\min\{\text{confidence}(A\rightarrow B),\text{confidence}(B\rightarrow A)\}$

对于表3.4数据的例子，“游戏→影片”的全置信度为

min{confidence(游戏→影片)，confidence(影片→游戏)}=min{0.66，0.533}=0.533

0.533小于最小置信度阈值0.6，因此“游戏→影片”不是好的关联规则，购买影片和购买游戏不能相互提升。

4. 最大置信度

最大置信度的定义如下：

$$\text{max\_confidence}(A,B)=\max\{\text{confidence}(A\rightarrow B),\text{confidence}(B\rightarrow A)\}$$

5. kulc 系数

kulc 系数是两个置信度的平均值。kulc 系数的定义如下：

$$\text{kulc}(A,B)=\frac{(\text{confidence}(A\to B)+\text{confidence}(B\to A))}{2}$$

6. cosine 距离

cosine 距离的定义如下：

$$\text{cosine}(A,B)=\frac{P(A\cap B)}{\text{sqrt}(P(A)P(B))}=\text{sqrt}(P(A|B)P(B|A))$$
$$=\text{sqrt}(\text{confidence}(A\to B)\text{confidence}(B\to A))$$

本节给出了关联规则的评价标准。其中，提升度和卡方系数容易受到数据记录大小的影响；而全置信度、最大置信度、kulc 系数、cosine 距离不受数据记录大小影响，这在处理大数据集时优势更加明显。由于评价标准都是基于挖掘对象的事务数据样本的，在实际应用中，应该结合样本数据的特点选择多个评价准则，进行多角度评价，同时还要考虑实际的应用场景的语义来评价挖掘到的关联规则。

3.5 思考与练习

1. 数据集如表 3.6 所示。

表 3.6 超市商品销售数据集

TID	项 集
1	面包，牛奶
2	面包，尿布，啤酒，鸡蛋
3	牛奶，尿布，啤酒，可乐
4	面包，牛奶，尿布，啤酒
5	面包，牛奶，尿布，可乐

(1) 项集{啤酒，尿布，牛奶}的支持数和支持度为多少？

(2) 如果将最小支持度计数定为 3，则该数据集中的频繁项集有哪些？

(3) 规则{牛奶，尿布}→{啤酒}的支持度和置信度为多少？

2. 数据集如表 3.7 所示。

表 3.7 运动用品销售数据集

TID	项 集
1	网球拍，网球，运动鞋
2	网球拍，网球
3	网球拍

续表

TID	项　集
4	网球拍,运动鞋
5	网球,运动鞋,羽毛球
6	网球拍,网球

若给定最小支持度阈值 $\alpha=0.5$,最小置信度阈值 $\beta=0.6$,挖掘该数据集中的强关联规则。

3. 数据集如表 3.8 所示。

表 3.8　某超市购物篮数据集

顾客 ID	购　买　项
1	I_1,I_2,I_5
2	I_2,I_4
3	I_2,I_3
4	I_1,I_2,I_4
5	I_1,I_3
6	I_2,I_3
7	I_1,I_3
8	I_1,I_2,I_3,I_5
9	I_1,I_2,I_3

设最小支持度计数阈值为 2,用 Apriori 算法求出强关联规则,写出整个过程。

第4章 聚类分析

聚类分析是指将物理或抽象对象的集合分为由类似的对象组成的多个簇的分析过程。它是一种重要的人类行为。聚类分析的目标是在相似的基础上来划分数据。聚类分析应用于很多领域,包括数学、计算机科学、统计学、生物学和经济学。在各个应用领域,聚类技术被用于描述数据,衡量不同数据源间的相似性,以及把数据源分类到不同的簇中。

假如一个公司的客户主管想把公司的所有客户分成3组,为每组分配一名经理。那么,每个组内部的客户应该尽可能相似,这样便于在同组中采用相似的商业模式。客户主管的商务策略意图是根据每组客户的共同特点开发一些有针对性的客户联系活动。每个客户的类标号是未知的,考虑到描述客户的众多属性,人工找出将客户划分为有意义的组的方法可能代价很大,甚至是不可行的,这时就需要借助于聚类分析。

4.1 聚类分析简介

聚类分析(cluster analysis)简称聚类(clustering),是把数据对象(或观测)按照数据的相似性划分成子集的过程。簇(cluster)是数据对象的集合,每个子集是一个簇。同一簇中的对象相似,不同簇中的对象相异。由聚类分析产生的簇的集合称作一个聚类。在相同的数据集上,不同的聚类方法可能产生不同的聚类。聚类分析已经广泛地用于许多应用领域,包括商务智能、图像识别、Web搜索、生物学等。在数据集中,按照数据特征的相似性,将相似的数据对象分到一个簇中,就是聚类分析的过程。

机器学习中常用的方法主要分为有监督学习和无监督学习。无监督学习输入的数据没有类标记,样本数据类别未知,需要根据样本间的相似性对样本集进行分类,试图使类内差距最小化而类间差距最大化。聚类中的类不是事先给定的,而是根据数据的相似性和距离来划分。聚类的数目和结构都没有事先设定,没有提供类标号信息,所以聚类属于无监督学习。

将数据库中的对象进行聚类是聚类分析的基本操作,其准则是:使属于同一类的个体间距离尽可能小,而使不同类的个体间距离尽可能大。常见的聚类分析算法有基于划分的方法、基于层次的方法、基于密度的方法和基于概率的方法等。

4.2 基于划分的方法

基于划分的方法简称划分方法，它是将数据对象划分成不重叠的子集（簇），使得每个数据对象恰在一个子集中。给定一个包含 n 个对象的集合，划分方法构建数据的 k 个分区，其中每个分区表示一个簇，并且 $k \leqslant n$。也就是说，把数据划分为 k 个组，使得每个组至少包含一个对象。本节主要介绍划分方法中最典型的 k-means 算法和 k-medoids 算法。

4.2.1 k-means 算法

k-means 算法也称为 k-均值算法，是一种得到广泛使用的聚类算法。k-means 算法将各个簇内的所有数据样本的均值作为该簇的代表点，主要思想是通过迭代过程把数据集划分为不同的类别，使得评价聚类性能的准则函数达到最优，从而使生成的每个簇内部紧凑，簇之间相互独立。

k-means 算法接收输入量 k，然后将包含 n 个数据对象的数据集 D 划分为 k 个簇 $C_1, C_2, \cdots, C_k$，使得对于 $1 \leqslant i, j \leqslant k$，$C_i \subset D$ 且 $C_i \cap C_j = \varnothing$。利用聚类准则函数作为目标函数来评估聚类的质量，使得簇内对象尽可能相似，与其他簇中的对象尽可能相异。

k-means 算法属于一种基于形心（中心）的技术。k-means 算法把簇的中心定义为簇内所有点的均值。首先，在数据集 D 中随机地选择 k 个对象，每个对象代表一个簇的初始均值或中心；对于剩下的每个对象，根据其与各个簇中心的欧几里得距离，将它分配到最近的簇。然后进行迭代，对于每个簇，使用上次迭代分配到该簇中的对象计算新的均值；再使用更新后的均值作为新的簇中心，重新分配各个对象。直到形成的簇与前一次形成的簇相同时，算法结束。k-means 算法如图 4.1 所示。

k-means 算法
输入：簇的数目 k 和包含 n 个对象的数据库。
输出：k 个簇。
步骤：
(1) 为每个簇确定一个初始簇中心，这样就有 k 个初始簇中心。
(2) 将样本集中的样本按照最小距离原则分配到最邻近的簇。
(3) 使用每个簇中的样本均值作为新的簇中心。
(4) 重复步骤(2)、(3)，直到簇中心不再变化。
(5) 结束，得到 k 个簇。

图 4.1　k-means 算法

算法流程图如图 4.2 所示。

k-means 算法对初始簇中心较敏感，相似度的计算方法会影响簇的划分。常见的相似度计算方法有欧几里得距离、曼哈顿距离和闵可夫斯基距离等。

【例 4.1】 对 $P_1, P_2, \cdots, P_6$ 这 6 个点进行聚类。样本点坐标如表 4.1 所示。要求簇的数量为 2，即 $k=2$。如图 4.3 所示，利用 k-means 算法得出聚类结果。

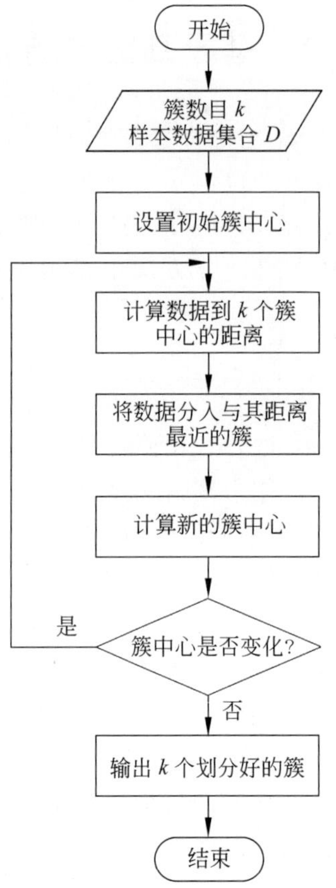

图 4.2　*k*-means 算法流程图

表 4.1　样本点的坐标

	x	*y*
P_1	0	0
P_2	1	2
P_3	3	1
P_4	8	8
P_5	9	10
P_6	10	7

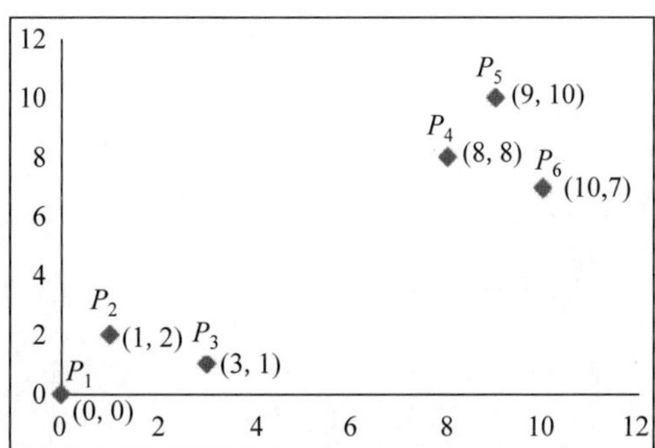

图 4.3　6 个点的分布

解析：从图 4.3 中可以看出，这 6 个点很明显地分为两个簇，P_1、P_2、P_3 为一个簇，P_4、P_5、P_6 为一个簇。现在开始使用 *k*-means 算法进行聚类。

首先，随机选择初始簇中心。这里随机选取 P_1 和 P_2 作为簇中心 P_a 和 P_b。

其次，计算其他几个点到初始簇中心的距离。P_3 到 P_1 的距离是$\sqrt{10}=3.16$，P_3 到 P_2 的距离是$\sqrt{(3-1)^2+(1-2)^2}=2.24$。那么 P_3 离 P_2 更近，将它们划分在一个簇中。

同理，对 P_4、P_5、P_6 也这样计算。全部计算结果如表 4.2 所示。

表 4.2　各点到簇中心 P_a 和 P_b 的距离（第一次聚类）

点	簇中心	
	P_a	P_b
P_1	0.00	2.24
P_2	2.24	0.00
P_3	3.16	2.24
P_4	11.30	9.22
P_5	13.50	11.30
P_6	12.20	10.30

第一次聚类的结果如下：

- 簇 a：P_1。
- 簇 b：P_2、P_3、P_4、P_5、P_6。

簇 a 只有 P_1 一个点，簇 b 有 5 个点。

接下来进行迭代，重新选择簇中心（每个簇中所有点新的均值）：

簇 a 的中心为 $P_a=P_1=(0,0)$。

簇 b 的中心为 $P_b=((1+3+8+9+10)/5,(2+1+8+10+7)/5)=(6.2,5.6)$。

对 P_1～P_6 重新进行聚类，再次计算各个点到新的簇中心的距离，如表 4.3 所示。

表 4.3　各点到簇中心 P_a 和 P_b 的距离（第二次聚类）

点	簇中心	
	P_a	P_b
P_1	0.00	8.35
P_2	2.24	6.32
P_3	3.16	5.60
P_4	11.30	30.00
P_5	13.50	5.21
P_6	12.20	4.04

第二次聚类的结果如下：

- 簇 a：P_1，P_2，P_3。
- 簇 b：P_4，P_5，P_6。

同上，计算出新的簇中心，$P_a=(1.33,1)$，$P_b=(9,8.33)$，并且计算各点到簇中心的距离，如表 4.4 所示。

表 4.4　各点到簇中心 P_a 和 P_b 的距离(第三次聚类)

点	簇中心	
	P_a	P_b
P_1	1.40	12.00
P_2	0.60	10.00
P_3	1.40	9.50
P_4	47.00	1.10
P_5	70.00	1.70
P_6	56.00	1.70

第三次聚类的结果如下：

- 簇 a：P_1,P_2,P_3。
- 簇 b：P_4,P_5,P_6。

本次聚类形成的簇与上一次聚类形成的簇相同,聚类过程结束。

k-means 算法的优点如下：

(1) 它是解决聚类问题的一种简单、快速的经典算法。

(2) 它的复杂度是 $O(nkt)$。其中,n 是所有对象的数目,k 是簇的数目,t 是迭代的次数。当结果簇是密集的并且簇与簇之间区别明显时,它的效果较好。

(3) 对于处理大数据集,该算法保持了可伸缩性和高效性。

k-means 算法的缺点如下：

(1) 在簇的均值可被定义的情况下才能使用,对某些应用可能并不适用。

(2) 在 k-means 算法中 k 是事先给定的,这个 k 值的选定是难以估计的,往往事先并不知道给定的数据集应该分成多少个类别才最合适。

(3) 在 k-means 算法中,首先需要根据初始簇中心来确定初始划分,然后对初始划分进行优化。这个初始簇中心的选择对聚类结果有较大的影响,如果初始值选择得不好,就可能无法得到有效的聚类结果。也就是说,该算法对初始值敏感。

(4) 该算法需要不断地进行样本分类调整,不断地计算调整后的新的簇中心,因此当数据量很大时,该算法的时间开销较大。

(5) 若簇中含有异常点,将导致均值偏离严重,即该算法对噪声和孤立点数据敏感。

4.2.2　k-medoids 算法

k-medoids(k-中心点)算法也是一种常用的聚类算法,k-medoids 算法的基本思想和 k-means 算法相同,实质上它是对 k-means 算法的优化和改进。在 k-means 算法中,异常数据对其算法过程会有较大的影响。在 k-means 算法执行过程中,可以通过随机的方式选择初始簇中心,也只有初始时通过随机方式产生的簇中心才是实际存在的点,而后面通过不断迭代产生的新的簇中心是簇内点的平均值,往往不是实际存在的点。如果某些异常点距离簇中心较远时,很可能会导致重新计算得到的簇中心偏离簇的真实中心。为了解决该问题，k-medoids 算法提出了新的簇中心选取方式，而不是 k-means 算法采用的平均值计算法。在 k-medoids 算法中，每次迭代后的簇中心都是从簇的样本点中选取，而选取的标准就是当该样本点成为新的簇中心后能提高簇的聚类质量，使得簇更紧凑。该算法使用绝对误差标准来定义一个簇的紧凑程度。k-medoids 算法如图 4.4 所示。

> **k-medoids 算法**
> 输入：簇的数目 k 和包含 n 个对象的数据库。
> 输出：k 个簇。
> 步骤：
> (1) 为每个簇确定一个初始簇中心，这样就有 k 个初始簇中心。
> (2) 计算其余所有点到 k 个中心的距离，并把每个点划分到距离最近的簇中。
> (3) 在每个簇中按照顺序依次选取点，计算该点到当前聚簇中所有点的距离之和。最终距离之和最小的点作为新的簇中心。
> (4) 重复步骤(2)、(3)，直到各个簇的中心不再改变。
> (5) 结束，得到 k 个簇。

图 4.4　k-medoids 算法

以样本数据$\{A,B,C,D,E,F\}$为例，期望聚类的 K 值为 2，则步骤如下：

(1) 在样本数据中随机选择 B、E 作为中心点。如果通过计算得到 D、F 到 B 的距离最近，A、C 到 E 的距离最近，则 B、D、F 为簇 C_1，A、C、E 为簇 C_2，如图 4.5 所示。

(2) 在 C_1 和 C_2 两个聚类集合中，计算每个点到其他点的距离之和，取最小值对应的点作为新的簇中心。本例假设 D 到 C_1 中其他所有点的距离之和最小，E 到 C_2 中其他所有点的距离之和最小，如图 4.6 所示。

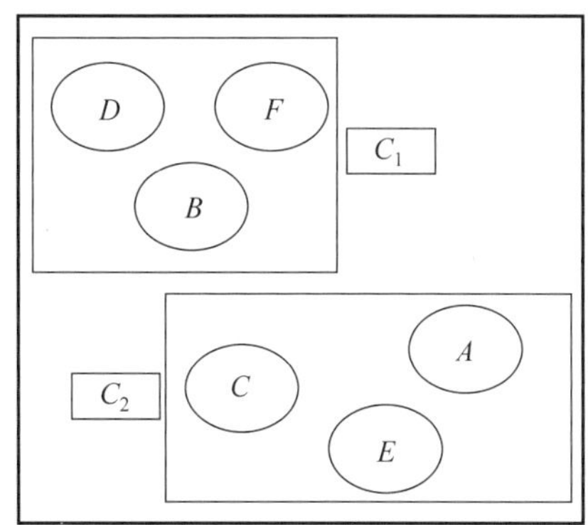

图 4.5　k-medoids 算法初始划分

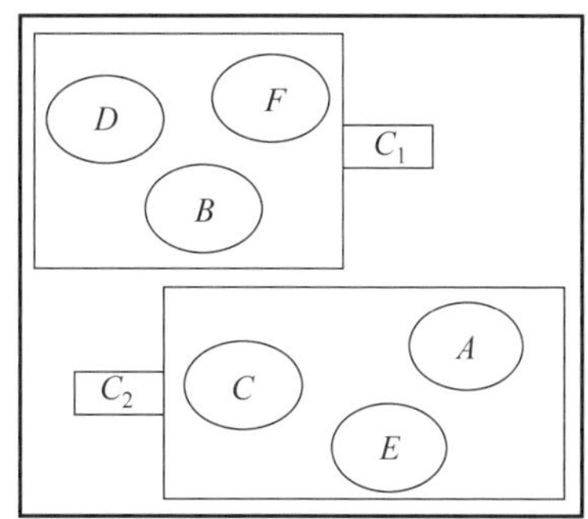

图 4.6　k-medoids 算法第二次划分

(3) 再以 D、E 作为簇的中心，重复上述步骤，直到中心点不再改变时为止。

k-medoids 算法计算每个点到其他所有点的距离之和，通过这种方式可以减少某些孤立数据对聚类过程的影响，从而使得最终聚类效果更接近真实情况。但是，该算法相对于 k-means 算法大约增加 $O(n)$的计算量，因此一般情况下该算法更适用于小规模数据运算。

4.3 基于层次的方法

尽管划分方法能把对象集划分成一些互斥的组群，但在某些情况下，需要把数据划分成不同层次上的组群。层次聚类方法(hierarchical clustering method)是一种基于层次的方法，是将数据对象组成层次结构或簇的树的聚类方法。

层次聚类方法的基本思路是：首先将复杂问题分解为若干层次和若干要素，然后在同一层次的各要素之间进行比较、判断和计算，将对象集在不同层次上进行划分，从而为选择最优方案提供决策依据。根据层次的形成是自底向上(合并)还是自顶向下(分裂)，可以将层次聚类方法分为凝聚式和分裂式两类。

凝聚式层次聚类采用自底向上的策略，它首先将每个对象作为一个簇(称为原子簇)，然后合并这些原子簇，使其成为越来越大的簇，直到某个终结条件被满足时为止。分裂式层次聚类采用自顶向下的策略，它首先将所有对象置于一个簇中，然后逐渐细分为越来越小的簇，直到满足了某个终结条件时为止。

无论使用凝聚式方法还是使用分裂式方法，核心问题都是度量两个簇的距离，其中每个簇一般都是一个对象集。

4 个广泛采用的簇间距离度量方法如图 4.7 所示。其中，$|p-p'|$是两个对象(或点)p 与 p'的距离，m_i 是簇 C_i 的均值，而 n_i 是簇 C_i 中对象的数目。4 种簇间距离的定义如下。

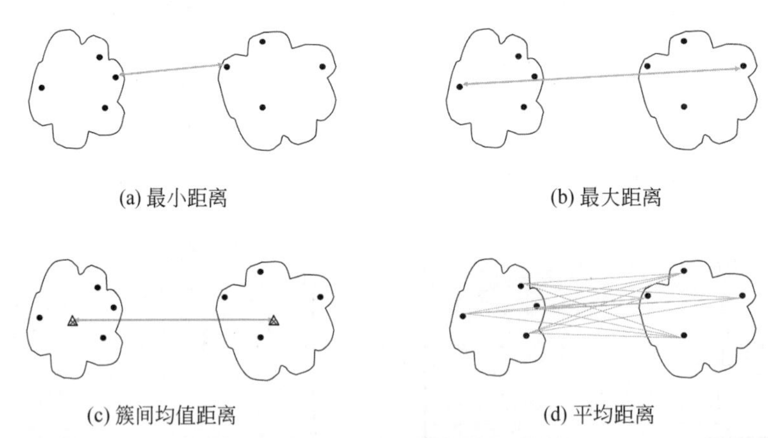

(a) 最小距离　(b) 最大距离

(c) 簇间均值距离　(d) 平均距离

图 4.7　簇间距离度量方法

(1) 最小距离：

$$\text{dist}_{\min}(C_i,C_j)=\min_{p\in C_i,p'\in C_j}\{|p-p'|\} \tag{4.1}$$

(2) 最大距离：

$$\text{dist}_{\max}(C_i,C_j)=\max_{p\in C_i,p'\in C_j}\{|p-p'|\} \tag{4.2}$$

(3) 簇间均值距离：

$$\text{dist}_{\text{mean}}(C_i,C_j)=|m_i-m_j| \tag{4.3}$$

(4) 平均距离：

$$\mathrm{dist}_{\mathrm{avg}}(C_i,C_j)=\frac{1}{n_in_j}\sum_{p\in C_i,p'\in C_j}|p-p'| \tag{4.4}$$

当一个算法使用最小距离 $\mathrm{dist}_{\min}(C_i,C_j)$ 来度量簇间距离时，称它为最近邻聚类算法。如果当最近的两个簇的最小距离超过用户给定的阈值时聚类过程就会终止，则称其为单连接算法。如果把数据点看作图的节点，图的边由簇间节点的连接构成，那么在两个簇 C_i 和 C_j 的最近的一对节点之间添加一条边。由于连接簇的边总是从一个簇通向另一个簇，因此图最终将形成一棵树。因此，使用最小距离来衡量簇间距离的凝聚式层次聚类算法也被称为最小生成树算法，其中图的生成树是一棵连接所有节点的树，而最小生成树是具有最小边权重和的生成树。

当一个算法使用最大距离 $\mathrm{dist}_{\max}(C_i,C_j)$ 来度量簇间距离时，称它为最远邻聚类算法。如果当最近的两个簇之间的最大距离超过用户给定的阈值时聚类过程便会终止，则称其为全连接算法。如果把数据点看作图中的节点，用边来连接节点，就可以把每个簇看作一个完全子图。两个簇的距离由两个簇中距离最远的节点间的距离确定。最远邻聚类算法试图在每次迭代中尽可能少地增加簇的直径。如果真实的簇较为紧凑并且大小近似相等，则这种算法将会产生高质量的簇，否则产生的簇可能毫无意义。

凝聚式层次聚类算法的代表是AGNES算法，分裂式层次聚类算法的代表是DIANA算法。

4.3.1　AGNES算法

AGNES(AGglomerative NESting，凝聚嵌套)算法是将每个对象作为一个簇，然后将这些簇根据合并准则逐步地合并。两个簇间的相似度由两个簇中距离最近的数据点对的相似度来确定。聚类的合并过程迭代进行，直到最终满足簇数目要求。

AGNES算法如图4.8所示。

AGNES算法

输入：n 个对象，簇的数目 k。

输出：k 个簇。

步骤：

(1) 将每个对象当成一个初始簇。

(2) 根据任意两个簇中最近的数据点找到最近的两个簇。

(3) 合并两个簇，生成新的簇的集合。

(4) 重复(2)、(3)，直至达到指定的簇数目。

图4.8　AGNES算法

【例4.2】 利用AGNES算法对表4.5中的数据对象进行聚类，将其合并为两个簇。

表 4.5 数据对象表

对　象	属　性　1	属　性　2
1	1	1
2	1	2
3	2	1
4	2	2
5	3	4
6	3	5
7	4	4
8	4	5

解析：

第 1 步：将每个数据对象作为一个初始簇，计算所有簇两两之间的距离，找出距离最小的两个簇，进行合并。本例中最小距离为 1，1、2 两个点合并为一个簇。

第 2 步：对上一次合并后的簇计算簇间距离，找出距离最小的两个簇进行合并。3、4 两个点合并为一个簇。

第 3 步：重复第 2 步的工作，5、6 两个点合并为一个簇。

第 4 步：重复第 2 步的工作，7、8 两个点合并为一个簇。

第 5 步：将{1,2}和{3,4}两个簇合并为一个包含 4 个点的簇。

第 6 步：合并{5,6}和{7,8}两个簇。由于合并后的簇的数目已经达到终止条件，程序终止。

AGNES 算法具体步骤如表 4.6 所示。

表 4.6 AGNES 算法具体步骤

步　骤	最小的簇距离	最近的两个簇	合并后的新簇
1	1	{1},{2}	{1,2},{3},{4},{5},{6},{7},{8}
2	1	{3},{4}	{1,2},{3,4},{5},{6},{7},{8}
3	1	{5},{6}	{1,2},{3,4},{5,6},{7},{8}
4	1	{7},{8}	{1,2},{3,4},{5,6},{7,8}
5	1	{1,2},{3,4}	{1,2,3,4},{5,6},{7,8}
6	1	{5,6},{7,8}	{1,2,3,4},{5,6,7,8}

4.3.2 DIANA 算法

DIANA(Divisive ANAlysis，分裂分析)算法是典型的分裂式层次聚类方法。它把用户希望得到的簇数目作为算法结束条件。DIANA 算法如图 4.9 所示。

DIANA 算法
输入：n 个对象，簇的数目 k。
输出：k 个簇。
步骤：
(1) 将所有对象当成一个初始簇。
(2) 在所有簇中挑出具有最大直径的簇 C。
(3) 找出 C 中与其他点平均相异度最大的一个点并将其放入 splinter group，将剩余的点放入 old party。
(4) 在 old party 中找出与 splinter group 中最近的点的距离不大于与 old party 中最近点的距离的点，并将该点加入 splinter group。重复这一操作，直到没有新的 old party 的点被分配给 splinter group 时为止。
(5) splinter group 和 old party 为被选中的簇分裂成的两个簇，与其他簇一起组成新的簇集合。
(6) 重复步骤(2)～(4)，直到满足终止条件，算法结束。

图 4.9 DIANA 算法

【例 4.3】 利用 DIANA 算法对表 4.4 中的数据对象进行聚类，将其合并为两个簇。

解析：

第 1 步：找到具有最大直径的簇，对簇中的每个点计算平均相异度(假定采用欧几里得距离)。本例将所有数据对象当成初始簇。

点 1 与其余 7 个点的平均距离为

$$\frac{1+1+1.414+3.6+4.24+4.47+5}{7}=2.96$$

类似地，点 2 的平均距离为 2.526，点 3 的平均距离为 2.68，点 4 的平均距离为 2.18，点 5 的平均距离为 2.18，点 6 的平均距离为 2.68，点 7 的平均距离为 2.526，点 8 的平均距离为 2.96。

找出平均相异度最大的点 1，将其放到 splinter group 中，将剩余的 7 个点放在 old party 中。

第 2 步：在 old party 中找出与 splinter group 中最近的点的距离不大于与 old party 中最近的点的距离的点，将该点放入 splinter group 中，该点是点 2。

第 3 步，重复第 2 步的工作，在 splinter group 中放入点 3。

第 4 步，重复第 2 步的工作，在 splinter group 中放入点 4。

第 5 步，在 old party 中已经没有可以放入 splinter group 中的点，且簇数达到终止条件($k=2$)，程序终止。

DIANA 算法具体步骤如表 4.7 所示。

表 4.7 DIANA 算法具体步骤

步 骤	直径最大的簇	splinter group	old party
1	{1,2,3,4,5,6,7,8}	{1}	{2,3,4,5,6,7,8}
2	{1,2,3,4,5,6,7,8}	{1,2}	{3,4,5,6,7,8}
3	{1,2,3,4,5,6,7,8}	{1,2,3}	{4,5,6,7,8}

续表

步　骤	直径最大的簇	splinter group	old party
4	{1,2,3,4,5,6,7,8}	{1,2,3,4}	{5,6,7,8}
5	{1,2,3,4,5,6,7,8}	{1,2,3,4}	{5,6,7,8}

4.3.3 BIRCH 算法

BIRCH(Balanced Iterative Reducing and Clustering using Hierarchies，利用层次的平衡迭代归约与聚类)算法是 1996 年由 Tian Zhang 提出的。它是为大量数据的聚类而设计的，它将层次聚类与其他迭代式划分的聚类算法集成在一起，解决了凝聚式层次聚类方法所面临的缺乏可伸缩性和不能撤销先前步骤所做的工作等问题。

BIRCH 算法利用树结构来实现快速聚类，这个树结构类似于平衡 B+树，也称为聚类特征树(Clustering Feature Tree，CF 树)，这棵树中的每一个节点都是由若干个聚类特征(CF)组成的。BIRCH 算法通过聚类特征形成一棵聚类特征树，根节点的聚类特征个数就是聚类个数。如图 4.10 所示，聚类特征树的每个节点都有若干个聚类特征，而内部节点的聚类特征有指向孩子节点的指针，所有的叶子节点用一个双向链表链接起来。

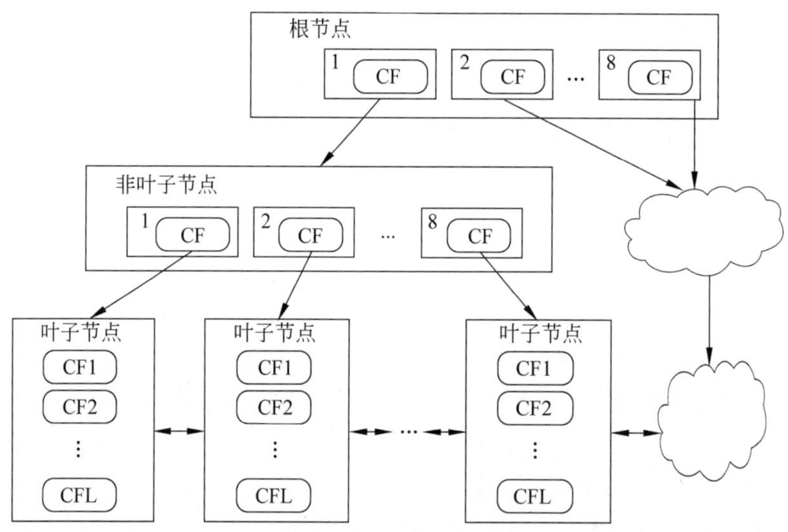

图 4.10　聚类特征树

1. 聚类特征树的构建

首先对聚类特征树和聚类特征作进一步介绍。

在聚类特征树中，聚类特征是一个三元组，可以用(N，LS，SS)表示。其中，N 代表这个聚类特征拥有的样本点数量，LS 代表这个聚类特征拥有的样本点各特征维度的矢量和，SS 代表这个聚类特征拥有的样本点各特征维度的平方和。

下面举个例子。如图 4.11 所示，在聚类特征树中的某个节点的某个聚类特征中有下面 5 个样本：(3，4)，(2，6)，(4，5)，(4，7)，(3，8)，则

$N=5$

$$\mathrm{LS}=\begin{bmatrix}3+2+4+4+3\\4+6+5+7+8\end{bmatrix}^T=\begin{bmatrix}16\\30\end{bmatrix}^T$$

$\mathrm{SS}=3^2+2^2+4^2+4^2+3^2+4^2+6^2+5^2+7^2+8^2=54+190=244$

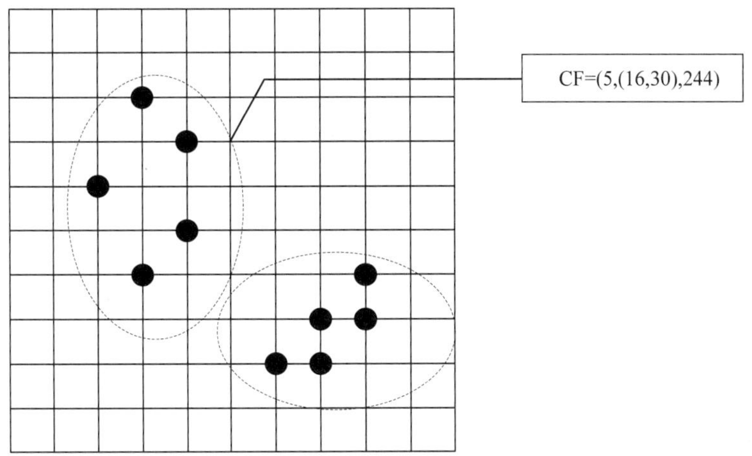

图 4.11 要构建聚类特征树的样本点

聚类特征满足线性关系：$\mathrm{CF}_1+\mathrm{CF}_2=(N_1+N_2,\mathrm{LS}_1+\mathrm{LS}_2,\mathrm{SS}_1+\mathrm{SS}_2)$。在聚类特征树中，对于每个父节点中的聚类特征节点，它的$(N,\mathrm{LS},\mathrm{SS})$三元组的值等于这个聚类特征节点所指向的所有子节点的三元组之和，如图 4.12 所示。

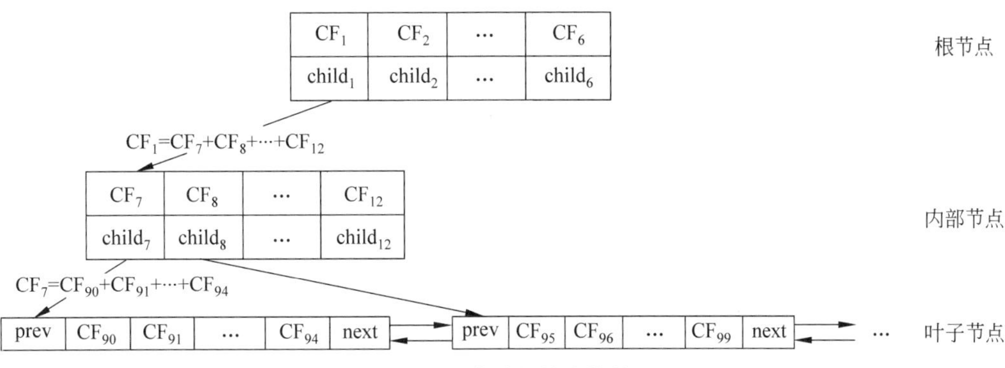

图 4.12 聚类特征的线性关系

从图 4.12 中可以看出，根节点的 CF_1 的值可以从它指向的 6 个子节点($\mathrm{CF}_7\sim\mathrm{CF}_{12}$)的值相加得到。利用线性性质可以高效地更新聚类特征树。

聚类特征树的重要参数有每个内部节点的最大聚类特征数 B、每个叶子节点的最大聚类特征数 L 和叶节点聚类特征的最大样本半径阈值 T。对于图 4.12 中的聚类特征树，限定了 $B=7,L=5$，即内部节点最多有 7 个聚类特征，而叶子节点最多有 5 个聚类特征。

下面介绍聚类特征树的生成过程。

假设聚类特征树的参数为：内部节点的最大聚类特征数为 B，叶子节点的最大聚类

特征数为 L,叶节点聚类特征的最大样本半径阈值为 T。

最初,聚类特征树是空的,没有任何样本。从训练集读入第一个样本点,将它放入新的聚类特征 A,其中的样本点个数为 1,将这个新的聚类特征放入根节点,此时的聚类特征树如图 4.13 所示。

接着,读入第二个样本点,发现这个样本点和第一个样本点 A 在半径为 T 的超球体内,它们属于同一个聚类特征,将第二个点也加入聚类特征 A。此时需要更新 A 的值,A 中的样本点个数为 2。此时的聚类特征树如图 4.14 所示。

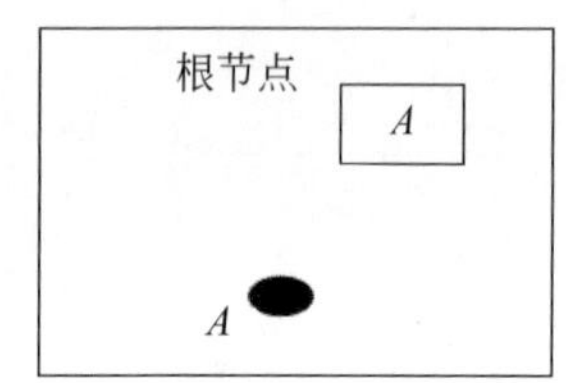

图 4.13 加入第一个样本点后的聚类特征树

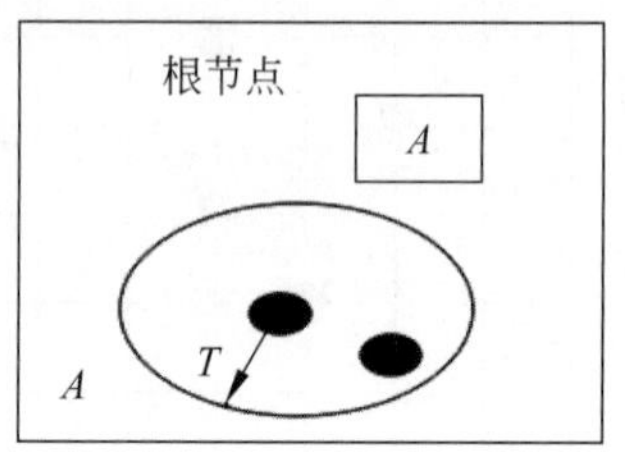

图 4.14 加入第二个样本点后的聚类特征树

接着读入第三个样本点,发现这个样本点不能融入前面的样本点形成的超球体内,所以需要建立一个新的聚类特征 B 来容纳这个新的值。此时根节点有两个聚类特征——A 和 B。此时的聚类特征树如图 4.15 所示。

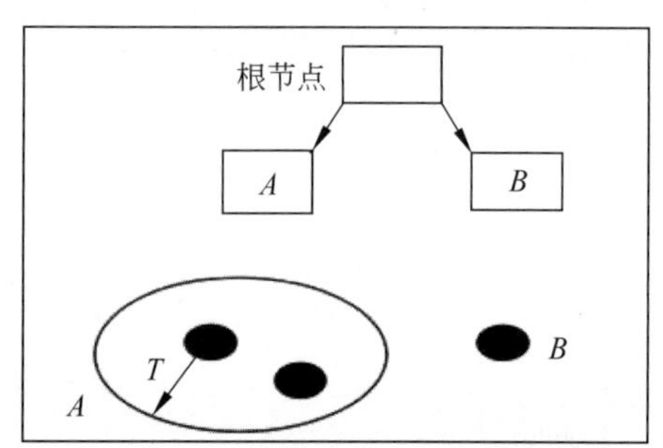

图 4.15 加入第三个样本点后的聚类特征树

接着读入第四个样本点,发现该样本点和 B 都在半径小于 T 的超球体内。这样,更新后的聚类特征树如图 4.16 所示。

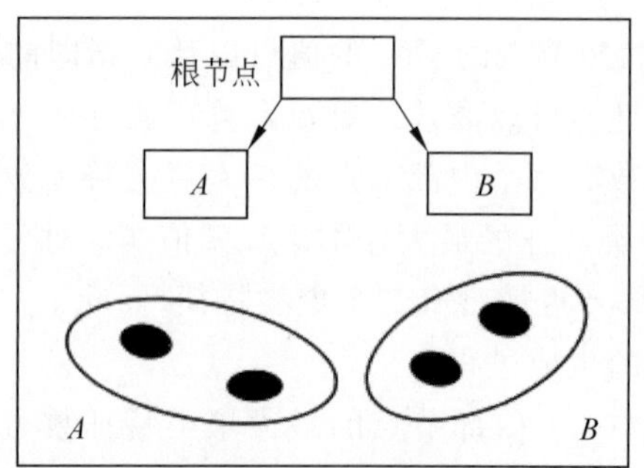

图 4.16 加入第四个样本点后的聚类特征树

读入多个样本点后，假设当前的聚类特征树如图4.17所示，叶子节点LN_1有3个聚类特征，LN_2和LN_3各有两个聚类特征。叶子节点的最大聚类特征数$L=3$。此时又读入一个新的样本点，发现它离LN_1节点最近，因此要判断它是否在sc_1、sc_2、sc_3这3个聚类特征对应的超球体之内。判断结果为否，因此需要建立一个新的聚类特征，即sc_8来容纳它。但是由于$L=3$，即LN_1的聚类特征个数已经达到最大值，不能再创建新的聚类特征，此时就要将LN_1叶子节点分裂，即将它一分为二。

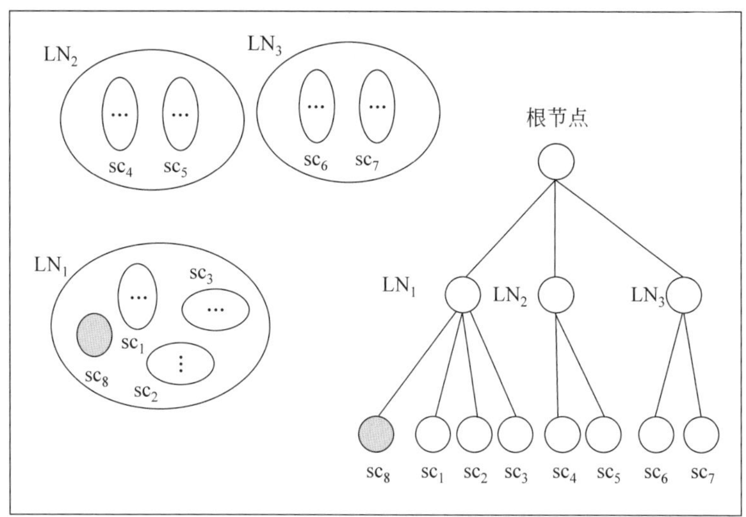

图4.17　加入多个样本点后的聚类特征树

在LN_1中的所有聚类特征中找到两个距离最远的聚类特征，作为这两个新叶子节点的种子聚类特征，然后将LN_1节点中的所有聚类特征（sc_1、sc_2、sc_3）以及新样本点所在的新三元组sc_8划分到两个新的叶子节点中。LN_1节点分裂后的聚类特征树如图4.18所示。

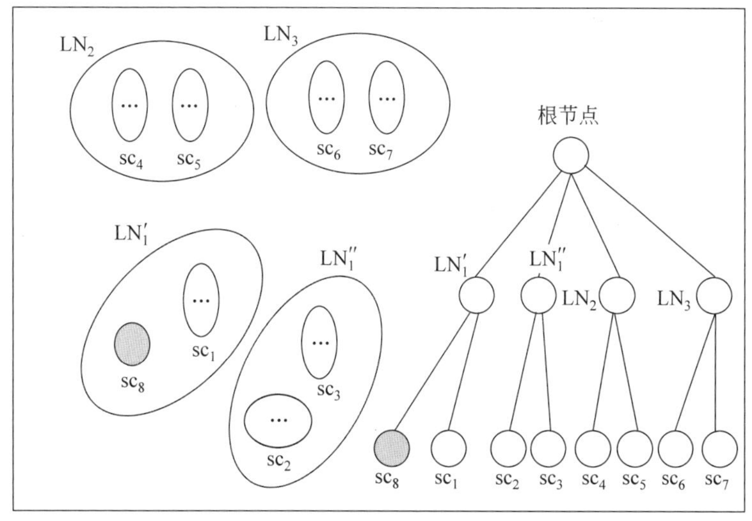

图4.18　LN_1节点分裂后的聚类特征树

如果内部节点的最大聚类特征数 $B=3$，则此时将叶子节点一分为二，会导致根节点的最大聚类特征数超出 3 个，这时根节点也要分裂，其分裂的方法和叶子节点分裂一样。根节点分裂后的聚类特征树如图 4.19 所示。

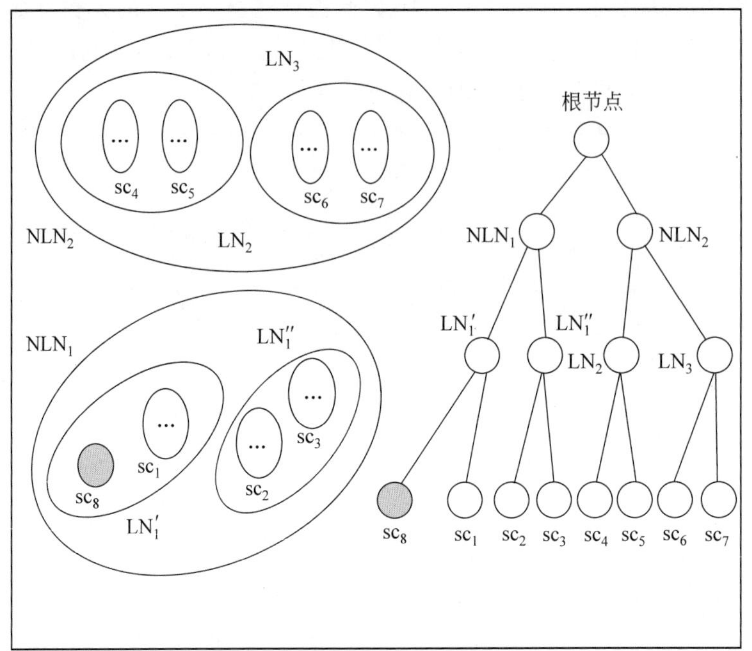

图 4.19　根节点分裂后的聚类特征树

聚类特征树的样本点插入过程总结如下：

(1) 从根节点向下寻找和新样本距离最近的叶子节点和叶子节点中距离最近的聚类特征。

(2) 如果新样本加入后，这个叶子节点的聚类特征对应的超球体半径仍然小于阈值 T，则更新路径上所有的聚类特征，插入结束。否则转入(3)。

(3) 如果当前叶子节点的聚类特征个数小于阈值 L，则创建一个新的聚类特征，在其中放入新样本，并将新的聚类特征放入当前叶子节点，更新路径上所有的聚类特征，插入结束。否则转入(4)。

(4) 将当前叶子节点划分为两个新叶子节点，选择旧叶子节点中的所有聚类特征中超球体距离最远的两个聚类特征，分别作为两个新叶子节点的第一个聚类特征。将其他聚类特征和新样本的聚类特征按照距离远近的原则放入对应的叶子节点。依次向上检查父节点是否也需要分裂，如果需要，就按照叶子节点的分裂方式将父节点分裂。

2. BIRCH 算法的聚类过程

BIRCH 算法聚类过程就是将所有的训练集样本建成一棵聚类特征树的过程，对应的输出就是若干个聚类特征，每个聚类特征里的样本点就是一个簇。BIRCH 算法的步骤如下：

(1) 将所有的样本依次读入，在内存中建立一棵聚类特征树。

(2)(可选)对第一步建立的聚类特征树进行筛选,去除异常聚类特征,这些聚类特征一般包含的样本点很少。对于一些超球体距离非常近的聚类特征进行合并。

(3)(可选)利用聚类算法(如 k-means)对所有的聚类特征进行聚类,进而得到一棵比较好的聚类特征树。这一步的主要目的是消除由于样本读入顺序而导致的不合理的树结构以及一些由于节点的聚类特征个数限制导致的树结构分裂等问题。

(4)(可选)以步骤(3)生成的聚类特征树的所有聚类特征的中心作为初始中心,对所有的样本点按距离远近进行聚类。这样可以进一步减少由于聚类特征树的限制而导致的聚类不合理问题。

从上面可以看出,BIRCH 算法的关键是步骤(1),也就是聚类特征树的生成,其他步骤都是为了优化最后的聚类结果。

3. BIRCH 算法小结

BIRCH 算法聚类速度快,只需要扫描一遍训练集就可以建立聚类特征树,聚类特征树的增、删、改都很快。BIRCH 算法节约内存,所有的样本都在磁盘上,聚类特征树仅仅保存了聚类特征和对应的指针。BIRCH 算法可以不用输入簇数 k。如果不输入 k,则最后的聚类特征的个数即为最终的簇数。一般来说,BIRCH 算法适用于样本量较大的情况,也适用于簇数较大的情况。BIRCH 算法除了聚类外,还可以额外做一些异常点检测和数据按类别归约的预处理工作。

但是,BIRCH 算法需要对聚类特征树的几个关键参数进行调整。同时,由于聚类特征树对每个节点的聚类特征个数有限制,导致聚类的结果可能与真实的类别分布不同。BIRCH 算法对高维特征的数据聚类效果不好。如果数据集中的簇不类似于超球体,或者说不是凸的,则 BIRCH 算法的聚类效果不好。

4.4 基于密度的方法

基于密度的聚类简称密度聚类,它通过对象周围的密度进行聚类。基于密度的聚类算法主要的目标是寻找被低密度区域分离的高密度区域。基于距离的聚类算法的聚类结果是球状的簇,而基于密度的聚类算法可以发现任意形状的簇,这对于噪声数据的处理比较有利。

DBSCAN(Density-Based Spatial Clustering of Applications with Noise,有噪声应用的基于密度空间聚类)是一个典型的基于密度的聚类算法。与划分聚类和层次聚类方法不同,它将簇定义为密度相近的点的最大集合,将簇看作数据空间中被低密度区域分隔开的稠密对象区域,把具有密度足够高的区域划分为簇,并可在有噪声的数据空间中发现任意形状的簇。

在 DBSCAN 算法中将簇中的点(数据对象)分为 3 种:

(1) 核心点。在邻域内的密度大于或等于给定的密度阈值 MinPts。

(2) 边界点。不是核心点,但其邻域内包含至少一个核心点。

(3) 噪声点。即不是核心点,也不是边界点。

基于距离的聚类方法具体只能发现球状的簇,难以发现其他形状的簇;而基于密度的聚类只要邻域的密度(对象或点的数目)超过某个临界值就可以归入簇中,因此可以过滤除噪声点和离群点,发现任意形状的簇。

下面介绍 DBSCAN 中的几个概念:

(1) ε 邻域。以给定对象为核心点、半径为 ε 内的区域称为该对象的 ε 邻域。

(2) 密度阈值。MinPts 是以 ε 为半径的邻域内包含对象的最小数目。

(3) 基于中心的密度。数据集中特定点的密度通过该点的 ε 邻域内的点计数(包括该点本身)来估计。密度是依赖于所选半径的。

(4) 核心对象。如果给定对象 ε 邻域内的样本点数大于或等于密度阈值 MinPts,则称该对象为核心对象。核心对象也就是核心点。

(5) 直接密度可达的。对于对象集合 D,如果对象 q 在 p 的 ε 邻域内,并且 p 为核心对象,那么就称对象 q 是从对象 p 直接密度可达的。

(6) 密度可达的。如果存在一个对象链 $p_1,p_2,\cdots,p_n$,设 $p_1=q,p_n=p$,对 $p_i\in D$,$(1\leqslant i\leqslant n)$,$p_{i+1}$是从 p_i 关于 ε 和 MinPts 直接密度可达的,那么就称对象 p 是从对象 q 关于 ε 和 MinPts 密度可达的。

(7) 密度相连的。如果对象集合 D 中存在一个对象 o,使得对象 p 和对象 q 是从对象 o 关于 ε 和 MinPts 密度可达的,那么就称对象 p 和对象 q 是关于 ε 和 MinPts 密度相连的。

【例 4.4】 如图 4.20 所示,圆圈代表 ε 邻域,MinPts=4,中间的点(除去 B、C、N 之外其他所有点)为核心点。从点 A 出发,B、C 均是密度可达的;B、C 是密度相连的;B、C 为边界点,而 N 为噪声点。

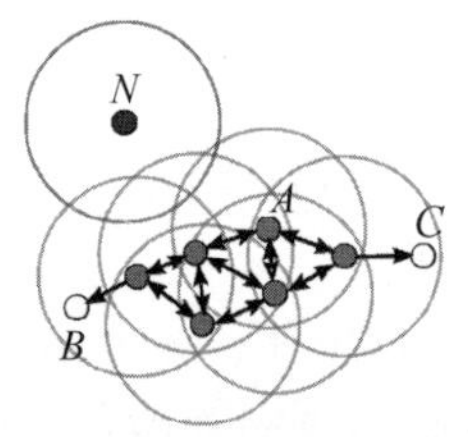

图 4.20 密度聚类相关概念图

DBSCAN 算法如图 4.21 所示。

DBSCAN 算法

输入:半径 ε。
　　　密度阈值 MinPts。
　　　样本集合 D。
输出:基于密度的簇的集合。
步骤:
(1) 检查数据对象集中每个点的 ε 邻域。如果该点的 ε 邻域包含的点多于 MinPts 个,则以该点为核心点;否则该点暂时被记为噪声点。
(2) 找出所有从该点密度可达的点,形成一个簇。
(3) 重复步骤(1)、(2),直到所有输入点都判断完毕,算法结束。

图 4.21 DBSCAN 算法

【例 4.5】 表 4.8 是一个样本事务数据集，该数据集包含 12 个数据点，每个点有两个属性，以坐标来表示其属性。利用 DBSCAN 算法对它进行聚类。

表 4.8 样本事务数据集

序 号	坐 标 x	坐 标 y
1	2	1
2	5	1
3	1	2
4	2	2
5	3	2
6	4	2
7	5	2
8	6	2
9	1	3
10	2	3
11	5	3
12	2	4

样本事务数据在坐标空间中的分布如图 4.22 所示。

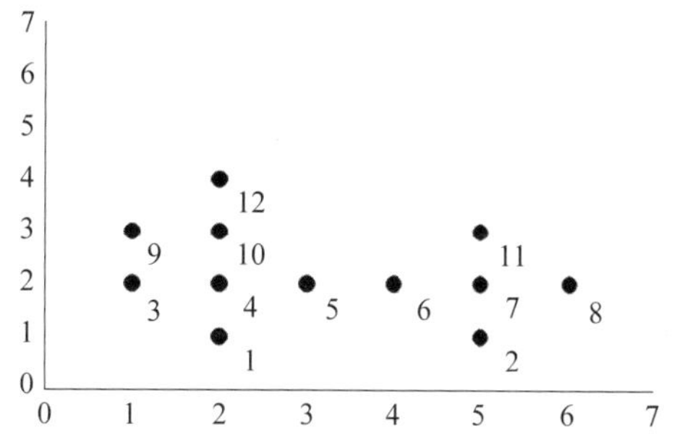

图 4.22 样本事务数据在坐标空间中的分布

对所给数据利用 DBSCAN 算法进行聚类的主要步骤如下($n=12$,$\varepsilon=1$,MinPts=4)：

第 1 步，在数据集中选择点 1。由于在以它为圆心、以 1 为半径的圆内包含两个点(小于 4)，因此它不是核心点。选择下一个点。

第 2 步，在数据集中选择点 2。由于在以它为圆心、以 1 为半径的圆内包含两个点，因此它不是核心点。继续选择下一个点。

第 3 步，在数据集中选择点 3。由于在以它为圆心、以 1 为半径的圆内包含 3 个点，因此它不是核心点。继续选择下一个点。

第 4 步，在数据集中选择点 4。由于在以它为圆心、以 1 为半径的圆内包含 5 个点，因此它是核心点。寻找从它出发可达的点(直接密度可达的点有4个,密度相连的点有两个),形成簇1:{1,3,4,5,9,10,12}。选择下一个点。

第5步,在数据集中选择点5。它已经在簇1中。选择下一个点。

第6步,在数据集中选择点6。由于在以它为圆心、以1为半径的圆内包含3个点,因此它不是核心点。选择下一个点。

第7步,在数据集中选择点7。由于在以它为圆心、以1为半径的圆内包含5个点,因此它是核心点。寻找从它出发可达的点,形成簇2:{2,6,7,8,11}。选择下一个点。

第8步,在数据集中选择点8。它已经在簇2中。选择下一个点。

第9步,在数据集中选择点9。它已经在簇1中。选择下一个点。

第10步,在数据集中选择点10。它已经在簇1中。选择下一个点。

第11步,在数据集中选择点11。它已经在簇2中。选择下一个点。

第12步,在数据集中选择点12。它已经在簇1中。至此,所有的点都已被处理,程序终止。

DBSCAN算法执行过程如表4.9所示。

表4.9 DBSCAN算法执行过程

步骤	选择的点	在 ε 中点的个数	通过计算可达点而找到的新簇
1	1	2	无
2	2	2	无
3	3	3	无
4	4	5	簇 C_1:{1,3,4,5,9,10,12}
5	5	3	已在簇 C_1 中
6	6	3	无
7	7	5	簇 C_2:{2,6,7,8,11}
8	8	2	已在簇 C_2 中
9	9	3	已在簇 C_1 中
10	10	4	已在簇 C_1 中
11	11	2	已在簇 C_2 中
12	12	2	已在簇 C_1 中

DBSCAN算法聚类速度快,而且能够有效处理噪声点并发现任意形状的簇。但是由于它直接对整个数据库进行操作,而且进行聚类时使用一个表征密度的全局性参数,因此有3个比较明显的缺点:

(1) 当数据量增大时,要求较大的内存支持,I/O消耗也很大。

(2) 当数据点的密度不均匀、各簇的簇内距离相差很大时,聚类质量较差。因为有些簇内距离较小,有些簇内距离很大,而 ε 邻域(最小半径)是确定的,所以,簇内距离大的点可能被误判为离群点或者边界点。如果将 ε 邻域设置得太大，那么在簇内距离小的簇内，可能会包含一些离群点或者边界点。

(3) 初始参数 ε 和 minPts 需要由用户设置，并且聚类结果对这两个参数的取值非常敏感，不同的取值将产生不同的聚类结果。

4.5　基于概率的聚类

在数据集上进行聚类分析前，都会假定数据集中的对象属于不同的固有类别，即聚类分析的目的就是发现隐藏的类别。这是因为，如果数据集中不存在隐藏的类别，就没有聚类分析的必要了。

最大似然估计(Maximum Likelihood Estimation, MLE)是一种重要而常用的求估计量的方法。最大似然估计的基本原理非常简单：假设已知样本数据服从某种分布，而该分布有参数。如果现在不知道这个分布的具体参数是多少，可以对抽样得到的样本进行分析，从而估计出较准确的参数。这种通过抽样结果反推分布参数的方法就是最大似然估计。最大似然估计的根本目的是根据抽样得到的样本(即数据)反推出最有可能的分布参数(即模型)，这是一个非常典型的机器学习的思路。最大似然估计在很多领域有着极为广泛的应用。然而，如果已知的数据中含有某些无法观测的隐藏变量时，直接使用最大似然估计是不足以解决问题的。

从统计学来看，可以假定隐藏的类别是数据空间的一个分布，可以使用不同的概率密度函数(或者分布函数)精确地表示。这种隐藏的类别称为概率簇。对于概率簇 C、它的密度函数 f 和数据空间点 o，称 $f(o)$ 是 C 的一个实例在 o 上出现的相对似然。

注意：似然(likelihood)和概率(probability)是不同的，其区别和联系如下：

(1) 似然与概率的区别。简单来讲，似然与概率分别是针对不同内容的估计和近似。概率(密度)表达给定 θ 下样本随机变量 $X=x$ 的可能性，而似然表达了给定样本 $X=x$ 下参数 $\theta=\theta_1$(相对于另一个参数取值 θ_2)为真实值的可能性。换言之，似然函数的形式是 $L(\theta|x)$，其中"|"代表的是条件概率或者条件分布，因此似然函数的作用是在已知样本随机变量 $X=x$ 的情况下估计参数空间中的参数 θ 的值。可见，似然函数是关于参数 θ 的函数，即给定样本随机变量 x 后，估计能够使 X 的取值成为 x 的参数 θ 的可能性；而概率密度函数的定义形式是 $f(x|\theta)$，它的作用是在已知 θ 的情况下估计样本随机变量 $X=x$ 的可能性。

(2) 似然与概率的联系。似然函数可以看作同一个函数形式下的不同视角。以函数 a^b 为例，该函数包含了两个变量 a 和 b。如果 b 已知为 2，那么函数就是变量 a 的二次函数，即 $f(a)=a^2$；如果 a 已知为 2，那么该函数就是变量 b 的幂函数，即 $f(b)=2^b$。同理，θ 和 x 也是两个不同的变量，如果 x 的分布是由已知的 θ 刻画的，要求估计 X 的实际取值，那么 $p(x|\theta)$ 就是 x 的概率密度函数；如果已知随机变量 x 的取值，而要估计使 x 取已知值的参数分布，那么 $L(\theta|x)$ 就是似然函数。

假设希望通过聚类分析找出 k 个聚类簇 $C_1, C_2, \cdots, C_k$。对于 n 个对象的数据集 D，可以把 D 看作这些簇的可能实例的一个有限样本。从概念上讲，每个簇 $C_j(1\leqslant j\leqslant k)$ 都和一个实例从该簇中抽样的概率 W_j 相关。通常将 $W_1, W_2, \cdots, W_k$ 作为问题已知条件的一部分给定,并且 $W_1 + W_2 + \cdots + W_k = 1$,确保所有对象都由这 k 个簇产生。也就是说,数据集 D 被认为是由这 k 个簇产生的。在这个前提下,基于概率的聚类的任务是推导出最可能产生数据集 D 的 k 个簇。其中的关键环节是度量在 k 个簇的集合及其抽样概率的条件下产生观测数据集的似然。

假定每个对象是独立产生的。对于数据集 $D=\{O_1, O_2, \cdots, O_n\}$ 有

$$P(D \mid \theta) = \prod_{i=1}^{n} P(O_i \mid C) = \prod_{i=1}^{n} \sum_{j=1}^{k} W_j P_j(O_i \mid \theta_j) \tag{4.5}$$

其中,P_j 为簇 C_j 的概率密度函数。基于概率的聚类就是进行参数估计,找出 k 个簇的参数集合,使得似然函数最大。

最大期望(Expectation-Maximization)算法又叫期望最大化算法,在统计学中用于对存在不可观察的隐藏变量的概率模型中的参数进行最大似然估计,是通过迭代进行极大似然估计的优化算法。

在统计计算中,最大期望算法是在概率模型中寻找参数最大似然估计或者最大后验估计的算法,其中概率模型依赖于无法观测的隐藏变量。最大期望算法经常用于机器学习和计算机视觉的数据聚类领域。最大期望算法包括两个交替计算步骤:第一步是计算期望(简称 E 步),利用对隐藏变量的现有估计值,计算其最大似然估计值;第二步是最大化(简称 M 步),利用 E 步求得的最大似然值来计算参数的值,本步求得的参数估计值被用于下一个 E 步计算中。这个过程不断迭代进行。

例如,食堂的大师傅炒了一个菜,要等分成两份给两个人吃,显然没有必要精确地称分量。最简单的方法是:随意地把菜分到两个碗中,然后观察两者是否一样多,把多的那一份取出来一点放在另一个碗中。这个过程一直迭代地进行下去,直到大家看不出两个碗所容纳的菜在分量上的不同为止。

最大期望算法思想通俗地讲就是:假设要估计 A 和 B 两个参数,在开始时两者都是未知的,但是,知道了 A 的信息就可以得到 B 的信息,反过来,知道 B 的信息就可以得到 A 的信息。可以考虑首先赋予 A 某种初值,以便得到 B 的估计值;然后从 B 的当前值出发,重新估计 A 的取值。这个过程一直持续到值收敛为止。

例如,某位同学与一位猎人一起外出打猎。一只野兔从前方窜过,只听一声枪响,野兔应声倒下。如果要推测这一枪是谁打的,一般的思路是:由于猎人命中的概率大于这位同学命中的概率,看来这一枪是猎人射中的。

1. 似然函数与极大似然估计

给定的训练样本是 $\{x^{(1)}, x^{(2)}, \cdots, x^{(m)}\}$,样本相互独立,希望找到每个样本隐含的类别 z,使得 $p(x,z)$ 最大。$p(x,z)$ 的最大似然估计如下:

$$L(\theta) = \sum_{i=1}^{m} \log_2 p(x \mid \theta) = \sum_{i=1}^{m} \log_2 \sum_{z} p(x, z \mid \theta) \tag{4.6}$$

第一步是对极大似然取对数,第二步是对每个样本的每个可能类别 z 求联合分布概率和。直接求 θ 一般比较困难,因为有隐藏变量 z 存在。但是,在确定了 z 以后,求解就容易了。

2. Jensen 不等式

设 f 是定义域为实数的函数，如果对于所有的实数 X，$f''(X)\geqslant 0$，那么 f 是凸函数。Jensen 不等式表达如下：

- 当 f 是凸函数时，X 是随机变量，那么 $E[f(X)]\geqslant f(E[X])$成立。
- 当 f 是凹函数时，当且仅当 $p(X=E[X])=1$，即 X 是常量时，才有 $E[f(X)]\leqslant f(E[X])$成立。

3. 数学期望相关定理

若随机变量 X 的分布用分布列 $p(x_i)$或密度函数 $p(x)$表示，则 X 的某一函数 $g(X)$ 的数学期望为

$$E[g(X)]=\sum_i g(x_i)p(x_i) \tag{4.7}$$

$$E[g(X)]=\int_{-\infty}^{+\infty} g(x)p(x)\mathrm{d}x \tag{4.8}$$

式(4.7)用于计算离散型随机变量的情况，式(4.8)用于计算连续型随机变量的情况。

4. 边际分布列

在二维离散随机变量(X,Y)的联合分布列$\{P(X=x_i,Y=y_j)\}$中，对 j 求和所得的分布列

$$\sum_{j=1}^{+\infty} P(X=x_i,Y=y_j)=P(X=x_i) \tag{4.9}$$

称为 X 的分布列。

类似地，对 i 求和所得的分布列

$$\sum_{i=1}^{+\infty} P(X=x_i,Y=y_j)=P(Y=y_i) \tag{4.10}$$

称为 Y 的分布列。

5. 最大期望算法的推导

最大期望算法是一种解决存在隐藏变量的优化问题的有效方法。因为不能直接最大化 $L(\theta)$，所以可以不断地建立 L 的下界(E 步)，然后优化下界(M 步)。对于每一个样本 i，让 Q_i 表示该样本隐藏变量 z 的某种分布，Q_i 满足的条件是 $\sum_z Q_i(z)=1,Q_i(z)\geqslant 0$(如果 z 是连续型随机变量，那么 Q_i 是概率密度函数，需要将求和符号换为积分符号)。例如，要将班里的学生聚类，假设隐藏变量 z 是身高，那么就是连续的高斯分布；假设隐藏变量 z 是性别，那么就是伯努利分布了。期望可以用以下公式表示：

$$\sum_i \log_2 p(x^{(i)}\mid\theta)=\sum_i \log_2 \sum_{z^{(i)}} p(x^{(i)},z^{(i)}\mid\theta) \tag{4.11}$$

$$=\sum_i \log_2 \sum_{z^{(i)}} Q_i(z^{(i)})\frac{p(x^{(i)},z^{(i)}\mid\theta)}{Q_i(z^{(i)})} \tag{4.12}$$

$$\geqslant \sum_i \sum_{z^{(i)}} Q_i(z^{(i)})\log_2 \frac{p(x^{(i)},z^{(i)}\mid\theta)}{Q_i(z^{(i)})} \tag{4.13}$$

从式(4.11) 到式(4.12) 是给分子和分母同乘以一个相等的函数。从式(4.12) 到

式(4.13)利用了 Jensen 不等式,考虑到 $\log_2 x$ 是凹函数(二阶导数小于 0),而且 $\sum_{z^{(i)}} Q_i(z^{(i)}) \frac{p(x^{(i)},z^{(i)} \mid \theta)}{Q_i(z^{(i)})}$ 就是 $\frac{p(x^{(i)},z^{(i)} \mid \theta)}{Q_i(z^{(i)})}$ 的期望。

上述过程可以看作是对 $\log_2 L(\theta)$(即 $L(\theta)$)求下界。对于 $Q_i(z^{(i)})$ 的选择,有多种可能。假设 θ 已经给定,那么 $\log_2 L(\theta)$ 的值就取决于 $Q_i(z^{(i)})$ 和 $p(x^{(i)},z^{(i)})$。可以通过调整这两个概率使下界不断上升,以逼近 $\log L(\theta)$ 的真实值。当不等式变成等式时,说明调整后的概率等价于 $\log L(\theta)$。按照这个思路,要找到使等式成立的条件。根据 Jensen 不等式,要使等式成立,需要让随机变量变成常数值,这里设

$$\frac{p(x^{(i)},z^{(i)} \mid \theta)}{Q_i(z^{(i)})} = c \tag{4.14}$$

c 为常数,不依赖于 $z^{(i)}$。对式(4.14)做进一步推导:由于 $\sum z^{(i)} Q_i(z^{(i)}) = 1$,则有 $\sum z^{(i)} p(x^{(i)},z^{(i)} \mid \theta) = c$(多个等式分子和分母相加不变,则认为每个样例的两个概率比值都是 c),因此得到

$$\begin{aligned} Q_i(z^{(i)}) &= \frac{p(x^{(i)},z^{(i)} \mid \theta)}{\sum_z p(x^{(i)},z \mid \theta)} \\ &= \frac{p(x^{(i)},z^{(i)} \mid \theta)}{p(x^{(i)} \mid \theta)} \\ &= p(z^{(i)} \mid x^{(i)} \mid \theta) \end{aligned} \tag{4.15}$$

至此,推出了以下结论:在固定其他参数 θ 后,$Q_i(z^{(i)})$ 的计算公式就是后验概率。这样就解决了 $Q_i(z^{(i)})$ 如何选择的问题。这一步就是 E 步,建立 $\log L(\theta)$ 的下界。接下来的 M 步就是在给定 $Q_i(z^{(i)})$ 后调整 θ,以极大化 $\log L(\theta)$ 的下界(在固定了 $Q_i(z^{(i)})$ 后,下界还可以调整得更大)。

6. 最大期望算法流程

首先初始化分布参数 θ;然后重复 E 步和 M 步,直到参数值收敛。

- E 步:根据参数 θ 的初始值或上一次迭代所得参数值来计算出隐藏变量的后验概率(即隐藏变量的期望),作为隐藏变量新的估计值,公式为

$$Q_i(z^{(i)}) = p(z^{(i)} \mid x^{(i)} \mid \theta) \tag{4.16}$$

- M 步:将似然函数最大化以获得新的参数值,公式为

$$\theta = \arg\max_{\theta} \sum_i \sum_{z^{(i)}} Q_i(z^{(i)}) \log_2 \frac{p(x^{(i)},z^{(i)} \mid \theta)}{Q_i(z^{(i)})} \tag{4.17}$$

其实 k-means 算法的过程也体现了最大期望算法的思想,E 步为聚类的过程,M 步为更新簇中心的过程。

【例 4.6】 利用最大期望算法解决简单句子对齐问题,并得到双语翻译概率表。假设语料库为:I、laugh、我、笑、laugh loudly、大声地、笑。

解析:

容易得到英语词汇表{I,laugh,loudly}和汉语词汇表{我,笑,大声地}。

初始时,没有任何关于词汇对译的信息,那么

$P(我|I)=\frac{1}{3}$ $P(笑|I)=\frac{1}{3}$ $P(大声地|I)=\frac{1}{3}$

$P(我|laugh)=\frac{1}{3}$ $P(笑|laugh)=\frac{1}{3}$ $P(大声地|laugh)=\frac{1}{3}$

$P(我|loudly)=\frac{1}{3}$ $P(笑|loudly)=\frac{1}{3}$ $P(大声地|loudly)=\frac{1}{3}$

对于“I laugh”“我笑”和“laugh loudly”“大声地笑”这两个句子对，有两种对齐方式：

- 正序：“I”对应“我”，“laugh”对应笑。
- 反序：“I”对应“笑”，“laugh”对应“我”。

由此可得

$$P(正序,我\ 笑|I\ laugh)=P(我|I)P(笑|laugh)=\frac{1}{3}\times\frac{1}{3}=\frac{1}{9}$$

$$P(反序,我\ 笑|I\ laugh)=P(笑|I)P(我|laugh)=\frac{1}{3}\times\frac{1}{3}=\frac{1}{9}$$

归一化后有

$$P(正序,我\ 笑|I\ laugh)=\frac{1}{2}$$

$$P(反序,我\ 笑|I\ laugh)=\frac{1}{2}$$

同理，对于第二个句子对

$$P(正序,大声地\ 笑\ |\ laugh\ loudly)=\frac{1}{2}$$

$$P(反序,大声地\ 笑\ |\ laugh\ loudly)=\frac{1}{2}$$

对于“I laugh”和“我笑”，计算机认为正序、反序对齐都一样；但对于人类来说，第一个句子对明显是正序对齐，第二个句子对明显是反序对齐。

现在重新计算词汇对译概率，可得

$$P(我|I)=\frac{1}{2}\qquad P(笑|I)=\frac{1}{2}\qquad P(大声地|I)=0$$

这个概率的得出步骤如下：

(我|I)这一词汇对出现在(I laugh|我笑)的正序对齐中，其概率为$\frac{1}{2}$(其实称之为权重更确切)；(笑|I)出现在(I laugh|我笑)的反序对齐中，其概率为$\frac{1}{2}$；而(大声地|I)没有出现。

所以，将上述步骤所得概率归一化后可得

$P(我|I)=\frac{1}{2}$ $P(笑|I)=\frac{1}{2}$ $P(大声地|I)=0$

$P(我|laugh)=\frac{1}{4}$ $P(笑|laugh)=\frac{1}{2}$ $P(大声地|laugh)=\frac{1}{4}$

$P(我|loudly)=0$ $P(笑|loudly)=\frac{1}{2}$ $P(大声地|loudly)=\frac{1}{2}$

接着重新计算各句对正序和反序概率：

$$P(\text{正序,我 笑}|\text{I laugh})=P(\text{我}|\text{I})\ P(\text{笑}|\text{laugh})=\frac{1}{2}\times\frac{1}{2}=\frac{1}{4}$$

$$P(\text{反序,我 笑}|\text{I laugh})=P(\text{笑}|\text{I})\ P(\text{我}|\text{laugh})=\frac{1}{2}\times\frac{1}{4}=\frac{1}{8}$$

$$P(\text{正序,大声地 笑}\mid\text{laugh loudly})=\frac{1}{8}$$

$$P(\text{反序,大声地 笑}\mid\text{laugh loudly})=\frac{1}{4}$$

归一化后可得

$$P(\text{正序,我 笑}|\text{I laugh})=\frac{2}{3}$$

$$P(\text{反序,我 笑}|\text{I laugh})=\frac{1}{3}$$

$$P(\text{正序,大声地 笑}\mid\text{laugh loudly})=\frac{1}{3}$$

$$P(\text{反序,大声地 笑}\mid\text{laugh loudly})=\frac{2}{3}$$

也就是说，第一个句子对更倾向于正序对齐，第二个句子对更倾向于反序对齐。

4.6 聚类图数据

在图和网络数据上进行聚类分析可以提取有价值的知识和信息，这两种数据在许多应用中日益普遍。图和网络，如对偶图、Web 搜索引擎、社会网络等，只给出了对象（顶点）和它们之间的联系（边），并没有明确定义维和属性。要在这上面进行聚类分析，存在相似性度量和有效聚类模型设计的大量挑战。

4.6.1 聚类图数据度量

在这里介绍两种度量：测地距和基于随机游走的距离。

1. 测地距

图中两个顶点之间距离的一种简单度量是两个顶点之间的最短路径。两个顶点之间的测地距就是两个顶点之间最短路径中包含的边数。对于图中两个非连通的顶点，测地距被定义为无穷大。

使用测地距，可以定义图数据分析和聚类的一些其他有用的度量。给定图 $G=(V,E)$，其中 V 是顶点集，E 是边集，有如下定义：

- 对于定点 $v\in V$，v 的离心率记作 $\text{eccen}(v)$，是 v 与其他顶点 $u\in V-\{v\}$ 之间的最大测地距。v 的离心率可以表示 v 与图中最远的顶点的远近程度。
- 图 G 的半径是图的所有顶点的最小离心率，即

$$r=\min_{v\in V}\text{eccen}(v) \tag{4.18}$$

半径可以表示图中最靠近中心的点与最远边界点之间的距离。

- 图 G 的直径是图的所有顶点的最大离心率，即

$$d=\max_{v\in V}\text{eccen}(v) \tag{4.19}$$

直径可以表示图中所有顶点对之间的最大距离。

- 外围顶点是处于直径上的顶点。

【例 4.7】 考虑图 4.23 中的图 G。根据以上的介绍，可知 a 的离心率是 2，即 $\text{eccen}(a)=2$。由于 $\text{eccen}(b)=2$，并且 $\text{eccen}(c)=\text{eccen}(d)=\text{eccen}(e)=3$，因此 G 的半径为 2，直径为 3。注意，图的直径不必是半径的 2 倍。顶点 c，d 和 e 都是外围顶点。

2. 基于随机游走和结构情境的相似性——SimRank

对于一些应用，用测地距度量图中顶点之间的相似性可能不合适。这里引入 SimRank，它是基于随机游走和结构情境的相似性。随机游走是一个轨迹，由相继的随机步组成。基于结构情境的相似性的直观意义是，如果它们与相似的顶点相链接，则图中两个顶点也是相似的。SimRank 完全基于结构信息，且可以计算图中任意两个顶点间的相似度。SimRank 的基本思想是：如果两个实体相似，那么与它们相关的实体应该也相似。例如，在图 4.24 中，如果 a 和 c 相似，那么 A 和 B 应该也相似。

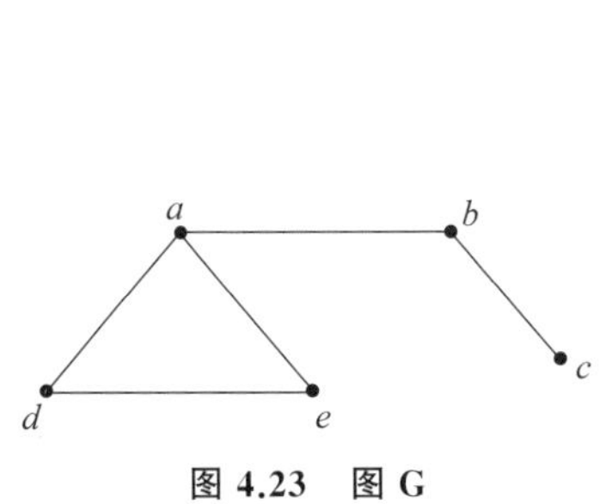

图 4.23 图 G

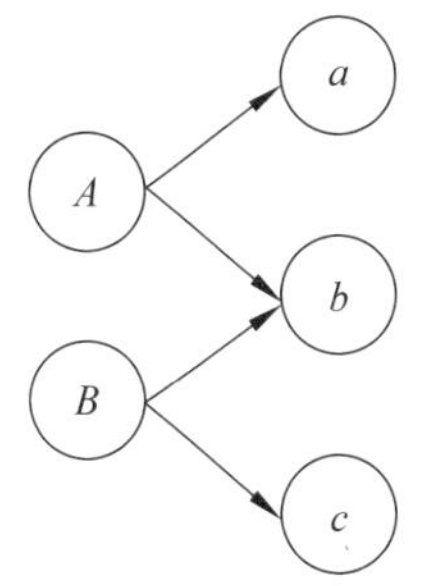

图 4.24 SimRank 的基本思想

为了度量基于结构情境的相似性，需要定义个体的邻域的概念。在有向图 $G=(V,E)$ 中，V 是顶点的集合，而 $E\subseteq V\times V$ 是边的集合，对于顶点 $v\in V$，v 的个体入邻域定义为

$$I(v)=\{u\mid(u,v)\in E\} \tag{4.20}$$

类似地，可以把 v 的个体出邻域定义为

$$O(v)=\{w\mid(v,w)\in E\} \tag{4.21}$$

对于任意一对顶点，定义基于结构情境的相似度 SimRank，其值在 0 和 1 之间。对于任意顶点 $v\in V$，该顶点与自身的相似度为 $s(v,v)=1$，因为邻域是相同的。对于顶点 u，$v\in V$，$u\neq v$，定义

$$s(u,v)=\frac{C}{|I(u)||I(v)|}\sum_{x\in I(u)}\sum_{y\in I(v)}s(x,y) \tag{4.22}$$

其中 C 是 0 和 1 之间的常数。一个顶点可能没有入近邻，因此，当 $I(u)$ 或 $I(v)$ 为 $\varnothing$ 时，定义式(4.22)为 0。参数 C 指定相似性沿着边传播时的衰减率。

那么，如何计算 SimRank 呢？一种直截了当的方法是迭代计算式(4.22)，直到到达不动点。设 $s_i(u,v)$ 为第 i 轮计算的 SimRank，首先令

$$s_0(u,v)=\begin{cases}0, & u\neq v\\ 1, & u=v\end{cases} \tag{4.23}$$

使用式(4.22),由 s_i 计算 s_{i+1}:

$$s_{i+1}(u,v)=\frac{C}{|I(u)||I(v)|}\sum_{x\in I(u)}\sum_{y\in I(v)}s_i(x,y) \tag{4.24}$$

可以证明$\lim\limits_{i\to\infty}s_i(u,v)=s(u,v)$。

一个有向图是强连通的,即如果对于任意两个顶点 u 和 v,都存在一条从 u 到 v 的路径和一条从 v 到 u 的路径。在一个强连通的图 $G=(V,E)$ 中,对于任意两个顶点 $u,v\in V$,可以定义从 u 到 v 的期望距离为

$$d(u,v)\sum_{t:u\to v}P[t]l[t] \tag{4.25}$$

其中,$u\to v$ 是一条从 u 开始到 v 结束的路径,可能包含环,但是直到结束才到达 v。对于一条随机游走 t: $w_1\to w_2\to\cdots\to w_k$,其长度为 $l(t)=k-1$。将该随机游走的概率定义为

$$P[t]=\begin{cases}\prod\limits_{i=1}^{k-1}\dfrac{1}{O(w_i)}, & l(t)>0\\ 0, & l(t)=0\end{cases} \tag{4.26}$$

为了度量顶点 w 同时收到源于 u 和 v 的消息的概率,把期望距离扩展为期望相遇距离,即

$$m(u,v)\sum_{t:(u,v)\to(x,x)}P[t]l[t] \tag{4.27}$$

其中,$(u,v)\to(x,x)$是一对长度相等的随机游走 $u\to x$ 和 $v\to x$。使用 0 和 1 之间的常数 C,定义期望相遇概率为

$$p(u,v)=\sum_{t:(u,v)\to(x,x)}P[t]C^{l(t)} \tag{4.28}$$

它是基于随机游走的相似性度量。这里,参数 C 指定在轨迹的每一步继续随机游走的概率。

已经证明,对于任意两个顶点 u 和 v,$s(u,v)=p(u,v)$,即 SimRank 是基于结构背景和随机游走的。

图聚类就是切割图成若干片,每片就是一个簇,使得簇内的顶点很好地互连,而不同的顶点以很弱的方式连接。对于图 $G=(V,E)$,割 $C=(S,T)$是图 G 的顶点 V 的一个划分,使得 $V=S\cup T$ 并且$S\cap T=\varnothing$。割集是边的集合$\{(u,v)\in E|u\in S,v\in T\}$。割的大小是割集的边数。对于加权图,割的大小是割集的边的加权和。

这样,就可以将图数据聚类问题归结为寻找最好的割作为簇。如何在图中寻找最好的割存在很多挑战,如最稀疏的割、高计算开销、复杂的图、高维性、稀疏性等。有两类图数据聚类方法,可以处理这些难题:一类是高维数据聚类方法,如谱聚类;另一类是专门用于图的方法,如 SCAN,它通过搜索图找出良连通的成分作为簇。

4.6.2 复杂网络

随着信息技术的快速发展,软件系统的规模与复杂度都在日益剧增,软件系统已经成为庞大而复杂的系统。通过软件工程与复杂网络的学科交叉研究,从复杂系统的角度把

软件系统抽象为复杂网络来研究，从整体的角度探索和发现复杂软件系统的结构特征、演化规律，有助于科学、全面地认识和理解软件系统。复杂系统由相互作用的众多子系统组成，如果把子系统抽象成顶点，把子系统之间的相互作用关系抽象成顶点之间的边，则复杂系统就被抽象成一个复杂网络。

图提供了用抽象的点和线表示各种实际网络的统一方法，因而成为目前研究复杂网络的一种共同的语言。一个具体的网络可以表示成一个由顶点集 V 和边集 E 组成的图 $G(V,E)$，顶点数记为 $N=|V|$，边数记为 $M=|E|$。

图按照边是否有权和是否有向可以分为4种类型，如图4.25所示。相应地，用图表示的网络也分为4种类型。如果任意点对 (i,j) 与 (j,i) 对应同一条无权边，则该网络称为无权无向网络；否则称为无权有向网络。如果给无向网络的每条边赋予相应的权值，那么该网络就称为加权无向网络；如果给有向网络的每条边赋予相应的权值，那么该网络就称为加权有向网络。这些网络的类型可以相互结合，形成更多的网络类型。此外，一个网络中还可能包含多种不同类型的顶点以及不同类型的边，称为复合网络。本节介绍的网络是无权有向网络，并且不包含重边与自环（即任意两个顶点之间至多只有一条边，且没有以同一个顶点为起点和终点的边），这样的网络也称为简单网络。

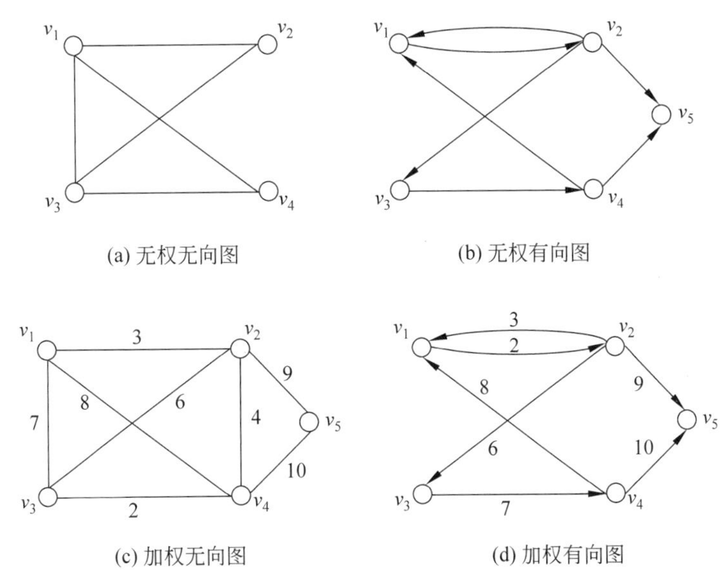

图4.25　4种类型的图

1. 平均路径长度

在网络研究中，一般定义两顶点 (i,j) 间的距离 d_{ij} 为连接两个顶点的最短路径的边数；网络的直径为任意两个顶点间的最大距离，记为 D，即 $D=\max\limits_{i,j} d_{ij}$；网络的平均路径长度 L 则是所有顶点对之间距离的平均值，即

$$L=\frac{1}{\frac{1}{2}N(N+1)}\sum_{i\geqslant j} d_{ij} \tag{4.29}$$

其中，N 为网络的顶点数。网络的平均路径长度也称为网络的特征路径长度。一个包含

N 个顶点和 M 条边的网络的平均路径长度可以用时间复杂度为 $O(MN)$ 的广度优先搜索算法来确定。

2. 聚类系数

聚类系数 C 用来描述网络中顶点的聚集情况，即网络连接的紧密程度。例如，在社会网络中，你的朋友的朋友可能也是你的朋友，或者你的两个朋友可能彼此也是朋友。假设网络中的任意一个顶点 i 通过 k_i 个顶点可以与其余所有顶点连接，这 k_i 个顶点之间可能存在 $k_i(k_i-1)/2$ 条边，而这 k_i 个顶点之间实际存在的边数 E_i 与总的可能边数之比就是节点 i 的聚类系数 C_i，即

$$C_i=\frac{E_i}{k_i(k_i-1)} \tag{4.30}$$

一个网络的聚类系数 C 就是网络中所有顶点的聚类系数的平均值，即

$$C=\frac{1}{N}\sum_{i=1}^{N}C_i \tag{4.31}$$

显然有 $0\leqslant C\leqslant 1$。只在全连通网络中，聚类系数才能等于 1，一般网络均小于 1。在完全随机的网络中，$C\sim N^{-1}$。然而，大部分实际网络中的顶点倾向于聚集在一起，尽管聚类系数 C 远远小于 1，但都远比 N^{-1} 大。

3. 度分布

网络中顶点 i 的度 k_i 为顶点 i 连接的边的数目。从直观上看，一个顶点的度越大，就意味着这个顶点在某种意义上越重要。网络中所有顶点的度的平均值称为网络的平均度，记为 $\langle k\rangle$。网络中顶点的度分布用分布函数 $P(k)$ 来表示，其含义为任意选择一个顶点的度数恰好为 k 的概率，它也等于网络中度数为 k 的顶点的个数占网络顶点总数的比值。大量研究表明，许多实际网络的度分布明显服从泊松分布。特别地，许多网络的度分布可以用幂律形式 $P(k)\infty k^{-\gamma}$ 来更好地描述。

4. 介数

介数通常分为顶点介数和边介数两种。顶点介数定义为网络中所有最短路径中经过该顶点的路径数目占最短路径总数的比例。边介数定义为网络中所有最短路径中经过该边的路径的数目占最短路径总数的比例。

介数反映了相应的顶点或者边在整个网络中的作用和影响力，是一个重要的全局几何量，具有很强的现实意义。根据顶点和边的介数，能够分析软件系统中任意一个顶点和其他顶点之间的关联以及这种关联被删除或失效时对整个系统的影响。

5. 度和聚类系数之间的相关性

网络中度和聚类系数之间的相关性被用来描述不同网络结构之间的差异，包括连接度不同的顶点的相关性和顶点的度与其聚类系数之间的相关性。在软件网络系统中，考察度和聚类系数之间的相关性有助于分析系统的层次性和模块化程度。

6. 其他性质

除了上面介绍的性质以外，比较重要的性质还有连通性、鲁棒性和脆弱性。

(1) 连通性。从网络结构来看，我们关心的是网络是否连通的问题，即网络中的任意顶点对 (i,j) 之间是否存在至少一条路径。如果存在，网络就是连通的；否则网络就是不

连通的。实证研究表明,许多实际的大规模复杂网络都是不连通的,但是会存在一个特别大的连通分支,包含了网络中相当比例的顶点,称为巨片。

(2) 鲁棒性与脆弱性。鲁棒性在控制领域中用来表征控制系统对特性或参数摄动的不敏感性。鲁棒性与网络拓扑结构密切相关。如果网络拓扑结构本身存在不足,当网络在遭受攻击时,由于渗流作用,可能会使得故障的范围漫延到不可控制的边界,甚至造成整个网络或系统的崩溃。无标度网络在出现随机故障时具有较高的鲁棒性,但是在遭受蓄意攻击时却表现出脆弱性。

4.7　聚类评估

聚类是一种非常重要的无监督学习技术,其任务是将目标样本分成若干个簇,并且保证每个簇内的样本尽可能相似,而属于不同簇的样本尽可能相异。由于聚类是一种非监督学习技术,因此评价聚类后的结果是非常有必要的,否则聚类的结果将很难被应用。

聚类算法非常多,大多数聚类算法在聚类之前需要给出聚类的簇数目,同时在聚类分析前需要估计数据集的聚类趋势,以判断数据集是否有必要进行聚类。因此,在对数据集进行聚类分析前,需要对聚类的数据集进行可行性评估,以判断是否需要对其进行聚类,同时还要给出确定聚类数目的方法。聚类是一种典型的无监督学习,无监督学习结果的评价方法在理论上不太完善,不像有监督学习那样可以利用已知的类标号结果来判断学习结果的正确与否。从数学上看,聚类分析是一个组合问题,将 n 个对象划分为 m 个集合,可能的结果有 $m^n/m!$ $(1\leqslant m\leqslant n)$种,如何对聚类分析的结果进行评价是关键。如果有了聚类结果的有效评价机制,就可以对众多的聚类算法进行比较,根据实际应用的需要选择最合适的聚类分析算法。对聚类结果进行评价称为聚类的有效性分析。

在进行聚类分析时,需要进行聚类评估,主要包括在数据集上进行聚类的可行性(即估计聚类趋势和确定聚类的簇数目)和聚类有效性分析(即聚类算法产生的聚类结果的质量)。聚类评估主要包括如下3项任务:

(1) 聚类趋势估计。对于给定的数据集,评估该数据集是否存在非随机结构。如果该数据集上存在非均匀分布结构,那么对该数据集进行聚类才是有意义的;相反,如果该数据集是均匀的随机分布,就没有必要作聚类分析,盲目地在均匀分布的数据集上使用聚类算法将返回一些无意义的簇,对于理解数据是一种误导。

(2) 簇数确定。大多数聚类算法需要以数据集的簇数作为参数。此外,簇数可以看作数据集的有价值且重要的概括统计量。因此,在使用聚类算法产生详细的簇之前,估计簇数是十分必要的。

(3) 聚类有效性分析。在数据集上使用聚类算法后,需要对聚类算法的聚类结果进行评价。两种常用的而且相互联系的聚类结果评价标准是:①簇内越紧密,簇间越分离,聚类结果越好;②聚类结果和人工判断的结果越吻合越好。以这两个标准为基础,按照评价参照对象的来源不同,可将评价聚类算法结果的方法分为外在方法、内在方法和相对方法等。外在方法就是用事先判定的基准簇来评价聚类结果的好坏,聚类结果和基准簇越相似越好。外在方法是有监督的学习方法,需要基准数据,用一定的度量评判聚类结果与基准数据的符合程度。基准数据是一种理想的聚类结果，通常是由专家构建的好的。内在方法按照“簇内越紧密，簇间越分离，聚类结果越好”的标准，用参与聚类的样本本身来评价聚类结果，内在方法是无监督的学习方法，不需要基准数据。内在方法主要评价类内聚集程度和类间离散程度，例如各簇内的误差平方和和簇间的方差和。相对方法通过同一个聚类算法在不同参数下得到的不同结果来评价聚类结果，通过与其他结果的比较来判断聚类结果的优劣。

4.7.1 估计聚类趋势

在进行聚类分析前，需要估计数据集的聚类趋势，以便决定是否有必要对该数据集进行聚类分析。一般来说，数据集具有非均匀分布结构时才有进行聚类分析的必要；如果数据集是均匀分布的，没有类信息，就没有必要作聚类分析。聚类趋势评估确定给定的数据集是否具有可以导致有意义的聚类的非随机结构。考虑一个没有任何非随机结构的数据集，如数据空间中均匀分布的点，尽管聚类算法可以为该数据集返回簇，但是这些簇是随机的，对于应用而言，这些簇不可能有任何意义。聚类分析要求数据是非均匀分布的，可以通过空间随机性的统计验证来评估数据集来自均匀分布的总体的概率。

霍普金斯统计量(Hopkins statistic)可以评估给定数据集是否存在有意义的可聚类的非随机结构。如果一个数据集是由随机均匀的点生成的，虽然也可以产生聚类结果，但该结果是没有意义的。

霍普金斯统计量是一种空间统计量，可以检验空间分布的变量的空间随机性。给定数据集 D，可以将它看作随机变量 o 的一个样本，想要确定 o 在多大程度上不同于数据空间中的均匀分布。可以按以下步骤计算霍普金斯统计量：

(1) 均匀地从 D 的空间中抽取 n 个点：$p_1,p_2,\cdots,p_n$。也就是说，D 的空间中的每个点都以相同的概率包含在这个样本中。对于每个点 $p_i(1\leqslant i\leqslant n)$，找出 p_i 在 D 中的最近邻，并令 x_i 为 p_i 与它在 D 中的最近邻之间的距离，即

$$x_i=\min_{v\in D}\{\mathrm{dist}(p_i,v)\} \tag{4.32}$$

(2) 均匀地从 D 中抽取 n 个点：$q_1,q_2,\cdots,q_n$。对于每个点 $q_i(1\leqslant i\leqslant n)$，找出 q_i 在 $D-\{q_1,\cdots,q_i,\cdots,q_n\}$ 中的最近邻，并令 y_i 为 q_i 与它在 $D-\{q_1,\cdots,q_i,\cdots,q_n\}$ 中的最近邻之间的距离，即

$$y_i=\min_{v\in D,v\notin\{q_1,\cdots,q_i,\cdots,q_n\}}\{\mathrm{dist}(q_i,v)\} \tag{4.33}$$

(3) 计算霍普金斯统计量 H：

$$H=\frac{\sum_{i=1}^{n}y_i}{\sum_{i=1}^{n}x_i+\sum_{i=1}^{n}y_i} \tag{4.34}$$

如果 D 是均匀分布的，则 $\sum_{i=1}^{n}y_i$ 和 $\sum_{i=1}^{n}x_i$ 将会很接近，因而 H 大约为 0.5；然而，如果 D 是高度倾斜的，则 $\sum_{i=1}^{n}y_i$ 将显著地小于 $\sum_{i=1}^{n}x_i$，因而 H 将接近 0。

原假设是同质假设，即 D 是均匀分布的，因而不包含有意义的簇。非均匀假设（即 D 不是均匀分布的，因而包含簇）是备择假设。可以迭代地进行霍普金斯统计量检验，使用 0.5 作为拒绝备择假设阈值，即，如果 $H>0.5$，则 D 不大可能具有统计显著的簇。

4.7.2　确定簇数

确定数据集中适当的簇数是重要的，这是因为，不仅像 k-means 这样的聚类算法需要这种参数，而且适当的簇数可以控制适当的聚类分析粒度，在聚类分析的可压缩性与准确性之间寻找良好的平衡点。然而，确定簇数并非易事。通常，找出正确的簇数依赖于数据集分布的形状和尺度，也依赖于用户要求的聚类分辨率。一种简单的经验方法是，对于包含 n 个点的数据集，设置簇数 p 大约为 $\sqrt{\frac{n}{2}}$。在期望情况下，每个簇大约有 $\sqrt{2n}$ 个点。当然还有其他估计簇数的方法，下面介绍几种简单的但比较流行和有效的方法。

从簇的内部评价方法可知，增加簇数有助于降低每个簇的簇内方差之和，这是因为，如果增加簇数，就可以捕获更细的数据对象簇，簇中对象之间会更为相似。但是，如果形成的簇太多，则簇内方差和的边际效应就可能下降，因为把一个簇分裂成两个簇可能只会引起簇内方差和稍微降低。因此，可以使用簇内方差和关于簇数的曲线的拐点来启发式地选择簇数。肘方法就是基于此思想构建的。

肘方法的过程可以简单地理解为：给定 $k>0$，可以使用像 k-means 这样的算法对数据集进行聚类，并计算簇内方差和 $\mathrm{var}(k)$。然后，绘制 var 关于 k 的曲线。曲线的第一个拐点暗示正确的簇数。

数据集的簇数也可以通过交叉验证来确定。首先，把给定的数据集 D 划分成 m 个部分。然后，使用 $m-1$ 个部分建立一个聚类模型，并使用剩下的一部分检验聚类的质量。例如，对于检验集中的每个点，找出离其最近的形心。然后使用检验集中的所有点与它们的最近形心之间的距离的平方和来度量聚类模型拟合检验集的程度。对于任意整数 $k>0$，一次使用每一部分作为检验集，重复以上过程 m 次，导出 k 个簇的聚类。取 m 次聚类质量度量的平均值作为总体聚类质量度量。然后，对不同的 k 值，比较总体聚类质量度量，并选取能够最佳拟合数据的簇数。

4.7.3　测定聚类质量

假设已经评估了给定数据集的聚类趋势，并确定了数据集的簇数。接着就可以使用一种或多种聚类方法来得到数据集的聚类结果。

根据是否有聚类基准数据可用，测定聚类质量的方法分成两类：外在方法和内在方法。

如果有可用的基准数据，则可以使用外在方法比较聚类结果和基准数据。如果没有基准数据可用，则只能使用内在方法，通过考虑簇的分离情况来评估聚类结果的好坏。基准数据可以看作一种"簇标号"形式的监督。因此，外在方法又称监督方法，而内在方法是无监督方法。

1. 外在方法

当有基准数据可用时，可以把基准数据与聚类结果进行比较，以评估聚类结果。外在方法的核心是：给定基准 C_g，对聚类 C 赋予一个评分 $Q(C,C_g)$。一种外在聚类方法是否有效，很大程度上依赖于该方法使用的度量 Q。

一般而言，如果一种聚类质量度量 Q 满足如下 4 项基本标准，那么它是有效的。

(1) 同质性。

按照簇的同质性要求，聚类中的簇越“纯”，聚类结果越好。假设基准数据是数据集 D 中的对象，可能属于 n 个类别：$L_1,L_2,\cdots,L_n$。考虑一个聚类 C_1，其中簇 $S\in C_1$ 包含来自两个类别 L_i 和 L_j 中的对象；再考虑一个聚类 C_2，除了把簇 S 划分为分别包含来自两个类别 L_i 和 L_j 中的对象的两个簇之外，它等价于 C_1。按照簇的同质性，聚类质量度量 Q 应该赋予 C_2 更高的得分，即 $Q(C_2,C_g)>Q(C_1,C_g)$。

例如，4 和 6 来自类别 L_1，10 和 11 来自类别 L_2，聚类 C_2 的聚类质量优于聚类 C_1。

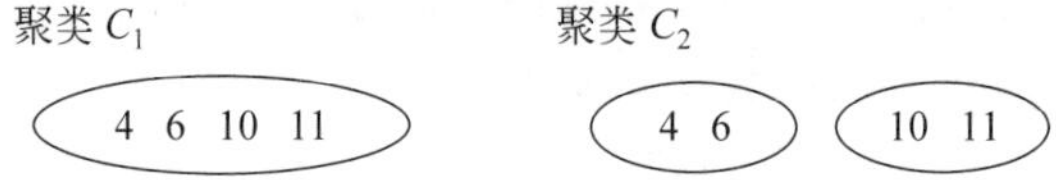

(2) 完全性。

簇的完全性与簇的同质性相辅相成。按照簇的完全性要求，对于聚类来说，根据基准数据，如果两个对象属于相同的类别，则应该被分配到相同的簇中。簇的完全性要求聚类时把属于相同类别的对象分配到相同的簇中。考虑聚类 C_1，它包含簇 S_1 和 S_2，根据基准数据，它们的成员属于相同的类别。假设聚类 C_2 除了将 S_1 和 S_2 合并为一个簇之外等价于聚类 C_1。关于簇的完全性，聚类质量度量 Q 应该赋予 C_2 更高的得分，即 $Q(C_2,C_g)>Q(C_1,C_g)$。

例如，1、2、3 和 4、5、6 为相同类别，聚类 C_2 的聚类质量优于聚类 C_1。

(3) 碎布袋准则。

在许多实际情况下，常常有一种碎布袋类别，其中包含一些不能与其他对象合并的对象。这种类别也称为杂项或其他等。碎布袋准则认为，把一个异种对象放入一个“纯”的簇中应该比放入碎布袋中受更大的“处罚”。考虑聚类 C_1 和簇 $S\in C_1$，根据基准数据，除一个对象(记作 o)之外，S 中所有的对象都属于相同的类别。再考虑聚类 C_2，它几乎等价于 C_1，唯一例外的是，在 C_2 中，o 被分配给簇 $C'\neq C$，使得 C' 包含来自不同类别的对象(根据基准数据)，因此是噪声。也就是说，C_2 中的 C' 是一个碎布袋。根据碎布袋准则，聚类质量度量 Q 应该赋予 C_2 更高的得分，即 $Q(C_2,C_g)>Q(C_1,C_g)$。

例如，聚类 C_1 中对象的纯度高于聚类 C_2 中的对象，将 99 分别放入 C_1 和 C_2 中，聚类 C_2 的聚类质量优于聚类 C_1。

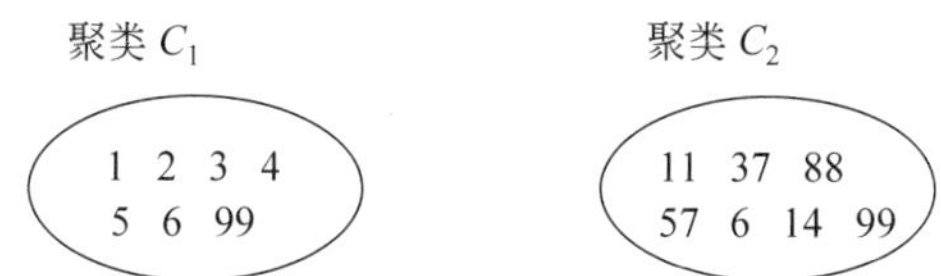

(4) 小簇保持性准则。

如果小的类别在聚类中被划分成小片(小簇),则这些小片很可能成为噪声,从而使小的类别不可能被该聚类发现。按照小簇保持准则,把小类别划分成小片比将大类别划分成小片更有害。考察一个极端情况。设 D 是包含 $n+2$ 个对象的数据集,根据基准数据,n 个对象 $o_1,o_2,\cdots,o_n$ 属于一个类别,而其余两个对象 o_{n+1} 和 o_{n+2} 属于另一个类别。设聚类 C_1 有 3 个簇:$C_1=\{o_1,o_2,\cdots,o_n\},C_2=\{o_{n+1}\},C_3=\{o_{n+2}\}$;设聚类 C_2 也有 3 个簇:$C_1=\{o_1,o_2,\cdots,o_{n-1}\},C_2=\{o_n\},C_3=\{o_{n+1},o_{n+2}\}$。换言之,$C_1$ 划分了小类别,而 C_2 划分了大类别。按照小簇保持原则,聚类质量度量 Q 应该赋予 C_2 更高的得分,即 $Q(C_2,C_g)>Q(C_1,C_g)$。

许多聚类质量度量都满足这 4 个标准中的一些。下面介绍 BCubed 精度和 BCubed 召回率,它满足这 4 个标准。

根据基准数据对给定数据集上的聚类中的每个对象估计 BCubed 精度和 BCubed 召回率。一个对象的 BCubed 精度指示同一簇中有多少个其他对象与该对象同属一个类别。一个对象的 BCubed 召回率反映有多少同一类别的对象被分配在相同的簇中。

设 $D=\{o_1,o_2,\cdots,o_n\}$ 是对象的集合,C 是 D 中的一个聚类。设 $L(o_i)$ $(1\leqslant i\leqslant n)$ 是基准数据确定的 o_i 的类别,$C(o_i)$ 是 C 中 o_i 的 cluster_ID。于是,对于两个对象 o_i 和 $o_j(1\leqslant i,j\leqslant n,i\neq j)$,$o_i$ 和 o_j 在聚类 C 中关系的正确性由式(4.35)给出:

$$\text{Correctness}(o_i,o_j)=\begin{cases}1, & L(o_i)=L(o_j)\Leftrightarrow C(o_i)=C(o_j)\\ 0, & \text{其他}\end{cases} \tag{4.35}$$

BCubed 精度定义为

$$\text{Precision}_{\text{BCubed}}=\frac{1}{n}\sum_{i=1}^{n}\frac{\sum\limits_{o_j:i\neq j,C(o_i)=C(o_j)}\text{Correctness}(o_i,o_j)}{\|\{o_j\mid i\neq j,C(o_i)=C(o_j)\}\|} \tag{4.36}$$

BCubed 召回率定义为

$$\text{Recall}_{\text{BCubed}}=\frac{1}{n}\sum_{i=1}^{n}\frac{\sum\limits_{o_j:i\neq j,L(o_i)=L(o_j)}\text{Correctness}(o_i,o_j)}{\|\{o_j\mid i\neq j,L(o_i)=L(o_j)\}\|} \tag{4.37}$$

2. 内在方法

当没有数据集的基准数据可用时,可以使用内在方法来评估聚类的质量。一般而言,内在方法通过考察簇的分离情况和簇的紧凑程度来评估聚类结果。许多内在方法都利用数据集的对象之间的相似性度量来评估聚类的质量。

1) 轮廓系数

对于包含 n 个对象的数据集 D,假设 D 被划分成 k 个簇:$C_1,C_2,\cdots,C_k$。对于每个对象 $o\in D$,计算 o 与 o 所属的簇的其他对象之间的平均距离 $a(o)$。类似地,$b(o)$ 是 o 与

其他所有簇的最小平均距离。假设 $o \in C_i(1 \leqslant i \leqslant k)$，则

$$a(o)=\frac{\sum\limits_{o' \in C_i, o \neq o'} \operatorname{dist}(o, o')}{|c_i|-1} \tag{4.38}$$

而

$$b(o)=\min_{C_j: 1 \leqslant j \leqslant k, j \neq i}\left\{\frac{\sum\limits_{o' \in C_j} \operatorname{dist}(o, o')}{|C_j|}\right\} \tag{4.39}$$

对象 o 的轮廓系数定义为

$$s(o)=\frac{b(o)-a(o)}{\max\{a(o), b(o)\}} \tag{4.40}$$

轮廓系数的值在−1 和 1 之间。$a(o)$的值反映了 o 所属的簇的紧凑程度。该值越小，簇越紧凑。$b(o)$的值反映了 o 与其他簇的分离程度。$b(o)$的值越大，表明 o 与其他簇分离得越远。因此，当 o 的轮廓系数值接近 1 时，包含 o 的簇是紧凑的，并且 o 远离其他簇，这是可取的情况。然而，当轮廓系数的值为负，即 $b(o)<a(o)$时，意味着 o 距离其他簇的对象比距离与自己在同一个簇的对象更近，在许多时候这是应该避免的糟糕情况。

为了度量聚类中的簇的拟合性，可以计算簇中所有对象的轮廓系数的平均值。为了度量聚类的质量，可以使用数据集中所有对象的轮廓系数的平均值。轮廓系数和其他内在度量也可以用在肘方法中，通过启发式地导出数据集的簇数来取代簇内方差之和。

【例 4.8】 使用评价聚类质量的内在方法，对例 4.1 的聚类结果进行度量。

通过 k-means 算法，聚类所得的结果如下：

- 簇 A：P_1、P_2、P_3。
- 簇 B：P_4、P_5、P_6。

解题步骤如下：

(1) 分别计算 P_1 与 P_2 和 P_3 的距离，并计算平均值：

$$a(P_1)=\frac{2.24+3.16}{2}=2.7$$

(2) 分别计算 P_1 与 P_4、P_5、P_6 之间的距离，并计算平均值：

$$b(P_1)=\frac{11.31+13.45+12.20}{3}=12.32$$

(3) 计算 P_1 的轮廓系数：

$$s(P_1)=\frac{12.32-2.7}{12.32}=0.78$$

(4) 同理，计算 P_2、P_3 的轮廓系数：

$$s(P_2)=\frac{10.28-2.24}{10.28}=0.78$$

$$s(P_3)=\frac{9.55-2.7}{9.55}=0.71$$

(5) 计算簇 A 中的轮廓系数的平均值：

$$s=\frac{0.78+0.78+0.71}{3}=0.76$$

因为所计算的轮廓系数为0.76,在−1和1之间,所以得到的结论为:簇间紧凑,不同簇距离较远。

2）聚类有效性

聚类有效性用最小误差和最小方差来度量。

(1) 最小误差。

设有 c 个类别,待聚类数据 x, m_i 为类别 C_i 的中心,则

$$m_i=\frac{\sum_{x\in C_i}x}{|C_i|}$$

$$J_e=\sum_{i=1}^{c}\sum_{x\in C_i}\|x-m_i\|^2$$

J_e 越小,聚类结果越好。

同一类别内的误差越小,聚类结果越好。

(2) 最小方差。

设 N_i 是第 i 个聚类域中的样本数,S_i 是相似性算子,则

$$J=\sum_{i=1}^{c}N_iS_i$$

$$S_i=\frac{1}{N_i^2}\sum_{x\in C_i}\sum_{x'\in C_i}\|x-x'\|^2$$

【例 4.9】 对例4.1给出的样本进行聚类,并评估聚类结果。

解析:

(1) 随机选择两个初始聚类中心,假设选 P_1 和 P_2,计算其他4个点到初始聚类中心的距离。P_3 到 P_1 的距离是 $\sqrt{10}=3.16$,P_3 到 P_2 的距离是 $\sqrt{(3-1)^2+(1-2)^2}=2.24$,所以 P_3 离 P_2 更近,P_3 与 P_2 形成一个簇。

同理,对 P_4、P_5、P_6 也这么计算。最终结果如表4.10所示。

表 4.10 各个点到聚类中心的距离

点	聚类中心	
	P_1	P_2
P_3	3.16	2.24
P_4	11.3	9.22
P_5	13.5	11.3
P_6	12.2	10.3

P_3 到 P_6 都与 P_2 更近,所以第一次聚类的结果如下:

- 簇 A: P_1。

• 簇 B：P_2、P_3、P_4、P_5、P_6。

下面计算平均误差。单个误差为

$$E_1=\lfloor(0-0)^2+(0-0)^2\rfloor=0, m_1=P_1=(0,0)$$

$$E_2=\lfloor(1-1)^2+(2-2)^2\rfloor+\lfloor(1-3)^2+(2-1)^2\rfloor+\lfloor(1-8)^2+(2-8)^2\rfloor+\lfloor(1-9)^2+(2-10)^2\rfloor+\lfloor(1-10)^2+(2-7)^2\rfloor=324$$

总体平均误差为

$$E=E_1+E_2=324$$

(2) 簇 A 有 P_1 一个点，簇 B 有 5 个点，需要选择新的聚类中心。

簇 B 选出的新聚类中心的坐标为

$$P_0=\frac{1+3+8+9+10}{5},\frac{2+1+8+10+7}{5}=(6.2,5.6)。$$

因此，新的聚类中心为

$$P_1=(0,0),\quad P_0=(6.2,5.6)$$

对 $P_2 \sim P_6$ 重新聚类，再次计算各个点到聚类中心的距离，如表 4.11 所示。

表 4.11 各个点到聚类中心的距离

点	聚类中心	
	P_1	P_0
P_2	2.24	6.3246
P_3	3.16	5.6036
P_4	11.3	3
P_5	13.5	5.2154
P_6	12.2	4.0497

这时可以看到，P_2、P_3 与 P_1 更近，P_4、P_5、P_6 与 P_0 更近，所以第二次聚类的结果如下：

• 簇 A：P_1、P_2、P_3。

• 簇 B：P_4、P_5、P_6。

同理，计算平均误差：

$$P_m=(1.33,1),\quad P_n=(9,8.33)$$

$$E_1=6.6667,\quad m_1=P_m=(1.33,1)$$

$$E_2=5.6667,\quad m_2=P_n=(9,8.33)$$

总体平均误差为

$$E=E_1+E_2=12.3334$$

总体平均误差减小了。

(3) 按照新选出的聚类中心，第三次计算各点到聚类中心的距离，如表 4.12 所示。新的聚类中心为：$P_m=(1.33,1)$，$P_n=(9,8.33)$。

表 4.12 各个点到聚类中心的距离

点	聚类中心	
	P_m	P_n
P_1	1.4	12
P_2	0.6	10
P_3	1.4	9.5
P_4	47	1.1
P_5	70	1.7
P_6	56	1.7

这时可以看到，P_1、P_2、P_3 与 P_m 更近，P_4、P_5、P_6 与 P_n 更近，所以第二次聚类的结果如下：

- 簇 A：P_1、P_2、P_3。
- 簇 B：P_4、P_5、P_6。

同理，计算平均误差：

$$E_1=6.6667,\quad m_1=P_m=(1.33,1)$$
$$E_2=5.6667,\quad m_2=P_n=(9,8.33)$$

总体平均误差为

$$E=E_1+E_2=12.3334$$

总体平均误差不变。

这次聚类的结果和上次没有变化，聚类结束。平均误差值显著减小。

3）软件模块聚类评价

上面介绍了多种聚类评价模式。在不同的领域，往往要结合领域的语义需求来确定实际项目中的聚类评价标准。下面介绍软件模块聚类评价标准。

软件模块聚类评价模型主要分为外部评价模型和内部评价模型。外部评价模型需要与专家建立的软件体系结构模型进行比较；而内部评价模型需要计算软件模块质量(MQ)，其值越大，表示该软件结构聚类结果越好。

外部评价模型具有很强的主观性，所以会影响对软件模块聚类结果的评价；而内部评价模型可以更加客观地评价聚类结果，所以本节采用内部评价模型使用的 MQ 值对软件模块聚类结果进行评价，即使用 MQ 值计算模型作为评价聚类方案的适应度函数。

耦合性表示两个聚类之间联系的紧密程度，耦合性越低，软件模块聚类结果越好。软件系统进行模块聚类后，第 i 个聚类和第 j 个聚类之间的耦合性用 $\varepsilon_{i,j}$ 表示：

$$\varepsilon_{i,j}=\begin{cases}0, & i=j\\ \dfrac{E_{i,j}}{2\times N_i\times N_j}, & i\neq j\end{cases} \tag{4.41}$$

内聚性表示一个聚类内部各个元素联系的紧密程度，内聚性越高，软件模块聚类结果越好。软件系统进行模块聚类后，第 i 个聚类的内聚性用 μ_i 表示：

$$\mu_i = \frac{M_i}{N_i^2} \tag{4.42}$$

i、j 分别表示第 i 个聚类与第 j 个聚类，N_i 表示第 i 个聚类中的模块个数，$E_{i,j}$ 表示第 i 个聚类的模块与第 j 个聚类的模块之间的引用次数，M_i 表示第 i 个聚类内部各模块之间的引用次数（$1 \leqslant i \leqslant m$，$1 \leqslant j \leqslant m$）。

通常将内聚性与耦合性结合起来，用 MQ 表示，并将其作为适应度函数。其中 CF_i 表示模块化因子，m 表示将软件系统聚类形成的类的数目。在不断优化的过程中，使耦合性尽可能减小，使内聚性尽可能增大，即 MQ 的值不断增大。

$$\text{MQ} = \sum_{i=1}^{m} \text{CF}_i \tag{4.43}$$

$$\text{CF}_i = \begin{cases} 0, & \mu_i = 0 \\ \dfrac{\mu_i}{\mu_i + \dfrac{1}{2}\sum\limits_{j=1,j\neq i}^{m}(\varepsilon_{i,j} + \varepsilon_{j,i})}, & \text{其他} \end{cases} \tag{4.44}$$

4.8 思考与练习

1. 假设有如下 8 个点：(3,1)，(3,2)，(4,1)，(4,2)，(1,3)，(1,4)，(2,3)，(2,4)。使用 k-means 算法对其进行聚类。设初始聚类中心分别为(0,4)和(3,3)。

2. 假设数据挖掘的任务是将如下的 8 个点（用 (x,y) 代表位置）聚类为 3 个簇.$A_1=(2,10)$，$A_2=(2,5)$，$A_3=(8,4)$，$B_1=(5,8)$，$B_2=(7,5)$，$B_3=(6,4)$，$C_1=(1,2)$，$C_2=(4,9)$。距离计算采用欧几里得距离。假设初始时选择 A_1、B_1 和 C_1 分别作为 3 个簇的中心，用 k-means 算法给出第一轮聚簇后的 3 个簇中心和最后的 3 个簇中心。

3. 利用 k-medoids 算法求解第 2 题，写出求解过程。

4. 样本事务数据集如表 4.13 所示，对它实施 DBSCAN 算法（设 $n=12$，$\varepsilon=1$，MinPts=4），写出该算法的实现过程。

表 4.13 第 4 题的样本事务数据集

序　号	属　性　1	属　性　2
1	1	0
2	4	0
3	0	1
4	1	1
5	2	1
6	3	1
7	4	1
8	5	1

续表

序　　号	属　性　1	属　性　2
9	0	2
10	1	2
11	4	2
12	1	3

5. 设有3枚硬币A、B、C,每枚硬币正面向上的概率是π、p、q。进行如下的掷硬币实验：先掷硬币A,正面向上选硬币B,反面向上选硬币C;然后掷选择的硬币,正面记1,反面记0。独立地进行10次实验,结果如下：1,1,0,1,0,0,1,0,1,1。假设只能观察最终的结果(0或1),而不能观察掷硬币的过程(因此不知道选的硬币是B还是C)。如何利用最大期望算法估计3枚硬币的正面向上的概率?

6. 假设簇C_1中有3个数据点：(2,3),(4,5),(5,6),求CF_1。若簇C_2的$CF_2=\{4,(40,42),(100,101)\}$,求由簇$C_1$和簇$C_2$合并而来的簇$C_3$的聚类特征$CF_3$。

7. 使用聚类质量评价的内在方法,对第1题的聚类结果进行度量。

第5章 分　类

分类知识反映同类事物的共同特征和不同事物的差异特征。分类(classification)是人类认识世界的一种重要方法,人类对于事物的认识大多是通过分门别类进行的。在数据挖掘领域,分类是从一个已知类别的数据集到一组预先定义的、非交叠的类别的映射过程。其中映射关系的生成以及映射关系的应用是数据挖掘分类算法主要的研究内容。映射关系就是常说的分类器(也称分类模型或分类函数),映射关系的应用就是使用分类器将测试数据集中的数据划分到给定类别中的某个类别的过程。

分类从历史的特征数据中构造出特定对象的分类模型(分类器),用来对未来数据进行预测分析,属于数据挖掘中的预测任务挖掘。分类技术使用的历史训练样本数据有确定的类标号,所以分类属于机器学习中的有监督学习。分类技术具有非常广泛的应用领域,如医疗诊断、信用卡系统的信用分级、图像模式识别、网络数据分类等。机器学习、专家系统、统计学和神经网络等领域的研究人员已经提出了许多具体的分类方法。目前比较常用的分类方法有K近邻(KNN)分类、贝叶斯分类、决策树和神经网络等。本章介绍分类的基本概念和基本的分类算法,第6章将介绍一些高级的分类算法。

5.1 基本概念

分类的目的是得到一个分类器(也称作分类模型),通过得到的分类器能把测试集中的测试数据映射到给定类别中的某个类别,实现对该数据的预测性描述。分类可用于提取描述重要数据类的模型或预测未来的数据趋势。本节首先介绍分类的概念,然后介绍分类的过程、分类器常见的构造方法以及分类器的评价标准。

5.1.1 什么是分类

对于餐饮企业而言,数据分析极为重要,如搞清楚不同时节菜品的历史销售情况,分析不同因素影响下顾客的增加、流失情况等。数据分析的一项任务就是分类。分类方法用于预测数据对象的离散类别。如顾客对菜品种类A、B、C的喜好,贷款申请的“安全”或“危险”。这些类别可以用离散值表示,这些值之间没有次序。例如,可以使用值1、2、3表示菜品种类A、B、C,这3个菜品种类之间并不存在次序。下面介绍与分类相关的几个重要概念。

1. 数据对象和属性

数据集由数据对象组成。数据集中的数据对象代表一个实体。

属性也称字段，表示数据对象的一个特征。每个数据对象都由若干个属性组成。

2. 分类器

分类的关键是找出一个合适的分类器，也就是分类函数或分类模型。分类的过程是依据已知的样本数据构造一个分类函数或者分类模型。该分类函数或分类模型能够把数据库中的数据对象映射到某个给定的类别中，从而确定数据对象的类别。

3. 训练集

分类的样本数据集合称为训练集，是构造分类器的基础。训练集由数据对象组成，每个数据对象的所属类别已知。在构造分类器时，需要输入包含一定样本数据的训练集。选取的训练集是否合适，直接影响到分类器性能的好坏。

4. 测试集

与训练集一样，测试集也是由类别属性已知的数据对象组成的。测试集用来测试基于训练集构造的分类器的性能。在分类器产生后，由分类器判定测试集对象的所属类别，再与测试集中已知的所属类别进行比较，得出分类器的正确率等一系列评价性能。

下面给出分类问题的形式化定义。给定一个数据集 $D=\{t_1,t_2,\cdots,t_n\}$ 和一组类 $C=\{C_1,C_2,\cdots,C_m\}$，分类问题是确定一个映射 $f: D\rightarrow C$，使得每个数据对象 t_i 被分配到某个类中。一个类 C_j 包含映射到该类中的所有数据对象，C 构成数据集 D 的一个划分，即 $C_j=\{t_i \mid f(t_i)=C_j, 1\leqslant i\leqslant n, t_i\in D\}$，并且 $C_j\cap C_i=\varnothing$。

分类问题的样本数据(训练集)是由一个个数据对象组成的。每一个数据对象包含若干个属性，组成一个特征向量。训练集中的每一个数据对象有一个特定的类别属性(类标号)。该类标号是分类系统的输入，通常是历史经验数据。分析样本数据，通过训练集中的样本数据表现出的特性，为每个类找到一种准确的描述或者模型。基于此模型对未来的测试数据进行分类，就是类别预测。

另外，如果上面介绍的过程所构造的模型预测的是连续值或有序值，而不是离散的类标号，这种模型通常叫预测器(predictor)。在通常情况下，将离散的类标号预测叫分类，将连续的数值预测叫回归分析(regression analysis)。分类和回归分析是预测问题的两种主要类型。例如，销售经理希望预测一位顾客在一次购物过程中将花多少钱，该数据分析任务就是数值预测，也叫回归分析。

5.1.2 分类的过程

从例子中学习(learning from examples)是机器学习中最常用的方法。对于分类来说，就是根据带有类标号的样本例子建立分类模型，应用此分类模型对测试样本进行类标号预测。分类过程主要包含两个步骤：建立模型和应用模型进行分类。

第一步：建立模型。

建立模型就是通过分析由属性描述的数据集来构造分类器模型。每个样本数据都属于一个预定义的类，由一个称作类标号的属性确定。例如，对于样本数据 X，x 是该数据的常规属性，y 是该数据的类标签属性，X 就可以简单地表示为二维关系 $X(x,y)$。其中，x 往往包含多个特征值，是多维向量。由于训练集提供了每个训练样本的类标号，所以建模过程是有监督学习，即模型的学习过程是在被告知每个训练样本属于哪个类的监督下进行的。

分类模型的表示形式有分类规则、决策树以及等式、不等式、规则式等。分类模型对历史数据的分布进行了归纳,可以用于对测试数据样本进行分类,也有助于更好地理解数据集的内容或含义。

图 5.1 给出了利用某校教师情况数据库建立分类模型的过程。训练数据的常规属性有 name(名字)、rank(职称)和 years(工龄),类标号属性是 tenured(是否获得终身职位)。分类模型以分类规则的形式提供。

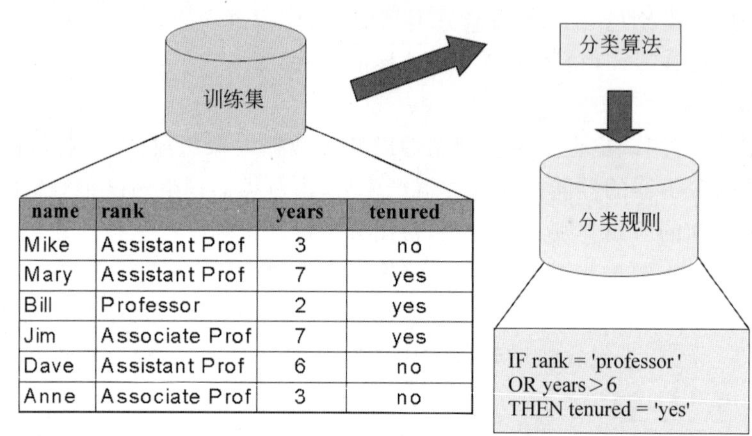

name	rank	years	tenured
Mike	Assistant Prof	3	no
Mary	Assistant Prof	7	yes
Bill	Professor	2	yes
Jim	Associate Prof	7	yes
Dave	Assistant Prof	6	no
Anne	Associate Prof	3	no

图 5.1 建立分类模型示例

第二步:应用分类模型进行分类。

首先根据特定领域对分类模型的性能要求,对第一步建立的分类模型的性能进行科学评估,具体评估方法在 5.5 节中详细描述。如果该分类模型满足研究领域的性能要求,就可以用该分类模型对类标号未知的数据或对象进行分类。例如,在图 5.2 中,通过分析现有教师数据得到的分类规则可以用来预测新入职的或未来招聘的教师是否能够获得终身职位。

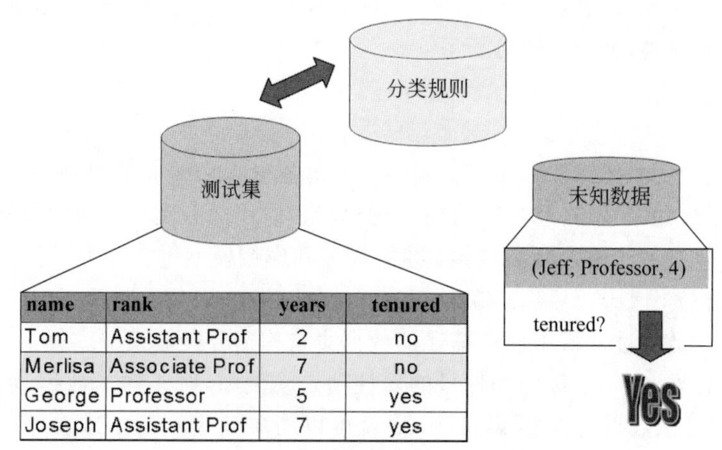

name	rank	years	tenured
Tom	Assistant Prof	2	no
Merlisa	Associate Prof	7	no
George	Professor	5	yes
Joseph	Assistant Prof	7	yes

图 5.2 用分类模型进行分类

简单地说，模型的建立就是使用训练数据进行学习的过程，模型的应用就是对类标号未知的数据进行分类的过程。

5.1.3 分类器常见构造方法

从构造分类器依据的理论来源看，分类器常见的构造方法有数理统计方法、机器学习方法和神经网络方法等。

(1) 数理统计方法包括贝叶斯方法和非参数方法。常见的KNN算法就属于非参数方法。

(2) 机器学习方法包括决策树法和规则归纳法。

(3) 神经网络方法主要是BP算法。

(4) 其他方法包括粗糙集方法、遗传算法等。

从构造分类器使用的技术来分，可以将分类器构造方法分为4种类型：

(1) 基于距离的分类方法，主要是KNN算法。

(2) 决策树分类方法，主要有ID3、C4.5等。

(3) 贝叶斯方法，主要包括朴素贝叶斯方法、最大期望算法。

(4) 规则归纳方法，主要包括AQ算法、CN2算法和FOIL算法。

5.2 KNN分类

古语"物以类聚，人以群分"和"近朱者赤，近墨者黑"都解释了周围环境对人的巨大影响，对于一个人，可以从其朋友和亲属的品性作出大概的判断。同理，分类时也可以通过与测试数据最接近的训练样本的类别来进行判断。Cover和Hart于1968年提出了KNN算法。该算法通过计算每个训练数据到待分类数据的距离，选择与待分类数据距离最近的k个训练数据，k个训练数据中哪个类别的训练数据占多数，则待分类数据就属于哪个类别。所谓k最近邻，就是k个最近的邻居的意思。KNN算法的基本思想是每个样本都可以用与它最接近的k个邻居来代表。其中的k表示最接近待分类样本的k个训练数据，一般k取奇数，这是为了保证在投票的时候不会出现票数相同的情况。KNN分类算法是一种有监督的学习方法，是根据不同特征值之间的距离进行分类的一种简单的机器学习方法，是数据挖掘技术中比较常用的分类算法，其思路简单、直观。由于其实现的简单性及较高的分类准确性，因此该算法在很多领域得到了广泛应用。

如果一个样本在特征空间中的k个最相似(即在特征空间中最邻近)的样本中的大多数属于某个类别，则该样本也属于这个类别。在KNN算法中，待分类样本选择的邻居都是已经正确分类的对象。该方法在分类决策上只依据最邻近的k个样本的类别来决定待分样本所属的类别。由于KNN算法主要靠周围有限的邻近的样本，而不是靠判别类域的方法来确定所属类别的，因此对于类域的交叉或重叠较多的待分样类本集来说，KNN算法较其他方法更为适合。

KNN算法中的基本要素有距离计算和k值确定。两个点的距离越近，意味着这两个点属于一个分类的可能性越大。距离计算方法包括欧几里得距离、曼哈顿距离、余弦距离等，表5.1给出了这3种距离计算方法的基本情况。当然，要根据具体的分类对象选择合适的距离度量方法。采用不同的距离度量方法，对最终的结果影响很大。在利用KNN算法判断类别时k的取值很重要。可以在测试数据集测试完毕后计算分类误差率，然后设定不同的k值重新进行训练，最后取分类误差率最小的k值作为以后分类使用的k值。

表5.1　3种常用距离计算方法的基本情况

距离计算方法	说　明	公　式
欧几里得距离	两点间的直线距离	$D(a,b)=\sqrt{\sum_i (a_i-b_i)^2}$
曼哈顿距离	两点的横向距离加上纵向距离	$d(x,y)=\sum_{i=1}^{n} \mid x_i-y_i \mid$
余弦距离	特征向量夹角的余弦值，更适合解决异常值和数据稀疏问题	$\cos<a,b>=\frac{a\cdot b}{\mid a\mid\mid b\mid}$

KNN算法的步骤如下：

(1) 计算距离。给定测试对象，计算它与训练集中的每个训练样本的距离。

(2) 寻找邻居。圈定距离最近的k个训练样本，作为测试对象的近邻。

(3) 进行分类。根据这k个近邻归属的主要类别，对测试对象进行分类。

在实际的算法实现中，可以维护一个大小为k的按距离由大到小排列的优先级队列，用于存储最近邻训练样本。随机从训练集中选取k个样本作为初始的最近邻样本，分别计算测试数据到这k个训练样本的距离，将训练样本标号和距离存入优先级队列；遍历训练集，计算当前训练样本与测试数据的距离，将所得距离L与优先级队列中的最大距离L_{max}进行比较。若$L \geq L_{max}$，则舍弃该训练样本，遍历下一个训练样本；若$L < L_{max}$，则删除优先级队列中距离最大的训练样本，将当前训练样本存入优先级队列。遍历完毕，计算优先级队列中k个样本的多数类，并将其作为测试数据的类别。

【例5.1】 分析表5.2中学生的高度，"身高"用于计算距离，$k=5$，对<Pat，女，1.6>分类。

表5.2　学生身高信息表

序　号	姓　名	性　别	身高/m	高　度
1	Kristina	女	1.6	矮
2	Jim	男	2	高
3	Maggie	女	1.9	中等
4	Martha	女	1.88	中等
5	Stephanie	女	1.7	矮
6	Bob	男	1.85	中等
7	Kathy	女	1.6	矮
8	Dave	男	1.7	矮

续表

序　号	姓　名	性　别	身高/m	高　度
9	Worth	男	2.2	高
10	Steven	男	2.1	高
11	Debbie	女	1.8	中等
12	Todd	男	1.95	中等
13	Kim	女	1.9	中等
14	Amy	女	1.8	中等
15	Wynette	女	1.75	中等

对前 $k=5$ 个记录，$N=${<Kristina,女, 1.6>,< Jim,男,2>,< Maggie,女,1.9>,< Martha,女,1.88>,< Stephanie,女,1.7>}。

对第 6 个记录< Bob,男,1.85>计算距离，得到 $N=${<Kristina,女, 1.6>,< Bob,男,1.85>,< Maggie,女,1.9>,< Martha,女,1.88>,< Stephanie,女,1.7>}。

对第 7 个记录< Kathy,女,1.6>计算距离，得到 $N=${<Kristina,女, 1.6>,< Bob,男,1.85>,< Kathy,女,1.6>,< Martha,女,1.88>,< Stephanie,女,1.7>}。

对第 8 个记录< Dave,男,1.7>计算距离，得到 $N=${<Kristina,女, 1.6>,< Dave,男,1.7>,< Kathy,女,1.6>,< Martha,女,1.88>,< Stephanie,女,1.7>}。

对第 9 个和第 10 个记录计算距离，优先级队列没有变化。

对第 11 个记录< Debbie,女,1.8>计算距离，得到 $N=${<Kristina,女, 1.6>,< Dave,男,1.7>,< Kathy,女,1.6>,< Debbie,女,1.8>,< Stephanie,女,1.7>}。

对第 12～14 个记录计算距离，优先级队列没有变化。

对第 15 个记录< Wynette,女,1.75>计算距离，得到 $N=${<Kristina,女, 1.6>,< Dave,男,1.7>,< Kathy,女,1.6>,< Wynette,女,1.75>,< Stephanie,女,1.7>}。

最后的优先级队列是<Kristina,女, 1.6>,<Kathy,女,1.6>,<Stephanie,女,1.7>,<Dave,男,1.7>,<Wynette,女,1.75>。在这 5 个训练样本中，4 个属于“矮”，1 个属于“中等”。最终利用 KNN 算法认为 Pat 是“矮”类别。

KNN 算法主要依据邻近的 k 个样本进行类别的判断。然后依据 k 个样本中出现次数最多的类别作为待分类样本的类别。

KNN 算法的优点如下：

(1) 简单，易于理解，易于实现，无须估计参数，无须训练。

(2) 适合对稀有事件进行分类。

(3) 特别适用于多分类问题。

KNN 算法有如下缺点：

(1) 对每一个待分类样本都要计算它到全体训练样本的距离，才能求得它的 k 个最近邻。对测试样本进行分类时计算量大，内存开销大。

(2) 可解释性较差，无法给出像决策树那样的规则。

(3) 当样本不平衡(例如,一个类的样本容量很大,而其他类的样本容量很小)时,有可能导致以下情况:当输入一个新样本时,该样本的 k 个近邻中大容量类的样本占多数,影响分类结果。

5.3 贝叶斯分类

贝叶斯分类是一种基于统计的分类方法,它利用概率统计知识进行分类。贝叶斯分类使用概率表示各种形式的不确定性。在先验概率与类条件概率已知的情况下,计算给定样本属于特定类的概率,并选定其中概率最大的一个类别作为该样本的最终类别。朴素贝叶斯分类算法逻辑简单,并在大型数据库中表现出高准确率和高计算速度等特点。贝叶斯定理是朴素贝叶斯分类算法的理论依据。

5.3.1 贝叶斯定理

贝叶斯定理的基础是概率论中的乘法公式:

$$P(AB)=P(A)P(B \mid A)=P(B)P(A \mid B)$$

可以变形为

$$P(B \mid A)=\frac{P(A \mid B)P(B)}{P(A)}$$

贝叶斯定理由英国数学家贝叶斯(Thomas Bayes,1702—1761)提出的,用来描述两个条件概率之间的确定关系。贝叶斯定理是乘法公式的变形。

$$P(B \mid A)=\frac{P(AB)}{P(A)}=\frac{P(A \mid B)P(B)}{P(A)}$$

A 和 B 是独立的事件。$P(B|A)$称为后验概率或在条件 A 下 B 的后验概率,$P(B)$称为先验概率或 B 的先验概率。贝叶斯定理提供了一种由 $P(B)$、$P(A)$和 $P(A|B)$计算后验概率的方法。

例如,假设数据样本是由属性 age 和 income 描述的顾客, X 是一位 25 岁、收入为 5000 美元的顾客,即 X 的属性值为:age=25,income=\$5000。对应的假设 H 是顾客 X 将购买计算机。

- $P(H|X)$表示在已知某顾客信息 age=25、income=\$5000 的条件下,该顾客会买计算机的概率。
- $P(H)$表示任意顾客购买计算机的概率。
- $P(X|H)$表示已知顾客会购买计算机,那么该顾客属性为 age=25、income=\$5000 的概率。
- $P(X)$表示在所有顾客信息的集合中,顾客属性为 age=25,income=\$5000 的概率。

【例 5.2】 现分别有 A、B 两个容器,在容器 A 里有 6 个红球和 4 个黑球,在容器 B 里有 2 个红球和 8 个黑球。现从这两个容器之一里任意取了一个球,且是红球,这个红球来自容器 A 的概率是多少?

解：假设取出红球为事件 B，从容器 A 里取出一个球为事件 A，则有

$$P(B)=\frac{8}{20}=\frac{2}{5},\quad P(A)=\frac{1}{2},\quad P(B\mid A)=\frac{6}{10}=\frac{3}{5}$$

根据贝叶斯定理，有

$$P(A\mid B)=\frac{P(B\mid A)P(A)}{P(B)}=\frac{\frac{3}{5}\times\frac{1}{2}}{\frac{2}{5}}=\frac{3}{4}$$

【例 5.3】 表 5.3 是某医院近期门诊病人情况。一个头疼的学生被诊断为感冒的概率有多大？

表 5.3 某医院近期门诊病人情况

症 状	职 业	诊断结果
头疼	学生	感冒
头疼	农民	过敏
打喷嚏	工人	脑震荡
打喷嚏	工人	感冒
头疼	护士	感冒
打喷嚏	学生	脑震荡

令 $B=\{$既头疼又是学生$\}$，$B_1=\{$头疼$\}$，$B_2=\{$学生$\}$，$A=\{$感冒$\}$，则问题转化为求 $P(A|B)$。

由于"头疼"和"是学生"是两个独立的对象，贝叶斯定理就转化为

$$P(A\mid B)=\frac{P(B\mid A)P(A)}{P(B)}=\frac{P(B_1\mid A)P(B_2\mid A)P(A)}{P(B_1)P(B_2)}$$

$$=\frac{\frac{2}{3}\times\frac{1}{3}\times\frac{1}{2}}{\frac{1}{2}\times\frac{2}{6}}=\frac{2}{3}\approx 66.67\%$$

因此，这个头疼的学生有大约 66.67% 的概率被诊断为感冒。

请自己计算一下这个头疼的学生被诊断为脑震荡的概率是多少。

5.3.2 朴素贝叶斯分类算法

朴素贝叶斯分类算法是一种十分简单的分类算法，它以对象各特征属性相互独立为假设，以贝叶斯定理为基础，对于给出的待分类对象，求解在此对象出现的条件下各个类别出现的概率，哪个概率最大，就认为此待分类对象属于哪个类别。例如，在街上看到一个黑人，猜他是从哪里来的，我们十有八九猜他来自非洲。这是因为黑人来自非洲的概率最高。当然他也可能是美洲人、欧洲人或亚洲人等，但在没有其他可用信息时，人们会选择条件概率最大的类别。

朴素贝叶斯分类算法如下：

(1) 设 $x=\{a_1,a_2,\cdots,a_m\}$ 为一个待分类项，而每个 a 为 x 的一个特征属性。

(2) 有类别集合 $C=\{y_1,y_2,\cdots,y_n\}$。

(3) 计算 $P(y_1|x),P(y_2|x),\cdots,P(y_n|x)$。

(4) 如果 $P(y_k|x)=\max\{P(y_1|x),P(y_2|x),\cdots,P(y_n|x)\}$，则 $x\in y_k$。

第(3)步是朴素贝叶斯分类算法的关键。首先根据训练集，统计得到在各类别下各个特征属性的条件概率，如下所示：

$P(a_1|y_1),P(a_2|y_1),\cdots,P(a_m|y_1)$

$P(a_1|y_2),P(a_2|y_2),\cdots,P(a_m|y_2)$

$\vdots$

$P(a_1|y_n),P(a_2|y_n),\cdots,P(a_m|y_n)$

因为各个特征属性是条件独立的，则根据贝叶斯定理有

$$P(y_i \mid x)=\frac{P(x \mid y_i)P(y_i)}{P(x)}$$

因为分母对于所有类别均为常数，所以只要将分子最大化即可。又因为各特征属性是条件独立的，所以有

$$P(x \mid y_i)P(y_i)=P(a_1 \mid y_i)P(a_2 \mid y_i)\cdots P(a_m \mid y_i)P(y_i)=P(y_i)\prod_{j=1}^{m}P(a_j \mid y_i)$$

【例 5.4】 表 5.4 给出了一个顾客数据库标记类的训练集 D。使用朴素贝叶斯分类算法预测待分类数据的类标号。数据元组用属性 age、income、student、credit_rating 和 buys_comp 来描述。类标号属性 buys_comp 具有两个不同的值 no 和 yes。设 C_1 对应于类 buys_comp＝yes，C_2 对应于类 buys_comp＝no。待分类数据为

$$X=(\text{age}\leqslant 25,\text{income}=\text{medium},\text{student}=\text{yes},\text{credit\_rating}=\text{fair})$$

表 5.4 顾客数据库标记类的训练集

ID	age	income	student	credit_rating	buys_comp
1	≤25	high	no	fair	no
2	≤25	high	no	excellent	no
3	26～35	high	no	fair	yes
4	>35	medium	no	fair	yes
5	>35	low	yes	fair	yes
6	>35	low	yes	excellent	no
7	26～35	low	yes	excellent	yes
8	≤25	medium	no	fair	no
9	≤25	low	yes	fair	yes
10	>35	medium	yes	fair	yes

续表

ID	age	income	student	credit_rating	buys_comp
11	≤25	medium	yes	excellent	yes
12	26～35	medium	no	excellent	yes
13	26～35	high	yes	fair	yes
14	>35	medium	no	excellent	no
15	<25	medium	yes	fair	yes

解：(1) 计算每个类的先验概率 $P(C_i)$。

$$P(C_1)=\frac{10}{15}=0.667$$

$$P(C_2)=\frac{5}{15}=0.333$$

(2) 计算每个特征属性对于每个类别的条件概率。

$$P(\text{age}\leqslant 25 \mid \text{buys\_comp}=\text{yes})=\frac{3}{10}=0.3$$

$$P(\text{income}\leqslant \text{medium} \mid \text{buys\_comp}=\text{yes})=\frac{5}{10}=0.5$$

$$P(\text{student}\leqslant \text{yes} \mid \text{buys\_comp}=\text{yes})=\frac{7}{10}=0.7$$

$$P(\text{credit\_rating}\leqslant \text{fair} \mid \text{buys\_comp}=\text{yes})=\frac{7}{10}=0.7$$

$$P(\text{age}\leqslant 25 \mid \text{buys\_comp}=\text{no})=\frac{3}{5}=0.6$$

$$P(\text{income}\leqslant \text{medium} \mid \text{buys\_comp}=\text{no})=\frac{2}{5}=0.4$$

$$P(\text{student}\leqslant \text{yes} \mid \text{buys\_comp}=\text{no})=\frac{1}{5}=0.2$$

$$P(\text{credit\_rating}\leqslant \text{fair} \mid \text{buys\_comp}=\text{no})=\frac{2}{5}=0.4$$

(3) 计算条件概率 $P(X|C_i)$。

$$P(X \mid \text{buys\_comp}=\text{yes})=0.3\times 0.5\times 0.7\times 0.7=0.0735$$

$$P(X \mid \text{buys\_comp}=\text{no})=0.6\times 0.4\times 0.2\times 0.4=0.0192$$

(4) 计算对于每个类 C_i 的 $P(X|y_i)P(y_i)$。

$$P(X \mid \text{buys\_comp}=\text{yes})P(\text{buys\_comp}=\text{yes})=0.0735\times 0.667=0.049$$

$$P(X \mid \text{buys\_comp}=\text{no})P(\text{buys\_comp}=\text{no})=0.0192\times 0.333=0.00639$$

因此，对于样本 X，朴素贝叶斯分类算法的预测为

$$\text{buys\_comp}=\text{yes}$$

朴素贝叶斯分类算法有以下优点：

(1) 算法逻辑简单,易于实现。

(2) 分类过程中时空开销小。

(3) 朴素贝叶斯分类模型发源于古典数学理论,有着坚实的数学基础以及稳定的分类效率。

(4) 该算法所需估计的参数很少,对缺失数据不太敏感。

朴素贝叶斯分类算法有以下缺点:

(1) 在实际情况下,类别总体的概率分布和各类样本的概率分布函数(或密度函数)常常是未知的。为了获得它们,要求样本量足够大。另外,该算法用于文本分类时,要求表达文本的主题词相互独立,这样的条件在实际文本中一般很难满足,因此该算法往往在文本分类效果上难以达到理论上的最大值。

(2) 需要知道先验概率。

(3) 分类决策有一定的错误率。

(4) 理论上,朴素贝叶斯分类算法与其他分类方法相比具有最小的误差率;但是实际上并非总是如此,这是因为朴素贝叶斯分类算法假设各特征属性相互独立,这个假设在实际应用中往往是不成立的,在属性个数比较多或者属性之间相关性比较大时,分类效果不好。

5.4 决策树分类

在数据挖掘中,分类和预测是十分重要的部分。分类是根据已知的样本数据得出分类函数或分类模型,以判断其他未知数据的类别。决策树是常用的分类方法。决策树分类方法最后形成的分类模型以二叉树或者多叉树的形式表现出来。决策树由决策节点、分支节点和叶子节点组成。在决策树中,最上面的节点为根节点,每个分支节点是一个新的决策节点,每个决策节点代表一个问题或决策,通常对应于待分类对象的属性。每一个叶子节点代表一种可能的分类结果。沿决策树从上到下遍历的过程中,在每个节点都会遇到一个测试,对每个节点上问题的不同测试输出导致不同的决策,最后会到达一个叶子节点,得到待分类对象所属类别。人们可以通过决策树直观、准确地得到分类规则,并对未知数据作出客观、准确的分类判断。

决策树算法是基于信息论发展起来的。自 20 世纪 60 年代以来,决策树算法在分类、预测、规则提取等领域有着广泛的应用。而自从 ID3 算法提出以后,决策树算法在机器学习、知识发现等领域得到了进一步的应用和巨大的发展。经过多年的发展,目前常用的决策树算法有 ID3、C4.5、CART、SLIQ、CHAID 等。这些算法的区别在于对以下两个关键标准的选择不同:

(1) 选择分裂属性变量的标准。

(2) 找到被选择的属性变量分裂点的标准。ID3 是这类算法的基础,而 C4.5 在 ICDM 于 2006 年评选的数据挖掘经典算法中居首位。

ID3 算法最早是由罗斯·昆兰(Ross Quinlan)于 1975 年在悉尼大学提出的一种分类预测算法。ID3 算法是一种贪心算法,用来构造决策树。ID3 算法起源于概念学习系统

(Concept Learning System,CLS),以信息熵的下降速度作为选取分裂属性的标准,即在每个节点选取尚未用于划分的具有最高信息增益的属性作为划分标准,然后继续重复这个过程,直到生成的决策树能完美地对训练模型进行分类。

C4.5 算法是罗斯·昆兰于 1992 年提出的,它是对 ID3 算法的改进。该算法保持了 ID3 算法的所有优势,并在多方面对其作了改进,使得算法更加完善。

CART(Classification And Regression Tree,分类和回归树)算法是 Breiman 等人在 1984 年提出的,是应用广泛的决策树学习方法。它采用与传统统计学完全不同的方式构建预测准则,预测准则是以二叉树的形式给出的,易于理解、使用和解释。由 CART 算法构建的预测树在很多情况下比用统计方法构建的代数预测准则更加准确,而且数据越复杂,变量越多,CART 算法的优越性就越显著。

5.4.1 相关定义

决策树分类算法以信息论为基础,以信息熵和信息增益度为衡量标准,从而实现对数据的归纳分类。以下介绍信息论的基本概念和基本结论。

1. 熵

系统存在一个状态函数,它泛指某些物质系统状态的一种度量。在信息论中将平均信息量称为熵,它是对被传送信息进行度量时所采用的一种平均值。

2. 信息量

若存在 n 个概率相同的消息,则每个消息的概率 p 是 $1/n$。一个消息传递的信息量为 $-\log_2 p$。

若有 n 个消息,其给定概率分布为 $P=(p_1,p_2,\cdots,p_n)$,则由该概率分布传递的信息量称为该概率分布的熵,记为

$$I=-\sum_{i=1}^{n}(P_i\log_2 P_i)$$

若记录集合 D 先根据非类别属性 X 的值被分成集合 $d_1,d_2,\cdots,d_n$,再根据类别属性的值被分成互相独立的类 $c_{1j},c_{2j},\cdots,c_{ij}$,则识别 D 中一个元素所属的类所需要的信息量为

$$\text{Info}(D)=I(P)$$

其中

$$P=(|c_{1j}|/|d_j|,|c_{2j}|/|d_j|,\cdots,|c_{ij}|/|d_j|)$$

若先根据非类别属性 X 的值将 D 分成集合 $d_1,d_2,\cdots,d_n$,则确定 D 中一个元素所属的类的信息量可通过确定 d_i 的加权平均值来得到,即 $\text{Info}(d_i)$ 的加权平均值为

$$\text{Info}(X,D)=\sum_{j=1}^{n}((d_j/D)\text{Info}(d_j))$$

3. 信息增益

信息增益是两个信息量的差值,其中一个信息量是确定 D 中一个元素所属分类需要的信息量,另一个信息量是在已得到非类别属性 X 的值后确定 D 中一个元素所属分类需要的信息量。信息增益公式为

$$\text{Gain}(X,D)=\text{info}(D)-\text{info}(X,D)$$

4. 基尼系数

基尼系数是一种不等性度量,通常用来度量收入不平衡,也可以用来度量任何不均匀分布。基尼指数是一个 0~1 的数。其中 0 对应于完全相等(其中每个人都拥有相同的收入),而 1 对应于完全不相等(其中一个人拥有所有收入,而其他人收入都为 0)。

在分类中,基尼系数用于度量数据分区或训练集 D 的不纯度,定义为

$$\text{Gini}(D)=1-\sum_{i=1}^{m}p_i^2$$

其中,p_i 是 D 中数据属于 C_i 类的概率,m 表示属性不同取值的个数。基尼系数考虑每个属性的二元划分。

(1) 首先考虑 A 是离散型属性的情况,A 有 v 个不同的值出现在 D 中。如果 A 具有 v 个可能的值,则存在 2^v 个可能的子集。例如,如果 income 具有 3 个可能的值:low、medium 和 high,则可能的子集有 8 个。这里不考虑幂集{low,medium,high}和空集{ },因为从概念上讲,这两种情况不代表任何划分。因此,基于 A 的二元划分,存在 2^v-2 种形成数据集 D 的两个分区的可能方法。

当考虑二元划分时,计算每个结果分区的不纯度的加权和。例如,如果 A 的二元划分将 D 划分成 D_1 和 D_2,则给定该划分,D 的基尼系数为

$$\text{Gini}_A(D)=\frac{|D_1|}{|D|}\text{Gini}(D_1)+\frac{|D_2|}{|D|}\text{Gini}(D_2)$$

选择该属性产生最小基尼系数的子集作为它的分裂子集。

(2) 对于连续型属性,其策略类似于上面介绍的信息增益度所使用的策略。

对于离散型或连续型属性,A 的二元划分导致的不纯度降低值为:

$$\Delta\,\text{Gini}(A)=\text{Gini}(D)-\text{Gini}_A(D)$$

将不纯度降低值最大(或等价地,具有最小基尼系数)的属性选为分裂属性。该属性和它的分裂子集(对于离散型分裂属性)或切分点(对于连续型分裂属性)一起形成分裂准则。

5.4.2 CART 算法原理

CART 算法假设决策树是二叉树,内部节点特征的取值为“是”和“否”,左分支是取值为“是”的分支,右分支是取值为“否”的分支。这样的决策树等价于递归地对每个特征进行二元划分,将输入空间(即特征空间)划分为有限个单元,并在这些单元上确定预测的概率分布,也就是在输入给定的条件下输出的条件概率分布。

在 CART 算法中,用基尼系数来衡量数据的不纯度或者不确定性,同时用基尼系数来决定类别变量的最优二分值的切分问题。

在分类问题中,假设有 k 个类,样本点属于第 k 类的概率为 P_i,则概率分布的基尼系数的定义为

$$\text{Gini}(p)=\sum_{i=1}^{k}p_i(1-p_i)=1-\sum_{i=1}^{k}p_i^2$$

如果训练集 D 根据某个特征 A 被划分为 D_1、D_2 两个部分,那么在特征属性 A 的条

件下，训练集 D 的基尼系数的定义为

$$\mathrm{Gini}(D,A)=\frac{D_1}{D}\mathrm{Gini}(D_1)+\frac{D_2}{D}\mathrm{Gini}(D_2)$$

基尼系数 Gini(D,A)表示根据特征属性 A 对数据集 D 进行划分的不确定性。基尼系数值越大，对训练集进行划分的不确定性也就越大，这一点与熵的概念类似。可以通过基尼系数来确定某个特征属性的最优切分点(即只需要确保切分后某点的基尼系数值最小)，这就是 CART 算法中类别变量切分的关键所在。

CART 算法的步骤如下：

(1) 设节点的训练集为 D，计算现有特征属性对该数据集的基尼系数。此时，对每一个特征属性 A 可能取的每个值 a，根据样本点对 $A=a$ 的测试为“是”或“否”将 D 划分成 D_1 和 D_2 两部分，计算 $A=a$ 时的基尼系数。

(2) 在所有可能的特征属性 A 以及它们所有可能的切分点 a 中，选择基尼系数最小的特征属性及其对应的切分点作为最优特征属性与最优切分点。根据最优特征与最优切分点，从当前节点生成两个子节点，将训练集依特征属性分配到两个子节点中。

(3) 对两个子节点递归地调用步骤(1)和(2)，直至满足停止条件时为止。

(4) 生成决策树。

CART 算法停止计算的条件是节点中的样本个数小于预定阈值，或训练集的基尼系数小于预定阈值(样本基本属于同一类)，或者没有更多特征属性。

5.4.3 CART 算法实例

一个贷款业务的客户数据集如表 5.5 所示。

表 5.5 客户数据集

序 号	是否有房	婚姻状况	年收入/万元	是否拖欠贷款
1	yes	single	12.5	no
2	no	married	10	no
3	no	single	7	no
4	yes	married	12	no
5	no	divorced	9.5	yes
6	no	married	6	no
7	yes	divorced	22	no
8	no	single	8.5	yes
9	no	married	7.5	no
10	no	single	9	yes

1. “是否有房”属性的基尼系数

“是否有房”属性的基尼系数为

$$\text{Gini}(有房)=1-\left(\frac{0}{3}\right)^2-\left(\frac{3}{3}\right)^2=0$$

$$\text{Gini}(没房)=1-\left(\frac{3}{7}\right)^2-\left(\frac{4}{7}\right)^2=0.4898$$

$$\text{Gini}(D,是否有房)=\frac{7}{10}\times 0.4898+\frac{3}{10}\times 0=0.34286$$

2. “婚姻状况”的基尼系数

若按婚姻状况属性来划分，属性婚姻状况有 3 个可能的取值：married、single 和 divorced，分别计算划分后的基尼系数。

当分组为{married}和{single，divorced}时：

$$\text{Gini}(婚姻状况)=\frac{4}{10}\times 0+\frac{6}{10}\times\left(1-\left(\frac{3}{6}\right)^2-\left(\frac{3}{6}\right)^2\right)=0.3$$

当分组为{single}和{married，divorced}时：

$$\text{Gini}(婚姻状况)=\frac{4}{10}\times 0.5+\frac{6}{10}\times\left(1-\left(\frac{1}{6}\right)^2-\left(\frac{5}{6}\right)^2\right)=0.367$$

当分组为{divorced}和{single，married}时：

$$\text{Gini}(婚姻状况)=\frac{2}{10}\times 0.5+\frac{8}{10}\times\left(1-\left(\frac{2}{8}\right)^2-\left(\frac{6}{8}\right)^2\right)=0.4$$

对比计算结果，根据婚姻状况属性来划分根节点时取基尼系数最小的分组作为划分结果，也就是{married}和{single，divorced}，其基尼系数为 0.3。

3. “年收入”的基尼系数

年收入属性为数值型属性，首先需要对数据按升序排序，然后从小到大依次用相邻值的中间值将样本划分为两组。例如，当面对年收入为 6 万元和 7 万元这两个值时，其中间值为 6.5。倘若以中间值 6.5 作为分裂点，左子树为年收入小于 6.5 万元的样本，右子树为年收入大于或等于 6.5 万元的样本，于是基尼系数为

$$\text{Gini}(年收入)=\frac{1}{10}\times 0+\frac{9}{10}\times\left(1-\left(\frac{6}{9}\right)^2-\left(\frac{3}{9}\right)^2\right)=0.4$$

其他分组的基尼系数同理可得，不再逐一给出计算过程。最终取其中使得基尼系数最小化的二分准则作为构建二叉树的准则。

基尼系数最小的是以 97.5 为分裂点的划分，基尼系数为 0.3。

根据上面的计算可知，3 个属性中基尼系数最小的有两个：“年收入”属性和“婚姻状况”属性。此时，选取首先出现的属性进行第一次划分。

接下来，采用同样的方法，重新计算“是否有房”属性和“年收入”属性的基尼系数。

对于“是否有房”属性，可得

$$\text{Gini}(是否有房)=\frac{4}{6}\times\left(1-\left(\frac{3}{4}\right)^2-\left(\frac{1}{4}\right)^2\right)+\frac{2}{6}\times 0=0.25$$

对于“年收入”属性，在相邻中间值为 7.75 时基尼系数最小，为 0.25。

最后构建的二叉树如图 5.3 所示。

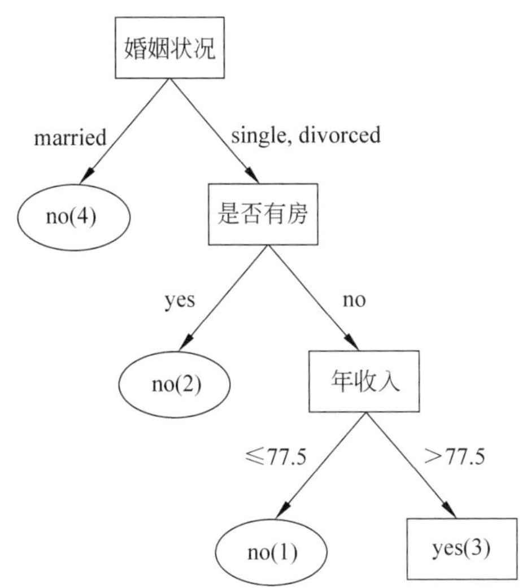

图 5.3 用 CART 算法构建的二叉树

5.4.4 CART 算法的优缺点

CART 算法的优点如下：

(1) CART 算法采用了简化的二叉树模型，同时在选择特征属性时采用了近似的基尼系数来简化计算。

(2) 二叉树最大的好处是还可以作为回归模型。

CART 算法的缺点如下：

(1) CART 算法在进行特征属性选择的时候都是选择最优的一个特征属性来进行分类决策，但是大多数分类决策不是由一个特征属性决定的，而是由一组特征属性决定的。根据一组特征属性构造的决策树更加准确。

(2) 样本发生很小的改变，就会导致二叉树结构的剧烈改变。这个问题可以通过集成学习中的随机森林等方法解决。

5.4.5 ID3 算法原理

ID3 算法的核心思想是通过计算属性的信息增益来选择决策树各级节点上的分类属性，使得在每一个非叶子节点都可获得被测样本的最大类别信息。

ID3 算法的基本原理是：计算所有属性的信息增益，选择其中信息增益最大的属性作为分裂属性，产生决策树节点，然后根据该属性的不同取值建立相同数量的分支；再对各分支递归调用上述方法来建立分支，直到子集中仅包括同一类别或没有可分裂的属性为止。由此可以得到一棵决策树，用来对样本进行分析预测。

ID3 算法流程图如图 5.4 所示。

以下是计算信息增益的步骤：

(1) 计算给定的训练集的信息熵。

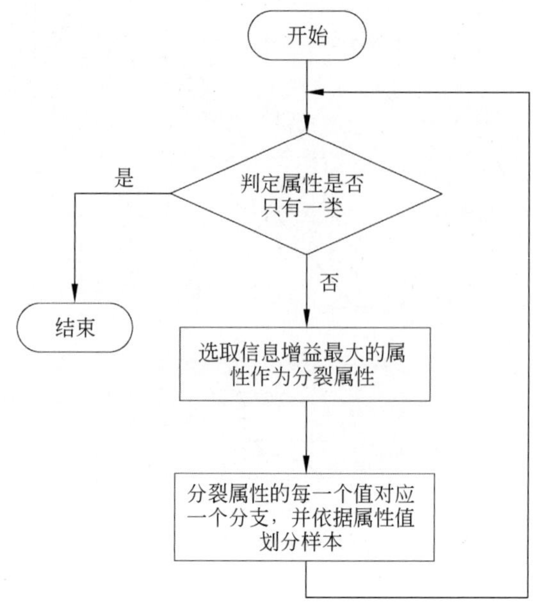

图 5.4 ID3 算法流程图

设训练集为 S,类标号属性分为 n 个子集：$S_1,S_2,\cdots,S_n$。设 d 为训练集 S 中所有样本的总数,d_i 表示子集 S_i 中的个数,概率为

$$P_i=\frac{d_i}{d}$$

给定训练集的信息熵为

$$\text{entropy}(S)=-\sum_{i=1}^{n}(P_i\log_2 P_i)$$

(2) 计算训练集中的某一属性 A 的划分信息熵,即 A 中每个取值 a_j 的信息熵。

设 d_j 为 $A=a_j$ 的总数,d_{ij} 表示当 $A=a_j$ 时对应类标号属性的不同取值(共 k 个)的个数,则概率为

$$P_j=\frac{d_{ij}}{d_j}$$

计算属性 A 的划分信息熵：

$$\text{entropy}(A)=-\sum_{i=1}^{m}(P_j\,\text{entropy}(a_j))$$

(3) 计算属性 A 的信息增益：

$$\text{Gain}(A)=\text{entropy}(S)-\text{entropy}(A)$$

5.4.6 ID3 算法实例

本节针对表 5.6 的数据,分析人们决定外出游玩时与哪些属性相关。

在表 5.6 中共有 5 个属性：outlook、temperature、humidity、windy、play。要分析的是前 4 种属性对 play 属性的影响。

表 5.6 待分析数据

序号	outlook	temperature	humidity	windy	play
1	sunny	hot	high	false	no
2	sunny	hot	high	true	no
3	overcast	hot	high	false	yes
4	rainy	mild	high	false	yes
5	rainy	cool	normal	false	yes
6	rainy	cool	normal	true	no
7	overcast	cool	normal	true	yes
8	sunny	mild	high	false	no
9	sunny	cool	normal	false	yes
10	rainy	mild	normal	false	yes
11	sunny	mild	normal	true	yes
12	overcast	mild	high	true	yes
13	overcast	hot	normal	false	yes
14	rainy	mild	high	true	no

绘制属性分析表,如表 5.7 所示。

表 5.7 属性分析表

属　性		数据条数	
		no	yes
play		5	9
outlook	sunny	3	2
	overcast	0	4
	rainy	2	3
temperature	hot	2	2
	mild	2	4
	cool	1	3
humidity	high	4	3
	normal	1	6
windy	true	3	3
	false	2	6

表 5.7 是从 play 分类的角度对各个属性取值的统计信息。例如,从中可以看到,

outlook 属性下 sunny 的 5 条数据中有 3 条是 no，有两条是 yes；overcast 的 4 条数据中都是 yes；rainy 的 5 条数据中有两条是 no，有 3 条是 yes。

分析过程如下。

首先，选择根节点。

(1) 计算 play 属性的信息熵：

$$\text{entropy(play)}=-\frac{5}{14}\log_2\frac{5}{14}-\frac{9}{14}\log_2\frac{9}{14}=0.941$$

(2) 计算 outlook、temperature、humidity 和 windy 这 4 个属性的每个取值的信息熵：

$$\text{entropy(outlook = sunny)}=-\frac{3}{5}\log_2\frac{3}{5}-\frac{2}{5}\log_2\frac{2}{5}=0.971$$

$$\text{entropy(outlook = overcast)}=-\frac{4}{4}\log_2\frac{4}{4}=0$$

$$\text{entropy(outlook = rainy)}=-\frac{3}{5}\log_2\frac{3}{5}-\frac{2}{5}\log_2\frac{2}{5}=0.971$$

$$\text{entropy(temperature = hot)}=-\frac{2}{4}\log_2\frac{2}{4}-\frac{2}{4}\log_2\frac{2}{4}=1$$

$$\text{entropy(temperature = mild)}=-\frac{4}{6}\log_2\frac{4}{6}-\frac{2}{6}\log_2\frac{2}{6}=0.918$$

$$\text{entropy(temperature = cool)}=-\frac{3}{4}\log_2\frac{3}{4}-\frac{1}{4}\log_2\frac{1}{4}=0.811$$

$$\text{entropy(humidity = high)}=-\frac{3}{7}\log_2\frac{3}{7}-\frac{4}{7}\log_2\frac{4}{7}=0.985$$

$$\text{entropy(humidity = normal)}=-\frac{1}{7}\log_2\frac{1}{7}-\frac{6}{7}\log_2\frac{6}{7}=0.592$$

$$\text{entropy(windy = true)}=-\frac{3}{6}\log_2\frac{3}{6}-\frac{3}{6}\log_2\frac{3}{6}=1$$

$$\text{entropy(windy = false)}=-\frac{6}{8}\log_2\frac{6}{8}-\frac{2}{8}\log_2\frac{2}{8}=0.811$$

(3) 计算上面 4 个属性的划分信息熵：

$$\text{entropy(outlook)}=\frac{5}{14}\times 0.971+\frac{4}{14}\times 0+\frac{5}{14}\times 0.971=0.693$$

$$\text{entropy(temperature)}=\frac{4}{14}\times 1+\frac{6}{14}\times 0.918+\frac{4}{14}\times 0.811=0.911$$

$$\text{entropy(humidity)}=\frac{7}{14}\times 0.985+\frac{7}{14}\times 0.592=0.789$$

$$\text{entropy(windy)}=\frac{6}{14}\times 1+\frac{8}{14}\times 0.811=0.892$$

(4) 计算上面 4 个属性的信息增益：

$$\text{Gain(outlook)}=0.941-0.693=0.248$$

$$\text{Gain(temperature)}=0.941-0.911=0.03$$

$$\text{Gain(humidity)} = 0.941 - 0.789 = 0.152$$

$$\text{Gain(windy)} = 0.941 - 0.892 = 0.049$$

由此可知，应选择 outlook 属性作为根节点，得到的决策树如图 5.5 所示。

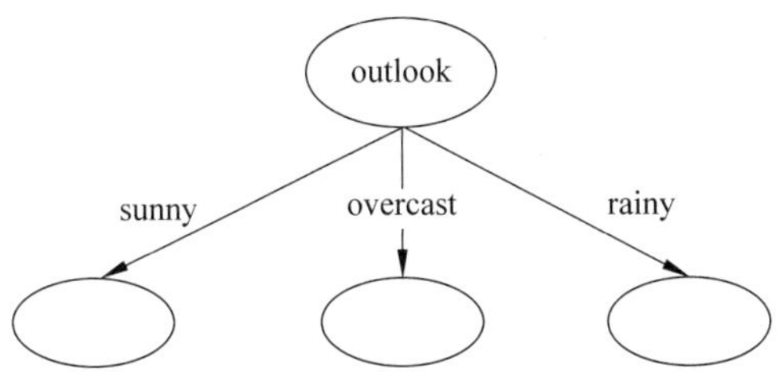

图 5.5　第一步分析结果

第二步，分析 sunny 分支。

分析可知，overcast 对应的 play 属性值全为 yes，无须进行分类。现先对 sunny 这一分支进行分析，如表 5.8 所示。

表 5.8　sunny 分支属性表

temperature	humidity	windy	play
hot	high	false	no
hot	high	true	no
mild	high	false	no
cool	normal	false	yes
mild	normal	true	yes

(1) 计算 play 属性的信息熵：

$$\text{entropy(play)} = -\frac{3}{5}\log_2 \frac{3}{5} - \frac{2}{5}\log_2 \frac{2}{5} = 0.971$$

(2) 计算 temperature、humidity 和 windy 这 3 个属性的每个取值的信息熵：

$$\text{entropy(temperature} = \text{hot)} = -\frac{2}{2}\log_2 \frac{2}{2} = 0$$

$$\text{entropy(temperature} = \text{mild)} = -\frac{1}{2}\log_2 \frac{1}{2} - \frac{1}{2}\log_2 \frac{1}{2} = 1$$

$$\text{entropy(temperature} = \text{cool)} = -\frac{1}{1}\log_2 \frac{1}{1} = 0$$

$$\text{entropy(humidity} = \text{high)} = -\frac{3}{3}\log_2 \frac{3}{3} = 0$$

$$\text{entropy(humidity} = \text{normal)} = -\frac{2}{2}\log_2 \frac{2}{2} = 0$$

$$\text{entropy(windy} = \text{true)} = -\frac{1}{2}\log_2 \frac{1}{2} - \frac{1}{2}\log_2 \frac{1}{2} = 1$$

$$\text{entropy}(\text{windy}=\text{false})=-\frac{2}{3}\log_2\frac{2}{3}-\frac{1}{3}\log_2\frac{1}{3}=0.918$$

(3) 计算上面 3 个属性的划分信息熵：

$$\text{entropy}(\text{temperature})=\frac{2}{5}\times 1=0.4$$

$$\text{entropy}(\text{humidity})=0$$

$$\text{entropy}(\text{windy})=\frac{2}{5}\times 1+\frac{3}{5}\times 0.918=0.951$$

(4) 计算上面 3 个属性的信息增益：

$$\text{Gain}(\text{temperature})=0.971-0.4=0.571$$

$$\text{Gain}(\text{humidity})=0.971-0=0.971$$

$$\text{Gain}(\text{windy})=0.971-0.951=0.02$$

由此可知 sunny 分支应选择 humidity 属性作为根节点，且无须再进行分类。现在得到的决策树如图 5.6 所示。

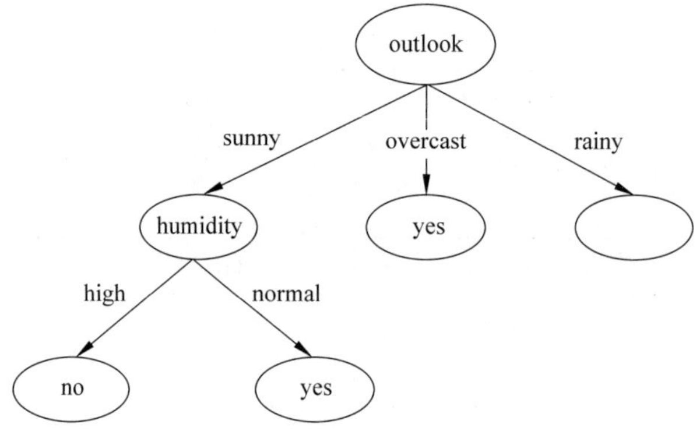

图 5.6　第二步分析结果

第三步，分析 rainy 分支。

rainy 分支的属性表如表 5.9 所示。

表 5.9　rainy 分支属性表

temperature	windy	play
mild	false	yes
cool	false	yes
cool	true	no
mild	false	yes
mild	true	no

(1) 计算 play 属性的信息熵：

$$\text{entropy}=-\frac{3}{5}\log_2\frac{3}{5}-\frac{2}{5}\log_2\frac{2}{5}=0.971$$

（2）计算 temperature 和 windy 这两个属性的每个取值的信息熵：

$$\text{entropy}(\text{temperature}=\text{mild})=-\frac{2}{3}\log_2\frac{2}{3}-\frac{1}{3}\log_2\frac{1}{3}=0.918$$

$$\text{entropy}(\text{temperature}=\text{cool})=\left(-\frac{1}{2}\log_2\frac{1}{2}\right)\times 2=1$$

$$\text{entropy}(\text{windy}=\text{true})=-\frac{2}{2}\log_2\frac{2}{2}=0$$

$$\text{entropy}(\text{windy}=\text{false})=-\frac{3}{3}\log_2\frac{3}{3}=0$$

（3）计算上面两个属性的划分信息熵：

$$\text{entropy}(\text{temperature})=\frac{2}{5}\times 1+\frac{3}{5}\times 0.918=0.951$$

$$\text{entropy}(\text{windy})=0$$

（4）计算上面两个属性的信息增益：

$$\text{Gain}(\text{temperature})=0.971-0.951=0.02$$

$$\text{Gain}(\text{windy})=0.971-0=0.971$$

由此可知，rainy 分支应选择属性 windy 作为根节点，且无须再进行分类。

最终得到的决策树如图 5.7 所示。

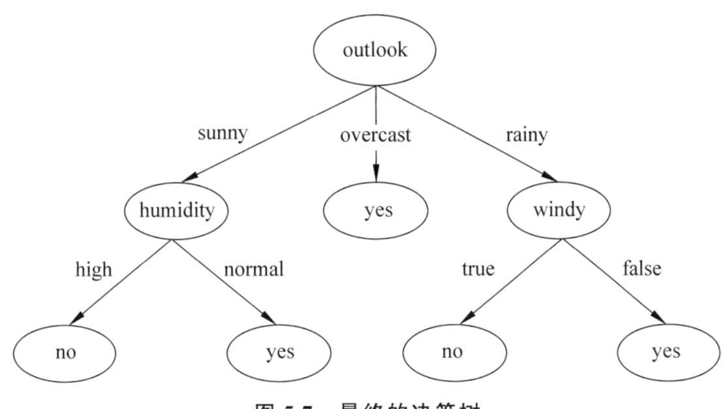

图 5.7 最终的决策树

5.4.7 ID3 算法的优缺点

ID3 算法的优点如下：

（1）理论清晰，方法简单，学习能力较强。

（2）生成的规则易被人理解。

（3）适用于处理大规模的学习问题。

（4）构建决策树的速度较快，计算时间随数据的增加呈线性地增加。

（5）ID3 算法不存在无解的危险，并且全盘使用训练数据，而不是像候选剪除算法那样逐个考虑训练集，从而可以抵抗噪声。

（6）全盘使用训练数据，可得到一棵较为优化的决策树。

ID3算法的缺点如下：

(1) ID3算法倾向于选择拥有多个属性值的属性作为分裂属性，而这些属性不一定是最佳分裂属性。

(2) 只能处理离散属性。对于连续型的属性，在分类前需要对其进行离散化处理，才可使用此方法。

(3) 无法对决策树进行优化，生成的决策树往往过度拟合。

(4) 当类别太多时，错误可能就会增加得比较快。

(5) ID3不能以增量方式接受训练集，每增加一次实例就要抛弃原有的决策树，重新构造新的决策树，开销很大。

5.4.8 C4.5算法原理

C4.5算法是在ID3算法的基础上改进的，因此继承了ID3算法的优点。改进的部分分为以下几点：

(1) 将连续型属性变量进行离散化。

(2) 使用信息增益率进行分裂属性的选择，克服了ID3用信息增益选择属性时倾向于选择取值多的属性的不足。

信息增益率的计算方法如下：

$$\text{Gain}-\text{Ratio}(A)=\text{Gain}(A)/I(A)$$

(3) 在决策树的构造过程中进行剪枝。因为某些具有很少元素的节点可能直接会导致构造的决策树过度拟合，忽略这些节点可能会更好。剪枝方法可用来处理过度拟合数据的问题。关于如何进行剪枝的问题，可以参考相关文献深入学习。

C4.5算法的主要思想是：逐步找出能够为各个层次的分类提供最大信息量的变量，由此可以确定决策树从根节点开始，经中间节点到叶节点的结构。C4.5算法流程图如图5.8所示。

C4.5算法的具体步骤如下：

(1) 对数据集进行预处理，将连续型属性离散化，形成决策树的训练集。若没有连续型属性，则忽略此步骤。

(2) 计算每个属性的信息增益和信息增益率。选择信息增益率最大的属性，作为当前的属性节点，得到决策树的根节点。

信息增益的计算方法和ID3算法完全一致。对于取值连续的属性，设置N个等分点$A_i(i=1,2,\cdots,n)$，分别计算以各A_i为分裂点时，对应分类的信息增益率，选择最大信息增益率对应的A_i，作为该属性分类的分裂点。

(3) 根节点属性每一个可能的取值对应一个样本子集。对样本子集递归执行步骤(2)，直到划分的每个样本子集中的观测数据在分类属性上取值都相同，就生成了决策树。

(4) 根据构造的决策树提取分类规则，可用于对新的数据集进行分类。

5.4.9 C4.5算法实例

对表5.10的天气数据进行分析，以判断是否适合出游。表中的temperature和

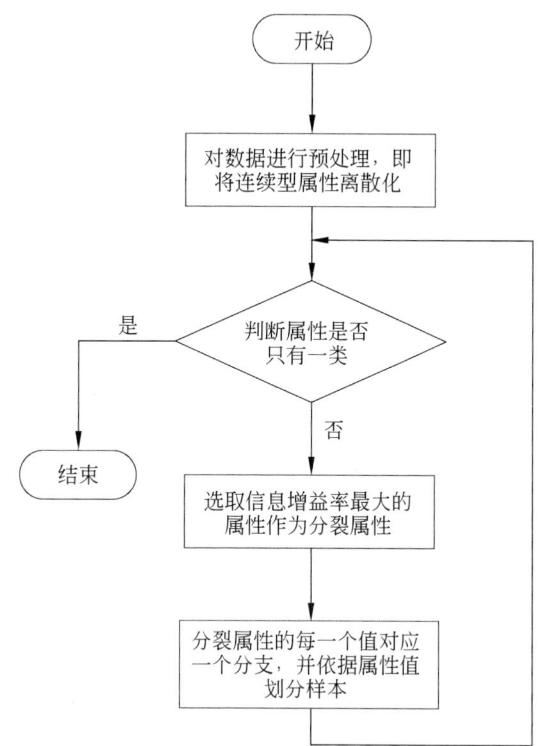

图 5.8 C4.5 算法流程图

humidity 两个属性是连续型的。

表 5.10 天气数据

序号	outlook	temperature	humidity	windy	play
1	sunny	85.0	85.0	false	no
2	sunny	80.0	90.0	true	no
3	overcast	83.0	86.0	false	yes
4	rainy	70.0	96.0	false	yes
5	rainy	68.0	80.0	false	yes
6	rainy	65.0	70.0	true	no
7	overcast	64.0	65.0	true	yes
8	sunny	72.0	95.0	false	no
9	sunny	69.0	70.0	false	yes
10	rainy	75.0	80.0	false	yes
11	sunny	75.0	70.0	true	yes
12	overcast	72.0	90.0	true	yes
13	overcast	81.0	75.0	false	yes
14	rainy	71.0	91.0	true	no

1. 预处理数据

将 temperature 属性和 humidity 属性离散化，假设采用的离散化方法是将各个属性值从小到大排序，依次计算其相邻属性值的中值作为分裂点，计算其信息增益，选取最大值。

2. 分析 temperature 属性

(1) 找到属性 temperature 的最大值 85 和最小值 64。

在区间[64,85]中取分裂点，如表 5.11 所示。根据 C4.5 算法，要对属性值进行排序。遍历每一个值，然后找出信息增益最大的值作为该属性的分裂点。为求得最大的信息增益，信息熵就要最小。把$[\min, A_i]$和$[A_i, \max]$作为该连续型属性的两类的取值区间，分别命名为 no_1 和 no_2。

表 5.11　temperature 分裂点

分裂点	区间	样本个数	值为 yes 的样本个数	值为 no 的样本个数
65	[64,65]	2	1	1
	(65,85]	12	8	4
69	[64,69]	4	3	1
	(69,85]	10	6	4
70	[64,70]	5	4	1
	(70,85]	9	5	4
71	[64,71]	6	4	2
	(71,85]	8	5	3
72	[64,72]	8	5	3
	(72,85]	6	4	2
75	[64,75]	10	7	3
	(75,85]	4	2	2
81	[64,81]	12	8	4
	(81,85]	2	1	1
84	[64,84]	13	9	4
	(84,85]	1	0	1

其中，分裂点为 65 与 81 的取值分布相同，分裂点 71 与 72 的取值分布相同。可简化计算。

(2) 计算属性 play 的信息熵：

$$\text{entropy(play)} = -\frac{5}{14}\log_2\frac{5}{14} - \frac{9}{14}\log_2\frac{9}{14} = 0.941$$

(3) 计算各分裂点 temperature 属性每个取值的信息熵。

分裂点为 65：

$$\text{entropy}(\text{temperature}=\text{no}_1)=-\frac{1}{2}\log_2\frac{1}{2}-\frac{1}{2}\log_2\frac{1}{2}=1$$

$$\text{entropy}(\text{temperature}=\text{no}_2)=-\frac{8}{12}\log_2\frac{8}{12}-\frac{4}{12}\log_2\frac{4}{12}=0.918$$

分裂点为 69：

$$\text{entropy}(\text{temperature}=\text{no}_1)=-\frac{3}{4}\log_2\frac{3}{4}-\frac{1}{4}\log_2\frac{1}{4}=0.811$$

$$\text{entropy}(\text{temperature}=\text{no}_2)=-\frac{6}{10}\log_2\frac{6}{10}-\frac{4}{10}\log_2\frac{4}{10}=0.971$$

分裂点为 70：

$$\text{entropy}(\text{temperature}=\text{no}_1)=-\frac{4}{5}\log_2\frac{4}{5}-\frac{1}{5}\log_2\frac{1}{5}=0.722$$

$$\text{entropy}(\text{temperature}=\text{no}_2)=-\frac{5}{9}\log_2\frac{5}{9}-\frac{4}{9}\log_2\frac{4}{9}=0.991$$

分裂点为 71：

$$\text{entropy}(\text{temperature}=\text{no}_1)=-\frac{4}{6}\log_2\frac{4}{6}-\frac{2}{6}\log_2\frac{2}{6}=0.918$$

$$\text{entropy}(\text{temperature}=\text{no}_2)=-\frac{5}{8}\log_2\frac{5}{8}-\frac{3}{8}\log_2\frac{3}{8}=0.955$$

分裂点为 75：

$$\text{entropy}(\text{temperature}=\text{no}_1)=-\frac{7}{10}\log_2\frac{7}{10}-\frac{3}{10}\log_2\frac{3}{10}=0.881$$

$$\text{entropy}(\text{temperature}=\text{no}_2)=-\frac{2}{4}\log_2\frac{2}{4}-\frac{2}{4}\log_2\frac{2}{4}=1$$

分裂点为 84：

$$\text{entropy}(\text{temperature}=\text{no}_1)=-\frac{9}{13}\log_2\frac{9}{13}-\frac{4}{13}\log_2\frac{4}{13}=0.980$$

$$\text{entropy}(\text{temperature}=\text{no}_2)=0$$

(4) 计算各分裂点的划分信息熵。

分裂点为 65：

$$\text{entropy}(\text{temperature})=\frac{2}{14}\times 1+\frac{12}{14}\times 0.918=0.930$$

分裂点为 69：

$$\text{entropy}(\text{temperature})=\frac{4}{14}\times 0.811+\frac{10}{14}\times 0.971=0.925$$

分裂点为 70：

$$\text{entropy}(\text{temperature})=\frac{5}{14}\times 0.722+\frac{9}{14}\times 0.991=0.895$$

分裂点为 71：

$$entropy(temperature)=\frac{6}{14}\times 0.918+\frac{8}{14}\times 0.955=0.939$$

分裂点为 75：

$$entropy(temperature)=\frac{4}{14}\times 1+\frac{10}{14}\times 0.881=0.915$$

分裂点为 84：

$$entropy(temperature)=\frac{13}{14}\times 0.980=0.910$$

(5) 计算各分裂点的信息增益。

分裂点为 65：

$$Gain(temperature)=0.941-0.930=0.011$$

分裂点为 69：

$$Gain(temperature)=0.941-0.925=0.016$$

分裂点为 70：

$$Gain(temperature)=0.941-0.895=0.046$$

分裂点为 71：

$$Gain(temperature)=0.941-0.939=0.002$$

分裂点为 75：

$$Gain(temperature)=0.941-0.915=0.026$$

分裂点为 84：

$$Gain(temperature)=0.941-0.910=0.031$$

从中可知，分裂点为 70 时，信息增益最大。对应的分裂信息熵与信息增益率如下：

$$splitE(temperature)=-\frac{5}{14}\log_2\frac{5}{14}-\frac{9}{14}\log_2\frac{9}{14}=0.941$$

$$Gain\text{-}Ratio(temperature)=\frac{0.941-0.895}{0.941}=0.049$$

3. 分析 humidity 属性

(1) 找到属性 humidity 的最小值 65 和最大值 96。

在区间[65,96]中取分裂点，如表 5.12 所示。

表 5.12 humidity 分裂点

分裂点	区间	样本个数	取值为 yes 的样本个数	取值为 no 的样本个数
68	[65,68]	1	1	0
	(68,96]	13	8	5
70	[65,70]	4	3	1
	(70,96]	10	6	4
78	[65,78]	5	4	1
	(78,96]	9	5	4

续表

分裂点	区间	样本个数	取值为 yes 的样本个数	取值为 no 的样本个数
80	[65,80]	7	6	1
	(80,96]	7	3	4
86	[65,86]	9	7	2
	(86,96]	5	2	3
90	[65,90]	11	8	3
	(90,96]	3	1	2
91	[65,91]	12	8	4
	(65,96]	2	1	1
96	[65,96]	14	9	5
	(96,96]	0	0	0

把$[\min, A_i]$和$[A_i, \max]$作为该连续型属性的两类的取值区间，分别命名为 no_1 和 no_2。

(2) 计算 play 属性的信息熵：

$$\text{entropy(play)} = -\frac{5}{14}\log_2\frac{5}{14} - \frac{9}{14}\log_2\frac{9}{14} = 0.941$$

(3) 计算各分裂点的 humidity 属性每个取值的信息熵。

分裂点为 68：

$$\text{entropy}(\text{humidity} = no_1) = -\frac{1}{1}\log_2\frac{1}{1} - \frac{0}{1}\log_2\frac{0}{1} = 0$$

$$\text{entropy}(\text{humidity} = no_2) = -\frac{5}{13}\log_2\frac{5}{13} - \frac{8}{13}\log_2\frac{8}{13} = 0.961$$

分裂点为 70：

$$\text{entropy}(\text{humidity} = no_1) = -\frac{1}{4}\log_2\frac{1}{4} - \frac{3}{4}\log_2\frac{3}{4} = 0.811$$

$$\text{entropy}(\text{humidity} = no_2) = -\frac{6}{10}\log_2\frac{6}{10} - \frac{4}{10}\log_2\frac{4}{10} = 0.971$$

分裂点为 78：

$$\text{entropy}(\text{humidity} = no_1) = -\frac{4}{5}\log_2\frac{4}{5} - \frac{1}{5}\log_2\frac{1}{5} = 0.722$$

$$\text{entropy}(\text{humidity} = no_2) = -\frac{5}{9}\log_2\frac{5}{9} - \frac{4}{9}\log_2\frac{4}{9} = 0.991$$

分裂点为 80：

$$\text{entropy}(\text{humidity} = no_1) = -\frac{6}{7}\log_2\frac{6}{7} - \frac{1}{7}\log_2\frac{1}{7} = 0.592$$

$$\text{entropy}(\text{humidity}=\text{no}_2)=-\frac{3}{7}\log_2\frac{3}{7}-\frac{4}{7}\log_2\frac{4}{7}=0.987$$

分裂点为 86：

$$\text{entropy}(\text{humidity}=\text{no}_1)=-\frac{2}{5}\log_2\frac{2}{5}-\frac{3}{5}\log_2\frac{3}{5}=0.971$$

$$\text{entropy}(\text{humidity}=\text{no}_2)=-\frac{2}{9}\log_2\frac{2}{9}-\frac{7}{9}\log_2\frac{7}{9}=0.764$$

分裂点为 90：

$$\text{entropy}(\text{humidity}=\text{no}_1)=-\frac{8}{11}\log_2\frac{8}{11}-\frac{3}{11}\log_2\frac{3}{11}=0.845$$

$$\text{entropy}(\text{humidity}=\text{no}_2)=-\frac{2}{3}\log_2\frac{2}{3}-\frac{1}{3}\log_2\frac{1}{3}=0.918$$

分裂点为 91：

$$\text{entropy}(\text{humidity}=\text{no}_1)=-\frac{8}{12}\log_2\frac{8}{12}-\frac{4}{12}\log_2\frac{4}{12}=0.918$$

$$\text{entropy}(\text{humidity}=\text{no}_2)=-\frac{1}{2}\log_2\frac{1}{2}-\frac{1}{2}\log_2\frac{1}{2}=1$$

分裂点为 96：

$$\text{entropy}(\text{humidity}=\text{no}_1)=-\frac{5}{14}\log_2\frac{5}{14}-\frac{9}{14}\log_2\frac{9}{14}=0.941$$

$\text{entropy}(\text{humidity}=\text{no}_2)$ 不存在

(4) 计算各分裂点的划分信息熵。

分裂点为 68：

$$\text{entropy}(\text{humidity})=\frac{13}{14}\times 0.961=0.893$$

分裂点为 70：

$$\text{entropy}(\text{humidity})=\frac{4}{14}\times 0.811+\frac{10}{14}\times 0.971=0.925$$

分裂点为 78：

$$\text{entropy}(\text{humidity})=\frac{5}{14}\times 0.722+\frac{9}{14}\times 0.991=0.895$$

分裂点为 80：

$$\text{entropy}(\text{humidity})=\frac{7}{14}\times 0.592+\frac{7}{14}\times 0.987=0.790$$

分裂点为 86：

$$\text{entropy}(\text{humidity})=\frac{5}{14}\times 0.971+\frac{9}{14}\times 0.764=0.838$$

分裂点为 90：

$$\text{entropy}(\text{humidity})=\frac{11}{14}\times 0.845+\frac{3}{14}\times 0.918=0.861$$

分裂点为91：

$$\text{entropy(humidity)}=\frac{12}{14}\times 0.918+\frac{2}{14}\times 1=0.930$$

(5) 计算各分裂点的信息增益。

分裂点为68：

$$\text{Gain(humidity)}=0.941-0.893=0.048$$

分裂点为70：

$$\text{Gain(humidity)}=0.941-0.925=0.016$$

分裂点为78：

$$\text{Gain(humidity)}=0.941-0.895=0.046$$

分裂点为80：

$$\text{Gain(humidity)}=0.941-0.790=0.151$$

分裂点为86：

$$\text{Gain(humidity)}=0.941-0.838=0.103$$

分裂点为90：

$$\text{Gain(humidity)}=0.941-0.861=0.080$$

分裂点为91：

$$\text{Gain(humidity)}=0.941-0.930=0.011$$

从中可知，分裂点为80时，信息增益最大。对应的分裂信息熵与信息增益率如下：

$$\text{splitE(humidity)}=\frac{7}{14}\log_2\frac{7}{14}-\frac{7}{14}\log_2\frac{7}{14}=1$$

$$\text{Gain-Ratio(humidity)}=\frac{0.941-0.790}{1}=0.151$$

4. 分析 outlook 和 windy 属性

(1) 计算 outlook 和 windy 属性每个取值的信息熵和信息熵：

$$I(\text{outlook}=\text{sunny})=-\frac{3}{5}\log_2\frac{3}{5}-\frac{2}{5}\log_2\frac{2}{5}=0.971$$

$$I(\text{outlook}=\text{overcase})=-\frac{4}{4}\log_2\frac{4}{4}=0$$

$$I(\text{outlook}=\text{rainy})=-\frac{3}{5}\log_2\frac{3}{5}-\frac{2}{5}\log_2\frac{2}{5}=0.971$$

$$I(\text{outlook})=-\frac{5}{14}\log_2\frac{5}{14}-\frac{4}{14}\log_2\frac{4}{14}-\frac{5}{14}\log_2\frac{5}{14}=1.578$$

$$I(\text{windy}=\text{true})=-\frac{3}{6}\log_2\frac{3}{6}-\frac{3}{6}\log_2\frac{3}{6}=1$$

$$I(\text{windy}=\text{false})=-\frac{6}{8}\log_2\frac{6}{8}-\frac{2}{8}\log_2\frac{2}{8}=0.811$$

$$I(\text{windy})=-\frac{6}{14}\log_2\frac{6}{14}-\frac{8}{14}\log_2\frac{8}{14}=0.985$$

(2) 计算这两个属性的信息熵：

$$\text{entropy(outlook)} = \frac{5}{14} \times 0.971 + \frac{4}{14} \times 0 + \frac{5}{14} \times 0.971 = 0.693$$

$$\text{entropy(windy)} = \frac{6}{14} \times 1 + \frac{8}{14} \times 0.811 = 0.892$$

(3) 计算这两个属性的信息增益：

$$\text{Gain(outlook)} = 0.941 - 0.693 = 0.248$$

$$\text{Gain(windy)} = 0.941 - 0.892 = 0.049$$

5. 计算各属性的信息增益率

4 个属性的信息增益率如下：

$$\text{Gain-Ratio(temperature)} = (0.941 - 0.895)/0.941 = 0.049$$

$$\text{Gain-Ratio(humidity)} = (0.941 - 0.790)/1 = 0.151$$

$$\text{Gain-Ratio(outlook)} = 0.248/1.578 = 0.157$$

$$\text{Gain-Ratio(windy)} = 0.049/0.985 = 0.050$$

由此可知，应选择 outlook 属性作为根节点，得到的决策树如图 5.9 所示。接下来的步骤与 ID3 算法相同，不过，每次选择的分裂属性为信息增益率最大的属性。

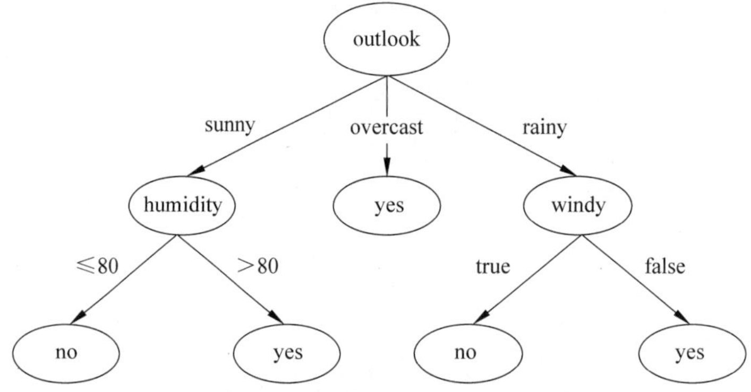

图 5.9 C4.5 算法得到的决策树

5.4.10 C4.5 算法的优缺点

C4.5 算法的优点如下：

(1) 产生的分类规则易于理解，准确率较高。

(2) 通过信息增益率选择分裂属性，弥补了 ID3 算法中通过信息增益倾向于选择拥有多个属性值的属性作为分裂属性的不足。

(3) 能够处理离散型和连续型属性，即对连续型属性进行离散化处理。

(4) 构造决策树之后进行剪枝操作。

(5) 能够处理具有缺失属性值的训练集。

C4.5 算法的缺点如下：

(1) 在构造决策树的过程中，需要对训练集进行多次遍历和排序(特别是针对含有连续型属性值的训练集时，这一点尤为突出)，因而导致算法效率低。

(2) C4.5 算法只适用于能够驻留于内存的训练集;当训练集大得无法放在内存中时,程序无法运行。

(3) C4.5 算法在选择分裂属性时没有考虑到条件属性间的相关性,只计算数据集中每一个条件属性与决策属性之间的期望信息,有可能影响属性选择的正确性。

5.4.11 3种算法的比较

本节对上面介绍的3种算法进行比较。

(1) ID3 算法和 C4.5 算法在每个节点上可以产生多个分支,而 CART 算法在每个节点上只会产生两个分支。

(2) C4.5 算法通过引入信息增益率,弥补了 ID3 算法在特征取值比较多时由于过度拟合而使泛化能力变弱的缺陷。

(3) ID3 算法只能处理离散型属性,而 C4.5 算法和 CART 算法可以处理连续型属性。

(4) ID3 算法和 C4.5 算法只能用于分类任务,而 CART 算法可以用于分类和回归任务。

(5) CART 算法通过基尼系数进行划分,C4.5 算法通过信息增益率进行划分,ID3 算法通过信息增益进行划分。

5.5 分类算法评价

分类算法有很多,每个分类算法往往又有多个变种。不同的分类算法在不同的数据集上表现的效果不尽相同,因此需要根据特定的问题和任务选择合适的算法进行求解。对分类算法给出客观的评价,对于算法的选择很有必要。本节介绍分类算法的评价指标和评价方法。

5.5.1 常用术语

为了简化和统一考虑分类问题,假设分类目标只有两类:正样本(positive)和负样本(negative)。则分类器的分类结果可能有4种情况,其分类结果的样本数可以表示为以下4个指标:

(1) TP(True Positives,真正):预测为正样本,实际也为正样本的特征数。

(2) FP(False Positives,假正):预测为正样本,实际为负样本的特征数。

(3) TN(True Negatives,真负):预测为负样本,实际也为负样本的特征数。

(4) FN(False Negatives,假负):预测为负样本,实际为正样本的特征数。

说明:True、False 表示预测正确与否。也就是说,预测和实际一致则为 True(真),预测和实际不一致则为 False(假)。

混淆矩阵(confusion matrix),也称误差矩阵,是精度评价的标准格式。混淆矩阵是分析分类器识别不同类元组的一种有用工具。它作为一种特定的矩阵用来呈现算法性能的可视化效果,通常用于监督学习。其每一列代表预测值,每一行代表实际的类别。混淆矩阵这个名字源于它可以非常容易地表明多个类别是否有混淆(也就是一个类别是否被预测成另一个类别)。

图 5.10 是混淆矩阵的结构。其中,TP 和 TN 表示分类器分类正确,FP 和 FN 表示分类器分类错误。这 4 个基础指标称为一级指标。

		预测类		
		Positive	Negative	合计
实际类	Positive	TP	FN	P
	Negative	FP	TN	N
	合计	P'	N'	$P+N$

图 5.10 混淆矩阵的结构

混淆矩阵统计的是样本个数。有时候面对大量的数据,仅凭样本个数,很难衡量模型的优劣。因此,在混淆矩阵的基本统计结果上还要计算如下 4 个指标,称为二级指标。

(1) 真正率(True Positive Rate,TPR),也叫灵敏度(sensitivity),其计算公式如下:

$$\mathrm{TPR}=\frac{\mathrm{TP}}{\mathrm{TP}+\mathrm{FN}}=\frac{\mathrm{TP}}{P}$$

即正样本预测结果数除以实际正样本数。

(2) 假负率(False Negative Rate,FNR),其计算公式如下:

$$\mathrm{FNR}=\frac{\mathrm{FN}}{\mathrm{TP}+\mathrm{FN}}=\frac{\mathrm{FN}}{P}$$

即被预测为负样本的正样本结果数除以实际正样本数。

(3) 假正率(False Positive Rate,FPR),其计算公式如下:

$$\mathrm{FPR}=\frac{\mathrm{FP}}{\mathrm{FP}+\mathrm{TN}}=\frac{\mathrm{FP}}{N}$$

即被预测为正样本的负样本结果数除以实际负样本数。

(4) 真负率(True Negative Rate,TNR),也叫特效度(specificity),其计算公式如下:

$$\mathrm{TNR}=\frac{\mathrm{TN}}{\mathrm{TN}+\mathrm{FP}}=\frac{\mathrm{TN}}{N}$$

即负样本预测结果数除以实际负样本数。

5.5.2 评价指标

基于混淆矩阵,在数据挖掘分类器评价中常用的评价指标如下。

1. 正确率

正确率是最常见的评价指标,用于度量分类器对全部样本的判定能力,即将正的判定为正、将负的判定为负的能力。其计算公式如下:

$$\text{Accuracy}=\frac{\text{TP}+\text{TN}}{P+N}$$

即分类正确的样本数除以所有的样本数。通常来说,正确率越高,分类器越好。

2. 错误率

错误率则与正确率相反,用于描述分类器错误的样本的比例。其计算公式如下:

$$\text{ErrorRate}=\frac{\text{FP}+\text{FN}}{P+N}$$

对某一个实例来说,分类正确与分类错误是互斥事件,所以有

$$\text{accuracy}=1-\text{ErrorRate}$$

3. 灵敏度

灵敏度表示的是所有正样本中被分对的比例,用于衡量分类器对正样本的识别能力。其计算公式如下:

$$\text{Sensitivity}=\frac{\text{TP}}{\text{TP}+\text{FN}}=\frac{\text{TP}}{P}$$

4. 特效度

特效度表示的是所有负样本中被分对的比例,用于衡量分类器对负样本的识别能力。其计算公式如下:

$$\text{Specificity}=\frac{\text{TN}}{\text{TN}+\text{FP}}=\frac{\text{TN}}{N}$$

5. 精确率

精确率也叫精度,是精确性的度量,表示被分为正样本的样本中实际上为正样本的比例。其计算公式如下:

$$\text{Precision}=\frac{\text{TP}}{\text{TP}+\text{FP}}$$

6. 召回率

召回率是覆盖面的度量,表示被分为正样本的样本中实际上为正样本的比例。其计算公式如下:

$$\text{Recall}=\frac{\text{TP}}{\text{TP}+\text{FN}}=\frac{\text{TP}}{P}$$

可以看到,召回率与灵敏度是一样的。

在信息检索领域,精确率和召回率又被称为查准率和查全率,是衡量检索系统质量最常用的两个指标。

7. F1 分数

F1 分数(F1-Score)综合了精确率与召回率的结果,是三级指标。F1 分数的取值范围为 0～1,其值为 1 代表模型的输出结果最好,为 0 代表模型的输出结果最差。其计算公式如下:

$$\text{F1}=2P\ \frac{R}{P+R}$$

其中,P 代表精确率,R 代表召回率。

8. 其他评价指标

除上述指标以外，还有以下几个评价指标：

(1) 计算速度：分类器训练和预测需要的时间。

(2) 鲁棒性：处理缺失值和异常值的能力。

(3) 可扩展性：处理大数据集的能力。

(4) 可解释性：分类器的预测标准的可理解性。例如，决策树产生的规则就是很容易理解的；而神经网络的多个参数就没有直观意义，可以把分类器看成一个黑盒子。

对于某个具体的分类器而言，不可能同时提高上面介绍的所有指标。当然，如果一个分类器能正确划分所有的实例，那么各项指标都已经达到最优；但实际中这样的分类器往往不存在。例如地震预测，目前人们不能准确预测地震的发生，但可以容忍一定程度的误报。假设在1000次预测中，有5次预测为发生地震，其中1次真的发生了地震，而其他4次为误报，那么和没有地震预测分类器相比，正确率从原来的$\frac{999}{1000}=99.9\%$下降到$\frac{996}{1000}=99.6\%$，但召回率从$0/1=0\%$上升为$1/1=100\%$，这样虽然误报了几次地震，但没有漏过真的地震，这样的分类器也是人们想要的。在一定正确率的前提下，分类器的召回率应尽可能地高。

【例 5.5】 某产品数据的混淆矩阵如图5.11所示。该分类器的灵敏度、特效度、精确率和召回率分别为多少？

		预测类		
		yes	no	合计
实际类	yes	9760	40	9800
	no	120	80	200
	合计	9880	120	10 000

图 5.11　某产品数据的混淆矩阵

解：

$$\text{Sensitivity}=\frac{\text{TP}}{P}=9760/9800=99.59\%$$

$$\text{Specificity}=\frac{\text{TN}}{N}=80/200=40.00\%$$

$$\text{Precision}=\frac{\text{TP}}{\text{TP}+\text{FP}}=9760/9880=98.79\%$$

$$\text{Recall}=\frac{\text{TP}}{\text{TP}+\text{FN}}=\frac{\text{TP}}{P}=\text{sensitive}=99.59\%$$

5.5.3 分类器性能的表示

分类器性能的表示方法类似信息检索系统的评价方法，可以采用 ROC(Receiver Operating Characteristic，接受者操作特性)曲线、AUC(Area Under ROC Curve，ROC 曲线下的面积)和混淆矩阵等。人们经常使用 ROC 曲线表示假正(FP)和真正(TP)的关系。ROC 曲线的横轴一般表示假正的百分比，纵轴表示真正的百分比。

1. ROC 曲线

对于两类分类问题，一些分类器得到的结果可能不是 0、1 这样的标签。例如，连续型的分类器会得到诸如 0.2、0.9 这样的分类结果。这时，人为取一个阈值，例如 0.4，将小于 0.4 的归为 0 类，将大于或等于 0.4 的归为 1 类，就可以得到一个分类结果。同样，这个阈值也可以取 0.1 或 0.2 等。取不同的阈值，最后得到的分类情况也就不同，如图 5.12 所示。

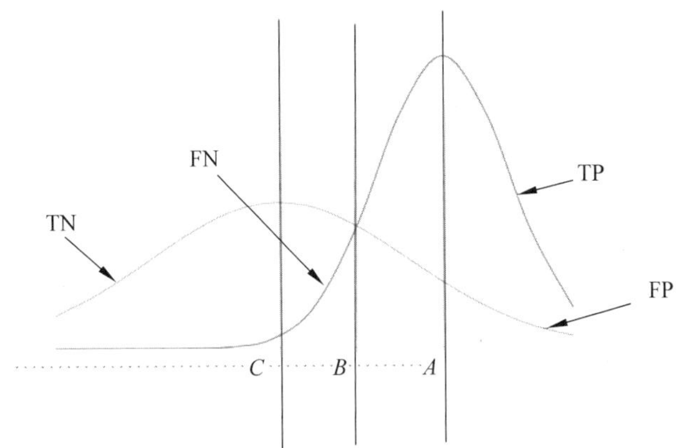

图 5.12 正样本和负样本分类统计图

在图 5.12 中，偏右侧较陡的线表示对正样本分类得到的统计图，偏左侧较平缓的线表示对负样本分类得到的统计图。画一条直线，直线左边分为负类，直线右边分为正类，这条直线就是分类的阈值。阈值不同，可以得到不同的结果，但是由分类器决定的统计图始终是不变的。这时候就需要一个独立于阈值，只与分类器有关的评价指标，用它来衡量分类器的好坏。

在 ROC 曲线方法中使用的两个指标如下：

(1) 真正率(TPR)，即灵敏度或召回率，其计算公式为

$$\mathrm{TPR}=\frac{\mathrm{TP}}{\mathrm{TP}+\mathrm{FN}}=\frac{\mathrm{TP}}{P}$$

(2) 假正率(FPR)，其计算公式为

$$\mathrm{FPR}=\frac{\mathrm{FP}}{\mathrm{FP}+\mathrm{TN}}=\frac{\mathrm{FP}}{N}$$

ROC 曲线的横坐标为假正率，纵坐标为真正率。例如，在医学诊断中，要判断有病的样本。尽量把有病的查出来是主要任务，也就是真正率越高越好；同时也不能把没病的样

本误诊为有病的，也就是假正率越低越好。不难发现，这两个指标是相互制约的。如果某个医生对于有病的症状比较敏感，对微小的症状都判断为有病，那么他的诊断结果的真正率应该会很高，但是假正率也相应地变高。在极端的情况下，他把所有的样本都判断为有病，那么真正率达到 1，假正率也为 1。

在如图 5.13 所示的 ROC 空间中，一个好的分类模型应该尽可能靠近左上角，而一个随机猜测模型应位于连接(FPR=0，TPR=0)和(FPR=1，TPR=1)这两个点的主对角线上。

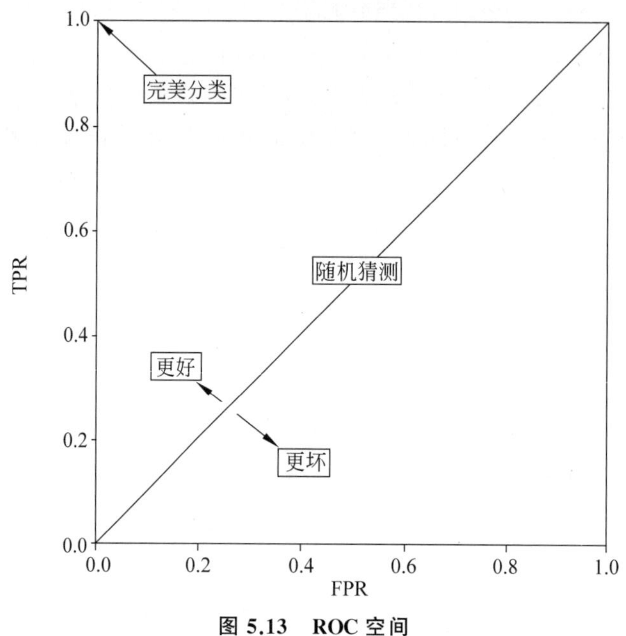

图 5.13　ROC 空间

可以看出：左上角的点(FPR=0，TPR=1)表示完美分类模型，也就是这个医生医术高明，诊断全对；在主对角线左侧区域(TPR>FPR)，医生的判断大体上是正确的；主对角线上的点(TPR=FPR)表示医生对错各一半；主对角线右侧的区域(TPR<FPR)表示医生的判断大体上是错误的。

现在需要一个独立于阈值的评价指标来衡量医生的医术如何，也就是遍历所有的阈值，得到 ROC 曲线。假设图 5.12 是某个医生的诊断统计图，用 A、B、C 值标示的 3 条直线代表阈值。遍历所有的阈值，就能够在 ROC 平面上得到如图 5.14 的 ROC 曲线。

2. AUC

AUC 是处于 ROC 曲线下方的那部分区域的面积。通常，AUC 的值为 0.5～1.0，较大的 AUC 值代表较好的性能。如果一个模型是完美的，那么它的 AUC=1；如果一个模型是简单的随机猜测模型，那么它的 AUC=0.5；如果一个模型好于另一个模型，则前者的 AUC 值较大。AUC 可以直观地评价分类器的好坏，其值越大越好。

虽然已经有很多评价标准，但是人们仍然经常使用 ROC 曲线作为评价标准。这是

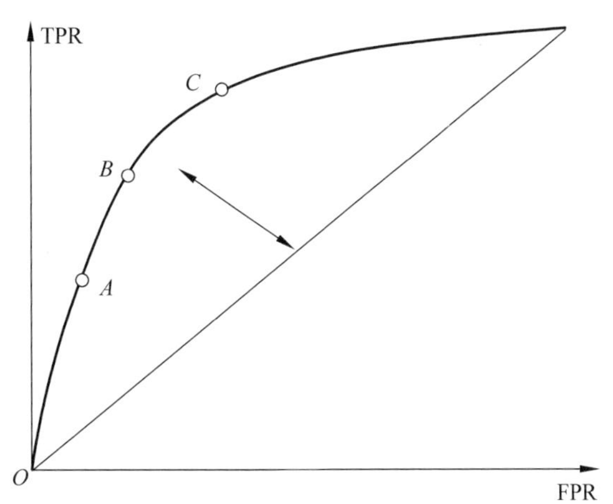

图 5.14　某个医生诊断结果的 ROC 曲线

因为 ROC 曲线有一个很好的特性：当测试集中的正负样本的分布发生了变化的时候，ROC 曲线能够保持不变。在实际的数据集中经常会出现类不平衡现象，即负样本比正样本多很多(或者相反)，而且测试数据中的正负样本的分布也可能随时间变化。

3. 混淆矩阵

混淆矩阵是另一种表示分类准确率的方法。假定有 m 个类，混淆矩阵是一个 $m \times m$ 的矩阵，$C_{i,j}$ 表明了 D 中被分到类 C_j 但实际类别是 C_i 的元组的数量。显然，最好分类结果对应的混淆矩阵是对角线以外的值全为 0。

假设有一个用来对猫、狗、兔子进行分类的系统，共有 27 只动物：8 只猫，6 条狗，13 只兔。结果的混淆矩阵如图 5.15 所示。

		预测分类		
		猫	狗	兔子
实际分类	猫	5	3	0
	狗	2	3	1
	兔子	0	2	11

图 5.15　混淆矩阵

在这个混淆矩阵中，实际有 8 只猫，但是系统将其中 3 只预测成了狗；实际有 6 条狗，其中有 1 条被预测成了兔子，2 条被预测成了猫。从混淆矩阵中可以看出系统对于区分猫和狗存在较大问题，但是区分兔子的效果还是不错的。所有正确的预测结果都在混淆矩阵的对角线上，而错误都在对角线以外，所以从混淆矩阵中可以很直观地看出哪里有错误。

5.5.4 分类器性能的评估方法

保持法和交叉验证方法是评估分类器性能的两种常用技术。

1. 保持法

采用保持法(hold-out method)时,随机划分数据集,将原始样本数据随机分为两组:训练集和测试集(也叫验证集),通常按照3∶1的比例划分,其中,3/4的数据集作为训练集,用于模型的建立;1/4的数据集作为测试集,用于测试模型的性能,把测试结果作为分类器的性能指标。这种方法的好处是处理简单,只需随机把原始数据分为两组即可,由于是随机地将原始数据分组,最后得到的分类器性能的高低与原始数据的分组有很大的关系,所以这种方法得到的结果并不具有说服力。

2. 交叉验证方法

交叉验证(Cross Validation,CV)方法是用来验证分类器性能的一种统计分析方法。其基本思想是:在某种意义下将原始数据划分为训练集和测试集,每个数据记录既可以用于训练,又可以用于测试。虽然有的书中将保持法纳入交叉验证方法,但实际上保持法并不能算是交叉验证方法,因为这种方法没有采用交叉的思想。交叉验证的基本过程是:首先利用训练集对分类器进行训练,得到分类器模型;然后利用测试集来测试分类器模型,以此来作为评价分类器的性能指标。常见的交叉验证的方法有如下两种。

1) K 折交叉验证

采用 K 折交叉验证(K-Fold Cross-Validation)方法时,将数据集划分成 K 份。每次将其中的 $K-1$ 份作为训练集,建立模型;将剩余的一份作为测试集,检测模型性能,共执行 K 次性能测试,求出 K 次测试结果的平均值,或者使用其他结合方式,最终得到一个单一估测值,作为最终模型的性能评估结果。最常用的是10折交叉验证:把数据随机分成10份,把其中的9份合在一起,建立模型,然后用剩下的一份测试数据对这个模型进行测试。这个过程对每一份测试数据都重复进行一次,共得到10个不同的测试结果。当然,在工程中一般需要进行多次10折交叉验证求均值的过程,例如10次10折交叉验证,以使评估结果更精确。

K 折交叉验证的优点是每一个样本数据都既被用作训练数据也被用作测试数据,避免了过度学习和欠学习状态的发生,得到的结果比较具有说服力。其缺点是 K 值的选取比较困难,在针对具体应用时难以确定合适的值。

2) 留一验证

采用留一验证(Leave One Out Cross Validation)方法时,在大小为 N 的原始样本集中每次选择一个数据作为测试集;将其余的 $N-1$ 个数据作为训练集,用于测试模型的性能,共执行 N 次测试,求出 N 次测试结果的平均值,或者使用其他结合方式,最终得到一个单一估测值,作为最终模型的性能。事实上,这和 K 折交叉验证是相通的,其中 K 值为原本样本数据集大小 N。

留一验证的优点是每一个分类器或模型都是用几乎所有的样本来训练模型,最接近样本,这样评估所得的结果比较可靠。采用该方法的实验没有随机因素,整个过程是可重复的。其缺点是计算成本高,当 N 非常大时,计算极为耗时,因为需要建立的模型数量与原始数据样本数量相同,当原始数据样本数量相当大时,除非每次训练分类器得到模型的速度很快,或者可以用并行化计算减少计算所需的时间,否则该方法时间消耗过大,工程意义不大。

5.6 思考与练习

1. 简述 C4.5 算法的主要思想、步骤及优缺点。

2. 比较朴素贝叶斯分类方法和决策树分类方法。

3. 为什么称朴素贝叶斯分类为“朴素”的? 简述朴素贝叶斯分类的主要思想。

4. 考虑表 5.13 中的数据集。

表 5.13 第 4 题的数据集

X	0.3	1.9	2.7	3.4	3.7	4.1	4.2	4.5
Y	+	−	+	+	−	−	+	+
X	4.8	5.1	5.6	6.4	7.3	7.8	8.5	
Y	−	+	−	−	+	−	+	

分别采用 1-最近邻算法、3-最近邻算法、5-最近邻算法、7-最近邻算法、9-最近邻算法、11-最近邻算法对数据点 $X=4.0$ 进行分类,使用多数表决机制。

5. 考虑表 5.14 所示的二元分类问题的数据集。

表 5.14 第 5 题的数据集

A	***B***	**类 标 号**
T	F	+
T	T	+
T	T	+
T	F	−
T	T	+
F	F	−
F	F	−
F	F	−
T	T	−
T	F	−

(1) 计算按照属性 A 和 B 划分时的信息增益。当采用决策树归纳算法时,将会选择

哪个属性?

(2) 计算按照属性 A 和 B 划分时的基尼系数。当采用决策树归纳算法时,将会选择哪个属性?

6. 评估决策树算法在最坏情况下的计算复杂度是重要的。给定数据集 D 的属性数 n 和训练元组数 $|D|$,证明构建决策树的计算时间最多为 $n|D|\log_2|D|$。

第6章 高级分类算法

分类作为机器学习中的有监督学习，除了第5章已经介绍的常用简单分类算法——k-近邻分类算法、贝叶斯分类算法、决策树分类算法外，还有组合分类算法、粒子群分类算法、支持向量机分类算法和BP神经网络分类算法等高级分类算法，本章将介绍这些高级分类算法的原理及应用。

6.1 组合分类算法

6.1.1 算法起源

训练分类器（学习器）的目标是能够从合理数量的训练数据中以合理的计算量可靠地学习到知识。训练样本的数量和学习所需的计算资源是密切相关的。由于训练数据的随机性，只能要求分类器可能学习到一个近似正确的假设，这一理论被称为PAC（Probably Approximate Correct，可能近似正确）学习理论。PAC学习理论定义了学习算法的强弱。弱学习算法指识别错误率略小于1/2（即准确率仅比随机猜测略高）的学习算法；强学习算法指识别准确率很高，并能在多项式时间内完成的学习算法。Valiant和Kearns提出了PAC学习模型中弱学习算法和强学习算法的等价性问题，即，任意给定仅比随机猜测略好的弱学习算法，是否可以将其提升为强学习算法？如果可以，那么只需找到一个比随机猜测略好的弱学习算法，就可以将其提升为强学习算法，而不必直接寻找很难获得的强学习算法。后来Scphaire证明，强学习算法和弱学习算法是等价的，弱学习算法可以提升为强学习算法。对于分类问题而言，给定一个训练样本，寻找比较粗糙的分类规则比寻找精确的分类规则要容易得多。由于强学习算法和弱学习算法是等价的，所以可以先找到一些弱分类器，然后寻求将这些弱分类器通过组合（或称集成）提升为强分类器的方法，这也就是人们常说的“三个臭皮匠顶个诸葛亮”。

组合分类器是一个复合模型，由多个分类器组合而成。其中的每个分类器都进行投票，组合分类器基于投票返回的类标号进行预测，因此组合分类器通常比它包含的成员分类器更准确。常用的组合分类器集成算法有并行集成的袋装算法、串行集成的提升算法和堆叠算法。这3种算法最大的差异在于对基学习器（弱分类器）和数据的选择方法不同。

袋装（bagging）算法以强学习器（如CART决策树）为基学习器，各个基学习器之间没有依赖关系，可以并行拟合，只是在训练上和提升算法不同。袋装算法是在原始数据集上采用有放回的随机取样方式来抽取 m 个子样本，然后利用这 m 个子样本训练 m 个基学习器，从而降低了模型的方差。最典型的袋装算法就是随机森林算法。

随机森林(Random Forest,RF)是通过集成学习的思想将多棵树集成的一种集成学习(ensemble learning)算法。它的基本单元是决策树，每棵决策树都是一个分类器，因此，对于一个输入样本，N 棵树会有 N 个分类结果。而随机森林集成了所有分类器的分类投票结果，将投票次数最多的类别指定为最终的输出，是一种最简单的袋装算法思想，这种算法并行地生成弱分类器。并行集成的基本动机是利用基础模型的独立性，这是因为通过求平均值能够大幅降低方差。这种算法将在第9章介绍泰坦尼克号乘客生存预测案例时详细描述。

提升(boosting)算法以弱分类器(如简单的决策树)为基学习器，而且各个基学习器之间有相互依赖的串联关系。该算法通过给训练数据分配权值来降低分类误差，每次训练一个弱分类器，并给该弱分类器的训练数据分配权值，同时这个弱分类器分类错误的数据将在下一次训练弱分类器时加大权值。最典型的提升算法就是AdaBoost算法，这种算法串行地生成弱分类器。串行集成的基本动机是利用弱分类器之间的依赖关系，通过给分类错误的样本较大的权值来提升性能。本节以AdaBoost算法为例来讨论组合分类算法的原理和应用。

当然，上述集成算法都是通过一个基础学习算法来生成一个同质的基学习器，除了上述两种同质集成算法外，也有其他的异质集成算法。为了集成后的结果最好，异质基学习器需要尽可能准确并且差异性足够大。堆叠(stacking)就是当用初始训练数据学习出若干个基学习器后，将这几个学习器的预测结果作为新的训练集，来学习一个新的学习器。堆叠算法是目前在Kaggle比赛中应用得较为广泛的集成方法。该算法的基础层通常包括不同的学习算法，因此其集成结果往往是异质的。

因此，堆叠算法是通过一个元分类器或者元回归器来整合多个分类模型或回归模型的集成学习技术。基础模型利用整个训练集进行训练，元模型将基础模型的特征作为特征进行训练。基础模型通常包含不同的学习算法，因此结果通常是异质集成，是模型的融合。堆叠算法与袋装算法和提升算法主要存在两方面的差异：首先，堆叠算法通常考虑的是异质弱学习器(不同的学习算法被组合在一起)，而袋装算法和提升算法主要考虑的是同质弱学习器；其次，堆叠算法学习用元模型组合基础模型，而袋装算法和提升算法则根据确定性算法组合弱学习器。限于篇幅，本节不讨论堆叠算法代表的异质集成学习，有兴趣的读者可以自行查阅相关资料。

6.1.2 AdaBoost算法基本原理

AdaBoost是一种迭代算法，其核心思想是：针对同一个训练集训练不同的分类器(即弱分类器或基分类器)，然后将这些弱分类器集成组合起来，构成一个更强的分类器(即强分类器)。AdaBoost算法是通过改变数据分布来实现的，它根据训练集中各个样本分类是否正确以及之前总体分类的准确率来确定每个样本的权值，将修改过权值的新数据集发送给下层分类器进行训练，最后将每次训练得到的分类器融合起来，作为最后的决策分类器。使用AdaBoost算法，分类器可以排除一些不必要的训练数据特征，将重点放在关键的训练数据上面。在 AdaBoost 算法中,不同的训练集是通过调整每个样本对应的权重来实现的。开始时,每个样本对应的权重是相同的,其中 n 为样本个数,在此样本分布下训练出弱分类器。对于分类错误的样本,加大其权重;而对于分类正确的样本,降低其权重。这样,分类错误的样本就被突出了,从而得到一个新的样本分布。AdaBoost 算法在新的样本分布下,再次对弱分类器进行训练,得到新的弱分类器。依此类推,经过 T 次循环得到 T 个弱分类器,将这 T 个弱分类器按一定的权重叠加,得到最终的强分类器。

6.1.3 分类器创建

1. 弱分类器创建

AdaBoost 算法的原理是：通过对训练样本集进行学习,得到一系列弱分类器,然后对这些弱分类器进行叠加,形成一个强分类器。可以采用多种方式创建一系列弱分类器,例如,用相同的分类器学习算法、不同的参数、相同的训练集创建不同的弱分类器,用不同的分类器学习算法、相同的训练集创建不同的弱分类器,改变训练数据集的分布以产生不同的弱分类器,等等。

2. 算法流程

假设给定一个二分类的训练样本集 $T=\{(x_1,y_1),(x_2,y_2),\cdots,(x_N,y_N)\}$。其中,$x_i$ 是取自某一空间 X 的一个样本,$i=1,2,\cdots,N$;y_i 是 x_i 的类标号,y_i 属于类标记集合$\{-1,+1\}$。AdaBoost 算法的目的是从训练数据集中得到一系列弱分类器(或基分类器),然后将这些弱分类器组合成一个强分类器。AdaBoost 算法先从初始训练集中训练出一个基分类器,再根据基分类器的表现对训练样本的权重进行调整,使得先前基分类器判断错误的样本在后续训练中得到更多的关注;然后基于调整后的样本权重来训练下一个基分类器,直到基分类器的数目达到事先指定的数目 T;最终对这 T 个基分类器进行加权组合。

AdaBoost 算法的流程如下：

(1) 初始化训练数据的权值分布。每一个训练样本最开始时都被赋予相同的权重：

$$D_1=(w_{1,1},w_{1,2},\cdots,w_{1,N}),w_{1,i}=\frac{1}{N},\quad i=1,2,\cdots,N \tag{6.1}$$

(2) 进行多轮迭代,用 $t=1,2,\cdots,T$,t 表示迭代的轮次。

① 使用具有权值分布 D_t 的训练样本集和弱分类器 $h_t(x)$。

$$\begin{aligned}&D_t=(w_{t,1},w_{t,2},\cdots,w_{t,N}),\sum_{i=1}^{N}w_{t,i}=1\\&h_t(x):x\rightarrow\{-1,1\}\end{aligned} \tag{6.2}$$

② 计算 $h_t(x)$在训练数据集上的分类误差率 ε_t(训练第 t 个分类器时分错的比率)。

$$\varepsilon_t=\sum_{i=1}^{N}w_tI(h_t(x_i)\neq y_i) \tag{6.3}$$

其中,I 为致使函数,即,如果参数 A 为 true,则 $I(A)=1$,否则 $I(A)=0$。由式(6.3)可知,$h_t(x)$在加权训练数据集上的分类误差率 ε_t 就是被 $h_t(x)$误分类的样本的权值之和。

③ 计算弱分类器 $h_t(x)$的权重系数。a_t 表示 $h_t(x)$在组合后的强分类器中的重要

程度,即第 t 个弱分类器的权重系数。

$$a_t = \frac{1}{2}\ln\frac{1-\varepsilon_t}{\varepsilon_t} \tag{6.4}$$

由式(6.4)可知,当 $\varepsilon_t \leqslant 0.5$ 时,$a_t \geqslant 0$,且 a_t 随着 ε_t 的减小而增大,这意味着分类误差率越小的弱分类器在强分类器中的作用越大。

④ 更新训练数据集的权值分布,得到训练样本集新的权值分布,用于下一轮迭代:

$$\begin{gathered} w_{t+1,i} = \frac{w_{t,i}\exp(-a_t y_i h_t(x_i))}{Z_t},\ \sum_{i=1}^{N} w_{t+1,i} = 1 \\ D_{t+1} = (w_{t+1,1}, w_{t+1,2}, \cdots, w_{t+1,N}),\quad i=1,2,\cdots,N \end{gathered} \tag{6.5}$$

式(6.5)使得被弱分类器 $h_t(x)$ 错误分类的样本的权值增大,而被正确分类的样本的权值减小。通过这样的方式,AdaBoost 算法能聚焦于那些较难分的样本上。其中,Z_t 是规范化因子,使得 D_{t+1} 成为一个概率分布:

$$Z_t = \sum_{i=1}^{N} w_{t,i}\exp(-a_t y_i h_t(x_i)) \tag{6.6}$$

或者

$$Z_t = 2\sqrt{\varepsilon_t(1-\varepsilon_t)} \tag{6.7}$$

(3) 假设构建 T 个弱分类器,各个弱分类器采用加权平均法的线性组合为

$$f(x) = \sum_{t=1}^{T} a_t h_t(x_i) \tag{6.8}$$

其中,a_t 表示第 t 个弱分类器的权重系数。至此即可得到强分类器 $H_{\text{final}}(x)$,它是一个指示函数:

$$H_{\text{final}}(x) = \text{sign}(f(x)) = \text{sign}\left(\sum_{t=1}^{T} a_t h_t(x_i)\right) \tag{6.9}$$

即

$$\text{sign}(f(x)) = \begin{cases} 1, & f(x) \geqslant 0 \\ -1, & f(x) < 0 \end{cases} \tag{6.10}$$

3. 算法简化

因为各阶段分类训练样本的权重更新依赖于训练样本的权重系数,而权重系数又依赖于分类误差率,所以直接将权重更新公式用分类误差率表示。训练样本更新公式如下:

$$w_{t+1,i} = \frac{w_{t,i}\exp(-a_t y_i h_t(x_i))}{Z_t} \tag{6.11}$$

其中,

$$Z_t = 2\sqrt{\varepsilon_t(1-\varepsilon_t)} \tag{6.12}$$

当样本分类错误时:

$$\begin{aligned} & y_1 h_t(x_i) = -1 \\ & \exp(-a_t y_i h_t(x_i)) = \exp(a_t) = \exp\left(\frac{1}{2}\ln\frac{1-\varepsilon_t}{\varepsilon_t}\right) \\ & \qquad = \exp\left(\ln\sqrt{\frac{1-\varepsilon_t}{\varepsilon_t}}\right) = \sqrt{\frac{1-\varepsilon_t}{\varepsilon_t}} \end{aligned} \tag{6.13}$$

当样本分类正确时：

$$y_1h_t(x_i)=1$$

$$\begin{aligned}\exp(-a_ty_ih_t(x_i))&=\exp(-a_t)=\exp\left(-\frac{1}{2}\ln\frac{1-\varepsilon_t}{\varepsilon_t}\right)\\&=\exp\left(\ln\sqrt{\frac{\varepsilon_t}{1-\varepsilon_t}}\right)=\sqrt{\frac{\varepsilon_t}{1-\varepsilon_t}}\end{aligned}\tag{6.14}$$

计算错误分类的样本的权重更新因子：

$$\frac{\exp(-a_ty_ih_t(x_i))}{Z_t}=\frac{\exp(a_t)}{Z_t}=\frac{1}{2\varepsilon_t}\tag{6.15}$$

计算正确分类的样本的权重更新因子：

$$\frac{\exp(-a_ty_ih_t(x_i))}{Z_t}=\frac{\exp(a_t)}{Z_t}=\frac{1}{2(1-\varepsilon_t)}\tag{6.16}$$

错误分类的样本更新权重：

$$w_{t+1,i}=w_{t,i}\ \frac{1}{2\varepsilon_t}\tag{6.17}$$

正确分类的样本更新权重：

$$w_{t+1,i}=w_{t,i}\ \frac{1}{2(1-\varepsilon_t)}\tag{6.18}$$

6.1.4　算法实例

【例 6.1】　将弱分类器优化为强分类器。

图 6.1 给出了 10 个训练样本数据，按照从左到右、从近到远的大概次序，其样本序列 X 的类标号为(＋＋－－－－＋＋＋－－)。下面以该数据为例讲解 AdaBoost 算法的实施过程。在图 6.1 中，＋和－分别表示两种数据类别。用事先确定的 3 条直线(两条水平线、一条垂直线)作为弱分类器，记为 h_1、h_2、h_3。这是根据样本数据的分布人为确定的 3 个弱分类器。然后进行迭代集成学习，通过迭代确定权重系数，逐步产生强分类器。

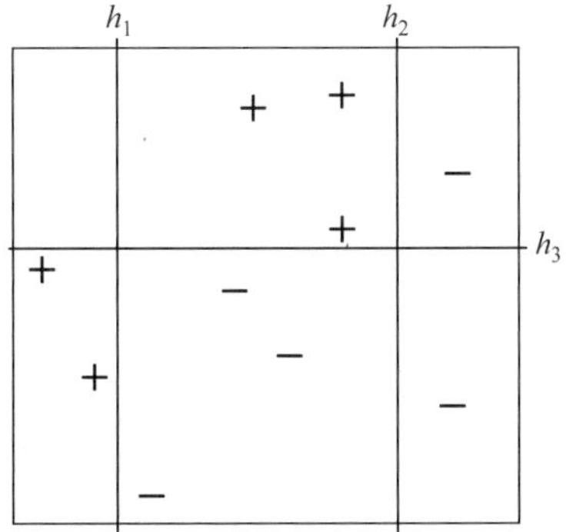

图 6.1　初始样本数据和

第一轮迭代分类器 h_1 如图 6.2 所示。

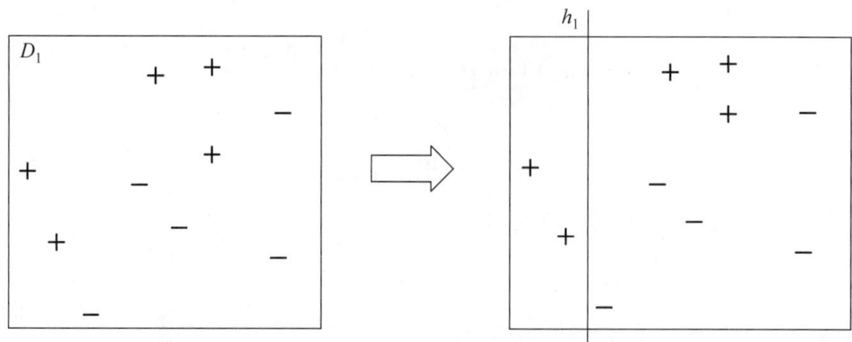

图 6.2 第一轮迭代分类器 h_1

初始权值采用均匀分布：

$$w_{1i}=\frac{1}{N}=0.1$$

计算分类器 h_1 的分类误差率为

$$\varepsilon_1=0.1+0.1+0.1=0.3$$

计算分类器 h_1 的权重系数为

$$a_1=\frac{1}{2}\ln\frac{1-\varepsilon_1}{\varepsilon_1}\approx 0.4236$$

根据分类的正确率，得到一个新的样本权值分布 D_2，一个弱分类器 h_1。

接下来更新权值分布。每个样本的新权值是变大还是变小，取决于样本分类是错误的还是正确的。分类错误的样本权值变大，在下一轮的弱分类器学习中将得到更大的关注。

分类错误的样本为 3 个＋，其权值都是

$$0.1\times\frac{1}{0.3\times 2}\approx 0.1667$$

分类正确的样本为剩余的 7 个，包括＋或－，其权重都是

$$0.1\times\frac{1}{0.7\times 2}\approx 0.0715$$

第一轮迭代后，得到各个数据新的权值分布 D_2＝(0.0715，0.0715，0.0715，0.0715，0.0715，0.1666，0.1666，0.1666，0.0715，0.0715)。由此可以看出，因为样本中第 6～8 个数据被 $h_1(x)$分错了，所以它们的权值由之前的 0.1 增大到 0.1666；反之，其他数据均被正确分类，所以它们的权值均由之前的 0.1 减小到 0.0715。

分类函数为

$$f_1(x)=a_1h_1(x)=0.4236h_1(x)$$

此时，得到的第一个基分类器 $\text{sign}(f_1(x))$在训练数据集上有 3 个错误分类点。从上述第一轮的整个迭代过程可以看出：被错误分类的样本的权值之和影响分类误差率，分类误差率影响基分类器在最终的强分类器中所占的权值。

第二轮迭代分类器 h_2 如图 6.3 所示。

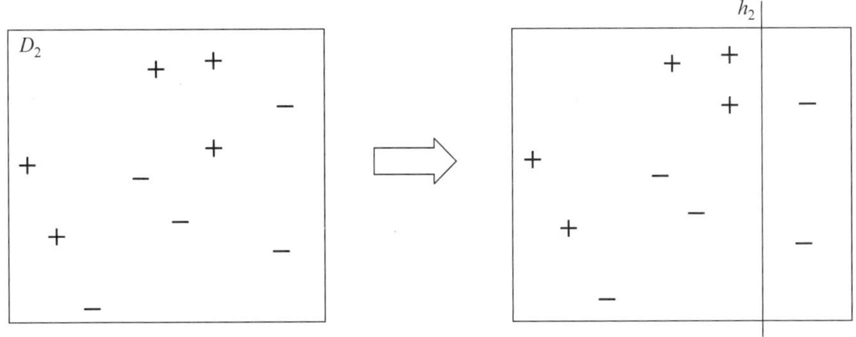

图 6.3　第二轮迭代分类器 h_2

由图 6.3 可见，分类器 h_2 错分的是左边的 3 个－，所以分类器 h_2 的分类误差率为

$$\varepsilon_2 = 0.0715 + 0.0715 + 0.0715 = 0.2145$$

分类器 h_2 的权重系数为

$$a_2 = \frac{1}{2}\ln\frac{1-\varepsilon_2}{\varepsilon_2} \approx 0.6496$$

接下来更新权值分布。

第二轮迭代分类错误的样本为左边的 3 个－，其权重均更新为

$$0.0715 \times \frac{1}{2 \times 0.2145} \approx 0.1666$$

第二轮迭代分类正确的样本有两种情况：

(1) 第一轮分类错误、第二轮分类正确的 3 个＋，其权重均更新为

$$0.1666 \times \frac{1}{2 \times (1-0.2145)} \approx 0.1060$$

(2) 两次迭代分类都正确的样本，包括＋和－，其权重都更新为

$$0.0715 \times \frac{1}{2 \times (1-0.2145)} \approx 0.0455$$

第二轮迭代后，得到各个数据新的权值分布 D_3＝(0.0455，0.0455，0.1666，0.1666，0.1666，0.1060，0.1060，0.1060，0.0455，0.0455)。由此可以看出，因为样本中第 2～4 个数据被 $h_2(x)$ 分错了，所以它们的权值由之前的 0.0715 增大到 0.1666；反之，其他数据均被正确分类，所以它们的权值均比之前减小，最左边和最右边的两个－两轮都被正确分类，其权值再次降低到 0.0455。

分类函数为

$$f_2(x) = a_1 h_1(x) + a_2 h_2(x) = 0.4236 h_1(x) + 0.6496 h_2(x)$$

此时，得到的第二个基分类器 $\mathrm{sign}(f_2(x))$ 在训练数据集上有 3 个错误分类点。

第三轮迭代分类器 h_3 如图 6.4 所示。

第二轮迭代后，样本权值分布为 D_3＝(0.0455，0.0455，0.1666，0.1666，0.1666，0.1060，0.1060，0.1060，0.0455，0.0455)。

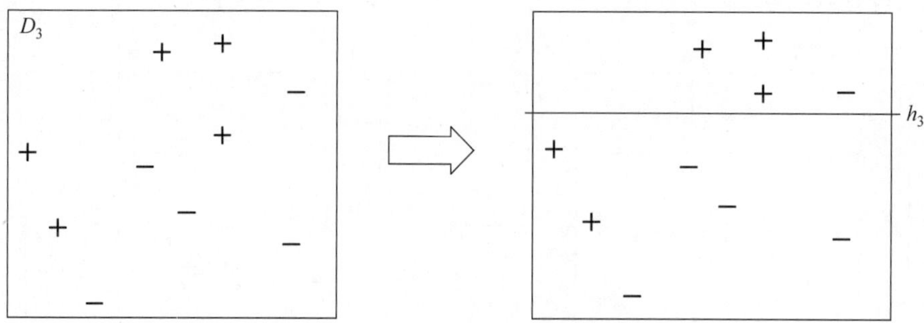

图 6.4 第三轮迭代分类器 h_3

由图 6.4 可见，分类器 h_3 错分的是最上面的一个－和最左边的两个＋，所以分类器 h_3 的分类误差率为

$$\varepsilon_3=0.0455\times 3=0.1365$$

分类器 h_3 的权值系数为

$$a_3=\frac{1}{2}\ln\frac{1-\varepsilon_3}{\varepsilon_3}\approx 0.9223$$

分类函数为

$$f_3(x)=a_1h_1(x)+a_2h_2(x)+a_3h_3(x)=0.4236h_1(x)+0.6496h_2(x)+0.9223h_3(x)$$

3 个弱分类器 h_1、h_2、h_3 的线性组合为强分类器 $H(x)$，如图 6.5 所示。

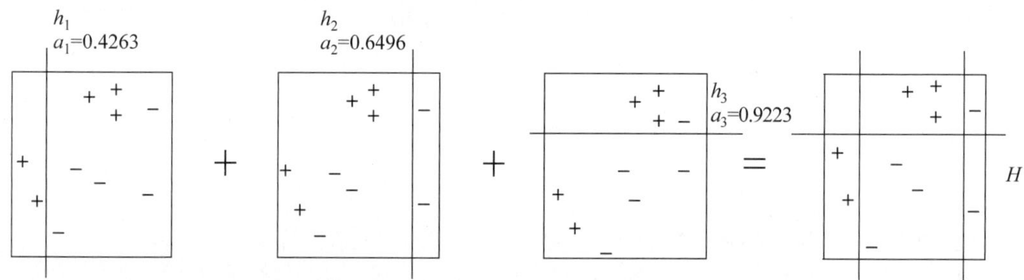

图 6.5 分类器组合

强分类器为

$$H(x)=\mathrm{sign}(f_3(x))=\mathrm{sign}(0.4236h_1(x)+0.6496h_2(x)+0.9223h_3(x))$$

以最左边的－(即第 3 个样本点)x_3 为例，利用上述强分类器进行分类的过程为

$$H(x_3)=\mathrm{sign}(h_3(x_3))=\mathrm{sign}(0.4236h_1(x_3)+0.6496h_2(x_3)+0.9223h_3(x_3))$$

由于

$$h_1(x_3)=-1,\quad h_2(x_3)=1,\quad h_3(x_3)=-1$$

因此

$$H(x_3)=\mathrm{sign}(-0.4236+0.6496-0.9223)=-1$$

即分类是正确的。从图 6.5 中可以看出，强分类器 $H(x)$ 对 10 个样本的分类都是正确的，误分类点个数为 0。

在本实例中，根据经验提前确定好了 3 个弱分类器，通过迭代进行权重系数的优化，最后得到强分类器。由此可见，弱分类器的构造也很重要，基于组合方法的强分类器构造思想要求弱分类器最起码要比随机猜测的随机分类要稍好一些。

决策树桩(decision stump)也称单层决策树(one level decision tree)，是一种简单的决策树分类方法，是一种典型的弱分类器，它仅仅根据对一个属性的一次判断就决定最终的分类结果。从树这种数据结构的观点来看，它仅由根节点与叶子节点组成。根节点是决策属性，叶子节点是最终的分类结果。例如，根据水果是否是圆形判断它是否为苹果，这体现的是简单的单一规则(或叫特征)在起作用。

例 6.2 采用决策树桩作为弱分类器来构造强分类器。其基本过程是：根据样本数据遍历全部的属性列及其所有可能的阈值，找到具有最低错误率的阈值来确定决策树桩(单层决策树)，将其作为弱分类器。

【例 6.2】 利用 AdaBoost 算法构造强分类器。

给定如表 6.1 所示的数据集，采用决策树桩作为弱分类器，利用 AdaBoost 算法构造一个强分类器。

表 6.1　数据集

序号	1	2	3	4	5	6	7	8	9	10
x	0	1	2	3	4	5	6	7	8	9
y	1	1	1	−1	−1	−1	1	1	1	−1

AdaBoost 算法一般使用单层决策树作为其弱分类器。单层决策树是决策树最简化的版本，只有一个决策点。也就是说，如果训练数据有多个特征属性，单层决策树也只能选择其中一个特征属性来做决策。还有一个关键点：决策的阈值也需要考虑。采用决策树桩时，对于离散数据，可以选取该属性的任意一个数据作为判定的分裂点；对于连续数据，可以选择该属性的一个阈值作为分裂点进行判定(大于该阈值的分配到一类，小于该阈值的分配到另一类；当然，也可以选取多个阈值，并由此得到多个叶节点)。

首先，初始化训练数据的权值分布，令每个权值为

$$W_{1,i}=\frac{1}{N}=0.1,\quad i=1,2,\cdots,N$$

在本例中，$N=10$，$i=1,2,\cdots,10$。然后，分别对于 $t=1,2,3,\cdots$ 进行迭代，在处理完成后，根据 x 和 y 的对应关系，将这 10 个数据分为两类，一类是 1，另一类是 −1。根据数据的特点可以发现：0、1、2 这 3 个样本对应的类是 1，3、4、5 这 3 个样本对应的类是 −1，6、7、8 这 3 个样本对应的类是 1，样本 9 对应的类是 −1。前 3 组数据是 3 类不同的数据，分别对应的类是 1、−1、1，从直观上可以找到对应的数据分裂点，例如，可以用 2.5、5.5、8.5 将上面 3 组数据分成 3 类。当然，这只是主观推测。下面实际执行计算过程。

第一轮迭代时，对于 $t=1$，在权值分布为 D_1(10 个数据，每个数据的权值均初始化为 0.1)的训练数据上，经过计算可得：

(1) 阈值 v 取 2.5 时，分类误差率为 0.3($x\leqslant 2.5$ 时取 1，$x>2.5$ 时取 −1，则样本 6、7、

8 分错，分类误差率为 0.3)。

(2) 阈值 v 取 5.5 时，分类误差率为 0.4($x \leqslant 5.5$ 时取 1，$x > 5.5$ 时取 -1，则样本 3、4、5、6、7、8 均分错，分类误差率为 0.6，大于 0.5，不可取。故 $x > 5.5$ 时取 1，$x \leqslant 5.5$ 时取 -1，则样本 0、1、2、9 分错，分类误差率为 0.4)。

(3) 阈值 v 取 8.5 时，分类误差率为 0.3($x \leqslant 8.5$ 时取 1，$x > 8.5$ 时取 -1，则样本 3、4、5 分错，分类误差率为 0.3)。

所以无论阈值 v 是 2.5 还是 8.5，总会分错 3 个样本数据，故可任取其中一个阈值。

若阈值选择 2.5，第一个弱分类器为

$$h_1(x) = \begin{cases} 1, & x \leqslant 2.5 \\ -1, & x > 2.5 \end{cases}$$

上面说阈值 v 取 2.5 时则第 7～9 个数据分错，所以分类误差率为 0.3。

样本 1、2 对应的类(y)是 1，因它们都不大于 2.5，所以被 $G_1(x)$分在了相应的类 1 中，即认为分类正确；样本 3、4、5 对应的类(y)是 -1，因它们都大于 2.5，所以被 $G_1(x)$分在了相应的类 -1 中，即认为分类正确；而样本 6、7、8 对应的类(y)是 1，却因它们大于 2.5 而被 $G_1(x)$分在了类 -1 中，所以这 3 个样本分类错误；样本 9 对应的类(y)是 -1，因它大于 2.5，所以被 $G_1(x)$分在了相应的类 -1 中，即认为分类正确。这样就得到了 $G_1(x)$ 在训练数据集上的分类误差率，即被 $G_1(x)$误分类的样本 6、7、8 的权值之和。

$$\varepsilon_1 = 0.1 \times 3 = 0.3$$

根据分类误差率 ε_1 计算 $h_1(x)$的权重系数：

$$a_1 = \frac{1}{2}\ln\frac{1-\varepsilon_1}{\varepsilon_1} = 0.4236$$

分类函数为

$$f_1(x) = a_1 h_1(x) = 0.4236 h_1(x)$$

a_1 代表 $h_1(x)$在最终的分类函数中所占的权重，为 0.4236。

接着更新训练数据的权值分布，用于下一轮迭代：

$$W_{t+1,i} = \frac{W_{t,i}\exp(-a_t y_i h_t(x_i))}{Z_t}$$

$$D_{m+1}(W_{m+1,1}, W_{m+1,2}, \cdots, W_{m+1,N}), W_{1i=\frac{1}{N}, i=1,2,\cdots,N}$$

由权值更新公式可知，每个样本的新权值是变大还是变小，取决于它的分类是错误的还是正确的。即，如果某个样本被分错了，则 $y_i h_t$ 为负，负负得正，结果使得样本权值变大；否则，样本权值变小。第一轮迭代后，各个数据新的权值分布为 $D_2 =$(0.0715, 0.0715, 0.0715, 0.0715, 0.0715, 0.0715, 0.1666, 0.1666.0.1666, 0.0715)。由此可以看出，因为样本中第 7～9 个数据被 $h_1(x)$分错，所以它们的权值由之前的 0.1 增大到0.1666；反之，其他数据均被正确分类，所以它们的权值均由之前的 0.1 减小到 0.0715。此时，得到的第一个弱分类器 $\text{sign}(f_1(x))$在训练数据集上有 3 个误分类点(即样本 6、7、8)，从上述第一轮迭代的整个过程可以看出：被误分类样本的权值之和影响分类误差率，分类误差率影响弱分类器在强分类器中所占的权重。

在第二次迭代中，对于 $t=2$，在权值分布为 $D_2 =$(0.0715, 0.0715, 0.0715, 0.0715,

0.0715，0.0715，0.1666，0.1666，0.1666，0.0715)的训练数据集上，经过计算可得：

(1) 阈值 v 取2.5时，误差率为 0.1666×3($x\leqslant2.5$ 时取1，$x>2.5$ 时取 -1，则第7～9个数据分错，分类误差率为 0.1666×3)。

(2) 阈值 v 取5.5时，误差率最低为 0.0715×4($x>5.5$ 时取1，$x\leqslant5.5$ 时取 -1，则第1～3和第10个数据分错，分类误差率为 $0.0715\times3+0.0715$)。

(3) 阈值 v 取8.5时，分类误差率为 0.0715×3($x\leqslant8.5$ 时1，$x>8.5$ 时取 -1，则第4～6个数据分错，分类误差率为 0.0715×3)。

所以，阈值 v 取8.5时分类误差率最低，故第二个弱分类器为

$$h_2(x)=\begin{cases}1, & x\leqslant8.5\\-1, & x>8.5\end{cases}$$

很明显，$h_2(x)$ 把样本3、4、5分错了，根据 D_2 可知，它们的权值均为0.0715，所以 $h_2(x)$ 在训练数据集上的分类误差率为

$$\varepsilon_2=0.0715\times3=0.2145$$

计算 $h_2(x)$ 的权重系数：

$$a_2=\frac{1}{2}\ln\frac{1-\varepsilon_2}{\varepsilon_2}=0.6496$$

分类函数为

$$f_2(x)=0.4236h_1(x)+0.6496h_2(x)$$

此时，得到的第二个弱分类器 $\text{sign}(f_2(x))$ 在训练数据集上有3个误分类点(即样本3、4、5)。

新的训练数据集的权值分布为 $D_3=$(0.0455，0.0455，0.0455，0.1667，0.1667，0.1667，0.1060，0.1060，0.1060，0.0455)。被分错的样本3、4、5的权值变大，其他被分对的样本的权值变小。

在第三次迭代中，对于 $t=2$，在权值分布为 $D_3=$(0.0455，0.0455，0.0455，0.1667，0.1667，0.1667，0.1060，0.1060，0.1060，0.0455)的训练数据上，经过计算可得：

(1) 阈值 v 取2.5时，分类误差率为 0.1060×3($x\leqslant2.5$ 时取1，$x>2.5$ 时取 -1，则样本6、7、8分错，误差率为 0.1060×3)。

(2) 阈值 v 取5.5时，分类误差率最低为 0.0455×4($x>5.5$ 时取1，$x\leqslant5.5$ 时取 -1，则样本0、1、2、9分错，分类误差率为 $0.0455\times3+0.0715$)。

(3) 阈值 v 取8.5时，分类误差率为 0.1667×3($x\leqslant8.5$ 时取1，$x>8.5$ 时取 -1，则样本3、4、5分错，分类误差率为 0.1667×3)。

所以阈值 v 取5.5时分类误差率最低，故第三个弱分类器为

$$h_3(x)=\begin{cases}1, & x\leqslant5.5\\-1, & x>5.5\end{cases}$$

此时，被错误分类的样本是0、1、2、9，这4个样本所对应的权值均为0.0455，所以 $h_3(x)$ 在训练数据集上的分类误差率为

$$\varepsilon_3=0.0455\times4=0.1820$$

计算 $h_3(x)$ 的权重系数：

$$a_3=\frac{1}{2}\ln\frac{1-\varepsilon_3}{\varepsilon_3}=0.7514$$

新的训练数据集的权值分布为 $D_4=(0.125,0.125,0.125,0.102,\ 0.102,0.102,0.065,\ 0.065,\ 0.065,\ 0.125)$。被分错的样本 0、1、2、9 的权值变大,其他被分对的样本的权值变小。

分类函数为

$$f_3(x)=0.4236h_1(x)+0.6496h_2(x)+0.7514h_3(x)$$

此时,得到的第三个弱分类器 $\mathrm{sign}(f_3(x))$在训练数据集上有 0 个误分类点。至此,整个训练过程结束。强分类器的组合公式为

$$H(x)=\mathrm{sign}(f_3(x))=\mathrm{sign}(\alpha_1h_1(x)+\alpha_2h_2(x)+\alpha_3h_3(x))$$

将上面计算得到的各权值系数代入公式中,得到最终的分类器:

$$H(x)=\mathrm{sign}(f_3(x))=\mathrm{sign}(0.4236h_1(x)+0.6496h_2(x)+0.7514h_3(x))$$

6.1.5 AdaBoost 算法的优缺点

AdaBoost 算法有以下优点:

(1) AdaBoost 算法可以自动组合弱分类器,是一种有很高精度的分类算法。

(2) 可以使用各种方法灵活构建弱分类器,AdaBoost 算法提供的是框架。

(3) 作为简单的二元分类器时,构造简单,结果可理解。

(4) 算法简单,不用进行特征筛选,不用担心过拟合。

AdaBoost 算法有以下缺点:

(1) AdaBoost 算法迭代次数(即弱分类器数目)不容易设定。

(2) 算法训练比较耗时,每次重新选择时会选择当前分类器最好的分裂点。

(3) 数据不平衡会导致分类精度下降,本算法对噪音样本数据和异常样本数据敏感,异常样本在迭代中可能会获得较高的权重,影响最终的强学习器的预测准确性。

6.2 粒子群分类算法

群体智能(Swarm Intelligence,SI)是指具有简单智能的个体通过相互协作和组织表现出群体智能行为的特性,它具有天然的分布式和自组织特征。它在没有集中控制且不提供全局模型的前提下表现出了明显的优势。群体智能的相关研究早已开始,到目前为止也取得了许多重要的结果。自 1991 年意大利学者 Dorigo 提出蚁群优化(Ant Colony Optimization, ACO)算法开始,群体智能作为一个理论被正式提出,并逐渐吸引了大批学者的关注,从而掀起了研究高潮。1995 年,Kennedy 等学者提出粒子群优化(Particle Swarm Optimization,PSO)算法,此后群体智能研究迅速展开,蚁群优化算法和粒子群优化算法在求解实际问题时应用最为广泛,也是仿生类优化算法的典型代表。

基于群体智能的分类器设计是分类器的另一种设计方法,这种方法主要利用群体智能优化算法较强的全局搜索能力在分类规则的可行空间中搜索全局最优的分类规则来构造分类器。本节以群体智能算法中应用广泛的粒子群优化算法为例,给出基于粒子群优

化算法的分类器设计过程。

6.2.1　粒子群优化算法简介

自然界中存着许许多多的奥妙和规则。例如，鸟群在飞行的过程中动作优美、和谐。初看起来，天空中鸟群的飞行状况似乎是有规律性的；但是经过仔细的分析和观察，不难看出鸟群有着极高的同步性，也正是因为这个特点，才能够让鸟群的整体动态体现出一种美感和流畅感。很多学者都以鸟群的运动为模型进行了计算机仿真分析研究，在研究过程中，他们所选择的方式是让每个独立的鸟儿都按照其既定的轨迹飞翔，最终形成整个鸟群的复杂运动。而独立个体之间的距离是该模型能否取得成功的决定性因素，整个群体的行为具有极高的同步性的原因是：每个独立的个体都尽力维持自己和同伴之间的最佳距离。而要想达到这个效果，就要对自身和同伴的位置有清晰的认识。生物社会学家E.O.Wilson认为："从理论的视角来说，群体中的每个个体在寻找食物的环节里，能够得益于群体中其他成员之前的经历和发现。由于食物来源是以零星分布的方式存在的，具有一定的不可预知性，因此同伴之间的协作就具有决定性的优势，相比于食物的竞争关系，其优势要远大于劣势。"这说明，在群体中的每个个体之间进行有效的信息传递，对于社会共享是十分有利的。基于共享的思想，J.Kennedy与R.Eberhart于1995年提出了粒子群优化算法(PSO)的最初形式。该算法是一种优化算法，它以群体智能作为基础，其完成复杂优化的过程是：采用没有体积、没有质量的粒子作为个体，同时规定每个粒子的行为方式，使得整个粒子群呈现复杂的特征。因为PSO较容易实现，概念也简单，因此被应用到各个领域中，得到极为迅速的发展和推广，同时受到了计算研究领域专家和学者的青睐。PSO最典型的应用是旅行商问题、数字电路优化等。

6.2.2　基本粒子群优化算法

粒子群优化算法是一个非常简单的算法，且能够有效地优化各种函数。从某种程度上说，该算法介于进化规划和遗传算法之间。该算法非常依赖于随机的过程，这也是和进化规划的相似之处；该算法中朝全局最优和局部最优靠近的调整非常类似于遗传算法中的交叉算子。该算法还采用了适应值的概念，这是所有进化计算方法所共有的特征。

下面介绍该算法的几个重要概念：

(1) 个体(individual)。是模拟生物个体而对问题中的对象(一般就是问题的解)的一种称呼，一个个体是搜索空间中的一个点。

(2) 种群(population)。是模拟生物种群，由若干个体组成的群体，它一般是整个搜索空间的一个有意义的子集。

(3) 适应值(fitness)。是各个个体对环境的适应程度。它是表征问题中的个体对象优劣的一种测度，即对个体优劣的评价。

(4) 适应值函数(fitness function)。是问题中的全体个体与其适应值之间的对应关系。它一般是一个实值函数。该函数就是算法中指导搜索的评价函数。

在粒子群优化算法中，每个个体称为一个粒子，其实每个粒子代表一个潜在的解。例如，在一个D维的目标搜索空间中，将每个粒子看成该空间内的一个点，用适应值函数来评价个体的优劣。设群体由 m 个粒子构成，m 也被称为群体规模，过大的 m 会影响算法的运算速度和收敛性。

粒子群优化算法的数学描述为：在一个 D 维空间中，由 m 个粒子组成的种群 $X=(x_1,x_2,\cdots,x_D)$，其中第 i 个粒子的位置为 $x_i=(x_{i,1},x_{i,2},\cdots,x_{i,D})^{\mathrm{T}}$，其速度为 $V_i=(v_{i,1},v_{i,2},\cdots,v_{i,D})^{\mathrm{T}}$。它的个体极值为 $p_i=(p_{i,1},p_{i,2},\cdots,p_{i,D})^{\mathrm{T}}$，种群的全局极值为 $p_g=(p_{g,1},p_{g,2},\cdots,p_{g,D})^{\mathrm{T}}$。按照追随当前最优粒子的原则，粒子 x_i 将按式(6.19)和式(6.20)改变自己的速度和位置。

$$v_{i,j}(t+1)=v_{i,j}(t)+c_1r_1(t)(p_{i,j}(t)-x_{i,j}(t))+c_2r_2(t)(p_{g,j}(t)-x_{i,j}(t)) \tag{6.19}$$

$$x_{i,j}(t+1)=x_{i,j}(t)+v_{i,j}(t+1) \tag{6.20}$$

其中，$j=1,2,\cdots,D$，$i=1,2,\cdots,m$，m 为种群规模，t 为当前进化代数，r_1、r_2 为分布于[0,1]区间的随机数，c_1、c_2 为加速常数。从式(6.19)可知，每个粒子的速度由3部分组成：第一部分为粒子先前的速度；第二部分为"认知"部分，表示粒子自身的思考；第三部分为"社会"部分，表示粒子间的信息共享与相互合作。

离散粒子群优化算法(Discrete PSO，DPSO)是Kennedy和Eberhart在1997年为解决离散空间优化问题提出的粒子群优化算法，被称为传统的离散粒子群优化算法，粒子的速度和位置计算公式如式(6.21)和式(6.22)所示：

$$v_i^{t+1}=wv_i^t+c_1r_1^t(\mathrm{Pbest}_i^t-x_i^t)+c_2r_2^t(\mathrm{Gbest}_i^t-x_i^t) \tag{6.21}$$

$$\begin{cases} x_i^t=\begin{cases}0, & \mathrm{rand}\geqslant \mathrm{sig}(v_i^{t+1})\\ 1, & \text{其他}\end{cases} \\ \mathrm{sig}(v_i^{t+1})=\dfrac{1}{1+\exp(-v_i^t)} \end{cases} \tag{6.22}$$

在式(6.21)中，v_i^t 为粒子 i 在第 t 次迭代时的速度，w 是为避免DPSO算法陷入局部最优而引入的惯性权重因子，$c_j(j=1,2)$为加速常数；r_1^t、r_2^t 是0～1的随机数，x_i^t 为个体 i 在第 t 次迭代时的当前位置，Pbest_i 为第 i 个粒子的个体极值，Gbest_i 为粒子群的全局极值。

在式(6.22)中，rand为0～1的随机数，$\mathrm{sig}(v)$是一个根据粒子速度控制粒子位置为1或0的函数。

传统的离散粒子群优化算法沿用了基本连续粒子群优化的速度更新公式，即速度仍作用于连续空间，而位置则利用sig函数离散化。该算法通过优化可连续变化的二进制概率达到间接优化二进制变量的目的，在编码方式和粒子位置改变方式上发生了变化。目前DPSO算法被广泛应用于离散空间的优化问题。

DPSO算法的流程如下：

(1) 初始化粒子群，包括群体规模 m、每个粒子的位置 x_i 和速度 v_i。

(2) 计算每个粒子的适应值 $f(x_i)$。

(3) 对每个粒子，用它的适应值 $f(x_i)$和个体极值 Pbest_i 比较，如果 $f(x_i)>\mathrm{Pbest}_i$，则用 $f(x_i)$替换 Pbest_i。

(4) 对每个粒子，用它的适应值 $f(x_i)$和全局极值 Gbest_i 比较，如果 $f(x_i)>$

$Gbest_i$，则用 $f(x_i)$ 替 $Gbest_i$。

(5) 根据式(6.21)和式(6.22)更新粒子的速度和位置。

(6) 如果满足结束条件(误差小于阈值或到达最大循环次数)则退出，否则返回(2)。

说明：

(1) 在式(6.21)中，第一部分可理解为粒子先前的速度(或惯性)；第二部分可理解为粒子的"认知"行为，表示粒子本身的思考能力；第三部分可理解为粒子的"社会"行为，表示粒子之间的信息共享与相互合作。式(6.22)表示粒子在求解空间中由于相互影响而导致的运动位置调整。在整个求解过程中，惯性权重因子 w 和加速因子 c_1、c_2 共同维护粒子的全局和局部搜索能力的平衡。

(2) 在粒子群优化算法发展初期，其解群随进化代数表现出更强的随机性。正是由于这一点，促进了每一代所有解的"信息"的共享性和各个解的"自我素质"的提高。

(3) 粒子群优化算法的一个优势就是采用实数编码，不需要像遗传算法一样采用二进制编码(或者采用针对实数的遗传操作)。例如，对问题 $f(x)=x_1^2+x_2^2+x_3^2$ 进行求解时，粒子可以直接编码为(x_1,x_2,x_3)，适应值函数就是 $f(x)$。

(4) 粒子具有"记忆"的特性，它们通过自我学习和向其他粒子学习，使其下一代解有针对性地从"先辈"那里继承更多的信息，从而能在较短的时间内找到最优解。

(5) 与遗传算法相比，粒子群优化算法的信息共享机制是很不同的。在遗传算法中，染色体互相共享信息，所以整个种群比较均匀地向最优区域移动；在粒子群优化算法中，信息流动是单向的，即只有 Gbest 将信息给其他的粒子，才能使得整个搜索更新过程一直学习当前全局最优解。

6.2.3　粒子群优化算法的特点

粒子群优化算法是一种新兴的智能优化技术，是群体智能研究中的一个新的分支，也是对简单社会系统的模拟。该算法本质上是一种随机搜索算法，并能以较大的概率收敛于全局最优解。实践证明，它适合在动态、多目标优化环境中寻优，与传统的优化算法相比较具有更快的计算速度和更好的全局搜索能力。它的具体特点如下：

(1) 粒子群优化算法是基于群体智能理论的优化算法，通过群体中粒子间的合作与竞争产生的群体智能指导优化搜索。与进化算法比较，粒子群优化算法是一种更为高效的并行搜索算法。

(2) 粒子群优化算法与遗传算法有很多共同之处，两者都是随机初始化种群，使用适应值来评价个体的优劣程度和进行一定的随机搜索。但粒子群优化算法根据自己的速度来决定搜索，没有遗传算法那样明显的交叉和变异。与遗传算法比较，粒子群优化算法保留了基于种群的全局搜索策略，同时其采用的速度一位移模型操作更为简单，避免了复杂的遗传操作。

(3) 粒子群优化算法有用来有效地平衡搜索过程的多样性和方向性的良好机制。

(4) 在遗传算法中由于染色体共享信息，故整个种群较均匀地向最优区域移动。在粒子群优化算法中，Gbest 将信息传递给其他粒子，是单向的信息流动。在多数情况下，所有的粒子可能更快地收敛于最优解。

（5）粒子群优化算法特有的记忆使其可以动态地跟踪当前的搜索情况并调整其搜索策略。

（6）由于每个粒子在算法结束时仍然保持着其个体极值，因此，若将粒子群优化算法用于调度和决策问题，可以给出多种有意义的选择方案。而基本遗传算法在结束时只能得到最后一代个体的信息，前面迭代的信息并没有保留下来。

（7）即使同时使用连续变量和离散变量，对位移和速度同时采用连续和离散的坐标轴，在搜索过程中两者也并不相互冲突。所以粒子群优化算法可以很自然、很容易地处理混合整数非线性规划问题。

（8）粒子群优化算法对种群大小不十分敏感，即种群数目下降时粒子群优化算法性能下降不是很大。

（9）在收敛的情况下，由于所有的粒子都向最优解的方向移动，所以粒子趋向同一化（失去了多样性），使得后期收敛速度明显变慢，以致粒子群优化算法收敛到一定精度时无法继续优化。长期以来，有很多学者致力于提高粒子群优化算法的性能。

6.2.4 基于粒子群优化算法的分类器构造

1. 分类器构造模型

数据挖掘中的分类算法通过分析训练数据集中同一类数据对象的共同特征，提取分类规则，构造分类器，对未知类别的样本进行类别判断。分类规则的提取过程可以看成在规则空间搜索最佳分类规则的过程。基于这一想法，可以利用群体智能优化算法（例如遗传算法、粒子群优化算法等）在可行的分类规则空间中搜索最优的分类规则来构造分类器。基于遗传算法和粒子群优化算法都可以构造分类器。本节将粒子群算法应用于分类器构造，即对训练数据集进行分类规则挖掘，实现基于粒子群算法的分类器设计。

分类规则可行空间较大，基于训练数据集进行最优分类规则搜索的问题是具有大规模、非线性等特点的组合优化问题。利用群体智能优化算法求解该问题的基本思想是：利用编码机制将分类规则可行空间映射到一个编码空间，这样就可以将一个个体的编码表示为分类规则，最优编码对应最优的分类规则，并基于群体智能优化算法对此编码空间进行搜索，以发现最优编码模式，再通过解码机制从此最优编码模式中解读出相应分类规则，进而迭代产生最优分类规则集，作为分类器。

利用群体智能优化算法求解上述分类规则的组合约束优化问题的主要过程如下：

（1）编码和解码。将分类规则优化问题域映射到编码空间，通过解码可以还原分类规则。

（2）确定适应值函数。确定反映分类规则情况优劣和当前个体在分类规则可行空间的可行性的适应值函数，用它来评价当前分类规则的好坏。

（3）选择迭代公式。根据分类规则优化问题具有离散性的特点，选择适用于进化的迭代公式，通过历史信息和当前个体的位置信息来产生新的、更接近最优规则的位置。

（4）确定结束条件。迭代的结束条件也是要考虑的重要内容，可以采用最大进化步数或最优的精度来控制算法的结束。

2. 分类规则编码

基于粒子群优化算法的分类器的分类规则编码将一条规则对应于一个个体，将一个规则集对应于一个种群，其编码方式和基于遗传算法的分类器类似，采用二进制串来表示分类规则，假定特征属性为离散型，如果一个特征属性有 n 个可能的取值，则在二进制串中为其分配 n 位，每一位与特定的取值对应，取 0 表示析取式中没有该取值，取 1 表示析取式中有该取值。对于类别属性，则采用连续二进制进行表示。

例如，数据集 D 包含两个特征属性——x 和 y，其中，x＝{x_kind1，x_kind2，x_kind3，x_kind4}，y＝{y_kind1，y_kind2，y_kind3}，类别属性包含 class_a、class_b、class_c 和 class_d，则分类规则

IF ＜x＝x_kind1 OR x_kind4＞ AND ＜y＝y_kind2 OR y_kind3＞

THEN class＝class_b

可以表示为二进制串((1001 011),(01))；反过来，二进制串((0110 101),(11))对应的分类规则为

IF ＜x＝x_kind2 OR x_kind3＞ AND ＜y＝y_kind1 OR y_kind3＞

THEN class＝class_d

上述编码方式适用于遗传算法对编码进行的交叉和变异操作，但不适用于粒子群优化算法对粒子速度和位置的更新操作。因为在粒子群优化算法中，每个粒子的位置由不同维度的值组成，粒子之间交换信息仅限于在相同维度间进行，并且粒子群优化算法中的维度为一定范围内的实数。为此，在进行粒子群分类规则编码时，以每个粒子表示一条规则，规则集对应整个粒子群，每个粒子由不同维度的值（定义为整数）组成，数据集 D 中每个特征属性对应于粒子不同维度的值，数据集中的类别属性也对应于粒子的一个维度的值，但不参与粒子间的信息交换，属于粒子的恒定属性。对于一条分类规则，首先按照密歇根编码方案编码为按特征属性分段的二进制串，然后将每段二进制串转化为十进制串，作为粒子的不同维度的值。例如，对于上述数据集 D 的分类规则

IF ＜x＝x_kind1 OR x_kind4＞ AND ＜y＝y_kind2 OR y_kind3＞

THEN class＝class_b

其对应的编码首先表示为((1001 011),(01))，将编码按照特征属性分段成((1001),(011),(01))，再转换为十进制的粒子群分类规则编码(9,3,1)；反之，粒子(10,4,3)对应的二进制编码为((1010),(100),(11))，解码后对应的分类规则为

IF ＜x＝x_kind1 OR x_kind3＞ AND ＜y＝y_kind1＞ THEN class＝class_d

通过上述方法，分类规则和粒子编码一一对应。

粒子的每个维度的值在编码后都是某个固定范围内的自然数，在粒子的移动过程中应保证其编码的合法性，如果粒子位置超出特定范围，则采用约束处理机制（例如可以规定其对应的边界值）保证其弹回可行域内。

采用这种编码规则，粒子每个维度的值表达了不同的含义，可以方便地进行粒子群算法的粒子位置更新操作，同时也满足了粒子间在不同维度上进行信息交换的独立性要求。

3. 分类规则的适应值函数

在第 5 章中给出了用于分类器评价的混淆矩阵，它是评估分类器识别不同类元组能力的一种有用工具。

基于粒子群优化算法的分类器使用常用的 3 个评价指标：灵敏度、特效度和精确率。

对于多分类问题,可以将其看成二分类问题。假设数据集 D 有类别属性 class_a 和其他类别属性(记为$\overline{\text{class_a}}$),规则 R 是关于类别 class_a 的一条分类规则。数据集 D 中按规则 R 正确分类为类别 class_a 的样本数为真正样本数,记为 t_pos;数据集 D 中类别为 class_a 的样本个数为正样本数,记为 pos;数据集 D 中类别为$\overline{\text{class_a}}$的样本个数为负样本数,记为 neg;数据集 D 中按规则 R 正确分类为$\overline{\text{class_a}}$的样本数为真负样本数,记为 t_neg。灵敏度为

$$\text{sensitivity}=\text{t\_pos}/\text{pos} \tag{6.23}$$

特效度为

$$\text{specificity}=\text{t\_neg}/\text{neg} \tag{6.24}$$

精确率为

$$\text{precision}=\text{t\_pos}/(\text{t\_pos}+\text{f\_pos}) \tag{6.25}$$

规则 R 的适应度一般取为灵敏度和特效度的乘积:

$$f(R)=\text{sensitivity}\times\text{specificity} \tag{6.26}$$

分类规则挖掘最终要得到的是能将数据尽可能正确分类的规则集,而不是某个单一的最优规则。如果某个规则的灵敏度不是很高,但特效度很高,这表示该规则能表达部分正样本数据,并且能拒绝绝大部分的负样本数据,这样的规则更适用于将数据正确分类。所以,本节在定义分类规则适应度时,加入 θ_1、θ_2 两个权值来调整适应度中灵敏度与特效度的重要程度,采用的分类规则适应度计算公式为

$$f(R)=\theta_1\text{sensitivity}\times\theta_2\text{specificity} \tag{6.27}$$

4. 粒子群分类算法

有了以上分类规则的粒子群个体编码和分类规则适应度函数的定义,就可以利用粒子群算法进行分类规则的挖掘,进一步形成分类器。但是,分类规则挖掘不是为了获得代表一个最佳规则的粒子,而是为了获得最佳的规则组合。正是由于分类规则挖掘问题的特殊性,所以需要修改粒子位置更新公式,并应用序列覆盖算法逐步挖掘数据集中的分类规则,以构成最终的分类器。在对测试数据的预测中,采用信任分配算法(Credit Assignment Algorithm, CAA),使用挖掘出来的分类规则集对测试数据进行分类预测。

设数据集 D 中包含 $r-1$ 个特征属性 $A_1,A_2,\cdots,A_{r-1}$ 和 q 个类别属性 $\text{class}_1,\text{class}_2,\cdots,\text{class}_q$,它们共同构成 r 维规则搜索空间。在这个 r 维空间内,由 n 个粒子组成一个粒子群,其中第 i 个粒子为一个 r 维向量:

$$\boldsymbol{x}_i=(x_{i,1},x_{i,2},\cdots,x_{i,r}),i=1,2,\cdots,n$$

$$\begin{cases}x_{ij}\in\{1,2,\cdots,2^{m_j}-1\},j=1,2,\cdots,r-1\ \text{特征属性}\ A_j\ \text{有}\ m_j\ \text{种不同取值}\\ x_{i,r}\in\{1,2,\cdots,q\}\end{cases}$$

然后,通过式(6.27)即可计算出其适应值 $f(x_i)$。

第 i 个粒子的移动速度是一个 $r-1$ 维向量,记为 $\boldsymbol{v}_i=(v_{i,1},v_{i,2},\cdots,v_{i,r-1})$,其大小记为 v_i,其中,$i=1,2,\cdots,n$,$v_i\in\mathbf{R}$,$j=1,2,\cdots,r-1$,且 $v_i\in[-v_{\max},v_{\max}]$,$v_{\max}$是常数,通过经验指定。第 i 个粒子的最优位置记为

$$\boldsymbol{p}_i=(p_{i,1},p_{i,2},\cdots,p_{i,r}),\quad i=1,2,\cdots,n$$

整个粒子群最优位置记为

$$\boldsymbol{p}_g=(p_{g,1},p_{g,2},\cdots,p_{g,r})$$

基于粒子群优化算法的分类规则挖掘算法的过程如下：

(1) 对数据集 D 进行预处理，包括对数据集 D 的数据进行数据清理、清除非规范数据、平滑噪声数据和填充缺失值等。如果对数据集中的数据未进行离散化，还要对数据进行概念分层离散化处理。

(2) 初始化以下参数：权重因子 θ_1、θ_2，学习因子 c_1、c_2，惯性因子 ω，最大迭代次数 L，速度最大值 $V_{\max}$，数据量阈值 M，等等。

(3) 确定本次搜索要挖掘的分类规则类别class_k，$k\in\{1,2,\cdots,q\}$。如果数据集 D 中类别class_k 的数据个数小于阈值 M，就意味着该类别数据量过小，应终止该类别的分类规则挖掘，$k=k+1$，进行下一个类别的分类规则挖掘，并将数据集恢复成完整的数据集；如果 $k>q$，则转步骤(7)。

(4) 在对应的范围内随机生成粒子 i 的位置向量 $\boldsymbol{x}_i=(x_{i,1},x_{i,2},\cdots,x_{i,r})$，在速度设定范围内随机生成每个粒子的速度向量 $\boldsymbol{v}_i$。置 $\boldsymbol{p}_i=\boldsymbol{x}_i$，$i=1,2,\cdots,n$。置 $\boldsymbol{p}_g=(0,0,\cdots,0,k)$。

(5) 计算第 i 个粒子的适应度 $f(\boldsymbol{x}_i)$。如果 $f(\boldsymbol{x}_i)>f(\boldsymbol{p}_i)$，则 $\boldsymbol{p}_i=\boldsymbol{x}_i$，$i=1,2,\cdots,n$。设 $f(x_j)=\max\{f(\boldsymbol{x}_i),i=1,2,\cdots,n\}$，如果所有 $f(\boldsymbol{x}_i)>f(\boldsymbol{p}_i)$，则 $\boldsymbol{p}_g=\boldsymbol{x}_j$；如果已经达到最大迭代次数 L，则转步骤(7)。

(6) 按式(6.28)更新 n 个粒子的速度向量 $\boldsymbol{v}_i$：

$$v_{ij}=\omega v_{ij}+c_1\alpha_1(p_{ij}-x_{ij})+c_2\alpha_2(p_g-x_{ij}),i=1,2,\cdots,n,j=1,2,\cdots,r-1 \tag{6.28}$$

其中，ω 为惯性因子；学习因子 c_1 和 c_2是非负常数；α_1 和 α_2 是[0,1]区间的随机数，p_g 为粒子群最优位置向量的大小。$\boldsymbol{x}_i$ 由于粒子速度向量的大小为浮点数，可是粒子位置向量的大小要求为正整数，因此在原有算法位置向量更新方式的基础上，对 $\boldsymbol{x}_i$ 进行取整操作，如式(6.29)所示：

$$x_{ij}=\mathrm{int}(x_{ij}+v_{ij})\quad i=1,2,\cdots,n,j=1,2,\cdots,r-1 \tag{6.29}$$

完成粒子群中所有粒子的位置和速度更新操作后，应进一步检查。如果 $x_i(i=1,2,\cdots,n)$超出设定的范围，则进行越界的自适应处理(例如取边界值等)，然后转步骤(5)。

(7) 将搜索到的粒子最优位置 p_g 置入分类规则集 R 中，然后采用序列覆盖算法在数据集 D 中移去规则 p_g 覆盖的数据，即特征属性和分类属性均与规则相匹配的数据，保留其他类别属性的数据，以便在挖掘某一类规则时能够保持负样本数量不变，以保证挖掘分类规则的准确性。完成操作后转步骤(3)。

说明：

(1) 代表规则类别的 $x_{i,r}(i=1,2,\cdots,n)$在算法流程中不参与粒子 i 的位置和速度更新操作。

(2) 算法采取限制信息策略，即只允许类别属性相同的粒子进行信息交换。

5. 粒子群分类器设计

完成对训练数据集 D 的分类规则挖掘后，由于分类规则集 R 中可能存在冗余规则，

因此需要对 R 进行约简。具体做法为：若在同一类别的规则集中，两个规则仅有一个特征属性的描述不同，此时这两个规则如果有包含关系，则除去被包含的规则；如果可以进行合并处理，则归纳为一个更广义的描述。

采用约简后的分类规则集 R 作为最终的分类器。在预测时，分类规则可能存在对同一个测试数据得到相互矛盾的类别的问题，这时应采用信任分配算法（Credit Assignment Algorithm，CAA），根据分类规则的权值来决定数据所属的类别。分类规则的权值可以采用精确率。粒子群分类器的实现过程如图 6.6 所示。

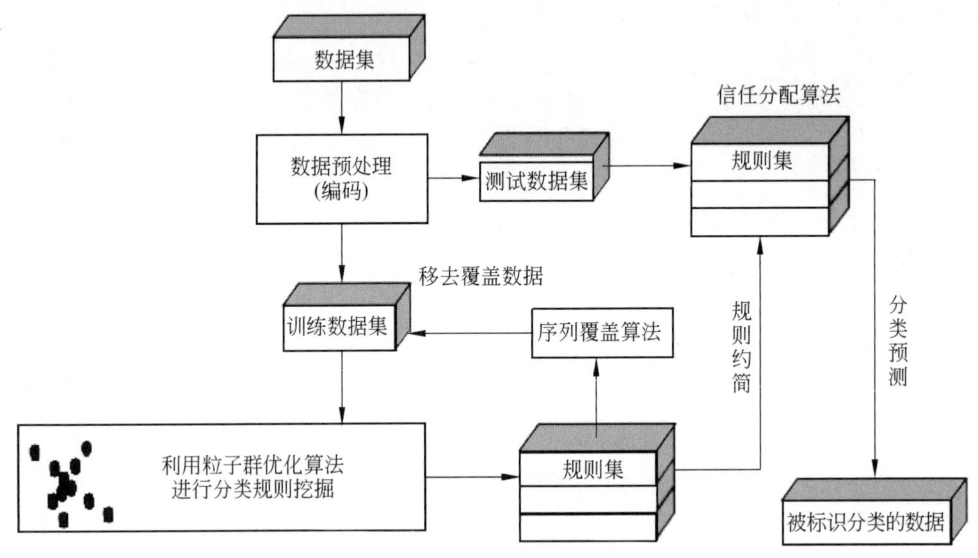

图 6.6　粒子群分类器的实现过程

6.3　支持向量机分类算法

6.3.1　支持向量机的基本概念

二分类是最基础的分类。感知机是二分类的线性分类模型，也是神经网络和支持向量机等高级分类器的基础。支持向量机（Support Vector Machine，SVM）最早也是一种二分类模型，是 20 世纪 90 年代中期发展起来的基于统计学习理论的一种机器学习方法，它通过寻求结构化风险最小化来提高学习机的泛化能力，实现经验风险和置信范围的最小化，从而在样本量较少的情况下也能获得良好的分类器。支持向量机是用来解决二分类问题的有监督学习算法，其基本模型定义为特征空间中间隔最大的线性分类器。支持向量机的学习策略是间隔最大化，最终转化为一个凸二次规划问题的求解。支持向量机现在已成为既能处理多元线性和非线性的问题也能处理回归问题的算法。在深度学习兴起之前，支持向量机是最好的分类算法。目前支持向量机的应用仍然很广，尤其是对于小样本集的应用效果很好。

支持向量机的雏形机是感知机，其基本模型是在特征空间中找到最佳的划分超平面，使得训练集上正负样本间隔最大。在引入了核方法之后，支持向量机也可以用来解决非线性问题。

由简至繁的支持向量机模型包括下面3种：

(1) 硬间隔支持向量机(线性可分支持向量机)。当训练样本线性可分时，通过硬间隔最大化，学习一个线性可分支持向量机。

(2) 软间隔支持向量机。当训练样本近似线性可分时，通过软间隔最大化，学习一个线性支持向量机。

(3) 非线性支持向量机。当训练样本线性不可分时，通过核方法和软间隔最大化，学习一个非线性支持向量机。

6.3.2 感知机模型

感知机模型是一种二分类的线性分类器，只能处理线性可分的问题，感知机模型就是尝试找到一个超平面，将数据集分开。在二维空间，这个超平面就是一条直线；在三维空间，这个超平面就是一个平面。感知机的分类模型如下：

$$f(\boldsymbol{x})=\operatorname{sign}(\boldsymbol{wx}+\boldsymbol{b}) \tag{6.30}$$

其中，sign 函数是指示函数(当 $\boldsymbol{wx}+\boldsymbol{b}\geqslant 0$ 时，$f(\boldsymbol{x})=+1$；当 $\boldsymbol{wx}+\boldsymbol{b}<0$ 时，$f(\boldsymbol{x})=-1$；感知机的超平面是 $\boldsymbol{wx}+\boldsymbol{b}=0$)

$$\operatorname{sign}(\boldsymbol{x})=\begin{cases}+1, & \boldsymbol{x}\geqslant 0\\ -1, & \boldsymbol{x}<0\end{cases} \tag{6.31}$$

将上述分段函数整合成 $y(\boldsymbol{wx}+\boldsymbol{b})>0$，则满足该式的样本点即分类正确的点，不满足该式的样本点即分类错误的点。建立感知机模型的目标就是找到这样一组参数 $\boldsymbol{w}$、$\boldsymbol{b}$，使得将训练集中的正类点和负类点分开。

损失函数是一种衡量损失和错误程度的函数，分类错误的样本个数定义为损失函数，但是这种损失函数不是参数 $\boldsymbol{w}$、$\boldsymbol{b}$ 的连续可导函数，因此不容易优化。因为对于分类错误的点有 $-y(\boldsymbol{wx}+\boldsymbol{b})>0$，让感知机所有的分类错误的点到超平面的距离和最小(注意，感知机的损失函数只针对分类错误的点，而不是整个训练集)即，使式(6.32)最小：

$$-\frac{1}{\|\boldsymbol{w}\|}\sum_{\boldsymbol{x}_i\in M}y_i(\boldsymbol{wx}_i+\boldsymbol{b}) \tag{6.32}$$

其中，M 是表示误分类的样本集合，当 $\boldsymbol{w}$、$\boldsymbol{b}$ 成倍增大时，并不会改变超平面，$\|\boldsymbol{w}\|$ 的值也会相应地增大，因此令 $\|\boldsymbol{w}\|=1$ 不会影响损失函数的计算结果。最终的感知机损失函数如下：

$$L(\boldsymbol{w},\boldsymbol{b})=-\sum_{\boldsymbol{x}_i\in M}y_i(\boldsymbol{wx}_i+\boldsymbol{b}) \tag{6.33}$$

6.3.3 硬间隔支持向量机

感知机的目标是将训练集分开，只要是能将样本分开的超平面都可以，而这样的超平面有很多。支持向量机本质上和感知机类似，然而要求却更加苛刻，因为在分类过程中，那些远离超平面的点是安全的，而那些容易被误分类的点是离超平面很近的点，而支持向量机的思想就是要重点关注这些离超平面很近的点，在分类正确的同时，让离超平面最近的点到超平面的间隔最大，期望找到最佳超平面。

给定训练样本集 $D=\{(x_1,y_1),(x_2,y_2),\cdots,(x_n,y_n)\},y_i\in\{+1,-1\},i=1,2,\cdots,n$，$n$ 表示样本容量。分类学习最基本的想法就是基于训练集 D 在特征空间中找到一个最佳划分超平面，将正负样本分开，而支持向量机算法解决的就是如何找到最佳超平面的问题。和感知机一样，超平面可通过如下的线性方程来描述：

$$\boldsymbol{w}\boldsymbol{x}+\boldsymbol{b}=0 \tag{6.34}$$

其中，$\boldsymbol{w}$ 表示法向量，决定了超平面的方向；$\boldsymbol{b}$ 表示偏移量，决定了超平面与原点之间的距离。对于训练数据集 D，假设找到了最佳超平面 $\boldsymbol{w}^*\boldsymbol{x}+\boldsymbol{b}^*=0$，定义以下决策分类函数：

$$f(\boldsymbol{x})=\operatorname{sign}(\boldsymbol{w}^*\boldsymbol{x}+\boldsymbol{b}^*) \tag{6.35}$$

该分类决策函数也称为线性可分支持向量机。

在测试时，对于硬间隔支持向量机可以用一个样本和划分超平面的距离来表示分类预测的可靠程度，样本离划分超平面越远，则对该样本的分类越可靠。那么，什么样的划分超平面是最佳超平面呢？

在图 6.7 中有 A、B、C 3 个超平面，很明显，应该选择超平面 B，也就是说超平面首先应该能满足将两类样本点分开的要求。

对于图 6.8 中的 A、B、C 3 个超平面，应该选择超平面 C，因为使用超平面 C 进行划分对训练样本局部扰动的容忍度最好，分类的鲁棒性最强。例如，由于训练集的局限性或噪声的干扰，训练集外的样本可能比图 6.8 中的训练样本更接近两个类目前的分界，在分类决策的时候就会出现错误，而超平面 C 受影响最小，也就是说超平面 C 所产生的分类结果是最鲁棒的、最可信的，对未知样本的泛化能力最强(在机器学习方法中，泛化能力简单地说就是指学习到的模型对未知数据的预测能力)。

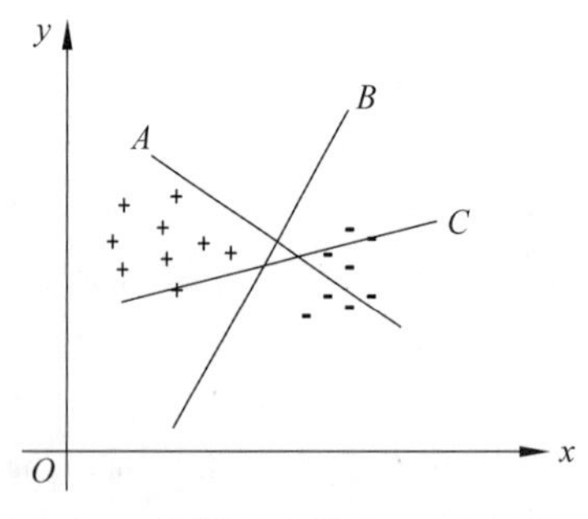

图 6.7 划分样本点的 3 个超平面

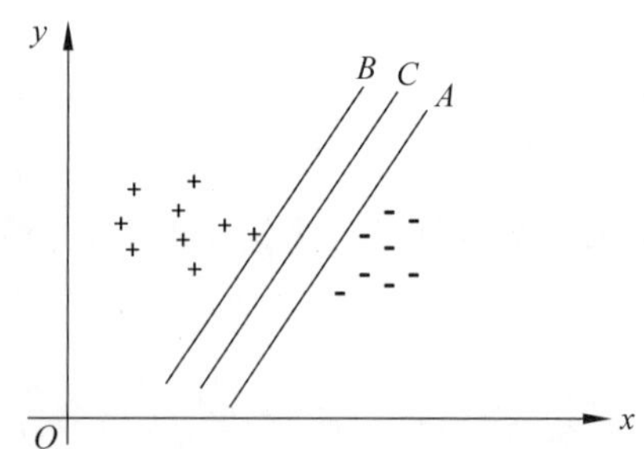

图 6.8 划分样本点更好的 3 个超平面

下面对图 6.9 中的示例进行推导，得出最佳超平面。

特征空间中的超平面可记为$(\boldsymbol{w},\boldsymbol{b})$，根据点到平面的距离公式，特征空间中任意点 $\boldsymbol{x}$ 到超平面$(\boldsymbol{w},\boldsymbol{b})$的距离可写为

$$\gamma=\frac{\boldsymbol{w}\boldsymbol{x}+\boldsymbol{b}}{\|\boldsymbol{w}\|} \tag{6.36}$$

假设超平面$(\boldsymbol{w},\boldsymbol{b})$能将训练样本正确分类，那么对于正样本一侧的任意一个样本，$(x_i,y_i)\in D$ 需要满足该样本点往超平面的法向量 $\boldsymbol{w}$ 的投影到原点的距离大于一定值 c

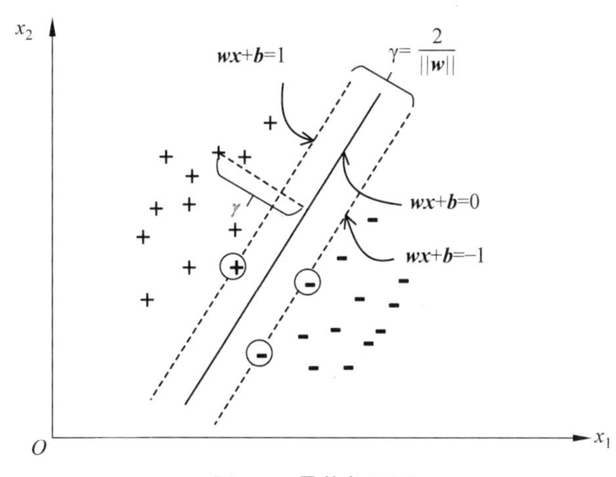

图 6.9　最佳超平面

的时候使得该样本点被预测为正样本一类，即存在数值 c 使得当 $\boldsymbol{w}\boldsymbol{x}_i>c$ 时 $y_i=+1$。$\boldsymbol{w}\boldsymbol{x}_i>c$ 又可写为 $\boldsymbol{w}\boldsymbol{x}_i+\boldsymbol{b}>0$。在训练的时候要求限制条件更严格些，以使最终得到的分类器鲁棒性更强，所以要求 $\boldsymbol{w}\boldsymbol{x}_i+\boldsymbol{b}>1$。当然，也可以写为大于其他距离，但都可以通过同比例缩放 $\boldsymbol{w}$ 和 $\boldsymbol{b}$ 使其变为1，因此，为计算方便这里直接选择1。同样，对于负样本应该有 $\boldsymbol{w}\boldsymbol{x}_i+\boldsymbol{b}<-1$ 时 $y_i=-1$，即

$$\begin{cases}\boldsymbol{w}\boldsymbol{x}_i+\boldsymbol{b}\geqslant+1, & y_i=+1\\ \boldsymbol{w}\boldsymbol{x}_i+\boldsymbol{b}\leqslant-1, & y_i=-1\end{cases}\tag{6.37}$$

即

$$y_i(\boldsymbol{w}\boldsymbol{x}_i+\boldsymbol{b})\geqslant+1\tag{6.38}$$

如图6.9所示，距离最佳超平面 $\boldsymbol{w}\boldsymbol{x}+\boldsymbol{b}=0$ 最近的几个训练样本点使式(6.38)中的等号成立，它们被称为支持向量(support vector)。记超平面 $\boldsymbol{w}\boldsymbol{x}+\boldsymbol{b}=+1$ 和 $\boldsymbol{w}\boldsymbol{x}+\boldsymbol{b}=-1$ 之间的距离为 γ，该距离又被称为间隔(margin)。支持向量机的核心之一就是想办法将间隔 γ 最大化。下面推导 γ 与哪些因素有关。

记超平面 $\boldsymbol{w}\boldsymbol{x}+\boldsymbol{b}=+1$ 上的正样本为 $\boldsymbol{x}_+$，超平面 $\boldsymbol{w}\boldsymbol{x}+\boldsymbol{b}=-1$ 上的负样本为 $\boldsymbol{x}_-$，则根据向量的加减法规则 $\boldsymbol{x}_+$ 减去 $\boldsymbol{x}_-$ 得到的向量在最佳超平面的法向量 $\boldsymbol{w}$ 方向的投影即为间隔 γ：

$$\gamma=(\boldsymbol{x}_+-\boldsymbol{x}_-)\frac{\boldsymbol{w}}{\|\boldsymbol{w}\|}=\frac{\boldsymbol{x}_+\boldsymbol{w}}{\|\boldsymbol{w}\|}-\frac{\boldsymbol{x}_-\boldsymbol{w}}{\|\boldsymbol{w}\|}\tag{6.39}$$

而 $\boldsymbol{w}\boldsymbol{x}_++\boldsymbol{b}=+1$，$\boldsymbol{w}\boldsymbol{x}_-+\boldsymbol{b}=-1$，即

$$\begin{cases}\boldsymbol{w}\boldsymbol{x}_+=1-\boldsymbol{b}\\ \boldsymbol{w}\boldsymbol{x}_-=-1-\boldsymbol{b}\end{cases}\tag{6.40}$$

将式(6.40)带入式(6.39)可得

$$\gamma=\frac{2}{\|\boldsymbol{w}\|}\tag{6.41}$$

也就是说，使两类样本距离最大的因素仅仅和最佳超平面的法向量有关。

要找到具有最大间隔的最佳超平面，就是找到能满足式(6.35)中约束的参数 $\boldsymbol{w}$、$\boldsymbol{b}$ 使得 γ 最大，即

$$\begin{cases}\max\limits_{w,b} \dfrac{2}{\|\boldsymbol{w}\|} \\ \text{s.t.} \quad y_i(\boldsymbol{w}\boldsymbol{x}_i+\boldsymbol{b}) \geqslant +1, \quad i=1,2,\cdots,n\end{cases} \tag{6.42}$$

显然式(6.42)等价于

$$\begin{cases}\min\limits_{w,b} \dfrac{1}{2}\|\boldsymbol{w}\|^2 \\ \text{s.t.} \quad y_i(\boldsymbol{w}\boldsymbol{x}_i+\boldsymbol{b}) \geqslant +1, \quad i=1,2,\cdots,n\end{cases} \tag{6.43}$$

这就是支持向量机的基本型。

1. 拉格朗日对偶问题

根据支持向量机的基本型求解出 $\boldsymbol{w}$ 和 $\boldsymbol{b}$，即可得到最佳超平面对应的模型：

$$f(\boldsymbol{x})=\operatorname{sign}(\boldsymbol{w}\boldsymbol{x}+\boldsymbol{b}) \tag{6.44}$$

该问题本身是一个凸二次规划(convex quadratic programming)问题，凸二次规划问题的求解方法有很多，可以直接借助于开源的优化计算包进行求解。从数学的角度，可以将该凸二次规划问题通过拉格朗日对偶性来解决。

对于式(6.43)的每条约束添加拉格朗日乘子 $\alpha_i \geqslant 0$，则该问题的拉格朗日函数可写为

$$L(\boldsymbol{w},\boldsymbol{b},\alpha)=\frac{1}{2}\|\boldsymbol{w}\|^2-\sum_{i=1}^{n}\alpha_i(y_i(\boldsymbol{w}\boldsymbol{x}_i+\boldsymbol{b})-1) \tag{6.45}$$

其中，$\alpha=(\alpha_1,\alpha_2,\cdots,\alpha_n)$分别对应各个样本的拉格朗日乘子。

将 $L(\boldsymbol{w},\boldsymbol{b},\alpha)$对 $\boldsymbol{w}$ 和 $\boldsymbol{b}$ 求偏导并使偏导数为 0，可得

$$\begin{cases}\boldsymbol{w}=\sum\limits_{i=1}^{n}\alpha_i y_i x_i \\ \sum\limits_{i=1}^{n}\alpha_i y_i=0\end{cases} \tag{6.46}$$

将式(6.46)带入式(6.45)，消去 $\boldsymbol{w}$ 和 $\boldsymbol{b}$，就可得到式(6.41)的对偶问题：

$$\begin{cases}\max\limits_{\alpha}\sum\limits_{i=1}^{n}\alpha_i-\dfrac{1}{2}\sum\limits_{i=1}^{n}\sum\limits_{j=1}^{n}\alpha_i\alpha_j y_i y_j x_i^{\mathrm{T}}x_j \\ \text{s.t.} \quad \alpha_i \geqslant 0, \quad i=1,2,\cdots,n \\ \qquad \sum\limits_{i=1}^{n}\alpha_i y_i=0\end{cases} \tag{6.47}$$

由式(6.47)可知，我们并不关心单个样本是如何的，只关心样本间两两的乘积，这也为后面的核方法提供了很大的便利。

求解出 α 之后，再求解出 $\boldsymbol{w}$ 和 $\boldsymbol{b}$，即可得到支持向量机决策模型：

$$f(\boldsymbol{x})=\boldsymbol{w}\boldsymbol{x}+\boldsymbol{b}=\sum_{i=1}^{n}\alpha_i y_i \boldsymbol{x}_i\boldsymbol{x}+\boldsymbol{b} \tag{6.48}$$

2. 支持向量机问题的 KKT 条件

在式(6.43)中有不等式约束，因此上述过程满足 Karush-Kuhn-Tucker(KKT)条件：

$$\begin{cases}\alpha_i \geqslant 0 \\ y_i(\boldsymbol{wx}+\boldsymbol{b})-1 \geqslant 0, \quad i=1,2,\cdots,n \\ \alpha_i(y_i(\boldsymbol{wx}+\boldsymbol{b})-1)=0\end{cases} \tag{6.49}$$

对于任意样本(x_i, y_i)总有$\alpha_i=0$或$y_i(\boldsymbol{wx}+\boldsymbol{b})-1=0$。由式(6.48)可知，该样本点对求解最佳超平面没有任何影响。当$\alpha_i>0$时必有$y_i(\boldsymbol{wx}+\boldsymbol{b})-1=0$，表明对应的样本点在最大间隔边界上，即对应着支持向量。也由此得出了支持向量机的一个重要性质：训练完成之后，大部分的训练样本都不需要保留，最终的模型仅与支持向量有关。

那么对于式(6.47)，该如何求解α呢？很明显这是一个二次规划问题，可使用通用的二次规划算法来求解，但是支持向量机的算法复杂度是$O(n^2)$，在实际问题中这样的开销太大了。为了有效求解该二次规划问题，人们通过利用问题本身的特性，提出了很多高效算法，序列最小优化(Sequential Minimal Optimization，SMO)就是一个常用的高效算法。在利用SMO算法进行求解的时候就需要用到上面的KKT条件。利用SMO算法求出α之后，根据

$$\begin{cases}\boldsymbol{w}=\sum_{i=1}^{n}\alpha_i y_i \boldsymbol{x}_i \\ y_i(\boldsymbol{wx}+\boldsymbol{b})-1=0\end{cases} \tag{6.50}$$

即可求出$\boldsymbol{w}$和$\boldsymbol{b}$。求解出$\boldsymbol{w}$和$\boldsymbol{b}$之后就可利用

$$f(\boldsymbol{x})=\operatorname{sign}(\boldsymbol{wx}+\boldsymbol{b}) \tag{6.51}$$

进行预测分类了。注意，在测试的时候不需要-1，测试时不像训练时要求的那样严格。

6.3.4　软间隔支持向量机

在现实分类任务中很难找到一个超平面能将不同类别的样本完全划分开，即很难找到合适的核函数，使得训练样本在特征空间中线性可分。退一步说，即使找到了一个可以使训练集在特征空间中完全分开的核函数，也很难确定这个线性可分的结果是不是由于过拟合导致的。解决该问题的办法是在一定程度上使支持向量机在一些样本上出错，为此引入了软间隔(soft margin)的概念，即线性不可分支持向量机，如图6.10所示。

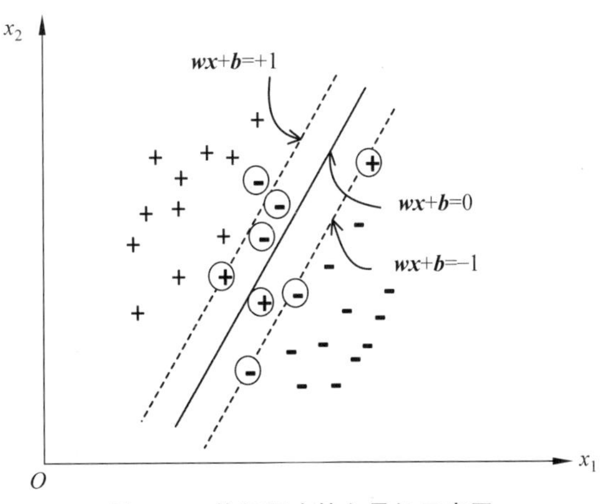

图6.10　软间隔支持向量机示意图

具体来说,硬间隔支持向量机要求所有的样本均被最佳超平面正确划分,而软间隔支持向量机允许某些样本点不满足间隔大于或等于 1 的条件。当然,在最大化间隔时,也要限制不满足间隔大于或等于 1 的样本的个数,使之尽可能地少。为此引入一个惩罚系数 $C>0$,并对每个样本点(x_i,y_i)引入一个松弛变量(slack variables),记为 $\xi(\xi\geqslant 0)$,此时可将式(6.43)改写为

$$\begin{cases}\min\limits_{w,b}\left(\dfrac{1}{2}\ \|\boldsymbol{w}\|^2+C\sum\limits_{i=1}^{n}\xi_i\right)\\ \text{s.t.}\quad y_i(\boldsymbol{w}\boldsymbol{x}_i+\boldsymbol{b})\geqslant 1-\xi_i,\quad i=1,2,\cdots,n\\ \xi_i\geqslant 0\end{cases}\tag{6.52}$$

式(6.52)中的约束条件改为 $y_i(\boldsymbol{wx}+\boldsymbol{b})\geqslant 1-\xi_i$,表示间隔加上松弛变量大于或等于 1;优化目标改为$\min\limits_{w,b}\left(\dfrac{1}{2}\ \|\boldsymbol{w}\|^2+C\sum\limits_{i=1}^{n}\xi_i\right)$,表示对每个松弛变量都要有一个代价损失 $C\xi_i$。C 越大,对误分类的惩罚越大;C 越小,对误分类的惩罚越小。

式(6.52)是软间隔支持向量机的原始问题。可以证明:$\boldsymbol{w}$ 的解是唯一的;而 $\boldsymbol{b}$ 的解不是唯一的,是在一个区间内。假设求解软间隔支持向量机间隔最大化问题得到的最佳超平面是 $\boldsymbol{w}^*\boldsymbol{x}+\boldsymbol{b}^*=0$,对应的分类决策函数为

$$f(\boldsymbol{x})=\text{sign}(\boldsymbol{w}^*\boldsymbol{x}+\boldsymbol{b}^*)\tag{6.53}$$

$f(\boldsymbol{x})$称为软间隔支持向量机。

类似式(6.45),利用拉格朗日乘子可得到式(6.53)的拉格朗日函数:

$$L(\boldsymbol{w},\boldsymbol{b},\alpha,\xi,\mu)=\frac{1}{2}\ \|\boldsymbol{w}\|^2+C\sum_{i=1}^{n}\xi_i-\sum_{i=1}^{n}\alpha_i(y_i(\boldsymbol{w}\boldsymbol{x}_i+\boldsymbol{b})-1+\xi_i)-\sum_{i=1}^{n}\mu_i\xi_i\tag{6.54}$$

其中,$\alpha_i\geqslant 0$ 和 $\mu_i\geqslant 0$ 是拉格朗日乘子。

令 $L(\boldsymbol{w},\boldsymbol{b},\alpha,\xi,\mu)$分别对 $\boldsymbol{w}$、$\boldsymbol{b}$、ξ 求偏导,并使偏导数为 0,可得

$$\begin{cases}\boldsymbol{w}=\sum\limits_{i=1}^{n}\alpha_i\, y_i\, \boldsymbol{x}_i\\ \sum\limits_{i=1}^{n}\alpha_i y_i\boldsymbol{x}_i=0\\ C=\alpha_i+\mu_i\end{cases}\tag{6.55}$$

将式(6.55)带入式(6.54),便可得到式(6.52)的对偶问题:

$$\begin{cases}\max\limits_{\alpha}\sum\limits_{i=1}^{n}\alpha_i-\dfrac{1}{2}\sum\limits_{i=1}^{n}\sum\limits_{j=1}^{n}\alpha_i\,\alpha_j\, y_i\, y_j\, \boldsymbol{x}_i^{\mathrm{T}}\boldsymbol{x}_j\\ \text{s.t.}\quad \sum\limits_{i=1}^{n}\alpha_i\, y_i=0,\quad i=1,2,\cdots,n\\ \qquad 0\leqslant\alpha_i\leqslant C\end{cases}\tag{6.56}$$

对比软间隔支持向量机的对偶问题和硬间隔支持向量机的对偶问题,可发现二者的唯一差别就在于对对偶变量的约束不同,软间隔支持向量机对对偶变量的约束是 $0\leqslant\alpha_i\leqslant C$,硬间隔支持向量机对对偶变量的约束是 $0\leqslant\alpha_i$,于是可以采用和硬间隔支持向量

机相同的解法求解式(6.56)。同理,在引入核方法之后,同样能得到与式(6.56)相同的支持向量展开式。

类似式(6.49),对于软间隔支持向量机,KKT 条件如下:

$$\begin{cases}\alpha_i \geqslant 0, \mu_i \geqslant 0 \\ y_i(\boldsymbol{wx}+\boldsymbol{b})-1+\xi_i \geqslant 0 \\ \alpha_i(y_i(\boldsymbol{wx}+\boldsymbol{b})-1+\xi_i)=0 \\ \xi_i \geqslant 0, \mu_i=0\end{cases} \tag{6.57}$$

同硬间隔支持向量机类似,对任意训练样本(x_i, y_i),总有 $\alpha_i=0$ 或 $y_i(\boldsymbol{wx}+\boldsymbol{b})-1+\xi_i=0$。若 $\alpha_i=0$,则该样本不会对最佳超平面有任何影响;若 $\alpha_i>0$,则必有 $y_i(\boldsymbol{wx}+\boldsymbol{b})=1-\xi_i$,也就是说该样本是支持向量。由式(6.53)可知:若 $\alpha_i<C$,则 $\mu_i>0$,进而有 $\xi_i=0$,即该样本处在最大间隔边界上。若 $\alpha_i=C$,则 $\mu_i=0$。此时,如果 $x_i \leqslant 1$,则该样本处于最大间隔内部;如果 $\xi_i>1$,则该样本处于最大间隔外部,即被分错了。由此也可看出,软间隔支持向量机的最终模型仅与支持向量有关。

6.3.5　非线性支持向量机

在现实任务中,原始的样本空间 D 中很可能并不存在一个能正确划分两类样本的超平面。例如,图 6.10 所示的问题就无法找到一个超平面将两类样本分开。对于这样的问题,可以通过将样本从原始空间映射到特征空间,使得样本在映射后的特征空间里线性可分。例如,对图 6.11 所示的问题做特征映射:$z=x^2+y^2$,可得到如图 6.12 所示的样本分布,这样就很容易进行线性划分了。

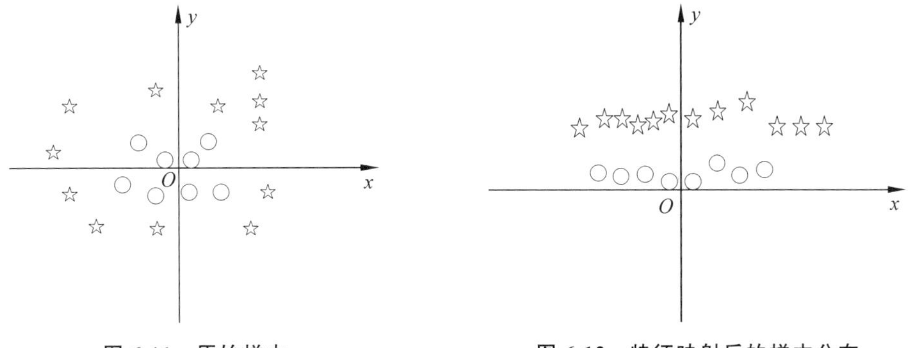

图 6.11　原始样本　　　　**图 6.12　特征映射后的样本分布**

对于非线性的数据集来说,支持向量机算法的处理方式是选择一个核函数,就如同上面的处理方式一样,通过将数据映射到高维空间,在这个空间中构建最优超平面来解决在原始空间中线性不可分的情况。

令 $\boldsymbol{\phi}(\boldsymbol{x})$表示将样本点 $\boldsymbol{x}$ 映射后的特征向量,类似于线性可分支持向量机中的表示方法,在特征空间中划分超平面所对应的模型可表示为

$$f(\boldsymbol{x})=\boldsymbol{wx}+\boldsymbol{b} \tag{6.58}$$

其中,$\boldsymbol{w}$ 和 $\boldsymbol{b}$ 是待求解的模型参数。类似式(6.43),有

$$\begin{cases}\min\limits_{w,b} \dfrac{1}{2}\ \| \boldsymbol{w} \|^2 \\ \text{s.t.}\quad y_i(\boldsymbol{w}\boldsymbol{\varphi}(x)+\boldsymbol{b}) \geqslant 1,\quad i=1,2,\cdots,n\end{cases} \tag{6.59}$$

其拉格朗日对偶问题是

$$\begin{cases}\max\limits_{\alpha} \sum\limits_{i=1}^{n}\alpha_i - \dfrac{1}{2}\sum\limits_{i=1}^{n}\sum\limits_{j=1}^{n}\alpha_i\alpha_j y_i y_j \boldsymbol{\phi}(\boldsymbol{x}_i^{\mathrm{T}})\boldsymbol{\phi}(\boldsymbol{x}_j) \\ \text{s.t.}\quad \alpha_i \geqslant 0,\quad i=1,2,\cdots,n \\ \qquad \sum\limits_{i=1}^{n}\alpha_i y_i = 0\end{cases} \tag{6.60}$$

求解式(6.60)需要计算 $\boldsymbol{\phi}(\boldsymbol{x}_i^{\mathrm{T}})\boldsymbol{\phi}(\boldsymbol{x}_j)$，即样本映射到特征空间之后的内积，由于特征空间可能维度很高，甚至可能是无穷维的，因此直接计算 $\boldsymbol{\phi}(\boldsymbol{x}_i^{\mathrm{T}})\boldsymbol{\phi}(\boldsymbol{x}_j)$ 通常是很困难的，在前面提到，其实我们根本不关心单个样本的表现，只关心特征空间中样本间两两的乘积，因此没有必要把原始空间的样本一个个地映射到特征空间中，只需要想法办求解出样本对应到特征空间中样本间两两的乘积即可。为了解决该问题，可设想存在以下核函数：

$$k(x_i,x_j)=\boldsymbol{\phi}(\boldsymbol{x}_i^{\mathrm{T}})\boldsymbol{\phi}(\boldsymbol{x}_j) \tag{6.61}$$

也就是说 $\boldsymbol{x}_i$ 与 $\boldsymbol{x}_j$ 在特征空间的内积等于它们在原始空间中通过函数 $k(\cdot,\cdot)$ 计算的结果，这给求解带来了很大的方便。于是式(6.60)可写为

$$\begin{cases}\max\limits_{\alpha} \sum\limits_{i=1}^{n}\alpha_i - \dfrac{1}{2}\sum\limits_{i=1}^{n}\sum\limits_{j=1}^{n}\alpha_i\alpha_j y_i y_j k(\boldsymbol{x}_i,\boldsymbol{x}_j) \\ \text{s.t.}\quad \alpha_i \geqslant 0,\quad i=1,2,\cdots,n \\ \qquad \sum\limits_{i=1}^{n}\alpha_i y_i = 0\end{cases} \tag{6.62}$$

同样，我们只关心在高维空间中样本之间两两点乘的结果，而不关心样本是如何变换到高维空间中去的。求解后即可得到

$$f(\boldsymbol{x})=\boldsymbol{w}\boldsymbol{\varphi}(\boldsymbol{x})+\boldsymbol{b}=\sum_{i=1}^{n}\alpha_i y_i \boldsymbol{\varphi}\ (\boldsymbol{x})^{\mathrm{T}}\boldsymbol{\varphi}(\boldsymbol{x})+\boldsymbol{b}=\sum_{i=1}^{n}\alpha_i y_i k(\boldsymbol{x}_i,\boldsymbol{x}_j)+\boldsymbol{b} \tag{6.63}$$

剩余的问题同样是求解 α_i，然后求解 $\boldsymbol{w}$ 和 $\boldsymbol{b}$，即可得到最佳超平面。

6.3.6 支持向量机算法实例

【例 6.3】 支持向量机算法实例。

XOR 问题如表 6.2 所示。

表 6.2 XOR 问题

输入向量 x	期望的响应 d
(−1,−1)	−1
(−1,+1)	+1
(+1,−1)	+1
(+1,+1)	−1

XOR 问题线性不可分，需要用超平面分离，如图 6.13 所示。

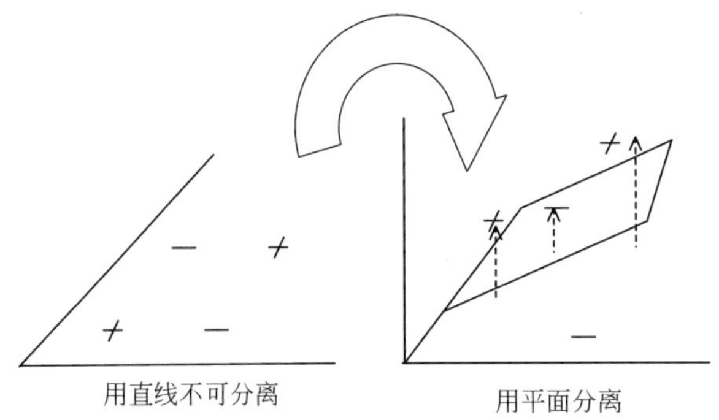

图 6.13 分离 XOR 问题

1. 核函数

$$k(\boldsymbol{x}_i,\boldsymbol{x}_j)=(1+\boldsymbol{x}_i^{\mathrm{T}}\boldsymbol{x}_j)^2$$

$$\boldsymbol{x}_i=[x_{i1}\quad x_{i2}]^{\mathrm{T}}$$

$$k(\boldsymbol{x}_i,\boldsymbol{x}_j)=1+x_{i1}^2x_{j1}^2+2x_{i1}x_{i2}x_{j1}x_{j2}+x_{i2}^2x_{j2}^2+2x_{i1}x_{j1}+2x_{i2}x_{j2}$$

$$k=\begin{vmatrix}9&1&1&1\\1&9&1&1\\1&1&9&1\\1&1&1&9\end{vmatrix}$$

2. 基函数

根据核函数的展开式，可以得到基函数，也就是输入向量在高维空间中的映射。在本例中，输入为二维空间，通过基函数映射到六维空间：

$$\boldsymbol{\phi}(\boldsymbol{x}_i)=[1\quad x_{i1}^2\quad \sqrt{2}x_{i1}x_{i2}\quad x_{i2}^2\quad \sqrt{2}x_{i1}\quad \sqrt{2}x_{i2}]^{\mathrm{T}}$$

根据此特征函数，分别计算出每个样本映射到六维空间中的向量：

$$\boldsymbol{\phi}(\boldsymbol{x}_1)=[1\quad 1\quad \sqrt{2}\quad 1\quad \sqrt{2}\quad \sqrt{2}]^{\mathrm{T}}$$

3. 目标函数

$$L_{\mathrm{p}}=-\frac{1}{2}\sum_{i=1}^{m}\sum_{j=1}^{m}\alpha_i\alpha_jd_id_jk(\boldsymbol{x}_i,\boldsymbol{x}_j)+\sum_{i=1}^{m}\alpha_i$$

寻找拉格朗日乘子$\{\alpha_i\}$以最大化目标函数 L_{p}。

$$9\alpha_1-\alpha_2-\alpha_3+\alpha_4=1$$

$$-\alpha_1+9\alpha_2+\alpha_3-\alpha_4=1$$

$$-\alpha_1+\alpha_2+9\alpha_3-\alpha_4=1$$

$$\alpha_1-\alpha_2-\alpha_3+9\alpha_4=1$$

4. 权值向量 *w*

求解上面的 4 个公式，得到拉格朗日系数的最优值为

$$\alpha_1=\alpha_2=\alpha_3=\alpha_4=\frac{1}{8}$$

说明本例中的 4 个样本都是支持向量。

$$w=\sum_{i=1}^{N}\alpha_i d_i \boldsymbol{\phi}(\boldsymbol{x}_i)$$

根据 $\boldsymbol{w}$ 的计算公式,得到优化权值向量:

$$\boldsymbol{w}=[0 \quad 0 \quad -1/\sqrt{2} \quad 0 \quad 0 \quad 0]^{\mathrm{T}}$$

5. 最优超平面

根据最优超平面的定义 $\boldsymbol{w}^{\mathrm{T}}\boldsymbol{\varphi}(\boldsymbol{x})$,

$$\boldsymbol{w}=[0 \quad 0 \quad -1/\sqrt{2} \quad 0 \quad 0 \quad 0]^{\mathrm{T}}$$

$$\boldsymbol{\phi}(\boldsymbol{x})=[1 \quad x_1^2 \quad \sqrt{2}x_1x_2 \quad x_2^2 \quad \sqrt{2}x_1 \quad \sqrt{2}x_2]^{\mathrm{T}}$$

$$\boldsymbol{x}=[x_1,x_2]^{\mathrm{T}}$$

计算得到最优超平面为 $-x_1x_2$。

6.3.7 支持向量机算法的优缺点

支持向量机算法的主要优点如下:

(1) 引入了最大间隔,分类精确度高。

(2) 在样本量较小时也能准确分类,并且具有不错的泛化能力。

(3) 引入了核函数,能轻松地解决非线性问题。

(4) 能解决高维特征的分类、回归问题,即使特征维度大于样本个数,也能有很好的表现。

支持向量机算法的主要缺点如下:

(1) 在样本量非常大时,核函数中内积的计算和求拉格朗日乘子值的计算都是和样本个数有关的,会导致在求解模型时计算量过大。

(2) 对核函数的选择通常没有明确的指导,有时候难以选择一个合适的核函数。另外,多项式核函数需要调试的参数也非常多。

(3) 对缺失数据敏感。

6.4 BP 神经网络分类算法

6.4.1 算法起源

自古以来,关于人类智慧本源的奥秘一直吸引着无数哲学家和自然科学家。生物学家、神经学家经过长期不懈的努力,通过对人脑的观察和认识,发现人脑的智能活动离不开脑的物质基础,包括它的实体结构和其中所发生的各种生物、化学、电学作用,由此建立了神经元网络理论和神经系统结构理论。神经元网络理论是神经传导理论和大脑功能学说的基础。

信息处理问题有结构性和非结构性两种,前者可以用数学语言清楚而严格地描述,将问题的实现算法公式化,并映射到计算机程序,然后由计算机逐条处理。在求解这类问题时,传统的冯·诺依曼计算机的能力远远超过人类。但是,对于非结构性的问题,人们却难以把自己的认识翻译成机器指令,因此,传统计算机在进行诸如图像识别、语言识别和理解、智能机器人控制等处理时,与人类的能力相差甚远。为突破冯·诺依曼计算机的局限,需要利用传统计算机模拟人脑的功能。人们从医学、生物学、生理学、哲学、信息学、计算机科学、认知学、组织协同学等各个角度尝试认识并解答上述问题。在寻找上述问题答案的过程中,逐渐形成了一个新兴的多学科交叉技术领域,称为神经网络。神经网络的研究涉及众多学科领域,这些领域互相结合、渗透和推动。在神经元网络理论和神经系统结构理论基础之上,科学家认为,可以从仿制人脑神经系统的结构和功能出发,研究人类智能活动和认识现象。

6.4.2 BP神经网络的理论基础

1. 生物神经元

人的智能来自大脑。根据现代科学研究,大脑是由大量的神经细胞或神经元组成的,据统计,人类大脑大约有 $10^{10}\sim10^{11}$ 个神经元,每个神经元可以看作一个小的处理单元,每个神经元与 $10^{3}\sim10^{5}$ 个其他的神经元互相连接,从而构成一个极为庞大、复杂的网络。

大脑的学习过程是神经元之间的连接随外部激励信息自适应变化的过程,大脑处理信息的结果由神经元的状态表现出来。人脑是复杂的智能系统,它具有感知、识别、学习、联想、记忆、推理等智能,人类智能的产生和发展经历了漫长的进化过程,而人类对智能处理的新方法的认识主要来自神经科学。

生物神经元作为神经系统的基本单元,虽然有很多类型,但其基本结构相似,典型的生物神经元主要由4个部分组成:细胞体、树突、轴突和突触。树突是细胞向外延伸出的许多较短的分支,可以接收神经冲击信息,相当于细胞的输入端。轴突是细胞向外伸出的最长的分支,信号经此传送到脑神经系统的其他部分,相当于细胞的输出端。信息流从树突出发,经过细胞体,然后由轴突传出。

目前,根据神经生理学的研究,已经发现神经元及突触有多种生物性行为。神经元有以下4种生物性行为:①能处于抑制或兴奋状态;②有爆发期和平台期;③能产生抑制后的反冲;④具有适应性。突触有以下4种生物性行为:①能进行信息综合;②能产生渐次变化的传送;③有电接触和化学接触等多种连接方式;④会产生延时激发。

目前,人工神经网络的研究仅仅是对神经元的第一种行为和突触的第一种行为进行模拟,其他行为尚未被考虑。所以人工神经网络的研究仍处于起步的初级阶段,还有大量的工作有待探讨和研究。

2. 人工神经元

人工神经网络是由大量简单的基本元件——人工神经元(以下简称神经元)相互连接而成的自适应非线性动态系统。神经元是人工神经网络的基本处理单元,它一般是一个多输入单输出的非线性动态系统。神经元模型是一个包含输入、输出与计算功能的模型。输入可以类比为人脑神经元的树突,而输出可以类比为人脑神经元的轴突,计算则可以类比为细胞核。每个神经元接收线性组合的输入后,最初只是简单地进行线性加权,后来给每个神经元加上了非线性的激活函数,从而在进行非线性变换后输出。每两个神经元之间的连接代表加权值,称为权重(weight)。不同的权重和激活函数会导致人工神经网络不同的输出。

构成神经元模型的三要素如下：

(1) 具有一组突触或连接。常用 W_{ij} 表示神经元 i 和神经元 j 之间的连接强度，即权值。

(2) 具有反映生物神经元时空整合功能的输入信号累加器，即求和单元。

(3) 具有非线性激励函数，用于限制神经元输出。

典型的神经元模型如图 6.14 所示。

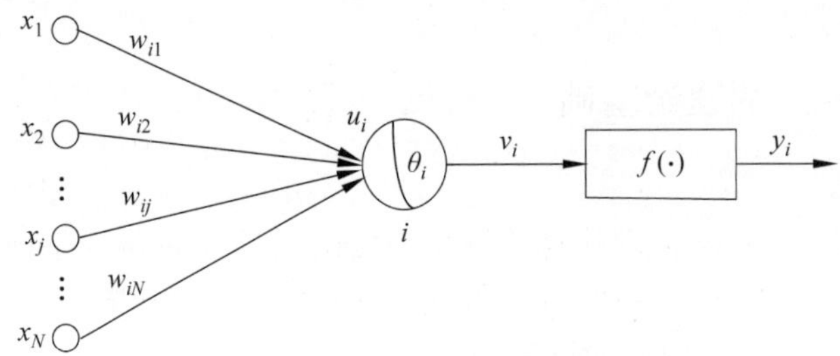

图 6.14 典型的神经元模型

其中，$x_j(j=1,2,\cdots,N)$为神经元 i 的输入信号；w_{ij} 为突触强度或连接权重；u_i 是输入信号线性组合后的输出，是神经元 i 的净输入；θ_i 为神经元的阈值，偏差用 b_i 表示，v_i 为经偏差调整后的值；$f(\cdot)$是激励函数；y_i 是神经元 i 的输出。u_i、v_i 和 y_i 的计算公式如下：

$$
\begin{aligned}
u_i &= \sum_{j=1}^{N} w_{ij} x_j \\
v_i &= u_i + \theta_i \\
y_i &= f(v_i)
\end{aligned}
\tag{6.64}
$$

激励函数 $f(\cdot)$在人工神经网络中的作用是将多个线性的输入转换成非线性的输出。若不使用激励函数，人工神经网络的每层都只进行线性变换，多层输入叠加后仍是线性变换。这样的模型是线性模型，它无法处理非线性数据。因此，在人工神经网络中引入了激励函数。激励函数可以引入非线性因素，使得人工神经网络有可能学习到平滑的曲线来分割平面，而不是用复杂的线性组合逼近平滑曲线来分割平面。

激励函数可取不同的函数，可以是线性的，也可以是非线性的，通常为线性函数、Sigmoid 函数、双极性 S 型函数等。

线性函数如下：

$$f(x) = x \tag{6.65}$$

Sigmoid 函数如下：

$$f(x) = \frac{1}{1+\mathrm{e}^{x}} \tag{6.66}$$

双极性 S 型函数如下：

$$f(x) = \frac{2}{1+\mathrm{e}^{-ax}} - 1 \tag{6.67}$$

3. 人工神经网络模型

神经元结构简单，功能也比较单一，然而大量结构简单、功能单一的神经元按照一定结构组成的人工神经网络却具有强大的信息处理能力。人工神经网络是将多个神经元连接起来组成的一个复杂网络。

目前，人工神经网络模型已有四十余种，这些模型是从各个角度对生物神经系统不同层次的描述和模拟。人工神经网络模型按神经元的连接方式可以分为前馈神经网络和反馈神经网络。

1）前馈神经网络

在前馈神经网络中，把神经元按接收信息的先后分为不同的组，每一组可以看作一个神经层。每一层的神经元接收前一层的神经元的输出，并输出到下一层的神经元。整个网络中的信息是朝着一个方向传播的，没有反向的信息传播（信息反向传播和误差反向传播不是一回事），可以用一个有向无环图来表示。前馈神经网络包括全连接前馈神经网络和卷积神经网络。前馈神经网络可以看作一个函数，通过简单非线性函数的多次复合，实现输入空间到输出空间的复杂映射，如图 6.15 所示。BP 网络是前馈神经网络的典型，此外还有多层感知器（Multi-Layer Perceptron，MLP）网络、学习矢量量化（Learning Vector Quantization，LVQ）网络、小脑模型连接控制（Cerebellar Model Articulation Controlling，CMAC）网络和分组方法数据处理（Group Method Data Handling，GMDH）网络等。

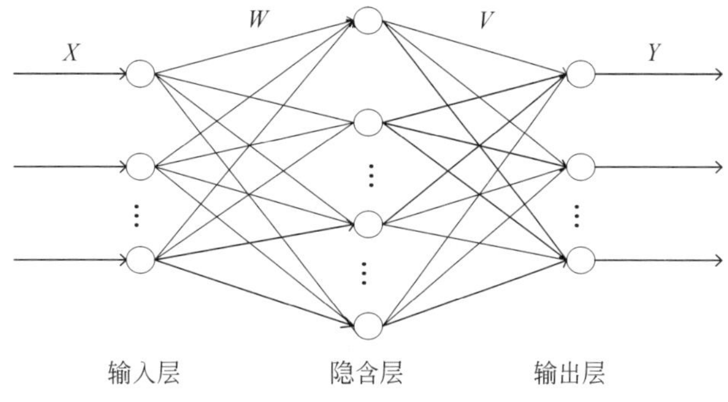

图 6.15　前馈神经网络

2）反馈神经网络

在反馈神经网络中，神经元不但可以接收其他神经元的信号，而且可以接收自己的反馈信号。和前馈神经网络相比，反馈神经网络中的神经元具有记忆功能，在不同时刻具有不同的状态。反馈神经网络中的信息传播可以是单向的，也可以是双向的，因此可以用一个有向循环图或者无向图来表示。为了进一步增强记忆网络的记忆容量，可以引入外部记忆单元和读写机制，用来保存一些网络中间状态，称为记忆增强网络，例如神经图灵机。有些神经元的输出被反馈至同层或前一层神经元。因此，信息能够从正向和反向传播。常见的反馈神经网络包括循环神经网络、Hopfield 网络和玻尔兹曼机。反馈神经网络如图 6.16 所示。其中，X 为节点的输入（初始）值，Y 为收敛后的输出值，W 为隐节点到输入节点的权值。

3）图网络

前馈神经网络和反馈神经网络的输入都可表示为向量或者向量序列，但实际应用中很多数据都是图结构的数据，例如知识图谱、社交网络和分子网络等。这时就需要用图网络进行处理。

图网络是定义在图结构上的神经网络，图中每个节点都由一个或者一组神经元组成。节点之间的连接可以是有向的，也可以是无向的。每个节点可以收到来自相邻节点或自身的信息。图网络如图 6.17 所示。

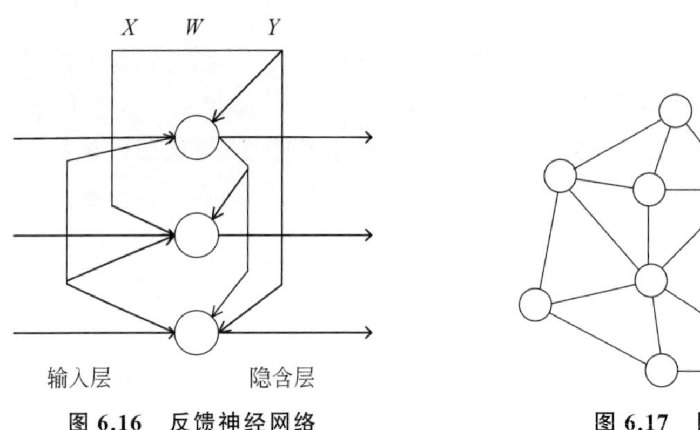

图 6.16　反馈神经网络

图 6.17　图网络

4. 人工神经网络学习

人工神经元模型已经对自然神经元的复杂性进行了高度抽象的符号式概括。每个神经元的每个信息输入都有权重，权值越大，表示输入的信号对神经元影响越大。权值可以为负值，意味着输入信号受到了抑制。权值不同，神经元的计算也不同。通过调整权值可以得到固定输入下需要的输出值。但是，当人工神经网络由成百上千的神经元组成时，手工计算这些权值会变得异常烦琐。这时就需要一些算法技巧。调整权重的过程称为学习或者训练。

学习功能是人工神经网络最主要的特征之一，也是人工神经网络与一般的计算机信息处理系统的主要区别。人工神经网络通过学习来解决问题。各种学习算法的研究在人工神经网络理论与实践发展过程中起着重要作用，当前人工神经网络的许多课题都致力于学习算法的改进、更新和应用。

按照学习方式的不同，人工神经网络的学习分两种：无监督学习（unsupervised learning）和有监督学习（supervised learning）。无监督学习有时也包括自组织或自监督学习。

1）无监督学习

在这种学习方式下，学习过程没有明确的外部监督机制，训练数据只包含输入而不包含输出，人工神经网络必须根据一定的判断标准自行调整权重。一般是由人工神经网络检查输入数据的规律和倾向，根据人工神经网络本身的功能来进行权重的调整，并不需要判断这种调整是好还是坏。这种无导师学习方式强调一组处理单元间的协作，如果输入信息使得一组处理单元中的任何单元被激活，则该组中的所有处理单元的活性都会相应地增强,然后将信息传送到下一组处理单元,处理单元之间的这种活性增强和信息传递机制构成了学习的基础。

2) 有监督学习

在这种学习方式下,学习过程需要监督。监督由训练数据本身来完成,即训练数据不但要包括输入数据,还要包括在特定条件下的期望输出,学习的目的是使人工神经网络的实际输出接近期望输出。在学习过程中,人工神经网络将期望输出和实际输出进行比较。如果误差满足要求,就可以认为学习目的已经达到;否则就需要不断调整最初随机设置的权重,以不断降低误差。学习体现在权重的调整过程中。经过学习以后,人工神经网络以权重的变化反映学习的过程,以权重的值为学习的结果,这样,一个具备初级智能的人工神经网络模型就基本建立起来了。有监督学习算法的主要步骤如下:

(1) 从样本集合中取一个样本(X_i,Y_i)。

(2) 计算人工神经网络的实际输出 O。

(3) 计算 $D=Y_i-O$。

(4) 根据 D 调整权矩阵 $\boldsymbol{W}$。

(5) 对每个样本重复上述过程,直到对整个样本集来说误差不超过规定范围。

常见的学习规则有 Delta 规则、感知器学习规则和反向传播学习规则等。

前馈神经网络是目前应用最广、发展最迅速的人工神经网络之一,已经广泛地应用于模式识别等领域。前馈神经网络的研究始于 20 世纪 60 年代,但是由于当时找不到恰当的学习算法,这一研究曾长时期处于低潮。直到 20 世纪 80 年代中期出现了误差反向传播算法(简称反向传播算法),才有效地解决了前馈神经网络的学习问题,从而极大地推动了这一领域的研究工作。在人工神经网络的实际应用中,80%～90%的人工神经网络模型采用基于反向传播算法的前馈神经网络或它的变化形式。

前馈神经网络结构上的特点是其信息只能从输入层神经元传播到上一层神经元,即它在结构上是分层的,第一层神经元与第二层所有的神经元相连,第二层神经元又与其上一层所有的神经元相连。在前馈神经网络中,神经元的输入与输出可采用线性阈值硬变换或单调上升的非线性变换。

由于 3 层前馈神经网络就可以实现任意非线性映射,4 层前馈神经网络的结果比 3 层前馈神经网络更容易陷入局部极小点,且过多的网络节点会使前馈神经网络的泛化能力减弱,预测能力下降。因此,前馈神经网络的典型结构包含一个输入层、一个输出层和一个隐含层。输入信号从输入层节点依次传过各隐含层节点,然后传到输出层节点,每一层节点的输出只影响下一层节点的输出。

前馈神经网络的激活函数为 S 型函数。这种函数的输入参数可以是正负区间的任意值,而将输出值限定于 0 到 1 之间,得益于函数的可微性,S 型函数常用于 BP 神经网络中。为了不限制输出值的大小,在输出层会采用线性输出函数。

6.4.3　BP 神经网络基本原理

误差反向传播算法(简称 BP 算法)的基本思想是:学习过程由信号的正向传播与误差的反向传播两个过程组成。由于多层前馈神经网络的训练经常采用 BP 算法,人们也常把将多层前馈神经网络直接称为 BP 神经网络。BP 神经网络是一种多层的前馈神经网络,其主要的特点是:信号是前向传播的,而误差是反向传播的。BP 神经网络利用输出层的误差来估计输出层的直接前导层的误差,再用这个误差估计更前一层的误差,如此继续下去,就可以得到所有其他各层的误差估计。这样就形成了将输出端表现出的误差沿着与输入信号相反的方向逐级向前馈神经网络的输入端传递的过程。虽然这种误差估计本身的精度会随着误差本身的反向传播而不断降低,但它还是给多层前馈神经网络的训练提供了十分有效的办法。

BP 算法是用于前馈多层网络的学习算法,该算法基于 Delta 学习规则,使用梯度搜索技术,实现前馈神经网络的实际输出与期望输出的均方差最小化。前馈神经网络学习的过程是一边向后传播一边修正权值的过程。

前馈多层网络的结构含有输入层、输出层以及处于输入层和输出层之间的中间层。中间层有单层或多层,由于它们和外界没有直接的联系,也称为隐含层或隐层。在隐含层中的神经元也称隐单元。隐含层虽然和外界不连接,但是,它们的状态会影响输入和输出之间的关系。也就是说,改变隐含层的权系数,可以改变整个多层前馈神经网络的性能。

BP 神经网络作为人工神经网络中应用最广的算法模型,具有完备的理论体系和学习机制。它模仿人脑神经元对外部激励信号的反应过程,建立多层感知器模型,利用信号正向传播和误差反向传播的学习机制,通过多次迭代学习,是处理非线性信息的智能化网络模型。

6.4.4 BP 神经网络的学习机制

BP 神经网络的学习过程主要分为两个阶段:第一阶段是信号的正向传播,从输入层经过隐含层最后到达输出层;第二阶段是误差的反向传播,从输出层到隐含层,最后到输入层,依次调节隐含层到输出层的权重和偏置。

下面以含有两个隐含层的 BP 神经网络为例,介绍 BP 算法的学习机制。

如图 6.18 所示,设输入层有 M 个输入信号,其中的任一输入信号用 m 表示;第一隐含层有 I 个神经元,其中的任一神经元用 i 表示;第二隐含层有 J 个神经元,其中任一神经元用 j 表示;输出层有 P 个神经元,其中任一神经元用 p 表示。层间神经元连接权值分别用 w_{mi}、w_{ij}、w_{jp} 表示。

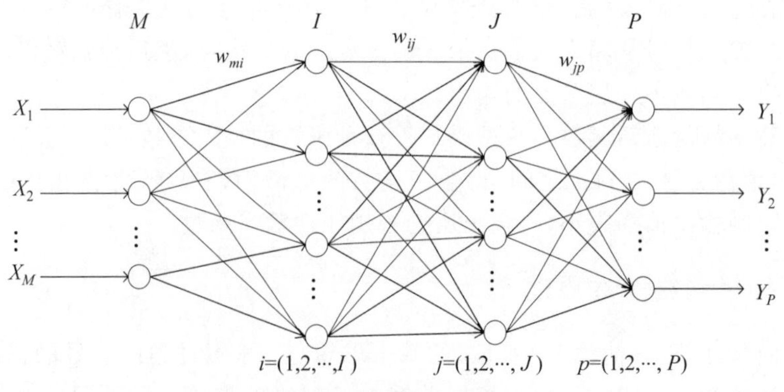

图 6.18 BP 神经网络

神经元的输入用 u 表示，激励输出用 v 表示，u 和 v 的上标表示层，下标表示层中的某个神经元。

设训练样本集为

$$X=[X_1,X_2,\cdots,X_k,\cdots,X_N],\quad k=1,2,\cdots,N$$

第 k 个训练样本为

$$X_k=[x_{k1},x_{k2},\cdots,x_{kM}],\quad k=1,2,\cdots,N$$

实际输出为

$$Y_k=[y_{k1},y_{k2},\cdots,y_{kP}],\quad k=1,2,\cdots,N$$

期望输出

$$D_k=[d_{k1},d_{k2},\cdots,d_{kP}],\quad k=1,2,\cdots,N$$

设 n 为迭代次数，权值和实际输出是 n 的函数。

1. 正向传播

向 BP 神经网络中输入训练样本 X_k，由工作信号的正向传播过程可得各层的输入和输出。

输入层的输入和输出分别为

$$u_i^I=\sum_{m=1}^{M}w_{mi}x_{km},v_i^I=f(u_i^I)=f\left(\sum_{m=1}^{M}w_{mi}x_{km}\right)$$

隐含层的输入和输出分别为

$$u_j^J=\sum_{i=1}^{I}w_{ij}v_i^I,v_j^J=f(u_j^J)=f\left(\sum_{i=1}^{I}w_{ij}v_i^I\right)$$

输出层的输入和输出分别为

$$u_p^P=\sum_{j=1}^{J}w_{jp}v_j^J,y_{kp}=v_p^P=f(u_p^P)=f\left(\sum_{j=1}^{J}w_{jp}v_j^J\right)$$

输出层第 p 个神经元的误差信号为

$$e_{kp}(n)=d_{kp}(n)-y_{kp}(n)\tag{6.68}$$

定义神经元的误差能量为$\frac{1}{2}e_{kp}^2(n)$，则输出层所有神经元的误差能量总和为

$$E(n)=\frac{1}{2}\sum_{p=1}^{P}e_{kp}^2=\frac{1}{2}\sum_{p=1}^{P}(d_{kp}(n)-y_{kp}(n))^2\tag{6.69}$$

2. 反向传播

通过 BP 神经网络的输出，可以计算出学习误差，正向传播随即结束。在反向传播过程中，误差信号从后向前传播，逐层修改连接权值，如图 6.19 所示。

下面计算误差信号的反向传播过程。

各层的学习误差为

$$\delta_l^L(n)(L=I,J,P)\tag{6.70}$$

误差函数为

$$\frac{\partial E}{\partial \omega_{ij}}=\frac{\partial E}{\partial y_i}\cdot\frac{\partial y_i}{\partial \omega_{ij}}$$

输出层的学习误差为

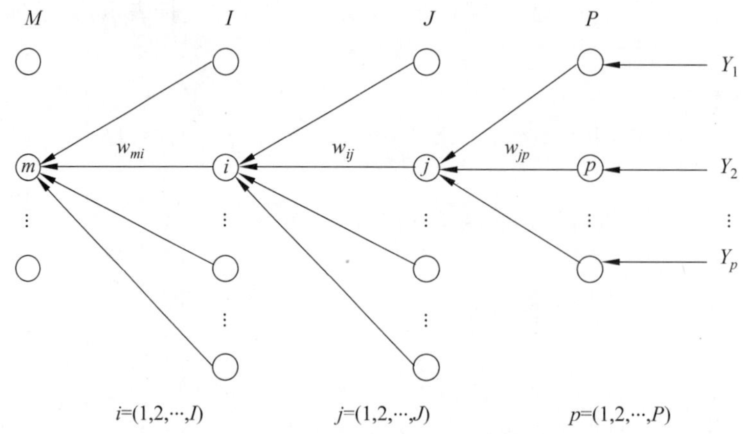

图 6.19 误差的反向传播

$$\delta_p^P(n)=y_{kp}(n)\times(1-y_{kp}(n))\times(d_{kp}(n)-y_{kp}(n)) \tag{6.71}$$

第一隐层的学习误差为

$$\delta_j^J(n)=v_j^J(n)\times(1-v_j^J(n))\times\sum_{p=1}^{P}\delta_p^P(n)\times w_{jp}(n) \tag{6.72}$$

第二隐层的学习误差为

$$\delta_i^I(n)=v_i^I(n)\times(1-v_i^I(n))\times\sum_{j=1}^{J}\delta_j^J(n)\times w_{ij}(n) \tag{6.73}$$

修正权值和阈值。其中,η 为学习速度,即步长。

将第二隐层 J 与输出层 P 之间的权值修正为

$$\begin{aligned}w_{jp}(n+1)&=w_{jp}(n)+\eta\times\delta_p^P\times v_j^J\\&=w_{jp}(n)+\eta\times v_j^J\times y_{kp}(n)\times(1-y_{kp}(n))\times(d_{kp}(n)-y_{kp}(n))\end{aligned} \tag{6.74}$$

将第一隐层 I 与第二隐层 J 之间的权值修正为

$$\begin{aligned}w_{ij}(n+1)&=w_{ij}(n)+\eta\times\delta_j^J\times v_i^I(n)\\&=w_{ij}(n)+\eta\times v_i^I(n)\times v_j^J(n)\times(1-v_j^J(n))\times\sum_{p=1}^{P}\delta_p^P(n)\times w_{jp}(n)\end{aligned} \tag{6.75}$$

将输入层 M 和第一隐层 I 之间的权值修正为

$$\begin{aligned}w_{mi}(n+1)&=w_{mi}(n)+\eta\times\delta_i^I\times x_{km}\\&=w_{mi}(n)+\eta\times x_{km}\times v_i^I(n)\times(1-v_i^I(n))\times\sum_{j=1}^{J}\delta_j^J(n)\times w_{ij}(n)\end{aligned} \tag{6.76}$$

修正各层的阈值:

$$\theta_l^L(n+1)=\theta_l^L(n)+\eta\times\delta_l^L \tag{6.77}$$

至此,BP神经网络完成了正向传播与反向传播的过程,此过程称为一次学习或一次迭代。BP算法需要经过多次迭代,才能使学习误差收敛到预设精度。因此,BP神经网络的学习时间、迭代次数和最终达到的误差精度成为衡量 BP 神经网络性能的重要指标。

6.4.5　BP 算法步骤

BP 算法的流程图如图 6.20 所示。其执行的步骤如下：

（1）对权值进行初始化。将各层的权系数 w 置为较小的非零随机数。

（2）输入一个样本以及对应的期望输出。

（3）计算各层的输出。

（4）求各层的学习误差。

（5）修正权系数和阈值。

（6）当求出了各层的各个权系数之后，可按给定指标判别误差是否满足精度要求。如果满足要求，则算法结束；如果不满足要求，则返回(3)执行。这个学习过程对于任一给定的样本和期望输出都要执行，直到满足所有的输入和输出要求为止。

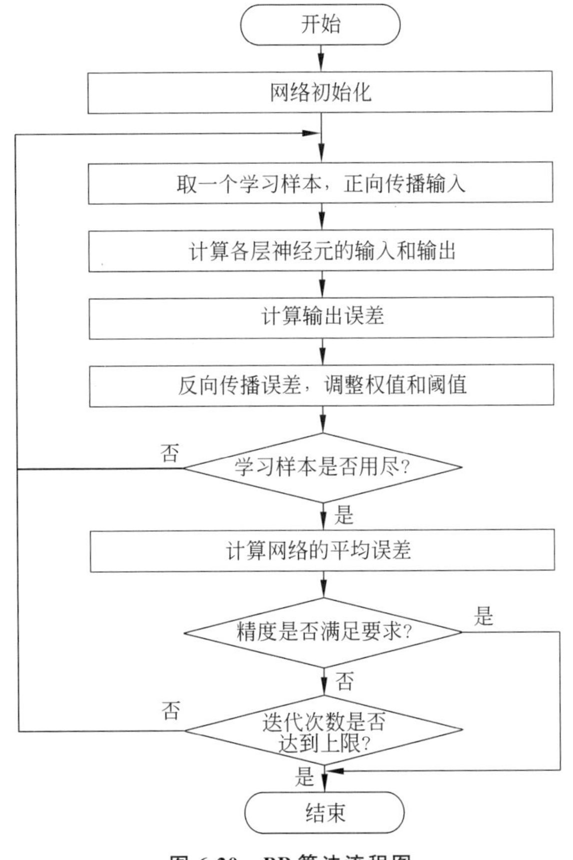

图 6.20　BP 算法流程图

6.4.6　BP 算法实例

【例 6.4】　写出如图 6.21 所示的 BP 神经网络迭代一次的计算过程。

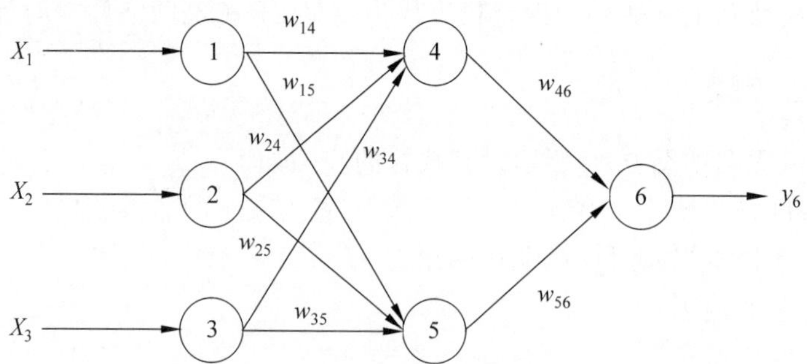

图 6.21 BP 神经网络示例

(1) 对权值进行初始化(学习速度 η 为 0.9,误差 e 为 0.01):

w_{14}	w_{15}	w_{24}	w_{25}	w_{34}	w_{35}	w_{46}	θ_4	θ_5	θ_6
0.2	−0.3	0.4	0.1	−0.5	0.2	−0.3	−0.4	0.2	0.1

(2) 输入一个样本以及对应的期望输出:

$$x=(1,0,1,1),\quad y=1$$

(3) 计算各层的输出(采用 S 型函数作为激励函数),这里选取的是 $1/(1+e^{-x})$。

节点 4 的输入和输出分别为

$$0.2\times1+0.4\times0+(-0.5)\times1+(-0.4)\times1=-0.7,\frac{1}{1+e^{-0.7}}=0.332$$

节点 5 的输入和输出分别为

$$(-0.3)\times1+0.1\times0+0.2\times1+0.2\times1=0.1,\frac{1}{1+e^{-0.1}}=0.525$$

节点 6 的输入和输出分别为

$$(-0.3)\times0.332+(-0.2)\times0.525+0.1\times1=-0.105,\frac{1}{1+e^{-0.105}}=0.474$$

(4) 求各层的学习误差:

输入层的学习误差为

$$0.474\times(1-0.474)\times(1-0.474)=0.1311$$

隐含层的学习误差为

$$0.525\times(1-0.525)\times(0.1311\times(-0.2))=-0.0065$$

输出层的学习误差为

$$0.332\times(1-0.332)\times(0.1311\times(-0.3))=-0.0087$$

(5) 修正权系数:

$$w_{46}=-0.3+0.9\times0.1311\times0.332=-0.261$$
$$w_{56}=-0.2+0.9\times0.1311\times0.525=-0.138$$
$$w_{14}=0.2+0.9\times(-0.0087)\times1=0.192$$
$$w_{15}=-0.3+0.9\times(-0.0065)\times1=-0.306$$

$w_{24}=0.4+0.9\times(-0.0087)\times0=0.4$
$w_{25}=0.1+0.9\times(-0.0065)\times0=0.1$
$w_{34}=-0.5+0.9\times(-0.0087)\times1=-0.508$
$w_{35}=0.2+0.9\times(-0.0065)\times1=0.194$

(6) 修正阈值。

输入层的新阈值为

$$0.1+0.9\times0.1311=0.218$$

隐含层的新阈值为

$$0.2+0.9\times(-0.0065)=0.194$$

输出层的新阈值为

$$-0.4+0.9\times(-0.0087)=-0.408$$

6.4.7 BP算法的优缺点

BP算法有以下优点：

(1) 分类准确度高，学习能力极强。

(2) 对噪声数据的鲁棒性和容错性较强。

(3) 有联想能力，能逼近任意非线性关系。

BP算法有以下缺点：

(1) 神经网络参数(权值和阈值)较多。

(2) 学习过程是黑盒过程，不能观察中间结果。

(3) 学习过程比较长，有可能陷入局部极小值。

目前深度神经网络已经应用于计算机视觉、自然语言处理、语音识别、软件工程等领域并取得很好的效果。第14章展示了神经网络在软件工程中代码坏味检测领域的成功应用。

6.5 思考与练习

1. AdaBoost算法流程是什么？

2. 粒子群算法有哪些特点？

3. 支持向量机的主要思想是什么？

4. 已知正例点 $\boldsymbol{x}_1=[1\quad 2]^T$，$\boldsymbol{x}_2=[2\quad 3]^T$，$\boldsymbol{x}_3=[3\quad 3]^T$，负例点 $\boldsymbol{x}_4=[2\quad 1]^T$，$\boldsymbol{x}_5=[3\quad 2]^T$，试求最大间隔划分超平面和分类决策函数，并在图上画出划分超平面、间隔边界以及支持向量。

5. 现有一个点能被正确分类且远离决策边界。如果将该点加入训练集，为什么支持向量机的决策边界不受其影响，而已经学好的逻辑回归会受影响？

6. 人工神经元网络有哪些特点？

7. 前馈神经网络与反馈神经网络有何不同？

8. BP算法的基本思想是什么？它存在哪些不足之处？

9. 利用粒子群算法求解 $f(x)=x\sin(10p+2)$的最大值，$x\in[-1,2]$，要求求解精度为 6 位小数。

10. 考虑有 4 个训练点的 XOR 问题：(1,1,−),(1,0,+),(0,1,+),(0,0,−)。将数据转化为下面的特征空间：$f=(1,\sqrt{2}x_1,\sqrt{2}x_2,\sqrt{2}x_1x_2,x_1^2,x_2^2)$

找出转化后的最大边缘线性决策边界。

11. 尝试使用高级语言基于 AdaBoost 算法对下列 17 个样本数据进行分类：

Data={[1.0,2.1], [2,1.1], [1.3,1],[1.0,1.0],[2.3,1.3],[0.5,0.8],[0.8,1.5],
[1.9,2.2],[1.7,1.5],[1.5,1.7], [1.5,0.5], [1.2,1.6],[1.8,1.1],
[1.2,0.9],[1.7,2.0],[1.2,0.5],[2.0,1.2]}

Labels={−1,−1,1,1,−1,−1,1,1,−1,1,1,−1,−1,1,1,−1,1}

弱分类器采用水平线或垂直线作为决策树桩(单层决策树)，构造强分类器，希望能得到尽可能准确的强分类器。

第7章 Python 数据分析

Python 是著名的"龟叔"吉多·范·罗苏姆(Guido van Rossum)在1989年圣诞节期间为了打发无聊的圣诞节而设计的一个编程语言。之所以选择 Python(大蟒蛇)作为程序的名字,是因为他是 Monty Python(巨蟒)喜剧团体的粉丝。

Python 是动态解释性的强类型定义语言,具有高效的高级数据结构和简单而有效的面向对象编程的特性。Python 具有极强的可移植性、可扩展性和可嵌入性,具有丰富且强大的库。它常被称为"胶水语言",能够把用其他语言制作的各种模块很轻松地集成在一起。Python 优雅的语法和动态类型以及其解释性的性质,使它在许多领域和大多数平台成为脚本编写和快速应用程序开发的理想语言。然而 Python 也存在一些缺点:

(1) 速度慢。Python 的运行速度比 C 语言确实慢很多,跟 Java 相比也要慢一些。

(2) 代码不能加密,因为 Python 是解释性语言,它的源码都是以明文形式存放的。

(3) 线程不能利用多 CPU 技术。

但是这些缺点并不能阻碍人们对它的喜爱。多年来,Python 一直在 TIOBE 编程语言排行榜中位居前列,成为最受欢迎的语言之一。

Python 的应用角色几乎是无限的,可以在任何场合使用 Python,从网站和游戏开发到机器人和航天飞机控制都有 Python 的身影。在本书中,主要讨论 Python 在数据挖掘中的应用。

7.1 搭建 Python 开发平台

Anaconda 是一个开源的 Python 发行版本,它包含了 Conda、Python 等180多个科学包及其依赖项。它支持 Linux、Mac OS 以及 Windows 系统,提供了包管理与环境管理的功能,可以很方便地解决多版本 Python 并存、切换以及各种第三方包安装问题。Anaconda 利用 Conda 进行包和环境的管理,并且包含了 Python 和相关的配套工具,适合进行大规模数据处理、预测分析和科学计算,并致力于简化包的管理和部署。本节主要讲解 Windows 环境下 Python 的安装。

从 Anaconda 的官网 https://www.anaconda.com/download/#windows 找到相应的32位或64位版本进行下载。本书使用的是 Anaconda 3-5.2.0 版本的64位安装包,其中包含了 Python 3.6。

按照提示安装 Anaconda。安装成功后会有以下几个应用:

(1) Anaconda Navigator。该应用是包含在 Anaconda 中的图形用户界面,用户可以通过 Anaconda Navigator 启动应用,在不使用命令行的情况下管理软件包、创建虚拟环境和管理路径。Anaconda Navigator 可以在 Anaconda Cloud 或本地 Anaconda 仓库中搜索、安装和升级软件包。

(2) Jupyter Notebook。该应用以前被称为 IPython Notebook,是一个交互式记事本,支持运行 40 多种编程语言,它的本质是一个 Web 应用程序,其中除了代码,更多的是叙述性的文字、图表等内容,便于创建和共享程序文档,用于展示数据分析的过程,支持实时修改代码、数学方程、可视化和 Markdown 语言。用途包括数据清理和转换、数值模拟、统计建模、机器学习等。Jupyter Notebook 就是一款集编程和写作于一体的编辑工具。

(3) QTConsole。调用交互式命令台,这是一个可执行 IPython 的仿终端图形界面程序,相比 Python Shell 界面,QTConsole 可以直接显示代码生成的图形,实现多行代码输入和执行,且内置了许多有用的功能和函数。

(4) Spyder。它是一个使用 Python 语言的开放源代码、跨平台科学运算的集成开发环境。Spyder 集成了 NumPy、SciPy、Matplotlib、IPython 以及其他开源软件。与其他科学数值分析专用集成开发环境(如 MATLAB 或 RStudio)相比,Spyder 有下列特色:开放源代码,以 Python 编写并且可以兼容非自由软件许可协议。Spyder 可以通过附加组件进行扩展,内置交互式工具以处理数据。它最大的优点就是模仿 MATLAB 的工作空间的功能,可以很方便地观察和修改数组的值。

Anaconda 是一个科学计算环境,当安装好 Anaconda 以后,就相当于安装了 Python。Anaconda 还有一些常用的库,如 NumPy、SciPy 和 Matplotlib 等。以上提到的 Jupyter Notebook 和 Spyder 是两个简单的 Python 编辑器。在工作中,若需要使用集成开发环境对大型项目进行管理,目前应用比较广的是 JB 公司的 PyCharm,它能很方便地和 Anaconda 的虚拟环境结合。

PyCharm 带有一整套可以帮助用户在使用 Python 开发时提高效率的工具,例如调试、语法高亮、项目管理、代码跳转、智能提示、自动完成、单元测试和版本控制等,适合大型项目的管理。PyCharm 具有智能代码编辑器,能理解 Python 的特性并提供卓越的生产力推进工具,包括自动代码格式化、代码完成、重构、自动导入和一键代码导航等。此外,PyCharm 还提供了一些高级功能,可以用于支持 Django 框架下的专业 Web 开发。

7.2 Python 数据分析库

7.2.1 NumPy

NumPy(Numeric Python)是一个功能强大的 Python 库,主要用于对多维数组执行计算任务。它提供了许多高级的数值编程工具、大量的库函数和操作,如矩阵数据类型、矢量处理以及精密的运算库,可以帮助程序员轻松地进行数值计算。这类数值计算广泛用于以下任务:

(1) 机器学习模型。在编写机器学习算法时,需要对矩阵进行各种数值计算,例如矩阵乘法、换位和加法等。NumPy 提供了一个非常好的库，用于处理简单（在编写代码方面）和快速（在速度方面）的计算。NumPy 数组用于存储训练数据和机器学习模型的参数。

（2）图像处理和计算机图形学。计算机中的图像表示为多维数字数组。NumPy 提供了一些优秀的库函数来快速处理图像，例如镜像图像、按特定角度旋转图像等。

（3）数学计算任务。NumPy 对于执行各种数学计算任务非常有用，如数值积分、微分、内插和外推等。

NumPy 提供了两种基本的对象：ndarray 和 ufunc。ndarray 是存储单一数据类型的多维数组，ufunc 是能够对数组进行处理的函数。

NumPy 的功能如下：

（1）针对多维数组，它提供矢量化数学运算。

（2）不使用循环就可以对数组内的所有数据进行标准数学运算。

（3）可以将数据传送到用传统程序设计语言（如 C/C++）编写的外部库，也可以从外部库以 NumPy 数组形式返回数据。

NumPy 是使 Python 获得成功的关键组件之一，非常便于 Python 中的数据科学或机器学习编程。

1. 创建数组

ndarray 是一个多维的数组对象（矩阵），具有对矢量进行运算的能力，并具有执行速度快和节省空间的特点。ndarray 是 NumPy 中基本的数据结构之一。数组的下标从 0 开始，且其中的所有元素必须是相同类型的。

数组的常用属性见表 7.1。

表 7.1　数组的常用属性

属　性	描　述
itemsize	每个项占用的字节数
ndim	数组的维数
nbytes	数组中的所有数据占用的字节数
shape	各维度大小
dtype	数据类型

创建数组的方式有很多种，例如使用列表（list）、元组（tuple）等。例 7.1 展示了如何使用不同数据结构表示数组。

需要注意的是，习惯上使用列表存储不同数据类型的元素，而元组多用于存储相同数据类型的元素。列表是动态指针数组，它保存的是对象的指针，其元素可以是任意类型的对象。当具有大量的元素时，元组比列表的计算速度快。

【例 7.1】 创建数组。

```
#-*-coding: utf-8-*-
import numpy as np                    #导入模块
```

```
print("使用列表创建一维数组")
data=[1,2,3,4,5,6]
x=np.array(data)
print(x)
print(x.dtype)                          #输出元素类型
#  输出结果:
#  使用列表创建一维数组
#  [1 2 3 4 5 6]
#  int32

print("使用元组创建二维数组")
data=([[1,2],[3,4],[5,6]])
x=np.array(data)
print(x)
print(x.ndim)                           #输出数组维数
print(x.shape)                          #输出数组各维度大小
#  输出结果:
#  使用元组创建二维数组
#  [[1 2]
#  [3 4]
#  [5 6]]
#  2
#  (3, 2)
```

也可以使用ndarray创建特定大小的多维数组,常用的方法见表7.2。

表7.2 使用ndarray创建多维数组常用的方法

方　法	描　述
zeros	创建给定大小的数组,并将数组中所有元素填充为0
ones	创建给定大小的数组,并将数组中所有元素填充为1
identity	创建单位方阵,即主对角线上为1而其余位置为0的方阵
empty	返回一个未初始化内存的数组,该数组的元素没有具体值
arange	创建等差数列数组

例7.2展示了如何使用ndarray中不同的方法创建不同的数组。更多的方法请读者自学。

【例7.2】 创建不同的数组。

```
print("创建zero、ones、empty数组")
arr1 = np.zeros(4)                      #创建长度为4、元素都是0的一维数组
print(arr1)
#  输出结果:
```

```
#  创建 zero、ones、empty 数组
#  [0. 0. 0. 0.]

arr2 = np.zeros((3,2))                    #创建长度为 3 和 2 的二维 0 数组
print(arr2)
#  输出结果:
#  [[0. 0.]
#  [0. 0.]
#  [0. 0.]]

arr3 = np.ones((2,2))                     #创建长度为 2 和 2 的二维 1 数组
print(arr3)
#  输出结果:
#  [[1. 1.]
#  [1. 1.]]

arr4 = np.empty((2,3))                    #创建长度为 2 和 3 的未初始化的二维数组
print(arr4)
#  输出结果:
#  [[0. 0. 0.]
#  [0. 0. 0.]]

print("创建等差数列数组")
print(np.arange(5))                       #默认起始值为 0,步长为 1,开区间
print(np.arange(0,10,2))                  #起始值为 0,终止值为 10,步长为 2
#  输出结果:
#  创建等差数列数组
#  [0 1 2 3 4]
#  [0 2 4 6 8]
```

2. 数组的矢量化计算

矢量化(vectorization)运算是指用数组表达式代替循环来操作数组里的每个元素,从而不用编写循环就可以对数据进行批量运算,大小相等的数组之间的任何运算都会应用到对应的元素。

数组和标量间的运算是将标量与每一个数组元素进行运算。例 7.3 展示了数组与标量、数组与数组的运算。

【例 7.3】 数组与标量、数组与数组的运算。

```
print("数组与标量、数组与数组的运算")
arr5 = np.array([[1,2,3],[4,5,6]])
print(arr5 * 3)
#  输出结果:
#  数组与标量、数组与数组的运算
#  [[ 3  6  9]
```

```
#   [12 15 18]]

arr6 = np.array([[1,4,9],[16,25,36]])
print(2 * arr5+arr6)
#   输出结果:
#   [[ 3 8 15]
#   [24 35 48]]
```

3. 数组的基本索引和切片

索引是一个无符号整数值。通过索引可以获取数组里的值。一维数组的索引方式和列表的索引方式类似。当以一维数组的索引方式对二维数组进行索引时,获得的不是一个标量,而是一个一维数组;若想获得二维数组中某一具体的值,则需要继续按照一维数组的索引方式进行索引。而在多维数组里,单个索引值的索引返回的是低一个维度的数组。

表 7.3 是数组的索引和切片方式。

表 7.3 数组的索引和切片方式

方　式	描　述
ndarray[n]	获取第 $n+1$ 个元素
ndarray[n:m]	获取第 $n+1$ 个到第 m 个元素
ndarray[:]	获取全部元素
ndarray[n:]	获取第 $n+1$ 个到最后一个元素
ndarray[:n]	获取第 0 个到第 n 个元素
ndarray[n,m] ndarray[n][m]	获取第 $n+1$ 行第 m 个元素

【例 7.4】 数组的基本索引。

```
print("数组的基本索引")
arr7 = np.array([[1,2],[3,4],[5,6]])
print(arr7[0])
print(arr7[1][1])
print(arr7[0,1])                    #同 x[0][1]
#   输出结果:
#   数组的基本索引
#   [1 2]
#   4
#   2

arr8 = np.array([[[1, 2], [3,4]], [[5, 6], [7,8]]])
print(arr8[0])
#   输出结果:
```

```
#  [[1 2]
#  [3 4]]

y = arr8[0].copy()                          #生成一个副本
print(y)
print(y[0,0])
#  输出结果:
#  [[1 2]
#  [3 4]]
#  1

y[0,0]=0
print(y)
#  输出结果:
#  [[0 2]
#  [3 4]]
```

切片是获取数组里某一部分的内容。例7.5展示了不同的切片方法,详细用法参见表7.3。对于二维数组,其切片是由一维数组组成的。

【例7.5】 ndarray切片的应用。

```
print("ndarray切片的应用")
arr9 = np.array([1,2,3,4,5,6])
print(arr9[1:4])
print(arr9[:2])                             #冒号左边的参数默认为0
print(arr9[2:])                             #冒号右边的参数默认为元素个数
print(arr9[0:5:2])                          #下标递增2
#  输出结果:
#  ndarray切片的应用
#  [2 3 4]
#  [1 2]
#  [3 4 5 6]
#  [1 3 5]

arr10 = np.array([[1,2],[3,4],[5,6]])
print(arr10[:2])
print(arr10[:3,:1])                         #获取第0到2行的第0个元素
#  输出结果:
#  [[1 2]
#  [3 4]]
#  [[1]
#  [3]
#  [5]]
```

4. 数组的转置和轴对换

数组的转置和轴对换只会返回源数据的一个视图,不会对源数据进行修改。在

ndarray 中,转置和轴对换有 3 种方式: T 属性、transpose 方法以及 swapaxes 方法。T 属性以数组左上角元素为固定点,将数组中的行依次转换为列(数组中的列随之依次转换为行);transpose()方法中数组的默认轴编号为[x,y,z]=[0,1,2];swapaxes 方法将数组的某两个轴交换。具体用法见例 7.6。

【例 7.6】 数组的转置和轴对换。

```
print("T 属性")
arr11 = np.arange(9)
arr12 = arr11.reshape((3,3))            #改变数组的形状
print(arr11)
print(arr12)
#   输出结果:
#   T 属性
#   [0 1 2 3 4 5 6 7 8]
#   [[0 1 2]
#   [3 4 5]
#   [6 7 8]]

print(arr12.T)                          #转置 arr12
print(np.dot(arr12,arr12.T))            #np.dot 是点乘方法
#   输出结果:
#   [[0 3 6]
#   [1 4 7]
#   [2 5 8]]
#   [[5   14   23]
#   [14   50   86]
#   [23   86 149]]

print("transpose 方法")
arr12 = arr11.transpose((1,0,2))        #arr12[y][x][z] = arr11[x][y][z]
print(arr12)
print(arr12[0][1][0])
#   输出结果:
#   transpose 方法
#   [[[0 1]
#   [4 5]]
#   [[2 3]
#   [6 7]]]
#   4

print("swapaxes 方法")                  #第一个轴和第二个轴交换
arr12 = arr11.swapaxes(0,1)             #arr12[y][x][z] = arr11[x][y][z]
print(arr12)
print(arr12[0][1][0])
```

```
#  输出结果:
#  swapaxes 方法
#  [[[0 1]
#  [4 5]]
#  [[2 3]
#  [6 7]]]
#  4

arr12 = np.arange(9).reshape((3,3))
print(arr12)
print(arr12.swapaxes(1,0))
#  输出结果:
#  [[0 1 2]
#  [3 4 5]
#  [6 7 8]]
#  [[0 3 6]
#  [1 4 7]
#  [2 5 8]]
```

5. ufunc

ufunc(通用函数)是对数组中的数据执行元素级运算的函数。ufunc 可以对数组中的每一个元素进行操作,然后返回新的元素值组成的数组。ufunc 是可以接收一个或者多个标量值,并产生一个或者多个标量值的函数。

ufunc 有两种类别:一元 ufunc 接收一个数组,返回一个数组或两个数组(如 modf 函数);二元 ufunc 接收两个数组,并返回一个数组。

【例 7.7】 一元 ufunc 示例。

```
print("一元 ufunc 示例")
arr13 = np.arange(6)
print(arr13)
print(np.square(arr13))                #每个元素值的平方
arr14 = np.array([1.5,1.6,1.7,1.8])
y,z = np.modf(arr14)
print(y)
print(z)
#  输出结果:
#  一元 ufunc 示例
#  [0 1 2 3 4 5]
#  [0  1  4  9 16 25]
#  [0.5 0.6 0.7 0.8]
#  [1. 1. 1. 1.]
```

【例 7.8】 二元 ufunc 示例。

```
print("二元 ufunc 示例")
```

```
arr15 = np.array([[1,2],[3,4]])
arr16 = np.array([[5,6],[7,8]])
print(np.maximum(arr15,arr16))
print(np.minimum(arr15,arr16))
#  输出结果:
#  二元 ufunc 示例
#  [[5 6]
#  [7 8]]
#  [[1 2]
#  [3 4]]
```

7.2.2 Pandas

Pandas 是 Python 中的数据分析包,是一个拥有 BSD 许可的开源库。它为 Python 编程语言提供了高性能、易于使用的数据结构和数据分析工具。Pandas 最初是作为金融数据分析工具开发的,因此 Pandas 为时间序列分析提供了很好的支持。

Pandas 包括大量的库和标准的数据模型,提供了高效操作大型数据集所需要的工具,提供了大量可以快速便捷处理数据的函数和方法。Pandas 包含高级数据结构和数据分析工具。Pandas 建立在 NumPy 之上,使得 NumPy 应用变得简单。

要使用 Pandas,首先得熟悉它的两个数据结构: Series 和 DataFrame。

1. Series

Series 意为序列,是一种类似于一维数组的对象,它由一组数据(可以是不同的 NumPy 数据类型)以及一组与之相关的数据标签组成。仅由一组数据即可产生最简单的 Series。

【例 7.9】 简单 Series 的产生。

```
import pandas as pd
obj = pd.Series([3,11,-4,8])
obj
#  输出结果:
#  0    3
#  1    11
#  2    -5
#  3    8
#  dtype: int64
```

Series 的字符串表示形式为: 左边是索引,右边是值。若没有为数据指定索引范围,则 Series 会自动创建一个 0 到 $N-1$(N 为数据长度)的整数型索引。可以通过 Series 的 values 和 index 属性获取其索引对象和索引形式。

【例 7.10】 利用 values 属性获取索引对象。

```
obj = pd.Series([3,11,-4,8])
obj.values
```

```
#  输出结果:
#  array([3, 11, -4, 8], dtype=int64)
```

【例 7.11】 利用 index 属性获取索引形式。

```
obj = pd.Series([3,11,-4,8])
obj.index
#  输出结果:
#  RangeIndex(start=0, stop=4, step=1)        #开始索引为 0,结束索引为 4,步长为 1
```

一般情况下,希望创建一个可以针对每一个数据点进行标记的索引。可以自定义索引的值,分别索引每一个元素。

【例 7.12】 多个数据点的标记索引。

```
obj2 = pd.Series([3,11,-4,8],index=['A','B','C','D'])
obj2
#  输出结果:
#  A    3
#  B    11
#  C    -4
#  D    8
#  dtype: int64
```

与普通数组不同,在 Series 中可以选择不同的索引方式获取指定的任意一个或一组值。

【例 7.13】 在 Series 中获取不同的值。

```
obj2 = pd.Series([3,11,-4,8],index=['A','B','C','D'])
obj2[['D','A']]
#  输出结果:
#  D    8
#  A    3
#  dtype: int64
```

如果数据被存放在一个 Python 字典中,也可以直接通过这个字典来创建 Series,并且如果只传入一个字典,则产生的 Series 中的索引就是原字典的键(字典排序)。例 7.14 使用字典创建关于不同班级的学生数量的 Series。

【例 7.14】 使用字典创建 Series。

```
num = {"class 1":35,"class 2":28,"class 3":33,"class 4":36}
obj3 = pd.Series(num)
obj3
#  输出结果:
#  class 1    35
#  class 2    28
#  class 3    33
```

```
#  class 4    36
#  dtype: int64
```

2. DataFrame

DataFrame 意为数据框架,是一个表格型的数据结构。它含有一组有序的列,每列可以是不同类型的值(数值、字符串、布尔值等)。DataFrame 既有行索引也有列索引,它可以被看作由 Series 组成的字典(共用一个索引)。

构建 DataFrame 的方法有很多,常用的有两种方法:一种是直接传入一个由等长列表或 NumPy 数组构成的字典;另一种是嵌套字典(也就是字典的字典)。

例 7.15 展示了如何用字典构建 DataFrame。

【例 7.15】 用字典构建 DataFrame 的第一个例子。

```
data ={"name":["Angel","Tom","Cyning","Anna","Peter"],
       "age":[11,15,23,9,25],
       "score":[88,90,96,76,63]}
frame = pd.DataFrame(data)
frame
#  输出结果:
#      name    age    score
#  0   Angel   11     88
#  1   Tom     15     90
#  2   Cyning  23     96
#  3   Anna    9      76
#  4   Peter   25     63
```

例 7.15 得出的结果会自动加上索引(与 Series 一样),且按照字典中的顺序排列。如果指定了列序列,则 DataFrame 的列就会按照指定的顺序排列,列序列用参数 columns 指定。

【例 7.16】 用字典构建 DataFrame 的第二个例子。

```
pd.DataFrame(data,columns =["name","score"])
#  输出结果:
#      name    score
#  0   Angel   88
#  1   Tom     90
#  2   Cyning  96
#  3   Anna    76
#  4   Peter   63
```

与 Series 一样,如果指定的列在字典中找不到,就会产生 NaN 值,如例 7.17 所示。

【例 7.17】 用字典构建 DataFrame 的第三个例子。

```
frame2 = pd.DataFrame(data,columns =["name","age","score","city"],
                      index=["one","two","three","four","five"])
frame2
```

```
#  输出结果:
#         name    age   score   city
#  one    Angel   11    88      NaN
#  two    Tom     15    90      NaN
#  three  Cyning  23    96      NaN
#  four   Anna    9     76      NaN
#  five   Peter   25    63      NaN
```

在字典中获取 value 的方式对 DataFrame 的列也可以使用,该操作返回一个 Series 对象。

【例 7.18】 获取字典的列数据。

```
frame2["name"]
#  frame2.name                              #两种方式效果相同
#  输出结果:
#  one    Angel
#  two    Tom
#  three  Cyning
#  four   Anna
#  five   Peter
#  Name: name, dtype: object
```

注意:返回的 Series 拥有与原 DataFrame 相同的索引,且其 name 属性已经被设置好了。但是这种获取方式仅适用于列,对于行(也就是 axis=0)来说,就要用相应的特殊方法,即".loc"。

【例 7.19】 获取字典的行数据。

```
frame2.loc["three"]                          #获取 three 行的数据
#  输出结果:
#  name   Cyning
#  age    23
#  score  96
#  city   NaN
#  Name: three, dtype: object
```

DataFrame 也可以对列数据通过赋值方式进行修改。例如,在例 7.20 中,给字典添加了一个名为 city 的列并进行了赋值。

【例 7.20】 修改字典的列数据。

```
frame2["city"] ="Xi'an"
frame2
#  输出结果:
#         name    age   score   city
#  one    Angel   11    88      Xi'an
#  two    Tom     15    90      Xi'an
#  three  Cyning  23    96      Xi'an
```

```
#  four    Anna    9      76        Xi'an
#  five    Peter   25     63        Xi'an
```

修改行数据时就要采用上面提到的特殊方法".loc",如例 7.21 所示。

【例 7.21】 修改字典的行数据。

```
frame2.loc["one"] = ["Leon",21,72,"Beijing"]
frame2
#  输出结果:
#          name    age    score    city
#  one     Leon    21.0   72       Beijing
#  two     Tom     15.0   90       Xi'an
#  three   Cyning  23.0   96       Xi'an
#  four    Anna    9.0    76       Xi'an
#  five    Peter   25.0   63       Xi'an
```

如果对某一特定值进行修改而不是某行或某列的全部值进行修改时,其方法和修改 NumPy 数组一样,定位行和列即可。但是要注意,DataFrame 选取行、列的顺序是先列后行,与 NumPy 先行后列的选取顺序不同。

【例 7.22】 字典示例。

```
frame3 =pd.DataFrame(numpy.arange(15).reshape(5,3),
                         index= ["one","two","three","four","five"],
                         columns= ["first","second","third"])
frame3
#  输出结果:
#          first   second   third
#  one     0       1        2
#  two     3       4        5
#  three   6       7        8
#  four    9       10       11
#  five    12      13       14
```

若要修改字典中的某一特定值,其方法如例 7.23 所示。

【例 7.23】 修改字典中的特定值。

```
frame3["first"]["one"] =50                           #先列后行
frame3
#  输出结果:
#          first   second   third
#  one     50      1        2
#  two     3       4        5
#  three   6       7        8
#  four    9       10       11
#  five    12      13       14
```

7.2.3 SciPy

SciPy 是世界上著名的 Python 开源科学计算库，建立在 NumPy 之上。与 NumPy 相比，它增加的功能包括数值积分、最优化、统计和一些专用函数。

SciPy 在 NumPy 的基础上增加了很多数学、科学以及工程计算中常用的库函数，例如线性代数、常微分方程、信号处理、图像处理和稀疏矩阵等库函数。

1. SciPy 与 NumPy

由于 SciPy 以 NumPy 为基础，所以在导入 SciPy 的同时便导入了 NumPy 库。标准的数值计算程序经常用下面的形式引用 NumPy：

```
import NumPy as np
```

SciPy 的函数主要位于以下子库中：SciPy.optimize、SciPy.integrate 和 SciPy.stats 等。这些子库都需要单独导入，例如：

```
import SciPy.optimize
from SciPy.integrate import quad
```

2. 统计子库 SciPy.stats

SciPy.stats 的主要功能有以下几个方面：

(1) 创建数值随机变量对象(包括密度分布函数、累积分布函数、样本函数等)。

(2) 提供了一些估计方法。

(3) 提供了一些测试方法。

3. 优化问题

1) 一元函数的最小值与最大值

例 7.24 输出 x^2 在区间[−2,1]的最小值。

【例 7.24】 搜索 x^2 的最小值。

```
from scipy.optimize import fminbound
fminbound(lambda x: x**2, -2, 1)
#  输出结果:
#  0.0
```

2) 多元函数的最小值与最大值

多元函数的局部优化使用以下几个函数：minimize、fmin、fmin_powell、fmin_cg、fmin_bfgs 和 fmin_ncg。多元函数的受限局部优化使用以下几个函数：fmin_l_bfgs_b、fmin_tnc 和 fmin_cobyla。

如果需要使用以上函数进行数据分析，请自行学习相关知识，本书不再一一详解。

4. 积分

单变量积分可以利用 quad 方法。

【例 7.25】 单变量积分。

```
from SciPy.integrate import quad
```

```
integral, error=quad(lambda x: x**2, 1, 2)
Integral
#  输出结果:
#  2.3333333333333335
```

7.2.4 Scikit-Learn

Scikit-Learn 是基于 Python 的机器学习模块,它拥有 BSD 开源许可。要使用 Scikit-Learn,需要先安装 NumPy、SciPy 和 Matplotlib 等模块。Scikit-Learn 的主要功能分为分类、回归、聚类、数据降维、模型选择和数据预处理 6 个部分。

Scikit-Learn 自带一些经典的数据集,例如用于分类的 iris 和 digits 数据集以及用于回归分析的 boston house prices 数据集。这些数据集采用字典结构,数据存储在".data"成员中,输出标签存储在".target"成员中。Scikit-Learn 提供了一套常用的机器学习算法,这些算法通过统一的接口使用。利用 Scikit-Learn,可以在数据集上实现流行的机器学习算法。Scikit-Learn 还有一些功能强大的库,例如用于自然语言处理的 Nltk、用于网站数据抓取的 ScraPy、用于网络挖掘的 Pattern 和用于深度学习的 Theano 等。

1. 机器学习算法

1) 监督学习

监督学习用于对未来事件进行预测。每个样本都有一个已知的输出项,称为类标(label)。通过使用有类标的训练构建模型,再使用得到的模型进行预测。

在分类时,类标(输出结果)是离散的、无序的值,可以视为样本的组别(group membership)信息。分类可以分为二类别分类(binary classification)和多类别分类(multi-class classification)。

在回归时,类标是连续型的值。

2) 强化学习

强化学习用于解决交互式问题。目的是构建一个系统智能体(agent),在智能体与环境(environment)的交互中提高系统的性能。环境的当前状态信息中通常包含一个反馈(reward)值,这个反馈值不是确定的类标或连续型的值,而是通过反馈函数产生的对当前系统行为的评价。智能体在与环境的交互中,可以通过强化学习形成一系列行为,通过探索性的试错或借助精心设计的激励系统使得正向反馈最大化。

例如,在象棋对弈中,智能体根据棋盘上的当前棋局(环境)决定落子的位置,而游戏结束时胜负的判定可以作为激励信号。

3) 无监督学习

无监督学习用于发现数据本身潜在的结构。无监督学习可以处理无类标数据或者总体分布趋势不明朗的数据。通过无监督学习,可以在没有已知输出类别信息(有别于监督学习)和反馈函数(有别于强化学习)指导的情况下提取有效信息,从而探索数据的整体结构。

聚类用于获取数据结构信息,导出数据间有价值的关系。通过聚类发现数据的子群,在没有先验信息的情况下,将数据划分为小的簇。每个簇中的内部成员之间有一定的相似度,但和其他簇的成员有较大不同。

降维在数据特征预处理时经常使用。降维可以清除数据中的噪声,能在最大限度地保留相关信息的情况下将数据压缩到一个维度较小的子空间。但是降维可能会降低某些算法在准确方面的性能。

2. SKlearn 的数据库

SKlearn 有许多强大的数据库,其数据库网址为 http://scikit-learn.org/stable/modules/classes.html (module-sklearn.datasets),其中包含了很多数据,可以直接使用。例如,以下是两个最常用的数据集。

1) 鸢尾花数据集

鸢尾花数据集的调用示例如例 7.26 所示。

【例 7.26】 鸢尾花数据集的调用。

```
from sklearn import datasets                                   #调用模块
load_data = datasets.load_iris()
data_x = load_data.data                                        #导入数据
data_y = load_data.target
```

2) 波士顿房价数据集

波士顿房价数据集的调用示例如例 7.27 所示。

【例 7.27】 波士顿房价数据集的调用。

```
from sklearn import datasets                                   #调用模块
load_data = datasets.load_boston()
data_x = load_data.data                                        #导入数据
data_y = load_data.target
```

3. 通用学习模式

SKlearn 中的学习模式有很强的统一性,很多是类似的。掌握其中一种学习模式,其他学习模式就可以很快掌握。

1) 鸢尾花数据集

针对上面已经导入的鸢尾花数据集,继续对其进行分析。

【例 7.28】 鸢尾花数据集的分析。

```
from sklearn.model_selection import train_test_split  #导入模块
from sklearn import datasets
from sklearn.neighbors import KNeighborsClassifier    #k 近邻函数
iris = datasets.load_iris()
iris_x = iris.data                                    #导入数据
iris_y = iris.target
x_train, x_test, y_train, y_test =
train_test_split(iris_X, iris_y, test_size=0.3)     #划分为训练集和测试集数据
#print(y_train)
knn = KNeighborsClassifier()                        #设置 knn 分类器
```

```
knn.fit(x_train,y_train)                                    #进行训练
print(knn.predict(x_test))                    #使用训练好的 knn 分类器进行数据预测
print(y_test)
#输出结果:
#[2 1 0 1 2 2 0 2 2 2 1 1 0 0 0 0 1 2 2 2 1 2 2 0 1 0 2 0 1 1 0 1 2 2 1 1 1 0 1 1 1 0 2 0 2]
#[2 2 0 1 2 2 0 2 2 2 1 1 0 0 0 0 1 2 2 2 1 2 2 0 1 0 1 0 1 1 0 2 2 2 1 1 1 0 1 1 1 0 2 0 2]
```

2）波士顿房价数据集

使用线性回归方法对波士顿房价数据集进行预测。

【例 7.29】 波士顿房价数据集的分析。

```
import Matplotlib.pyplot as plt                              #调用模块
from sklearn import datasets
from sklearn.linear_model import LinearRegression            #调用线性回归函数
loaded_data = datasets.load_boston()                         #导入数据集
data_x = loaded_data.data
data_y = loaded_data.target
model = LinearRegression()                                   #设置线性回归模块
model.fit(data_x, data_y)                                    #训练数据,得出参数
print(model.predict(data_x[:4,:]))
print(data_y[:4])
#  输出结果:
#  [30.00821269 25.0298606 30.5702317 28.60814055]
#  [24. 21.6 34.7 33.4]
```

7.3 Python 数据可视化

7.3.1 Matplotlib

Matplotlib 是 Python 中的 2D 绘图库，可以生成具有出版品质的图形。Matplotlib 可用于 Python 脚本、Python/IPython shell、Jupyter、Web 应用程序服务器和 Python 的 4 个图形用户界面工具包，能方便地制作线条图、饼图、条形图以及其他专业图形。

Matplotlib 可以定制图表，可以将图形输出为矢量图和常见的图形格式，如 PDF、SVG、JPG、PNG、BMP 和 GIF 等。

Matplotlib 可以设置图形的各种属性，如图像大小、每英寸点数、线宽、色彩、样式、子图、坐标轴、网格属性、文字等。在作图之前，通常要加载以下代码：

```
import Matplotlib.pyplot as plt                              #导入作图图库
plt.rcParams['font.sans-serif']=['SimHei']                   #用来正常显示中文标签
plt.rcParams['axes.unicode_minus']=False                     #用来正常显示负号
plt.figure(figsize =(7,5))                                   #创建图像区域,指定比例
```

作图完成后，可以通过 plt.show 显示图形。

1. 线段图

Plot 用于绘制二维曲线图和折线图，以下是基本使用方法：

```
plt.plot(x,y,S)
D.plot(kind ='box')
```

这里使用的是 DataFrame 或 Series 对象内置的方法作图，默认以索引值为横坐标、以每列数据为纵坐标自动作图，通过 kind 参数指定作图类型，支持 line(线图)、bar&barh(条形图)、hist(直方图)、box(箱形图)、kde(密度图)、area(区域图)和 pie(饼图)等，同时也能够接收 plt.plot 方法中的参数。

【例 7.30】 创建带有文本标签的折线图。

```
import matplotlib.pyplot as plt
import numpy as np
t = np.arange(0.0, 2.0, 0.01)
s = 1 +np.sin(2 * np.pi * t)
fig, ax =plt.subplots()
ax.plot(t, s)
ax.set(xlabel ='time (s)', ylabel ='voltage (mV)', title='line chart')
ax.grid()
plt.show()
```

输出结果如图 7.1 所示。

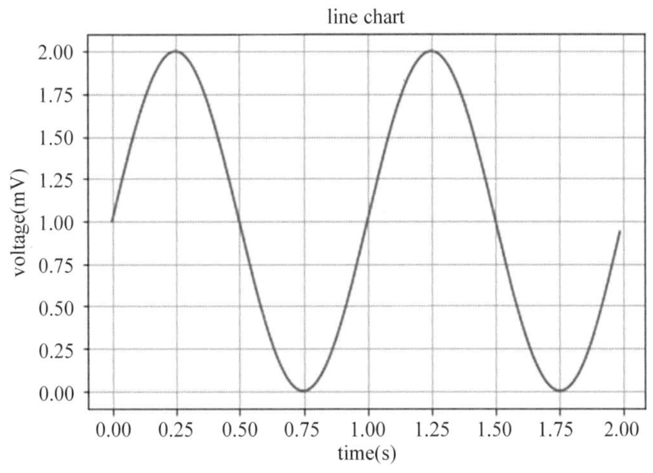

图 7.1　绘制折线图

2. 饼图

饼图的英文为 sector graph(又名 pie graph)，常用于统计数据的展示。饼图显示一个数据系列中各项占总和的比例。饼图中的数据点显示为百分比。

【例 7.31】 简单饼图的绘制。

```
import matplotlib.pyplot as plt
```

```
labels='Frogs', 'Hogs', 'Dogs', 'Cats'                    #切片按逆时针排序和绘制
sizes=[20, 30, 45, 5]
explode=(0, 0.1, 0, 0)                                    #只将第二块分离出来
fig1, ax1=plt.subplots()
ax1.pie(sizes, explode=explode, labels=labels,
        autopct='%1.1f%%', shadow=True, startangle=90)
ax1.axis('equal')                                         #等长宽比确保饼图为圆形
plt.show()
```

输出结果如图 7.2 所示。

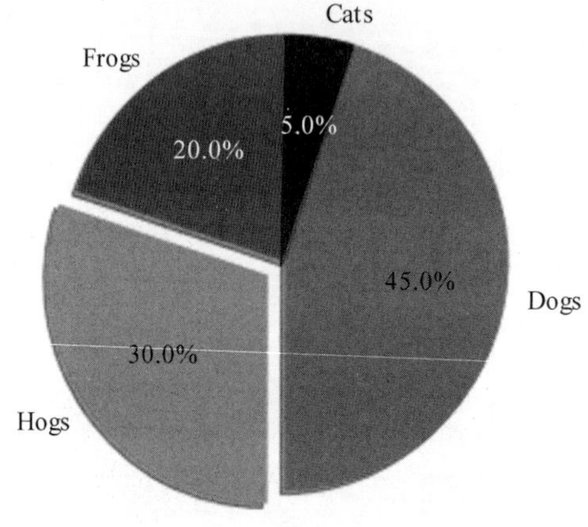

图 7.2　绘制饼图

使用 Matplotlib 绘制饼图时，sizes 是一个列表，给出各个扇形的比例。pie 方法有丰富的参数。

3. 条形图

条形图(bar chart)是用宽度相同的条形的高度或长度来表示数据大小的图形。条形图可以横置或竖置，竖置时也称为柱形图(column chart)。此外，条形图有简单条形图、复式条形图等形式。

【例 7.32】 条形图的绘制。

```
import matplotlib.pyplot as plt
plt.bar([1,3,5,7,9],[5,2,7,8,2], label="Example one")
plt.bar([2,4,6,8,10],[8,6,2,5,6], label="Example two", color="r")
plt.legend()
plt.xlabel("bar number")
plt.ylabel("bar height")
plt.title("Bar chart")
plt.show()
```

输出结果如图 7.3 所示。

在上面的程序中，使用 plt.bar 创建条形图。如果没有明确选择一种颜色，即使绘制

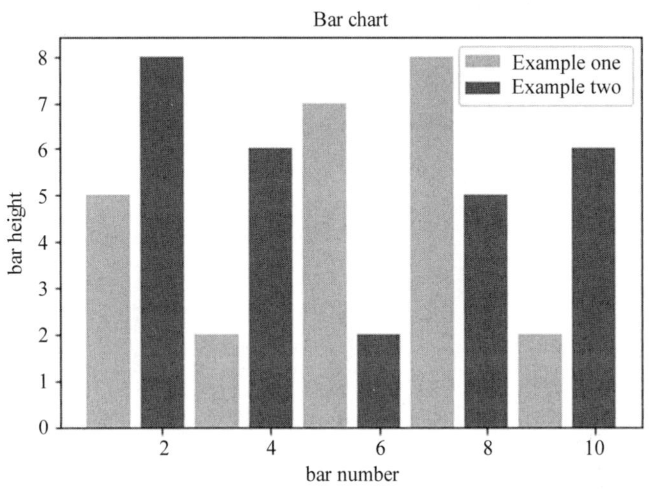

图 7.3 绘制条形图

了多个图,所有的条也都是一样的颜色,没有明确区分。可以自定义绘图中使用的颜色,例如,g 为绿色,b 为蓝色,r 为红色,等等。还可以使用十六进制颜色代码,如#191970。

4. 直方图

直方图非常像条形图,用于显示分段数据,例如年龄的分组、测试的分数等。

【例 7.33】 直方图的绘制。

```
import matplotlib.patches as mpatches
import matplotlib.pyplot as plt
population_ages = [22,55,62,45,21,22,34,42,42,4,102,99,110,120,121,122,115,
                  112,80,75,65,54,44,43,42,48,11,15]
bins = [20,40,60,80,100,120,140]
plt.hist(population_ages, bins, histtype="bar", rwidth=0.4,color ="b")
plt.xlabel("age")
plt.ylabel("num")
plt.title("Histogram")
blue_patch = mpatches.Patch(color="blue", label="age")
plt.legend(handles =[blue_patch])
plt.show()
```

输出结果如图 7.4 所示。

对于 plt.hist,首先需要给出所有的值,然后指定放入哪个桶或容器。在本例中,绘制了一些代表不同年龄段人数的条形,以 20 年的跨度为一个年龄段。在上面的程序中,设置条形的宽度为 0.4,也可以通过修改宽度让条形变得更宽或者更窄。

plt.hist(x,y)是绘制直方图的函数。其中,x 是待绘制直方图的一维数组。y 可以是整数,表示均匀划分为 n 段;也可以是列表,列表中的各个数字为分段的边界点(即手动指定分界点)。

5. 散点图

散点图通常用于比较两个变量来寻找相关性或分组。如果在三维空间绘制散点图,

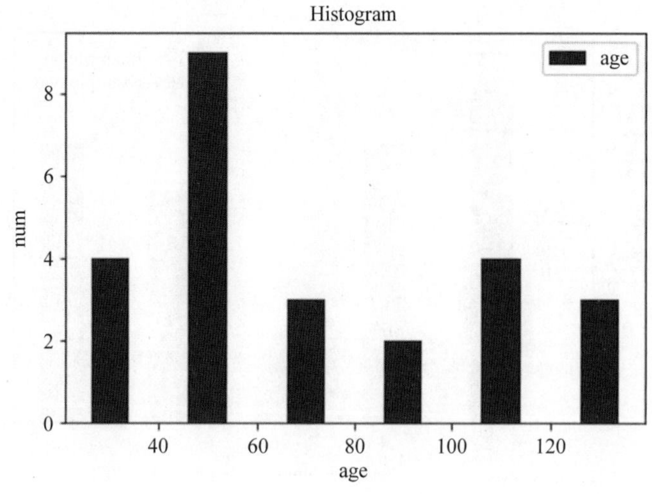

图 7.4　绘制直方图

则是 3 个变量。

【例 7.34】 散点图的绘制。

```
import matplotlib.pyplot as plt
x = [1,2,3,4,5,6,7,8]
y = [5,2,4,2,1,4,3,2]
plt.scatter(x,y, label="skitscat", color="k", s=25, marker="o",alpha=0.5)
plt.xlabel("x")
plt.ylabel("y")
plt.title("Scatter Plot")
plt.legend(loc =1)
plt.show()
```

输出结果如图 7.5 所示。

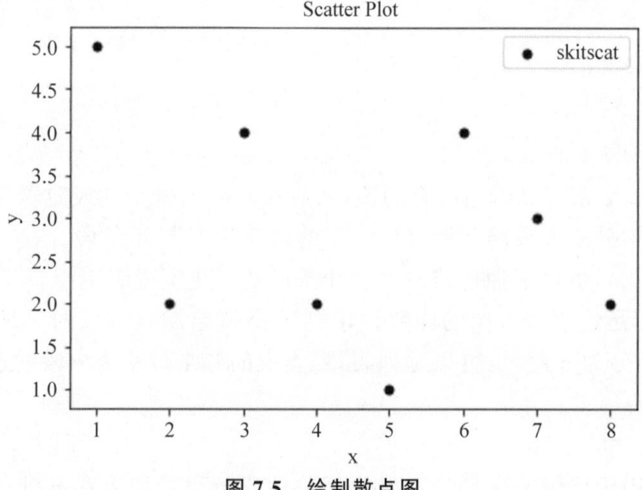

图 7.5　绘制散点图

在利用 plt.scatter 绘制散点图时，可以设定使用的标记颜色、大小和类型。更多的标记选项请参阅 Matplotlib 官方文档。

6. 子图

有些时候，需要把一组图放在一起进行比较，Matplotlib 中提供的 subplot 方法可以很好地解决这个问题。在 Matplotlib 中，一个 figure 对象可以包含多个子图，可以使用 subplot 方法快速绘制子图。

整个绘图区域被分成 numRows 行和 numCols 列，然后按照从左到右、从上到下的顺序对每个子区域进行编号，左上角的子区域的编号为 1。例如，numRows＝2，numCols＝3，那么整个绘图区域就被分为 2×3 的子区域。

【例 7.35】 子图的绘制。

```
import numpy as np
import matplotlib.pyplot as plt
x1 = np.linspace(0.0, 5.0)
x2 = np.linspace(0.0, 2.0)
y1 = np.cos(2 * np.pi * x1) * np.exp(-x1)
y2 = np.cos(2 * np.pi * x2)
plt.subplot(2, 1, 1)
plt.plot(x1, y1, 'o-')
plt.title('A tale of 2 subplots')
plt.ylabel('Damped oscillation')
plt.subplot(2, 1, 2)
plt.plot(x2, y2, '.-')
plt.xlabel('time (s)')
plt.ylabel('Undamped')
plt.show()
```

输出结果如图 7.6 所示。

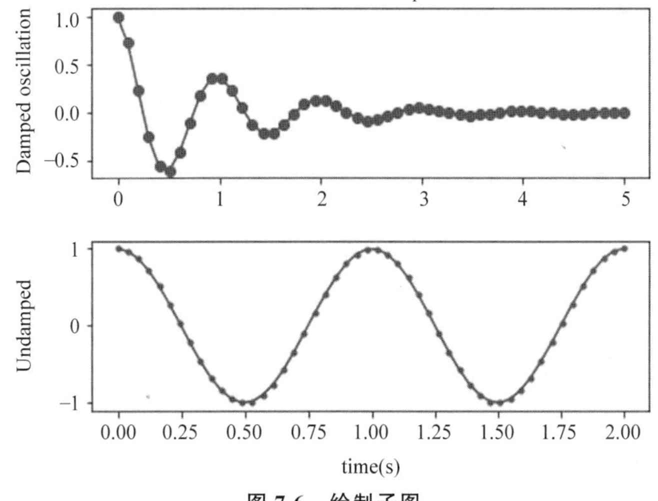

图 7.6 绘制子图

7. 同一个图中绘制多条线

有时需要在同一张图中描绘出多条线，以便进行对比和分析，在 Matplotlib 中可以轻松地实现这一点。

【例 7.36】 在一张图中绘制 3 条线。

```
import numpy as np
import matplotlib.pyplot as plt
t = np.arange(0., 5., 0.2)
plt.plot(t, t, 'r--', t, t**2, 'bs', t, t**3, 'g^')
plt.show()
```

输出结果如图 7.7 所示。

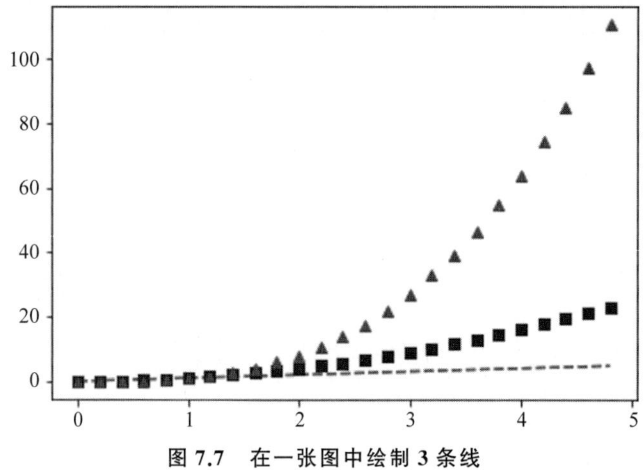

图 7.7 在一张图中绘制 3 条线

使用 plt.plot 方法对多条线段进行参数设置，就可以获得不同形式的线。

8. 箱形图

箱形图(box plot)又称为盒须图、盒式图或箱线图，是一种用作显示一组数据分散情况的统计图，因其形状像箱子而得名。箱形图在各个领域经常被使用，它主要用于反映原始数据分布的特征，还可以进行多组数据分布特征的比较。

箱形图的上、下四分位数和中值处有一条线段。箱形图两端延伸出去的直线称为须，表示箱子外的数据的长度。

【例 7.37】 箱形图的绘制。

```
import numpy as np
import matplotlib.pyplot as plt
fig1, ax1 = plt.subplots()
data1 =[np.random.normal(30,std,100) for std in range(10,15)]      #模拟数据
data2 =[np.random.normal(10,std,100) for std in range(10,15)]
data3 =[np.random.normal(0,std,100) for std in range(6,10)]
data4 =[np.random.normal(-20,std,100) for std in range(6,10)]
data =[data1, data2, data3, data4]
```

```
ax1.boxplot(data)
plt.show()
```

输出结果如图 7.8 所示。

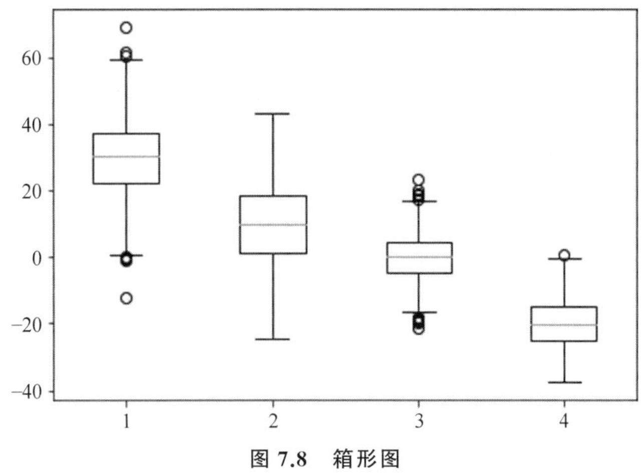

图 7.8 箱形图

7.3.2 Seaborn

Seaborn 是基于 Matplotlib 的高级可视化效果库,针对的点主要是数据挖掘和机器学习中的变量特征。Seaborn 可以绘制用于描述多维度数据的可视化效果图。

1. 小提琴图

小提琴图结合了箱形图和密度图的特点,用于显示数据分布及其概率密度,因其形态类似小提琴而得名。小提琴图可展示任意位置的概率密度。

【例 7.38】 多个小提琴图的绘制。

```
import numpy as np
import seaborn as sns
sns.set()
rs = np.random.RandomState(0)                    #加载有多个变量的随机数据集
n, p =40, 8
d = rs.normal(0, 2, (n, p))
d += np.log(np.arange(1, p +1)) * -5 +10
#使用 cubehelix 获取自定义顺序调色板
pal = sns.cubehelix_palette(p, rot=-.5, dark=.3)
#用小提琴和点显示每个分布
sns.violinplot(data=d, palette=pal, inner="points")
```

输出结果如图 7.9 所示。

小提琴图中的黑色点是真实的数据点。小提琴图展示了任意位置的数据点的概率密度,通过小提琴图可以知道哪些位置的数据点的概率密度较大。小提琴图中的数据点也可以用箱形图表示,如例 7.39 所示。

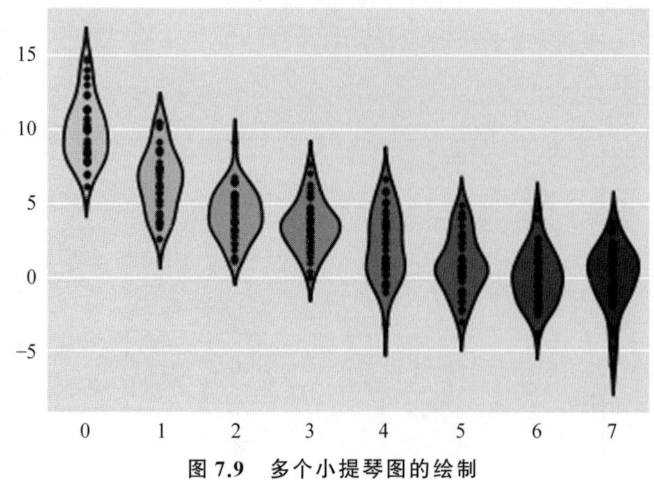

图 7.9 多个小提琴图的绘制

【例 7.39】 分裂小提琴图的绘制。

```
import seaborn as sns
sns.set(style="whitegrid", palette="pastel", color_codes=True)
tips=sns.load_dataset("tips")                    #加载数据集
sns.violinplot(x="day", y="total_bill",
               hue="smoker",
               split=True, inner="box",          #绘制嵌套的小提琴图并拆分小提琴图
               palette={"Yes": "y", "No": "b"},
               data=tips)
sns.despine(left=True)
```

输出结果如图 7.10 所示。

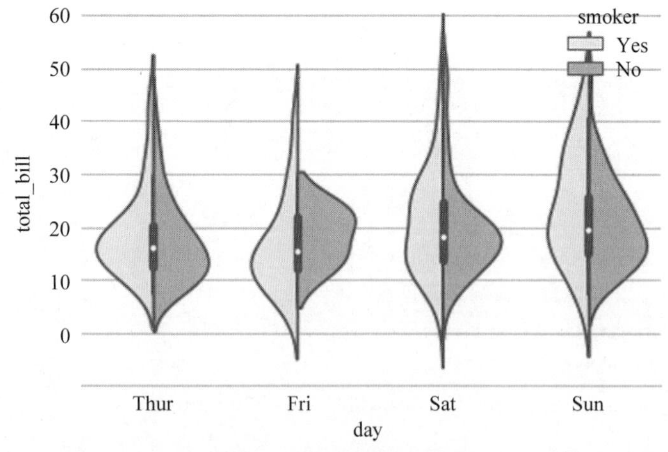

图 7.10 分裂小提琴图的绘制

在图 7.10 中,小提琴图内部的数据点用箱形图表示,形成嵌套的小提琴图。在内部的箱形图中,白点表示中位数,黑色箱子的范围是下四分位点到上四分位点,从箱子向两

端延伸的须代表 95% 置信区间。小提琴图的外部形状即为核密度估计(在概率论中用来估计未知的概率密度函数,属于非参数检验方法之一)。

2. 热力图

热力图可以直观地将数据分布用不同颜色的区块呈现。热力图有多种形式,下面介绍对角矩阵热力图和带注释的热力图。

【例 7.40】　绘制对角矩阵热力图。

```
from string import ascii_letters
import numpy as np
import pandas as pd
import seaborn as sns
import matplotlib.pyplot as plt
sns.set(style="white")
rs = np.random.RandomState(33)                          #生成随机数据集
d = pd.DataFrame(data=rs.normal(size=(100, 26)),
                 columns=list(ascii_letters[26:]))
corr = d.corr()                                         #计算相关矩阵
mask = np.zeros_like(corr, dtype=np.bool)               #矩阵上三角为空
mask[np.triu_indices_from(mask)]=True
f, ax = plt.subplots(figsize=(11, 9))                   #设置图像
cmap = sns.diverging_palette(220, 10, as_cmap=True)     #生成自定义颜色
#使用 mask 绘制热力图并校正纵横比
sns.heatmap(corr, mask=mask, cmap=cmap, vmax=.3, center=0,square=True,
            linewidths=.5,cbar_kws={"shrink": .5})
```

输出结果如图 7.11 所示。

【例 7.41】　绘制带注释的热力图。

```
import matplotlib.pyplot as plt
import seaborn as sns
sns.set()
flights_long=sns.load_dataset("flights")      #加载数据集并转换为 long 格式
flights=flights_long.pivot("month", "year", "passengers")
f,ax=plt.subplots(figsize=(9, 6))             #使用每个单元格中的数值绘制热力图
sns.heatmap(flights, annot=True, fmt="d", linewidths=.5, ax=ax)
```

输出结果如图 7.12 所示。

3. 联合核密度估计图

联合核密度估计图在形式上类似于用等高线绘制的地形图。

【例 7.42】　绘制联合核密度估计图。

```
import numpy as np
import pandas as pd
import seaborn as sns
sns.set(style="white")
```

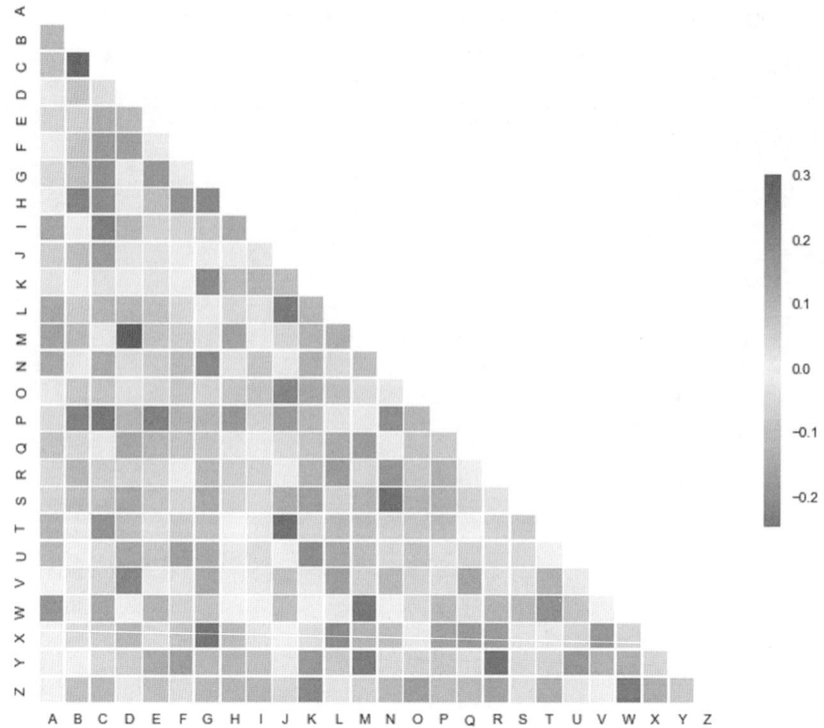

图 7.11 绘制对角矩阵热力图

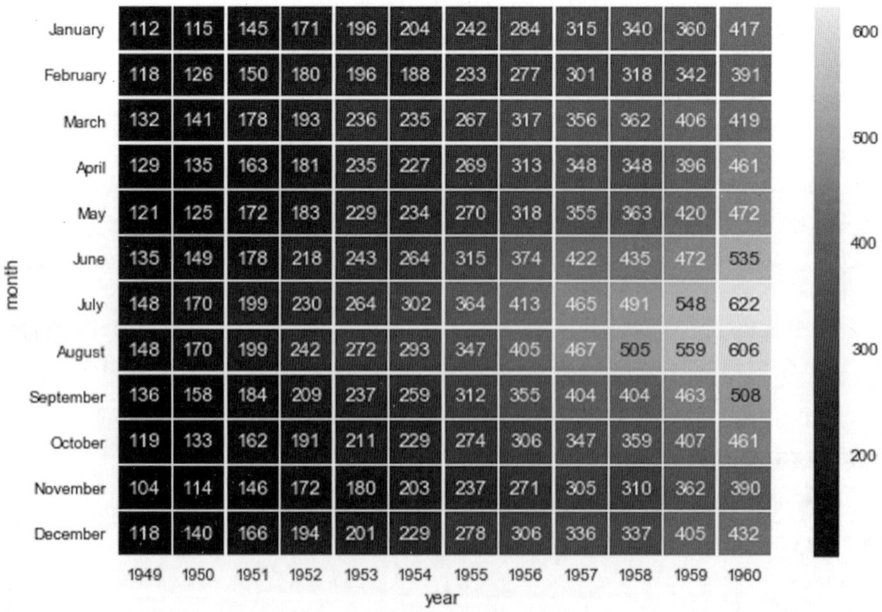

month \ year	1949	1950	1951	1952	1953	1954	1955	1956	1957	1958	1959	1960
January	112	115	145	171	196	204	242	284	315	340	360	417
February	118	126	150	180	196	188	233	277	301	318	342	391
March	132	141	178	193	236	235	267	317	356	362	406	419
April	129	135	163	181	235	227	269	313	348	348	396	461
May	121	125	172	183	229	234	270	318	355	363	420	472
June	135	149	178	218	243	264	315	374	422	435	472	535
July	148	170	199	230	264	302	364	413	465	491	548	622
August	148	170	199	242	272	293	347	405	467	505	559	606
September	136	158	184	209	237	259	312	355	404	404	463	508
October	119	133	162	191	211	229	274	306	347	359	407	461
November	104	114	146	172	180	203	237	271	305	310	362	390
December	118	140	166	194	201	229	278	306	336	337	405	432

图 7.12 绘制带注释的热力图

```
rs = np.random.RandomState(5)                          #生成随机相关的双变量数据集
mean = [0, 0]
cov = [(1, .5), (.5, 1)]
x1, x2 = rs.multivariate_normal(mean, cov, 500).T
x1 = pd.Series(x1, name="$X_1$")
x2 = pd.Series(x2, name="$X_2$")
g = sns.jointplot(x1, x2, kind="kde", height=7, space=0)
```

输出结果如图 7.13 所示。

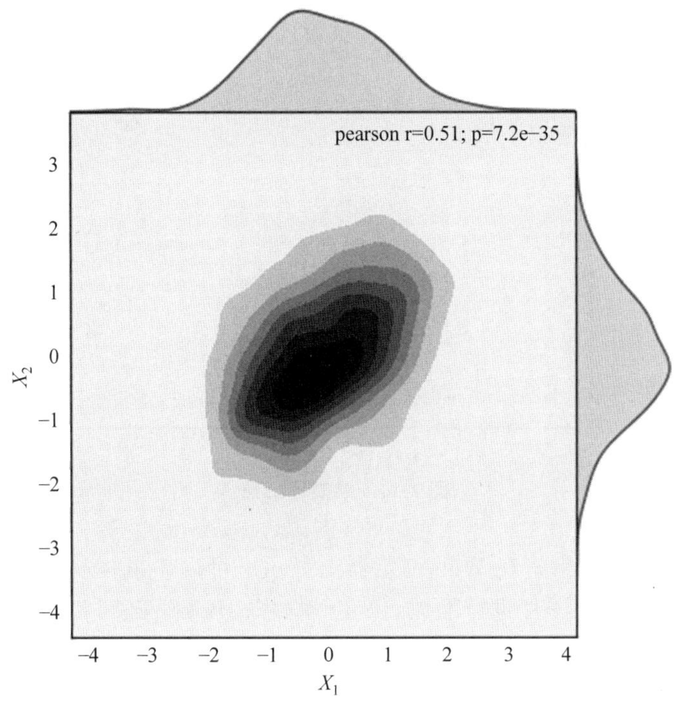

图 7.13　绘制联合核密度估计图

7.3.3　Bokeh

Bokeh 是一个专门针对 Web 浏览器的呈现功能的交互式可视化 Python 库，这是 Bokeh 与其他可视化 Python 库最核心的区别。

Bokeh 绑定了多种语言(Python、R、lua 和 Julia)。利用这些绑定的语言创建 json 文件，将这个文件作为 BokehJS(一个 Java 库)的输入，就可以将数据展示到 Web 浏览器上。

Bokeh 可以像 D3.js 那样创建简洁、漂亮的交互式可视化效果。利用 Bokeh 可以快速便捷地创建互动式图表、控制面板以及数据应用程序。

Bokeh 可以直接将输出结果显示在网页中并以 html 格式保存。

【例 7.43】　绘制圆形点。

```
from bokeh.plotting import figure, output_file, show
```

```
output_file("line.html")
p = figure(plot_width=400, plot_height=400)
p.circle([1, 2, 3, 4, 5], [6, 7, 2, 4, 5], size=20, color="navy", alpha=0.5)
show(p)
```

输出结果如图 7.14 所示。

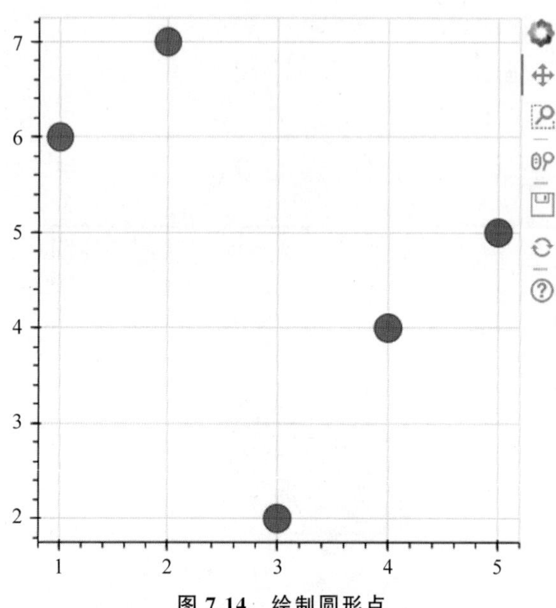

图 7.14　绘制圆形点

运行代码后,输出结果将在 Web 浏览器上显示。可以用鼠标移动图像,其坐标系也将跟随鼠标移动,还可对图片进行缩放、保存等操作。Bokeh 还可以绘制许多其他图形,详细使用方法参见 https://bokeh.pydata.org/en/latest/docs/reference/plotting.html (bokeh.plotting.figure.Figure.x)。

有些时候希望坐标轴刻度显示的是字符,可以使用例 7.44 的方法。

【例 7.44】 坐标轴刻度显示字符。

```
from bokeh.plotting import figure, output_file, show
factors = ["a", "b", "c", "d", "e", "f", "g", "h"]
x = [50, 40, 65, 10, 25, 37, 80, 60]
output_file("categorical.html")
p=figure(y_range=factors)
p.circle(x, factors, size=15, fill_color="orange", line_color="green", line_
width=3)
show(p)
```

输出结果如图 7.15 所示。

在 https://Matplotlib.org/index.html 上有关于 Matplotlib 更详细、具体的功能和用法介绍,读者可自行学习。

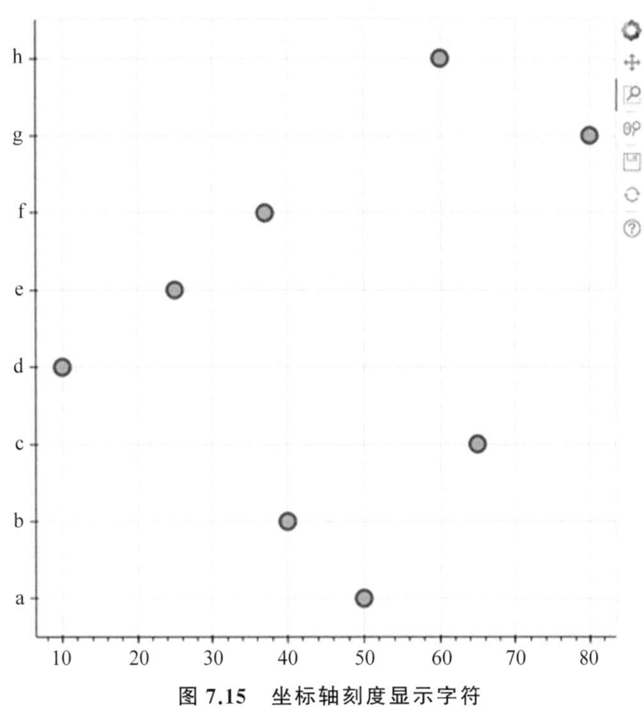

图 7.15　坐标轴刻度显示字符

7.4　思考与练习

如表 7.4 和表 7.5 所示，分别为 Class1 和 Class2 的各 10 位同学的 3 门课程的成绩。根据表 7.4 和表 7.5 分别生成 DataFrame，并完成以下练习：

表 7.4　Class1

Name	Course1	Course2	Course3
Jack	47	88	46
Anna	94	100	48
Cyning	100	98	100
Tom	96	94	76
Peter	51	96	96
John	98	94	43
Jerry	59	92	76
Timmy	100	44	69
Elsa	75	90	49
Steve	98	80	72

表 7.5 Class2

Name	Course1	Course2	Course3
Cole	43	66	94
David	67	98	20
Nick	90	76	42
Paul	21	72	98
April	90	87	41
Sam	45	94	80
Carry	76	78	20
Gina	49	66	14
Lily	53	74	51
Rose	49	70	67

(1) 在不使用库函数和使用库函数两种情况下,分别计算 Class1 和 Class2 每门课成绩的均值、方差、标准差、最大值和最小值,并将每门课成绩的统计结果添加在对应的课程下方。

(2) 在 Class1 中找出 Course1 的成绩高于 95 分、Course2 得分低于 60 分的同学。在 Class2 中找出 Course1、Course2 和 Course3 的成绩均高于 75 分的同学。

(3) 将表 7.4 和表 7.5 按照对应的列名合并为一个表,分别统计 Course1、Course2 和 Course3 中成绩高于 60 分的人数,并绘制条形图。

(4) 根据(1)中的统计结果,在一张图中分别绘制 Class1 和 Class2 的 3 门课成绩的均值折线图。绘制 Class1 的 3 门课成绩的散点图以及 Class2 的 3 门课成绩的箱形图。

第8章 Python 数据挖掘

数据挖掘是指从大量的、不完全的、有噪声的、模糊的、随机的实际应用数据中提取出隐含在其中的、人们事先不知道但又是潜在有用的信息或知识的非平凡过程。数据挖掘被视为知识发现过程中的一个基本步骤。从技术上讲，知识发现过程主要包含数据探索、数据清理、数据集成、数据归约、数据变换、数据挖掘、模式评估和知识表示等步骤，知识发现过程由这些步骤的迭代序列组成。其中的数据清理、数据集成、数据归约和数据变换 4 个步骤又合称数据预处理。在数据挖掘中，聚类、关联规则和分类是常用的技术。本章介绍数据探索、数据预处理、聚类算法、关联规则算法以及分类算法的 Python 实现。

8.1 数据探索

采集到的原始数据往往是大量的、有噪声的、杂乱无章的，因此，有必要探索原始数据的统计分布情况。探索性数据分析是数据分析的一项重要工作，这是因为输入数据的质量决定了数据挖掘模型输出结果的质量。数据探索就是通过检验数据集的数据质量、绘制图表、计算特征量等手段对样本数据集的结构和规律进行分析的过程。在 Python 中，用于数据探索的库主要是 Pandas(数据分析库)和 Matplotlib(数据可视化库)。其中，Pandas 提供了大量的与数据探索相关的函数，这些数据探索函数可大致分为统计特征函数和统计作图函数；而作图函数依赖于 Matplotlib，所以 Pandas 往往又会与 Matplotlib 结合在一起使用。常用的 Matplotlib 统计作图函数在第 7 章已经作了介绍，在此不再赘述。

1. 基本统计特征函数

统计特征函数用于计算数据的均值、方差、标准差、分位数、相关系数和协方差等，这些统计特征能反映出数据的整体分布。Pandas 中主要的统计特征函数如表 8.1 所示。

表 8.1 Pandas 中的基本统计特征函数

函 数 名	函 数 功 能
sum	计算数据样本的总和(按列计算)
mean	计算数据样本的均值
var	计算数据样本的方差
std	计算数据样本的标准差
corr	计算数据样本的 Spearman(Pearson)相关系数矩阵

续表

函数名	函数功能
cov	计算数据样本的协方差矩阵
skew	计算数据样本的偏度(三阶矩)
kurt	计算数据样本的峰度(四阶矩)
describe	给出样本的基本描述(基本统计量,如均值、标准差等)

2. 拓展统计特征函数

除了上述基本统计特征外,Pandas 还提供了其他一些非常方便实用的计算统计特征的函数,主要是累积统计特征函数和滚动统计特征函数,如表 8.2 和表 8.3 所示。

表 8.2　Pandas 中的累积统计特征函数

函数名	函数功能
cumsum	依次给出前 1,2,…,n 个数的和
cumprod	依次给出前 1,2,…,n 个数的积
cummax	依次给出前 1,2,…,n 个数的最大值
cummin	依次给出前 1,2,…,n 个数的最小值

表 8.3　Pandas 中的滚动统计特征函数

函数名	函数功能
rolling_sum	计算数据样本的总和(按列计算)
rolling_mean	计算数据样本的均值
rolling_var	计算数据样本的方差
rolling_std	计算数据样本的标准差
rolling_corr	计算数据样本的 Spearman(Pearson)相关系数矩阵
rolling_cov	计算数据样本的协方差矩阵
rolling_skew	计算数据样本的偏度(三阶矩)
rolling_kurt	计算数据样本的峰度(四阶矩)

cum 系列函数是作为 DataFrame 或 Series 对象的方法而出现的,因此其使用格式为 D.cumxxx();而 rolling_系列是 Pandas 的函数,不是 DataFrame 或 Series 对象的方法,因此其使用格式为 pd.rolling_xxx(D,k),意思是每 k 列计算一次,即滚动计算。

8.2　数据预处理

数据挖掘的数据源往往是大量的、不完全的、有噪声的、模糊的、随机的实际应用数据,并且数据来源是多种途径的异构数据。原始数据受到噪声、缺失值、不一致数据的影响，数据的质量往往不高，会导致挖掘结果较差，因此，对原始数据进行数据预处理是非常必要的。在实际应用中，数据预处理的工作量占整个建模过程的 60%。一般来说，数据预处理做得好，数据挖掘的效果就会比较好。数据预处理的主要任务有数据清洗、数据集成、数据归约和数据变换。

8.2.1 数据清洗

在数据挖掘的过程中，采集的原始数据中存在着各种不利于分析与建模工作的因素，例如数据不完整、数据不一致、存在异常值等。这些因素不仅影响建模的执行过程，而且在不知不觉间可能会给出错误的建模结果，这就使数据清洗变得极为重要。

下面使用 movie_metadata.csv 数据集进行案例分析，这个数据集包含了很多有关电影的信息，包括演员、导演、预算、总收入、IMDB 评分和上映时间等。下面对该数据集的数据进行清理。

首先查看数据的前 5 行，以便对数据有大概的认识，从中可以看到数据本身存在的一些问题。下面针对这些问题进行数据清洗。

```
import pandas as pd
data = pd.read_csv('E:\Data Mining&Python/movie_metadata.csv')
data.head()                                     #输出前 5 行
```

输出结果如图 8.1 所示。

	color	director_name	num_critic_for_reviews	duration	director_facebook_likes	actor_3_facebook_likes	actor_2_name	actor_1_facebook_likes	gross
0	Color	James Cameron	723.0	178.0	0.0	855.0	Joel David Moore	1000.0	760505847.0
1	Color	Gore Verbinski	302.0	169.0	563.0	1000.0	Orlando Bloom	40000.0	309404152.0
2	Color	Sam Mendes	602.0	148.0	0.0	161.0	Rory Kinnear	11000.0	200074175.0
3	Color	Christopher Nolan	813.0	164.0	22000.0	23000.0	Christian Bale	27000.0	448130642.0
4	NaN	Doug Walker	NaN	NaN	131.0	NaN	Rob Walker	131.0	NaN

5 rows × 28 columns

图 8.1 部分数据

图 8.1 是截取的部分输出数据，读者可以运行代码自行查看完整数据。

1. 处理缺失数据

缺失数据是最常见的问题之一。产生这个问题可能的原因有数据暂时无法获取、信息被遗漏或者某些对象的某些属性信息不适用等。无论什么原因，只要有缺失数据的存在，就会引起后续的数据分析出现错误。下面介绍几个处理缺失数据的方法：为缺失数据添加默认值，删除有缺失数据的行，删除有缺失数据的列。

1）添加默认值

应该消除缺失数据。但是，应该用什么值替换呢？对于上面的例子，检查一下 country 列。这一列非常简单，然而有一些电影没有提供地区，所以有些数据的值是 NaN。在这个例子中，地区并不是很重要，所以，可以使用空字符串("")或其他默认值来填充。代码如下：

```
data.country = data.country.fillna('None Given')  #用默认值'None Given'代替缺失值
```

```
print("增加默认值后的数据:\n", data.country.fillna(data.mean()))
```

输出结果如下：

```
增加默认值后的数据:
0              USA
1              USA
2               UK
3              USA
4       None Given
5              USA
6              USA
7              USA
8              USA
9               UK
10             USA
```

2）删除有缺失数据的行

假设可以删除任何有缺失值的行。这种操作可以根据不同的需要进行扩展。删除所有包含 NaN 值的行是很容易的：

```
data.dropna()
```

输出结果如图 8.2 所示。

	color	director_name	num_critic_for_reviews	duration	director_facebook_likes	actor_3_facebook_likes	actor_2_name	actor_1_facebook_likes	gros
0	Color	James Cameron	723.0	178.0	0.0	855.0	Joel David Moore	1000.0	760505847.
1	Color	Gore Verbinski	302.0	169.0	563.0	1000.0	Orlando Bloom	40000.0	309404152.
2	Color	Sam Mendes	602.0	148.0	0.0	161.0	Rory Kinnear	11000.0	200074175.
3	Color	Christopher Nolan	813.0	164.0	22000.0	23000.0	Christian Bale	27000.0	448130642.
5	Color	Andrew Stanton	462.0	132.0	475.0	530.0	Samantha Morton	640.0	73058679.
6	Color	Sam Raimi	392.0	156.0	0.0	4000.0	James Franco	24000.0	336530303.
7	Color	Nathan Greno	324.0	100.0	15.0	284.0	Donna Murphy	799.0	200807262.
8	Color	Joss Whedon	635.0	141.0	0.0	19000.0	Robert Downey Jr.	26000.0	458991599.

图 8.2 删除所有包含 NaN 的行

图 8.2 是删除所有包含 NaN 的行的结果。可以看到，第 4 行被删除了，因为在源数据中第 4 行包含 NaN。

也可以删除所有数据都为 NaN 的行：

```
data.dropna(how='all')
```

还可以增加一些限制，例如，在一行中必须至少有 n 个非 NaN 数据。例如，对于有 28 列的数据，要保留至少有 27 个非 NaN 数据的行，代码如下：

```
data.dropna(thresh=27)
```

输出结果如图 8.3 所示。

5027	Color	Jafar Panahi	64.0	90.0	397.0	0.0	Nargess Mamizadeh	5.0
5029	Color	Kiyoshi Kurosawa	78.0	111.0	62.0	6.0	Anna Nakagawa	89.0
5033	Color	Shane Carruth	143.0	77.0	291.0	8.0	David Sullivan	291.0
5034	Color	Neill Dela Llana	35.0	80.0	0.0	0.0	Edgar Tancangco	0.0
5035	Color	Robert Rodriguez	56.0	81.0	0.0	6.0	Peter Marquardt	121.0
5037	Color	Edward Burns	14.0	95.0	0.0	133.0	Caitlin FitzGerald	296.0
5042	Color	Jon Gunn	43.0	90.0	16.0	16.0	Brian Herzlinger	86.0

4451 rows × 28 columns

图 8.3　删除有一个以上 NaN 数据的行

从图 8.3 中可以看到，已经删除了不满足条件的数据行。

3）删除有缺失数据的列

可以将上面的操作应用到列上，只需要在代码中使用 axis=1 参数即可，它表示操作列而不是操作行（在关于行的例子中，默认 axis=0）。

```
data.dropna(axis=1, how='all')                    #删除全为 NaN 的列
data.dropna(axis=1, how='any')                    #删除包含 NaN 的列
```

输出结果如图 8.4 所示。

5038	Comedy|Drama	Signed Sealed Delivered	629	2283	http://www.imdb.com/title/tt3000844/?ref_=fn_t...	7.7
5039	Crime|Drama|Mystery|Thriller	The Following	73839	1753	http://www.imdb.com/title/tt2071645/?ref_=fn_t...	7.5
5040	Drama|Horror|Thriller	A Plague So Pleasant	38	0	http://www.imdb.com/title/tt2107644/?ref_=fn_t...	6.3
5041	Comedy|Drama|Romance	Shanghai Calling	1255	2386	http://www.imdb.com/title/tt2070597/?ref_=fn_t...	6.3
5042	Documentary	My Date with Drew	4285	163	http://www.imdb.com/title/tt0378407/?ref_=fn_t...	6.6

5043 rows × 7 columns

图 8.4　删除有缺失数据的列

从图 8.4 的结果可以看到，原本有 28 列的数据已经变为 7 列，删除了包含 NaN 的列。

2. 异常值处理

在数据清洗过程中，对异常值是选择剔除还是用其他值代替，需要视情况而定。有些异常值可能包含某些信息，需认真思考后采取适当的处理方法。例如，要剔除电影上映年份在 2007 年以前和 2017 年以后的数据，以上均不含 2007 年。代码如下：

```
data['title_year'][(data['title_year']<2007) | (data['title_year']>2017)] =
None
print(data.dropna())
```

输出结果如图 8.5 所示。

	title_year	actor_2_facebook_likes	imdb_score	aspect_ratio
0	2009.0	936.0	7.9	1.78
1	2007.0	5000.0	7.1	2.35
2	2015.0	393.0	6.8	2.35
3	2012.0	23000.0	8.5	2.35
5	2012.0	632.0	6.6	2.35
6	2007.0	11000.0	6.2	2.35
7	2010.0	553.0	7.8	1.85
8	2015.0	21000.0	7.5	2.35
9	2009.0	11000.0	7.5	2.35
10	2016.0	4000.0	6.9	2.35
12	2008.0	412.0	6.7	2.35
14	2013.0	2000.0	6.5	2.35
15	2013.0	3000.0	7.2	2.35
16	2008.0	216.0	6.6	2.35
17	2012.0	21000.0	8.1	1.85
18	2011.0	11000.0	6.7	2.35
19	2012.0	816.0	6.8	1.85

图 8.5 异常值处理

从图 8.5 的结果可以看出,只保留了电影上映年份为 2007—2017 年的数据。

若经过分析,异常值为缺失数据,则参考前面介绍的添加默认值的方法处理。

3. 移除重复数据

在 Pandas 中,duplicated 函数用于找出重复的行,默认判断全部列,返回布尔类型的结果。对于完全不重复的行,返回 False;对于重复的行,第一次出现的那一行返回 False,其余的行返回 True。删除重复的行的代码如下:

```
print(data.duplicated())                    #判断是否有重复的行,重复的行返回 True
data.drop_duplicates()                      #去掉重复的行
```

也可以通过判断各行中的指定列是否有重复数据来剔除重复的行。例如,要删除数据集中电影名称相同的行,代码如下:

```
print(data.duplicated('movie_title'))       #判断 movie_title 列是否有重复数据
data.drop_duplicates('movie_title')         #去掉 movie.title 列有重复数据的行
```

输出结果如图 8.6 所示。

5036	Color	Anthony Vallone	NaN	84.0	2.0	2.0	John Considine	45.0
5037	Color	Edward Burns	14.0	95.0	0.0	133.0	Caitlin FitzGerald	296.0
5038	Color	Scott Smith	1.0	87.0	2.0	318.0	Daphne Zuniga	637.0
5039	Color	NaN	43.0	43.0	NaN	319.0	Valorie Curry	841.0
5040	Color	Benjamin Roberds	13.0	76.0	0.0	0.0	Maxwell Moody	0.0
5041	Color	Daniel Hsia	14.0	100.0	0.0	489.0	Daniel Henney	946.0
5042	Color	Jon Gunn	43.0	90.0	16.0	16.0	Brian Herzlinger	86.0

4917 rows × 28 columns

图 8.6 删除重复数据

图 8.6 的结果比原始数据要少了一些,这是由于删除了有相同电影名称的数据行。

4. 规范化数据类型

有的时候，尤其当需要在 csv 文件中读取一串数字的时候，常常将数值类型的数字读成字符串类型，或将字符串类型的数字读成数据值类型。为解决这个问题，Pandas 提供了规范化数据类型的方法：

```
data = pd.read_csv('E:\Data Mining&Python/movie_metadata.csv',dtype=
{'duration': int})
```

以上方法是将数据集里的 duration 列的数据类型读为数值类型。也可以将某一列数字(如上映年份)读成字符串类型：

```
data = pd.read_csv('E:\Data Mining&Python/movie_metadata.csv', dtype={'title_
year':str})
```

5. 必要的变换

在人工输入的数据中，通常会出现一些失误，因此需要对数据进行一些必要的变换。例如，可能需要将数据中所有的 moive_title(电影名称)改为大写字母，代码如下：

```
data['movie_title'].str.upper()
```

输出结果如下：

```
0                                               AVATAR
1            PIRATES OF THE CARIBBEAN: AT WORLD'S END
2                                              SPECTRE
3                                THE DARK KNIGHT RISES
4         STAR WARS: EPISODE VII - THE FORCE AWAKENS...
5                                          JOHN CARTER
6                                         SPIDER-MAN 3
7                                              TANGLED
8                              AVENGERS: AGE OF ULTRON
9              HARRY POTTER AND THE HALF-BLOOD PRINCE
10                  BATMAN V SUPERMAN: DAWN OF JUSTICE
```

以上是部分数据的变换结果，电影名称全都改成了大写字母。

又如，也可以删掉数据末尾的空格，代码如下：

```
data['movie_title'].str.strip()
```

8.2.2 数据集成

数据集成(data integration)是对数据进行整合的过程。通过综合各数据源，将具有不同结构、不同属性的数据整合在一起，就是数据集成。由于不同的数据源在定义属性时的命名规则可能不同，数据的格式、取值方式和单位也可能会有不同，因此，即便两个值代表的业务意义相同，它们在数据库中的值也不一定是相同的。为此，需要在数据入库前进行集成，去除冗余，保证数据质量。

1. 实体识别

实体识别是指从不同的数据源识别出现实中的实体,统一不同数据源的不一致之处,如同名异义、异名同义、单位不统一等。

在进行数据集成时,通常需要进行模式集成和对象匹配。那么来自多个信息源的等价实体如何才能匹配?例如,计算机如何确定一个数据库中的 customer_id 和另一个数据库中的 cust_number 指的是相同的属性?

其实,每个属性的元数据包含名字、含义、数据类型和属性的允许取值范围,以及处理空白、零、Null 的空值规则。元数据可以用来避免模式集成的错误,还可以用来变换数据。

2. 冗余属性识别

数据集成往往导致数据冗余,例如,同一属性多次出现,同一属性名称不一致,等等。

有些冗余可以被相关分析检测到。对于两个可能存在冗余的属性,相关分析可以根据可用的数据度量一个属性在多大程度上包含另一个属性。对于标称数据,使用卡方检验;对于数值数据,使用相关系数和协方差。它们都可以用来评估一个属性的值如何随另一个属性的值变化。

例如,使用 merge 函数合并两个给定数据集:ReaderRentRecord.csv 和 ReaderInformation.csv,这两个数据集的共同点是具有相同的 num 属性。最终将生成一个综合的数据集。代码如下:

```
#-*-coding:utf-8-*-
import csv as csv
import numpy as np
import pandas as pd
df = pd.read_csv('E:\Data Mining&Python/ReaderRentRecord.csv')
                                                        #读者借阅记录数据集
dd = pd.read_csv('E:\Data Mining&Python/ReaderInformation.csv')
                                                        #读者信息数据集
data = pd.merge(df, dd, on=['num'], how='left')         #左连接
data = data[['num', 'name', 'sex', 'book', 'date', 'institution', 'category']]
print(data)
data.to_csv(r 'E:\Data Mining&Python/data.csv')         #最终数据写入 data.csv
```

输出结果如图 8.7 所示。

num	name	sex	book	date	institution	category
1	Tom	m	gone with	3.1	xupt	teacher
2	Anna	w	The scarle	4.3	xupt	teacher
3	Jerry	m	The adver	3.18	xupt	student
4	Cyning	w	Tales of tv	5.21	xupt	student
5	Peter	m	Pride and	5.3	xupt	student
6	Kevien	m	Uncle Ton	4.27	xupt	student
7	June	w	The old m	3.3	xupt	student
8	Angel	w	Le Comte	5.8	xupt	teacher
9	Tony	m	The Adver	5.9	xupt	teacher
10	May	w	Gulliver's '	5.19	xupt	teacher

图 8.7 merge 函数合并结果

合并的数据被写入 data.csv，图 8.7 为合并后的数据集。

8.2.3 数据归约

在数据清洗与集成后，就能够得到整合了多个数据源且数据质量较好的数据集。但是，数据清洗与集成无法改变数据集的规模。此时需要通过技术手段减小数据规模，这就是数据归约(data reduction)。数据归约采用编码方案，能够通过小波变换(Wavelet Transformation，WT)或主成分分析(Principal Component Analysis，PCA)有效地压缩原始数据，或者通过特征提取技术进行属性子集的选择或重造。

数据归约方法类似于数据集的压缩，它通过维度的减小或者数据量的减少来达到降低数据规模的目的。数据归约的方法主要有两种：

(1) 维度归约(dimensionality reduction)：减少所需自变量的个数。代表方法为 WT、PCA 与 FSS(Feature Subset Selection，特征子集选择)。

(2) 数量归约(numerosity reduction)：用较小的数据表示形式替换原始数据。代表方法为对数线性回归、聚类、抽样等。

下面主要介绍用于数据归约的 PCA 方法。

PCA 是一种无监督的学习方式，是常用的降维方法。它可以在数据信息损失最小的情况下，将特征量为 n 的数据通过映射到另一个空间的方式变为 $k(k<n)$。

以一组二维数据 data 为例，该数据一共 12 个样本(x,y)，其实就是分布在直线 $y=x$ 上的点，并且聚集在 $x=1,2,3,4$ 这 4 个值附近(各 3 个样本)。算法实现如下：

```
from sklearn.decomposition import PCA
data = ([[1.,1.],
        [0.9,0.95],
        [1.01,1.03],
        [2.,2.],
        [2.03,2.06],
        [1.98,1.89],
        [3.,3.],
        [3.03,3.05],
        [2.89,3.1],
        [4.,4.],
        [4.06,4.02],
        [3.97,4.01]])
pca = PCA(n_components=1)
newData = pca.fit_transform(data)
newData
```

输出结果如下：

```
array([[2.12015916],
       [2.22617682],
       [2.09185561],
```

```
       [0.70594692],
       [0.64227841],
       [0.79795758],
       [-0.70826533],
       [-0.76485312],
       [-0.70139695],
       [-2.12247757],
       [-2.17900746],
       [-2.10837406]])
```

n_components 设置为 1，copy 默认为 True。原始数据 data 并未改变，输出数据 newData 是一维的，并且明确地将原始数据分成了 4 类。

```
pca.n_components
```

输出结果如下：

```
1
pca.explained_variance_ratio_
```

输出结果如下：

```
array([0.99910873])
pca.explained_variance_
```

输出结果如下：

```
array([2.7864764])
pca.get_params
```

输出结果如下：

```
<bound method BaseEstimator.get_params of PCA(copy=True, iterated_power='auto',
n_components=1, random_state=None, svd_solver='auto', tol=0.0, whiten=
False)>
```

以上所训练的 pca 对象的 n_components 值为 1，即保留 1 个特征，该特征的方差为 2.7864764，占所有特征的方差百分比为 0.99910873，意味着几乎保留了所有的信息。get_params 方法用于返回各个参数的值。

8.2.4 数据变换

数据变换也称数据归一化或数据标准化，是数据挖掘的一项基础工作。不同评价指标往往具有不同的量纲和单位，这样的情况会影响到数据分析的结果。为了消除上述问题，需要进行数据标准化处理，以保证数据指标之间的可比性。原始数据经过数据标准化处理后，各指标处于同一数量级，便于进行综合对比评价。

数据变换有两种方法：一种是把数据变为 0～1 的小数，另一种是把有量纲的表达式变为无量纲的表达式。在机器学习中主要采用前一种形式。Python 中的 sklearn

.preprocessing 模块提供了一些用来处理数据的实用函数。

1. 均值-标准差缩放

均值-标准差缩放使用 scale 方法来实现。例如：

```
from sklearn import preprocessing
import numpy as np
X_train = np.array([[ 1., -1.,  2.],
                    [ 2.,  0.,  0.],
                    [ 0.,  1., -1.]])
X_scaled = preprocessing.scale(X_train)
X_scaled
```

输出结果如下：

```
array([[ 0.        , -1.22474487,  1.33630621],
       [ 1.22474487,  0.        , -0.26726124],
       [-1.22474487,  1.22474487, -1.06904497]])
```

再如：

```
X_scaled.mean(axis=0)
```

输出结果如下：

```
array([0., 0., 0.])
```

又如：

```
X_scaled.std(axis=0)
```

输出结果如下：

```
array([1., 1., 1.])
```

标准化后的数据符合标准正态分布，通过缩放，数据的均值和标准差均为0。

2. min-max 标准化

另一种标准化方法是将特征值缩放到给定的最小值和最大值之间（通常在0和1之间），或者将每个特征的最大绝对值按比例缩放到单位大小。以下是将数据缩放到[0,1]区间的示例：

```
X_train = np.array([[ 1., -1.,  2.],
                    [ 2.,  0.,  0.],
                    [ 0.,  1., -1.]])
min_max_scaler = preprocessing.MinMaxScaler()
X_train_minmax = min_max_scaler.fit_transform(X_train)
X_train_minmax
```

输出结果如下：

```
array([  [0.5  , 0.   , 1.          ],
         [1.   , 0.5  , 0.33333333  ],
         [0.   , 1.   , 0.          ]])
```

3. 正则化

normalize 函数提供了一种快速简便的方法，可以实现对数据集的正则化，使用 L1 或 L2 规范：

```
X = [[ 1. , -1.,  2. ],
     [ 2. ,  0.,  0. ],
     [ 0. ,  1., -1. ]]
X_normalized = preprocessing.normalize(X, norm='l2')
X_normalized
```

输出结果如下：

```
array([[ 0.40824829, -0.40824829,  0.81649658],
       [ 1.        ,  0.        ,  0.        ],
       [ 0.        ,  0.70710678, -0.70710678]])
```

4. 二值化

二值化是将数据转换为 0 或 1，例如：

```
X= [[1.0, -1.0, 2.0], [2.0, 0.0, 0.0], [0.0, 1.0, -1.0]]
binarizer = preprocessing.Binarizer().fit(X)
binarizer
```

输出结果如下：

```
Binarizer(copy=True, threshold=0.0)
```

再如：

```
binarizer.transform(X)
```

输出结果如下：

```
array([[1., 0., 1.],
       [1., 0., 0.],
       [0., 1., 0.]])
```

8.3 聚类分析算法

8.3.1 *k*-means 算法

在第 4 章中介绍了关于聚类分析算法的一些概念。最经典、最主要的聚类分析算法就是 *k*-means 算法。那么，如何利用 Python 进行聚类分析呢？以下是 *k*-means 算法的 Python 实现。

【例8.1】 实现 *k*-means 算法对 testSet.txt 数据集中的数据进行聚类，其中设置4个质心，绘制聚类结果图像。

```
import matplotlib.pyplot as plt
import numpy as np

def loadDataSet(fileName):                    #载入数据集
    dataMat = []
    fr = open(fileName)
    for line in fr.readlines():
        curLine = line.strip().split('\t')
        fltLine = list(map(float, curLine))
        dataMat.append(fltLine)
    return dataMat
def distEclud(vecA, vecB):                    #数据向量计算欧式距离
    return np.sqrt(np.sum(np.power(vecA - vecB, 2)))
def randCent(dataSet, k):                     #随机初始化k个质心(质心位于边界之内)
    n = np.shape(dataSet)[1]                  #得到数据样本的维度
    centroids = np.mat(np.zeros((k, n)))      #初始化为一个(k,n)的全零矩阵
    for j in range(n):                        #遍历数据集的每一列
        minJ = np.min(dataSet[:, j])          #得到该列数据的最小值和最大值
        maxJ = np.max(dataSet[:, j])
        rangeJ = float(maxJ - minJ)           #得到该列数据的范围(最大值-最小值)
        #k个质心向量的第j维数据值为最小值和最大值之间的某一随机值
        centroids[:, j] = minJ + rangeJ * np.random.rand(k, 1)
    return centroids                          #返回初始化得到的k个质心向量

def kMeans(dataSet, k, distMeas=distEclud, createCent=randCent):
    m = np.shape(dataSet)[0]                  #获取数据集样本数
    clusterAssment = np.mat(np.zeros((m, 2))) #初始化一个m×2的全零矩阵
    centroids = createCent(dataSet, k)        #创建初始的k个质心向量
    clusterChanged = True            #判断聚类结果是否发生变化的布尔类型变量
    while clusterChanged:            #执行聚类算法,直至所有数据点的聚类结果不发生变化
        clusterChanged = False       #聚类结果是否发生变化布尔类型变量值置为False
        for i in range(m):           #遍历数据集中的每一个样本向量
            minDist = float('inf')   #初始化最小距离为正无穷,对应的索引为-1
            minIndex = -1
            for j in range(k):       #循环k个类的质心
                distJI = distMeas(centroids[j, :], dataSet[i, :])
                #计算数据点到质心的欧几里得距离
                if distJI < minDist:          #如果距离小于当前最小距离
                    minDist = distJI          #以当前距离为最小距离,对应的索引为j
```

```
                    minIndex = j
            if clusterAssment[i, 0] ! = minIndex:   #第 i 个样本的聚类结果发生变化
                clusterChanged = True               #变量值置为 True,继续执行算法
            clusterAssment[i, :] = minIndex, minDist**2
            #更新当前样本的聚类结果和平方误差
        for cent in range(k):                       #遍历每一个质心
            #将数据集中所有属于当前类的样本通过条件过滤筛选出来
            ptsInClust = dataSet[np.nonzero(clusterAssment[:, 0].A ==cent)[0]]
            #计算这些数据的均值(axis=0,求列均值),作为该类的质心向量
            centroids[cent, :] = np.mean(ptsInClust, axis=0)
    return centroids, clusterAssment                #返回 k 个聚类结果及误差
def plotDataSet(filename):                          #绘制数据集
    datMat = np.mat(loadDataSet(filename))          #导入数据
    myCentroids, clustAssing = kMeans(datMat, 4)    #执行 k-means 算法,其中 k 为 4
    clustAssing = clustAssing.tolist()
    myCentroids = myCentroids.tolist()
    xcord = [[], [], [], []]
    ycord = [[], [], [], []]
    datMat = datMat.tolist()
    m = len(clustAssing)
    for i in range(m):
        if int(clustAssing[i][0]) == 0:
            xcord[0].append(datMat[i][0])
            ycord[0].append(datMat[i][1])
        elif int(clustAssing[i][0]) == 1:
            xcord[1].append(datMat[i][0])
            ycord[1].append(datMat[i][1])
        elif int(clustAssing[i][0]) == 2:
            xcord[2].append(datMat[i][0])
            ycord[2].append(datMat[i][1])
        elif int(clustAssing[i][0]) == 3:
            xcord[3].append(datMat[i][0])
            ycord[3].append(datMat[i][1])
    fig = plt.figure()
    ax = fig.add_subplot(111)
    #绘制样本点
    ax.scatter(xcord[0], ycord[0], s=20, c='b', marker='*', alpha=.5)
    ax.scatter(xcord[1], ycord[1], s=20, c='r', marker='D', alpha=.5)
    ax.scatter(xcord[2], ycord[2], s=20, c='c', marker='>', alpha=.5)
    ax.scatter(xcord[3], ycord[3], s=20, c='k', marker='o', alpha=.5)
    #绘制质心
    ax.scatter(myCentroids[0][0], myCentroids[0][1], s=100, c='k', marker='+',
```

```
alpha=.5)
    ax.scatter(myCentroids[1][0], myCentroids[1][1], s=100, c='k', marker='+',
alpha=.5)
    ax.scatter(myCentroids[2][0], myCentroids[2][1], s=100, c='k', marker='+',
alpha=.5)
    ax.scatter(myCentroids[3][0], myCentroids[3][1], s=100, c='k', marker='+',
alpha=.5)
    plt.title('DataSet')
    plt.xlabel('X')
    plt.show()
if __name__=='__main__':
    plotDataSet('E:\数据挖掘 &Python\第 8 章\data/testSet.txt')
```

算法输出结果如图 8.8 所示。

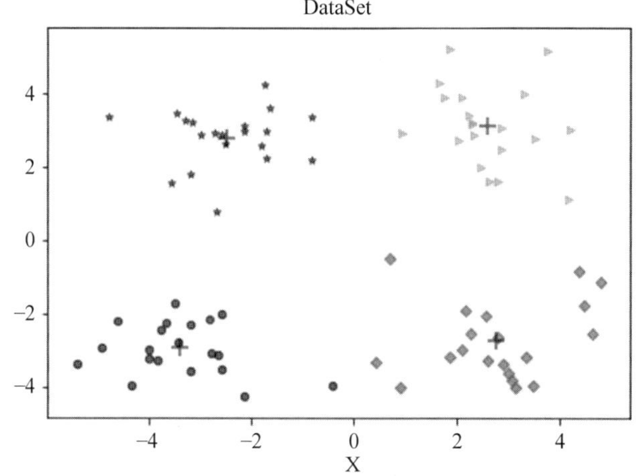

图 8.8　*k*-means 算法聚类结果

例 8.1 中的主要函数如表 8.4 所示。

表 8.4　例 8.1 中的主要函数

函　数	描　述	参　数	返　回
loadDataSet(fileName)	从文件中读取数据集	fileName:文件名	载入数据
distEclud(vecA,vecB)	计算距离,这里用的是欧几里得距离,当然其他距离也可以通过相应的设置实现	vecA 和 vecB:两个向量	两个向量之间的欧几里得距离
randCent(dataSet,k)	随机生成初始的质心,这里是随机选取数据范围内的点	dataSet:数据集 k:质心的个数	初始的 k 个质心向量

续表

函　　数	描　　述	参　　数	返　　回
kMeans (dataSet, k, distMeas = distEclud, createCent=randCent)	k-means 算法	dataSet：用于聚类的数据集 k：质心个数 distMeas：距离计算方法，默认为 distEclud(欧几里得距离) createCent：获取 k 个质心的方法，默认为 randCent(随机获取)	k 个聚类结果和误差
plotDataSet(dataSet)	绘制数据集	dataSet：数据集	可视化结果

在 Python 中，k-means 算法已经在 Scikit-learn 中实现了，导入 cluster 模块即可使用该算法。

【例 8.2】 调用函数库实现 k-means 算法。其中，模拟数据样本为 X，质心有两个。给出模拟数据的聚类结果、预测数据的聚类情况以及质心的位置。

以下代码调用 k-means 算法并对模拟数据进行聚类：

```
from sklearn.cluster import KMeans                          #导入 k-means 算法
import numpy as np
X = np.array([[1, 2], [1, 4], [1, 0],                       #模拟样本
              [10, 2], [10, 4], [10, 0]])
kmeans = KMeans(n_clusters=2, random_state=0).fit(X)        #设置质心的数量
kmeans.labels_                                              #输出每一个样本的标签
```

输出结果如下：

```
array([1, 1, 1, 0, 0, 0])
```

预测给出的数据属于哪一个簇：

```
kmeans.predict([[0, 0], [12, 3]])
```

输出结果如下：

```
array([1, 0])
```

输出聚类的质心：

```
kmeans.cluster_centers_
```

输出结果如下：

```
array([[10.,  2.],
       [ 1.,  2.]])
```

例 8.2 中的主要函数如表 8.5 所示。

表 8.5 例 8.2 中的主要函数

函 数	描 述
fit(X[,y,sample_weight])	对样本 X 进行 *k*-means 聚类,y 一般不使用
fit_predict(X[,y,sample_weight])	计算聚类中心并预测每个样本的聚类索引
fit_transform(X[,y,sample_weight])	执行聚类并将 X 转换为聚类距离空间
get_params([deep])	获取参数
predict(X[,sample_weight])	预测 X 中每个样本所属的聚类
score(X[,y,sample_weight])	与 *k*-means 目标的 X 值相反
set_params(**params)	设置参数
transform(X)	将 X 转换为聚类距离空间

在表 8.5 的函数中,参数 y 一般不使用;参数 sample_weight 表示 X 中每个观测值的权重,如果为 None(默认值),则为所有观测值赋予相等的权重。

8.3.2 DBSCAN 算法

DBSCAN 算法是一种基于密度的空间聚类算法。该算法利用基于密度的空间聚类的概念,即要求聚类空间中的一定区域内所包含的对象(点或其他空间对象)的数目不小于某一给定阈值。DBSCAN 算法的显著优点是:聚类速度快,能够有效处理噪声,能够发现任意形状的空间聚类。

在例 8.3 中用 Python 实现了 DBSCAN 算法。

【例 8.3】 用 Python 实现 DBSCAN 算法并对随机产生的数据 point(为点的坐标)进行聚类,输出每一个聚类所包含的点的集合,并绘制散点图。

```
from matplotlib.pyplot import *
from collections import defaultdict
import random
def dist(p1, p2):                                          #计算距离
    return((p1[0]-p2[0])**2+(p1[1]-p2[1])**2)**(0.5)
all_points = []                                            #随机生成 100 个坐标
for i in range(100):
    randCoord = [random.randint(1,50), random.randint(1,50)]
    if not randCoord in all_points:
        all_points.append(randCoord)
E = 8
minPts = 8
other_points = []
core_points = []                                           #寻找中心点
plotted_points = []
for point in all_points:
```

```
        point.append(0)                                          #初始等级为 0
        total = 0
        for otherPoint in all_points:
            distance = dist(otherPoint,point)
            if distance <=E:
                total +=1
      if total >minPts:
            core_points.append(point)
            plotted_points.append(point)
      else:
            other_points.append(point)
    border_points = []                                           #寻找边界点
    for core in core_points:
        for other in other_points:
            if dist(core,other) <=E:
                border_points.append(other)
                plotted_points.append(other)
    cluster_label=0                                              #算法实现
    for point in core_points:
        if point[2]==0:
            cluster_label +=1
            point[2]=cluster_label
        for point2 in plotted_points:
            distance=dist(point2,point)
            if point2[2]==0 and distance <=E:
                print(point, point2)
                point2[2]=point[2]
    cluster_list=defaultdict(lambda: [[],[]])       #为点指定了相应的标记后,将它们分组
    for point in plotted_points:
        cluster_list[point[2]][0].append(point[0])
        cluster_list[point[2]][1].append(point[1])
    markers = ['+','*','.','d','^','v','>','<','p']              #绘制聚类散点图
    i=0
    print(cluster_list)
    for value in cluster_list:
        cluster=cluster_list[value]
        plot(cluster[0], cluster[1],markers[i])
        i=i%10+1
    noise_points=[]                                              #绘制噪声
    for point in all_points:
        if not point in core_points and not point in border_points:
            noise_points.append(point)
    noisex = []
```

```
noisey = []
for point in noise_points:
    noisex.append(point[0])
    noisey.append(point[1])
plot(noisex, noisey, "x")
title(str(len(cluster_list)) + " clusters created with E = "+str(E) + " Min Points= "+
str(minPts) + " total points= "+ str(len(all_points)) + " noise Points = "+ str(len
(noise_points)))
axis((0,60,0,60))
show()
```

输出结果如下：

```
defaultdict(<function <lambda>at 0x00000184195FA840>, {1: [[20, 23, 27, 25, 19,
24, 23, 28, 27, 25, 19, 27, 19, #19, 27, 27, 19, 19, 19, 19, 27, 27, 27], [7, 4, 8, 5,
13, 11, 9, 5, 5, 3, 12, 1, 12, 12, 1, 1, 12, 12, 12, 12, 1, 1, 1]], 2: #[[29, 31, 38,
31, 23, 25, 23, 37, 22, 33, 37, 36, 25, 37, 31, 33, 37, 36, 37, 33, 44, 45, 37, 36, 25,
31, 33], [47, 43, #40, 41, 47, 45, 49, 47, 47, 43, 41, 42, 45, 47, 35, 43, 41, 42, 47,
43, 42, 38, 41, 42, 45, 35, 43]], 3: [[6, 12, 11, 7, 6, #10, 6, 2, 3, 3, 12, 8, 12, 12,
5, 12, 12, 1, 9, 5, 5, 12, 2, 3, 5, 5], [18, 13, 14, 10, 14, 15, 25, 18, 25, 19, 23, 25,
23, #23, 9, 23, 23, 5, 3, 4, 9, 4, 18, 19, 9, 9]], 4: [[18, 17, 22, 23, 22, 15, 17, 21,
23, 16, 23, 23, 27, 23, 27, 23, 25, 16, #27, 23, 27], [23, 19, 20, 20, 27, 20, 17, 20,
23, 30, 23, 23, 23, 23, 23, 23, 33, 30, 23, 23, 23]], 5: [[29, 32, 30, 30, #30], [11,
16, 13, 13, 13]]]})
```

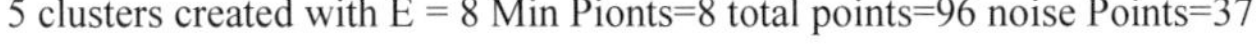

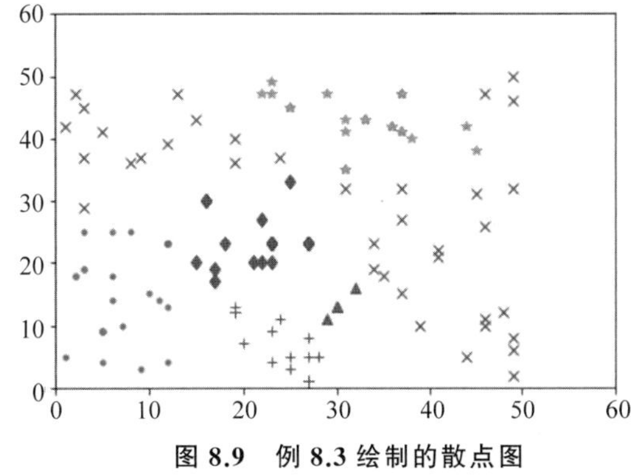

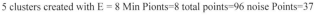

图 8.9　例 8.3 绘制的散点图

在本例中，输出了聚类列表，包含 5 个聚类和每个类中的点，并绘制了散点图，可以直观地看到聚类结果。注意，多次运行算法可能会得到不同的聚类结果。

在 Python 中的 sklearn.cluster 库中有对应的 DBSCAN 函数可以直接用来实现 DBSCAN 算法实现聚类，如例 8.4 所示。

【例 8.4】 调用函数库实现 DBSCAN 算法，其中模拟数据集为 X，设置两个样本之间的最大距离 eps＝3，输出聚类结果。

```
from sklearn.cluster import DBSCAN
import numpy as np
X = np.array([[1, 2], [2, 2], [2, 3], [8, 7], [8, 8], [25, 80]])
clustering =DBSCAN(eps=3, min_samples=2).fit(X)
clustering.labels_
```

输出结果如下：

```
array([ 0,  0,  0,  1,  1, -1], dtype=int64)
```

执行 DBSCAN 算法完成聚类：

```
clustering
```

输出结果如下：

```
DBSCAN(algorithm='auto', eps=3, leaf_size=30, metric='euclidean',
       metric_params=None, min_samples=2, n_jobs=1, p=None)
```

用于实现聚类算法的 DBSCAN 函数的主要参数如表 8.6 所示。

表 8.6 DBSCAN 函数的主要参数

参　数	描　述
eps	同一邻域中两个样本的最大距离
min_samples	对于被视为中心点的点，其邻域中的样本数(或总权重)，包括该点本身
metric	计算样本距离时使用的度量标准
metric_params	度量函数的其他参数
algorithm	算法，可选值为 auto、ball_tree、kd_tree 和 brute
leaf_size	叶子大小，默认为 30
p	用于计算样本距离的 Minkowski 度量的功能
n_jobs	取值为 int 或 none，默认为 none

8.4 关联规则算法

本节介绍寻找关联规则的两个常用算法：Apriori 算法和 FP 树算法。

8.4.1 Apriori 算法

Apriori 算法是一个寻找关联规则的算法。寻找关联规则就是从一大批数据中找到可能的逻辑，例如，“条件 A + 条件 B”能推出“条件 C”($A+B\rightarrow C$)，这就是一个关联规则。具体来讲，例如客户购买了 A 商品后，往往会购买 B 商品(但购买了 B 商品不一定会购买 A 商品)，或者更复杂，买了 A、B 两种商品的客户很有可能会再购买 C 商品(反之则不一定)。有了这些信息，就可以把一些商品组合销售，以获得更高的收益。而寻求关联规则的算法就是关联分析算法。关于Apriori算法的详细内容，在第3章已经讲过，这里不再阐述。本节用Python实现一个比较高效的Apriori脚本，该算法利用了Pandas库，在保证运行效率的前提下，基本实现了代码最短化。

Apriori算法的运行时间取决于很多因素，例如数据量、最小支持度（但是与最小置信度没有直接关系）以及候选项个数等。以购物篮分析为例，首先，运行的时间当然直接取决于购物记录的条数 N，但是运行时间与 N 的关系仅仅是线性的。其次，最小支持度是决定性的，它对运行时间影响很大，但是对其影响需要具体问题具体分析；此外它在很大程度上也决定了最终产生的规则数目。最后，候选项个数，也就是所有购物记录中总共出现了多少种商品，也是决定性的，如果它比较大，对运行时间的影响也是很大的。因此，Apriori算法很简单，但是效率不高。下面用Python代码实现Apriori算法。

【例8.5】 利用Python实现Apriori算法，并挖掘模拟数据集dataSet中的频繁项集和关联规则，其中最小支持度为0.5，最小置信度为0.7，输出频繁项集以及各项之间的置信度。

```
#-*-coding: utf-8 -*-
def loadDataSet():                                    #创建数据集
    return [[1, 3, 4], [2, 3, 5], [1, 2, 3, 5, 6], [2, 5], [1, 3, 5]]
def createC1(dataSet):                                #创建数据集中所有单一元素组成的集合
    C1 = []
    for transaction in dataSet:
        for item in transaction:
            if not [item] in C1:
                C1.append([item])
    C1.sort()
    return list(map(frozenset, C1))
    #frozenset 返回一个冻结的集合,不能添加或删除任何元素
def scanD(D, Ck, minSupport):
    ssCnt = {}
    #统计每一个元素出现的次数
    for tid in D:                                     #遍历全体样本中的每一个元素
        for can in Ck:                                #遍历元素列表中的每一个元素
            if can.issubset(tid):
                if not can in ssCnt:
                    ssCnt[can] =1
                else:
                    ssCnt[can] +=1
    numItems = float(len(D))                          #获取样本中的元素个数
    retList = []
    supportData = {}
    for key in ssCnt:                                 #遍历每一个元素
        support = ssCnt[key] / numItems               #计算每一个元素的支持度
```

```
        if support >= minSupport:                #若支持度大于或等于最小支持度
            retList.insert(0, key)               #将指定对象插入列表的指定位置
        supportData[key] =support
    return retList, supportData
def aprioriGen(Lk, k):                           #组合向上合并
    retList = []
    lenLk = len(Lk)
    for i in range(lenLk):
        for j in range(i+1, lenLk):              #两两组合遍历
            L1 =list(Lk[i])[:k-2]
            L2 =list(Lk[j])[:k-2]
            L1.sort()
            L2.sort()
            if L1 == L2:
                retList.append(Lk[i] | Lk[j])
    return retList
def apriori(dataSet, minSupport=0.5):            #Apriori 算法
    C1 = createC1(dataSet)           #将数据集中所有单一元素组成的集合保存到 C1 中
    D = list(map(set, dataSet))      #将数据集元素转为 set 集合,然后将结果保存为列表
    L1, supportData = scanD(D, C1, 0.5)
    #从 C1 生成 L1 并返回由符合条件的元素及其支持度组成的字典
    L =[L1]                          #将符合条件的元素转换为列表保存在 L 中
    k = 2
    #L[n]就代表 n+1 个元素的集合,例如 L[0]代表 1 个元素的集合
    while(len(L[k-2]) >0):
        Ck = aprioriGen(L[k-2], k)
        Lk, supK = scanD(D, Ck, minSupport)
        #dict.update(dict2)           #update 函数把字典 dict2 的键-值对更新到 dict 中
        supportData.update(supK)
        L.append(Lk)
        k +=1
    return L, supportData
def generateRules(L, supportData, minConf=0.7):          #生成关联规则
    bigRuleList =[]                                      #存储所有的关联规则
    #只获取两个或更多集合的项目
    #集合有两个或两个以上才可能存在关联
    for i in range(1, len(L)):
        for freqSet in L[i]:
            #遍历 L 中的每一个频繁项集并为其创建只包含单个元素集合的列表 H1
            H1 =[frozenset([item]) for item in freqSet]
            if(i >1):
                #如果频繁项集中的元素数目超过 2,那么就对它做进一步合并
                rulesFromConseq(freqSet, H1, supportData, bigRuleList, minConf)
            else:
```

```
            calcConf(freqSet, H1, supportData, bigRuleList, minConf)
    return bigRuleList
#生成候选规则集合,计算规则的置信度,并找到满足最小置信度要求的规则
def calcConf(freqSet, H, supportData, br1, minConf=0.7):
    prunedH = []
    for conseq in H:                            #遍历 L 中的某个 i-频繁项集的每个元素
        #置信度计算,结合支持度数据
        conf = supportData[freqSet] / supportData[freqSet - conseq]
        if conf >= minConf:
            #如果某条规则满足最小置信度的要求,那么将这条规则输出到屏幕
            print(freqSet-conseq, '-->', conseq, 'conf:', conf)
            #添加到规则中,br1 是前面通过检查的 bigRuleList
            br1.append((freqSet-conseq, conseq, conf))
            prunedH.append(conseq)        #保存通过检查的项
    return prunedH
#生成候选规则集合,计算规则的置信度,并找到满足最小置信度要求的规则
def rulesFromConseq(freqSet, H, supportData, br1, minConf=0.7):
    m = len(H[0])
    if(len(freqSet) >(m +1)):                   #频繁项集元素个数大于单个集合的元素个数
        #存在顺序不同、元素相同的集合,合并具有相同元素的集合
        Hmp1 = aprioriGen(H, m+1)
        Hmp1 = calcConf(freqSet, Hmp1, supportData, br1, minConf)  #计算置信度
        #满足最小置信度要求的规则多于一条,则递归判断是否可以进一步组合这些规则
        if(len(Hmp1) >1):
            rulesFromConseq(freqSet, Hmp1, supportData, br1, minConf)
if __name__=='__main__':
    dataSet = loadDataSet()
    L, supportData = apriori(dataSet, 0.5)
    rules = generateRules(L, supportData, minConf=0.7)
    print(L)
```

输出结果如下：

```
frozenset({5}) -->frozenset({3}) conf: 0.7499999999999999
frozenset({3}) -->frozenset({5}) conf: 0.7499999999999999
frozenset({5}) -->frozenset({2}) conf: 0.7499999999999999
frozenset({2}) -->frozenset({5}) conf: 1.0
frozenset({3}) -->frozenset({1}) conf: 0.7499999999999999
frozenset({1}) -->frozenset({3}) conf: 1.0
[[frozenset({5}), frozenset({2}), frozenset({3}), frozenset({1})],
 [frozenset({3, 5}), frozenset({2, 5}), #frozenset({1, 3})], []]
```

例 8.5 得到的频繁项集为{3,5}、{2,5}和{1,3},输出结果给出了在满足最小置信度要求时形成的关联规则和所有频繁项集的集合。由于例 8.5 中的数据集简单,易于计算,读者可以根据算法步骤自行检验输出结果。例 8.5 中的主要函数如表 8.7 所示。

表 8.7　例 8.5 中的主要函数

函　　数	描　　述	参　　数	返　　回
loadDataSet	加载数据集	dataSet：要加载的数据集	加载的数据集
createC1(dataSet)	创建数据集中所有单一元素组成的集合	dataSet：要处理的数据集	单一元素组成的集合
scanD(D,Ck,minSupport)	从单一元素集合生成列表	D：原始数据集 Ck：上一步生成的单元素数据集； minSupport：最小支持度	由符合条件的元素及其支持率组成的字典
aprioriGen(Lk,k)	组合向上合并	Lk：频繁项集列表 k：项集元素个数	符合条件的元素
Apriori(dataSet,minSupport=0.5)	Apriori 算法	dataSet：原始数据集 minSupport：最小支持度	符合条件的元素(L)；符合条件的元素及其支持率组成的字典(supportData)
generateRules(L,supportData,minConf=0.7)	生成关联规则	L：频繁项集列表 supportData：包含频繁项集支持度数据的字典 minConf：最小可信度阈值	生成的规则列表
calcConf(freqSet,H,supportData,br1,minConf=0.7)	生成候选规则集合，计算规则的置信度，并找到满足最小置信度要求的规则(如果频繁项集元素的个数为 1,则使用该函数进行计算)	freqSet：L 中的某个 i-频繁项集 H：L 中的某个 i-频繁项集元素组成的列表 supportData：包含频繁项集支持数据的字典 br1：关联规则 minConf：最小置信度	满足最小置信度要求的规则列表
rulesFromConseq(freqSet,H,supportData,br1,minConf=0.7)	生成候选规则集合，计算规则的置信度，并找到满足最小置信度要求的规则(如果频繁项集元素的个数大于 1,则使用该函数进行计算)	freqSet - L 中的某一个 i-频繁项集；H - L 中的某一个 i-频繁项集元素组成的列表；包含那些频繁项集支持数据的字典(supportData)；关联规则(br1)；最小可信度(minConf)	无

在 Python 中，已经在 apyori 库中实现了 Apriori 算法，可以直接调用该算法获得每个项集的相关信息。

【例 8.6】 调用 apyori 库中的 Apriori 算法，并对给定数据集 transactions 挖掘频繁项集，输出每一项和每一个项集的相关信息。

```
from apyori import apriori
```

```
transactions = [['beer', 'nuts'],
                ['beer', 'cheese']]
results = list(apriori(transactions))
print(results)
```

输出结果如下：

```
[RelationRecord(items=frozenset({'beer'}),support=1.0,ordered_statistics=
[OrderedStatistic(items_base=frozenset(), items_add=frozenset({'beer'}),
confidence=1.0, lift=1.0)]),
RelationRecord(items=frozenset({'cheese'}),support=0.5,ordered_statistics=
[OrderedStatistic(items_base=frozenset(),items_add=frozenset({'cheese'}),
confidence=0.5,lift=1.0)]),
RelationRecord(items=frozenset({'nuts'}),support=0.5,ordered_statistics=
[OrderedStatistic(items_base=frozenset(), items_add=frozenset({'nuts'}),
confidence=0.5,lift=1.0)]),
RelationRecord(items=frozenset({'beer', 'cheese'}), support=0.5, ordered_
statistics=[OrderedStatistic(items_base=frozenset({'beer'}),items_add=
frozenset({'cheese'}),confidence=0.5,lift=1.0),OrderedStatistic(items_base=
frozenset({'cheese'}), items_add=frozenset({'beer'}), confidence=1.0, lift=
1.0)]),
RelationRecord(items=frozenset({'beer', 'nuts'}), support=0.5, ordered_
statistics=[OrderedStatistic(items_base=frozenset({'beer'}),items_add=
frozenset({'nuts'}),confidence=0.5,lift=1.0),OrderedStatistic(items_base=
frozenset({'nuts'}), items_add=frozenset({'beer'}), confidence=1.0, lift=1.0)])]
```

以上就是调用apyori库中的Apriori算法的结果。虽然这种方法不能直接得出关联规则排序，但在输出结果中给出了几项重要的信息，如表8.8所示。

表8.8 例8.6输出结果中的重要信息

关 键 字	描 述
items	项集，frozenset对象，可迭代取出子集
support	支持度，浮点型
confidence	置信度，浮点型
ordered_statistics	项之间存在的关联规则，若为2项集(或多项集)，则分别计算不同排列次序的项之间的置信度和提升度
lift	提升度

8.4.2 FP树算法

FP树算法是一种挖掘频繁项集的算法。Apriori算法虽然简单易实现，效果也不错，但是需要频繁地扫描数据集，I/O开销很大。FP树算法有效地解决了这一问题，一棵FP树实质上包含两部分：项头表和树，通过两次扫描数据集构建FP树，然后对条件FP树进行深度优先搜索或广度优先搜索，挖掘频繁项集。

FP树的算法实现如例8.7所示。

【例8.7】 实现FP树算法，并对模拟数据集simpDat挖掘频繁项集，最小支持度为2，绘制FP树并输出频繁项集。

```
#-*-coding: utf-8 -*-
class treeNode:                                  #FP树的类定义
    def __init__(self, nameValue, numOccur, parentNode):
        self.name = nameValue
        self.count = numOccur
        self.nodeLink = None                     #不同项集的相同项通过nodeLink连接
        self.parent = parentNode
        self.children = {}                       #存储叶子节点
    def inc(self, numOccur):                     #节点出现次数累加
        self.count += numOccur
    def disp(self, ind=1):                       #将树以文本形式显示
        print('  '*ind, self.name, ' ', self.count)
        for child in self.children.values():    #绘制子节点
            child.disp(ind +1)                   #缩进处理
def createTree(dataSet, minSup=1):               #构建FP树
    headerTable = {}
    for trans in dataSet:                        #遍历数据表中的每一行数据
        #遍历每一行的每一个数据元素,统计每一项出现的次数,将次数保存在headerTable中
        for item in trans:
            #get函数返回指定键的值,如果值不在字典中返回0,其中dataSet[trans]=1
            headerTable[item] = headerTable.get(item, 0) +dataSet[trans]
    lessThanMinsup = list(filter(lambda k:headerTable[k]<minSup,headerTable
.keys()))
    #遍历headerTable中的每一项,若一项出现的次数小于minSup,则把该项删除
    for k in lessThanMinsup:
        del(headerTable[k])
    for k in list(headerTable):
        if headerTable[k]<minSup:
            del(headerTable[k])
    #将出现次数在minSup次以上的项保存在freqItemSet中
    freqItemSet = set(headerTable.keys())
    if len(freqItemSet) == 0:                    #如果freqItemSet为空,则返回None
        return None, None
    for k in headerTable:
        #保存计数值及指向每种类型第一个元素的指针
        headerTable[k] = [headerTable[k], None]
    retTree = treeNode('Null Set', 1, None)      #初始化FP树
    for tranSet, count in dataSet.items():      #遍历dataSet的数据,累计出现次数
```

```
        localD = {}
        for item in tranSet:                      #遍历一组数据中的每一项
            if item in freqItemSet:
                localD[item] = headerTable[item][0]
        if len(localD) > 0:
            ordereItems = [v[0] for v in sorted(localD.items(), key=lambda p:
(p[1],p[0]), reverse=True)]
            updateTree(ordereItems, retTree, headerTable, count)
                                                            #对FP树进行更新
    return retTree, headerTable                             #返回FP树和头指针表
def updateTree(items, inTree, headerTable, count):          #更新FP树
    if items[0] in inTree.children:                         #检查是否存在该节点
        inTree.children[items[0]].inc(count)                #存在则计数增加
    else:
        inTree.children[items[0]] = treeNode(items[0], count, inTree)
                                                            #创建新节点
        if headerTable[items[0]][1] == None:        #若不存在该类别,则更新头指针列表
            headerTable[items[0]][1] = inTree.children[items[0]]
        else:
            updateHeader(headerTable[items[0]][1], inTree.children[items[0]])
    if len(items) > 1:                                      #仍有未分配完的项
        updateTree(items[1:], inTree.children[items[0]], headerTable, count)
def updateHeader(nodeToTest, targetNode):                   #更新FP树
    while(nodeToTest.nodeLink != None):
        nodeToTest = nodeToTest.nodeLink
    nodeToTest.nodeLink = targetNode
def loadSimpDat():                                          #创建数据集
    simpDat = [['l1','l2','l5'],
               ['l2','l4'],
               ['l2','l3'],
               ['l1','l2','l4'],
               ['l1','l3'],
               ['l2','l3'],
               ['l1','l3'],
               ['l1','l2','l3','l5'],
               ['l1','l2','l3']]
    return simpDat
def createInitSet(dataSet):
    #将数据集中的数据项转换为frozenset并保存在字典中,其值均为1
    retDict = {}
    for trans in dataSet:
        fset = frozenset(trans)
        retDict.setdefault(fset, 0)
```

```
        retDict[fset] +=1
        #retDict[frozenset(trans)] = 1
    return retDict

def ascendTree(leafNode, prefixPath):                #寻找当前非空节点的前缀
    if leafNode.parent != None:
        prefixPath.append(leafNode.name)             #将当前节点添加到前缀列表中
        ascendTree(leafNode.parent, prefixPath)  #递归遍历所有前缀路径中的节点
def findPrefixPath(basePat, treeNode):               #返回条件模式基
    condPats = {}
    while treeNode != None:
        prefixPath = []
        ascendTree(treeNode, prefixPath)             #寻找当前非空节点的前缀
        if len(prefixPath)>1:
            condPats[frozenset(prefixPath[1:])] = treeNode.count
        #将前缀路线保存入字典
        treeNode = treeNode.nodeLink                 #到下一个频繁项集出现的位置
    return condPats                                  #返回条件模式基
def mineTree(inTree, headerTable, minSup, preFix, freqItemList):
    #从头指针表的底端开始,递归查找频繁项集
    bigL = [v[0] for v in sorted(headerTable.items(), key=lambda p: str(p[1]))]
    for basePat in bigL:
        newFreqSet = preFix.copy()                   #加入频繁项表
        newFreqSet.add(basePat)
        freqItemList.append(newFreqSet)
        condPattBases = findPrefixPath(basePat, headerTable[basePat][1])
        #创造条件基
        myContTree, myHead = createTree(condPattBases, minSup)
                                                     #构建条件 FP 树
        if myHead != None:                       #挖掘条件 FP 树,直到其中没有元素为止
            print('conditional tree for: ', newFreqSet)
            myContTree.disp(1)
            mineTree(myContTree, myHead, minSup, newFreqSet, freqItemList)
if __name__=='__main__':
    simpDat = loadSimpDat()
    initSet = createInitSet(simpDat)
    myFPtree, myHeaderTab = createTree(initSet, 2)
    freqItems = []
    mineTree(myFPtree, myHeaderTab, 2, set([]), freqItems)
    print(freqItems)
```

输出结果如下:

```
conditional tree for:  {'15'}
```

```
  Null Set   1
    l2   2
      l1   2
conditional tree for:  {'l5', 'l1'}
  Null Set   1
    l2   2
conditional tree for:  {'l4'}
  Null Set   1
    l2   2
conditional tree for:  {'l3'}
  Null Set   1
    l2   4
conditional tree for:  {'l1'}
  Null Set   1
    l2   2
    l3   4
    l2   2
conditional tree for:  {'l2', 'l1'}
  Null Set   1
    l3   2
[{'l5'}, {'l5', 'l2'}, {'l5', 'l1'}, {'l5', 'l2', 'l1'}, {'l4'}, {'l2', 'l4'},
{'l3'}, {'l2', 'l3'}, {'l1'}, {'l2', 'l1'},
{'l2', 'l1', 'l3'}, {'l1', 'l3'}, {'l2'}]
```

例 8.7 中输出的条件 FP 树是根据条件模式基绘制的，从 FP 条件树中可以挖掘到频繁项集，并表示在结果中。由于例 8.7 中的数据集简单，容易计算，读者可以按照算法流程验证结果。例 8.7 中的主要函数如表 8.9 所示。

表 8.9　例 8.7 中的主要函数

函　　数	描　　述	参　　数	返　　回
createTree (dataSet, minSup=1)	构建 FP 树	dataSet：需要处理的数据集合 minSup：最少出现的次数	树和头指针表
updateTree(items, inTree, headerTable, count)	更新 FP 树	将字母按照出现的次数按降序排列(items)；树(inTree)；头指针表(headerTable)；dataSet 的每一组数据出现的次数，在本例中均为 1(count)	无
updateHeader (nodeToTest, targetNode)	更新树	nodeToTest：需要插入的节点 targetNode：目标节点	无
loadSimpDat()	创建数据集	无	生成的数据集
createInitSet(dataSet)	将数据集数据项转换为 frozenset 并保存在字典中，其值均为 1	dataSet：生成的数据集	保存在字典中的数据集

续表

函　　数	描　　述	参　　数	返　　回
ascendTree(leafNode, prefixPath)	寻找当前非空节点的前缀	leafNode：当前选定的节点 prefixPath：当前节点的前缀	无
findPrefixPath (basePat, treeNode)	寻找条件模式基	basePat：头指针列表中的元素 treeNode：树中的节点	返回条件模式基
mineTree(inTree, headerTable, minSup, preFix, freqItemList)	递归查找频繁项集	inTree：初始创建的 FP 树 headerTable：头指针表 minSup：最小支持度 preFix：前缀 freqItemList：条件树	无

也可以通过导入 Python 中的 pyfpgrowth 库，调用其中的函数来挖掘频繁项集，具体如例 8.8 所示。

【例 8.8】 调用函数库实现 FP 树算法，并对给定数据集 transactions 挖掘频繁项集，其中最小支持度为 2。

```
import pyfpgrowth
transactions = [[1, 2, 5],
                [2, 4],
                [2, 3],
                [1, 2, 4],
                [1, 3],
                [2, 3],
                [1, 3],
                [1, 2, 3, 5],
                [1, 2, 3]]
patterns = pyfpgrowth.find_frequent_patterns(transactions, 2)
print(patterns)
```

输出结果如下：

```
{(5,): 2, (1, 5): 2, (2, 5): 2, (1, 2, 5): 2, (4,): 2, (2, 4): 2, (1,): 6, (1, 2): 4,
(2, 3): 4, (1, 2, 3): 2, (1, 3): 4, (2,): 7}
```

使用 find_frequent_patterns 函数在项集中查找大于支持阈值的模式。在本例中，支持阈值设置为 2。

8.5 分类算法

决策树(decision tree)是一个树结构(可以是二叉树或非二叉树)，是一种用来分类和回归的无参监督学习方法。其目的是创建一种模型，从数据特征中学习简单的决策规则来预测一个目标变量的值。其每个非叶子节点表示一个特征属性上的测试，每个分支代表这个特征属性在某个值域上的输出，而每个叶子节点存放一个类别。使用决策树进行决策的过程就是从根节点开始，测试待分类项中相应的特征属性，并按照其值选择输出分支，直至到达叶子节点，将叶子节点存放的类别作为决策结果。

8.5.1　ID3 算法

ID3(Iterative Dichotomiser 3，迭代二叉树第 3 代)算法是由昆兰(Ross Quinlan)在 1986 年提出的。该算法创建了一个多路树，找到每个节点的分类特征(以贪心的方式)，这将产生分类目标的最大信息增益。决策树发展到其最大尺寸，然后通常利用剪枝来提高决策树对未知数据的泛化能力。从树的根节点开始，将测试条件用于检验记录，根据测试结果选择恰当的分支，直至到达叶子节点，叶子节点的类标号即为该记录的类别。ID3 算法采用信息增益(information gain)作为分裂属性的度量，最佳分裂等价于求解最大的信息增益。

在例 8.9 中，使用字典存储决策树结构。根据模拟的数据进行分类，构建决策树。

【例 8.9】 实现 ID3 算法，并训练给定数据集 dataSet 以确定是否适合放贷，其中有两个特征：是否有自己的房子和是否有工作。输出每一个特征的信息增益并绘制决策树。

```
#-*-coding: utf-8 -*-
from matplotlib.font_manager import FontProperties
import matplotlib.pyplot as plt
from math import log
import operator
import pickle
def createDataSet():                                    #创建数据集
    dataSet = [[0, 0, 0, 0, 'no'],
               [0, 0, 0, 1, 'no'],
               [0, 1, 0, 1, 'yes'],
               [0, 1, 1, 0, 'yes'],
               [0, 0, 0, 0, 'no'],
               [1, 0, 0, 0, 'no'],
               [1, 0, 0, 1, 'no'],
               [1, 1, 1, 1, 'yes'],
               [1, 0, 1, 2, 'yes'],
               [1, 0, 1, 2, 'yes'],
               [2, 0, 1, 2, 'yes'],
               [2, 0, 1, 1, 'yes'],
               [2, 1, 0, 1, 'yes'],
               [2, 1, 0, 2, 'yes'],
               [2, 0, 0, 0, 'no']]
    labels = ['年龄', '有工作', '有自己的房子', '信贷情况']      #分类属性
    return dataSet, labels
def calcShannonEnt(dataSet):                            #计算给定数据集的经验熵(香农熵)
```

```
    numEntires = len(dataSet)
    labelCounts = {}                                  #保存每个标签出现次数的字典
    for featVec in dataSet:                           #对每组特征向量进行统计
        currentLabel = featVec[-1]                    #提取标签信息
        if currentLabel not in labelCounts.keys():
            #创建一个新的键-值对,键为 currentLabel,值为 0
            labelCounts[currentLabel] = 0
        labelCounts[currentLabel] += 1
    shannonEnt = 0.0                                      #经验熵
    for key in labelCounts:                               #计算经验熵
        prob = float(labelCounts[key]) / numEntires       #选择该标签的概率
        shannonEnt -=prob * log(prob, 2)
return shannonEnt
def splitDataSet(dataSet, axis, value):                   #按照给定特征划分数据集
    retDataSet = []                                       #创建返回的数据集列表
    for featVec in dataSet:
        if featVec[axis] == value:
            reducedFeatVec = featVec[:axis]               #去掉 axis 特征
            reducedFeatVec.extend(featVec[axis+1:])
                                                #将符合条件的数据添加到返回的数据集
            retDataSet.append(reducedFeatVec)
    return retDataSet
def chooseBestFeatureToSplit(dataSet):                    #选择最优特征
    numFeatures = len(dataSet[0]) -1
    baseEntropy = calcShannonEnt(dataSet)                 #计算数据集的经验熵
    bestInfoGain = 0.0                                    #信息增益
    bestFeature = -1                                      #最优特征的索引值
    for i in range(numFeatures):                          #遍历所有特征
        #获取 dataSet 的第 i 个所有特征,保存在 featList 列表中(列表生成式)
        featList =[example[i] for example in dataSet]
        uniqueVals = set(featList)
        newEntropy = 0.0                                  #新的经验熵
        for value in uniqueVals:                          #计算信息增益
            subDataSet = splitDataSet(dataSet, i, value)
                                                          #subDataSet 是划分后的子集
            prob = len(subDataSet) / float(len(dataSet))      #计算子集的概率
            newEntropy += prob * calcShannonEnt(subDataSet)
        infoGain = baseEntropy -newEntropy                    #信息增益
        print("第%d个特征的信息增益为%.3f" %(i, infoGain))
        if(infoGain>bestInfoGain):
            bestInfoGain = infoGain               #更新信息增益,找到最大的信息增益
            bestFeature = i
    return bestFeature
def majorityCnt(classList):                       #统计 classList 中出现次数最多的元素
```

```
    classCount = {}
    for vote in classList:                      #统计 classList 中每个元素出现的次数
        if vote not in classCount.keys():
            classCount[vote] = 0
        classCount[vote] += 1
    #根据字典的值降序排序
    sortedClassCount = sorted(classCount.items(), key = operator.itemgetter(1),
reverse = True)
    return sortedClassCount[0][0]

def createTree(dataSet, labels, featLabels):            #创建决策树
    classList = [example[-1] for example in dataSet] #取分类标签(是否放贷)
    if classList.count(classList[0]) == len(classList):
    #如果类别完全相同,则停止继续划分
        return classList[0]
    if len(dataSet[0]) == 1:                    #遍历完所有特征时返回出现次数最多的类标签
        return majorityCnt(classList)
    bestFeat = chooseBestFeatureToSplit(dataSet)     #选择最优特征
    bestFeatLabel = labels[bestFeat]                 #最优特征的标签
    featLabels.append(bestFeatLabel)
    myTree = {bestFeatLabel:{}}                      #根据最优特征的标签生成决策树
    del(labels[bestFeat])                            #删除已经使用的特征标签
    featValues = [example[bestFeat] for example in dataSet]
    #得到训练集中所有最优解特征的属性值
    uniqueVals = set(featValues)                     #去掉重复的属性值
    for value in uniqueVals:                         #遍历特征,创建决策树
        myTree[bestFeatLabel][value] = createTree(splitDataSet(dataSet,
bestFeat, value), labels, featLabels)
    return myTree
def getNumLeafs(myTree):                             #获取决策树叶子节点的数目
    numLeafs = 0
    firstStr = next(iter(myTree))
    secondDict = myTree[firstStr]                    #获取下一组字典
    for key in secondDict.keys():
        #测试该节点是否为字典,如果不是字典,则此节点为叶子节点
        if type(secondDict[key]).__name__ =='dict':
            numLeafs +=getNumLeafs(secondDict[key])
        else:
            numLeafs += 1
    return numLeafs
def getTreeDepth(myTree):                            #获取决策树的层数
    maxDepth = 0
    firstStr = next(iter(myTree))
    secondDict = myTree[firstStr]
```

```
    for key in secondDict.keys():
        #测试该节点是否为字典,如果不是字典,则此节点为叶子节点
        if type(secondDict[key]).__name__=='dict':
            thisDepth = 1 +getTreeDepth(secondDict[key])
        else:
            thisDepth = 1
        if thisDepth>maxDepth:
            maxDepth = thisDepth
    return maxDepth
def plotNode(nodeTxt, centerPt, parentPt, nodeType):          #绘制节点
    arrow_args = dict(arrowstyle="<-")                         #定义箭头格式
font = FontProperties(fname=r"C:\Windows\Fonts\simsun.ttc", size=14)
                                                               #设置中文字体
#绘制节点 createPlot.ax1 创建绘图区
createPlot.ax1.annotate(nodeTxt, xy=parentPt, xycoords='axes fraction',
                        xytext=centerPt, textcoords='axes fraction',
                        va='center', ha='center', bbox=nodeType,
                        arrowprops=arrow_args, FontProperties=font)
def plotMidText(cntrPt, parentPt, txtString):                  #标注有向边属性值
    xMid =(parentPt[0]-cntrPt[0])/2.0 +cntrPt[0]               #计算标注位置
    yMid =(parentPt[1]-cntrPt[1])/2.0 +cntrPt[1]
    createPlot.ax1.text(xMid, yMid, txtString, va="center", ha="center",
rotation=30)
def plotTree(myTree, parentPt, nodeTxt):                       #绘制决策树
    #设置节点格式。boxstyle为文本框的类型,sawtooth是锯齿形;fc是边框线粗细
    decisionNode = dict(boxstyle="sawtooth", fc="0.8")
    leafNode = dict(boxstyle="round4", fc="0.8")           #设置叶子节点格式
    numLeafs = getNumLeafs(myTree)                         #获取决策树叶子节点数目
    depth = getTreeDepth(myTree)                           #获取决策树层数
    firstStr = next(iter(myTree))
    #中心位置
    cntrPt = (plotTree.xoff + (1.0 + float(numLeafs)) / 2.0 / plotTree.totalW,
plotTree.yoff)
    plotMidText(cntrPt, parentPt, nodeTxt)                 #标注有向边属性值
    plotNode(firstStr, cntrPt, parentPt, decisionNode)     #绘制节点
    secondDict = myTree[firstStr]
    plotTree.yoff = plotTree.yoff -1.0 / plotTree.totalD
    for key in secondDict.keys():
        #测试该节点是否为字典,如果不是字典,代表此节点为叶子节点
        if type(secondDict[key]).__name__=='dict':
            #如果是叶子节点,绘制叶子节点,并标注有向边属性值
            plotTree(secondDict[key], cntrPt, str(key))
        else:
```

```
            #不是叶子节点,递归调用继续绘制
            plotTree.xoff = plotTree.xoff +1.0 / plotTree.totalW
            plotNode(secondDict[key], (plotTree.xoff, plotTree.yoff), cntrPt,
leafNode)
            plotMidText((plotTree.xoff, plotTree.yoff), cntrPt, str(key))
    plotTree.yoff = plotTree.yoff +1.0 / plotTree.totalD
def createPlot(inTree):                                  #创建绘图面板
    fig = plt.figure(1, facecolor="white")
    fig.clf()
    axprops = dict(xticks=[], yticks=[])
    createPlot.ax1 = plt.subplot(111, frameon=False, **axprops)
    plotTree.totalW = float(getNumLeafs(inTree))         #获取决策树叶子节点数目
    plotTree.totalD = float(getTreeDepth(inTree))        #获取决策树层数
    plotTree.xoff = -0.5 / plotTree.totalW
    plotTree.yoff = 1.0
    plotTree(inTree, (0.5, 1.0), '')
    plt.show()
def classify(inputTree, featLabels, testVec):            #使用决策树分类
    firstStr = next(iter(inputTree))                     #获取决策树节点
    secondDict = inputTree[firstStr]
    featIndex = featLabels.index(firstStr)
    for key in secondDict.keys():
        if testVec[featIndex] == key:
            if type(secondDict[key]).__name__ =='dict':
                classLabel = classify(secondDict[key], featLabels, testVec)
            else:
                classLabel = secondDict[key]
    return classLabel

def main():
    dataSet, features = createDataSet()
    featLabels = []
    myTree = createTree(dataSet, features, featLabels)
    testVec = [0, 1, 1, 1]
    result = classify(myTree, featLabels, testVec)
    if result == 'yes':
        print('放贷')
    if result == 'no':
        print('不放贷')
    print(myTree)
    createPlot(myTree)
    print("最优特征索引值:" +str(chooseBestFeatureToSplit(dataSet)))
```

```
if __name__=='__main__':
main()
```

输出结果如下：

```
第 0 个特征的信息增益为 0.083
第 1 个特征的信息增益为 0.324
第 2 个特征的信息增益为 0.420
第 3 个特征的信息增益为 0.363
第 0 个特征的信息增益为 0.252
第 1 个特征的信息增益为 0.918
第 2 个特征的信息增益为 0.474
放贷
{'有自己的房子': {0: {'有工作': {0: 'no', 1: 'yes'}}, 1: 'yes'}}
```

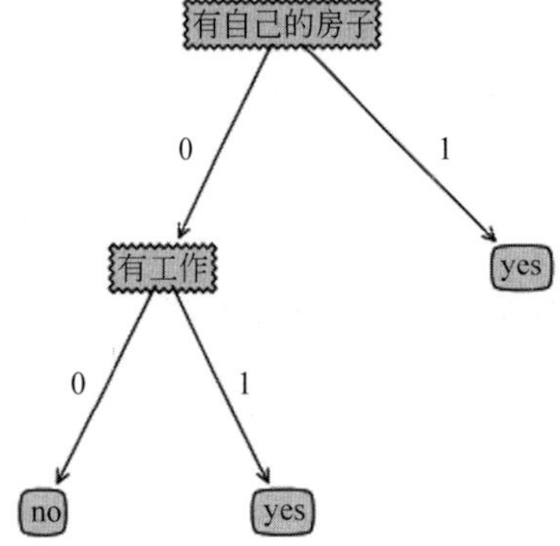


```
第 0 个特征的信息增益为 0.083
第 1 个特征的信息增益为 0.324
第 2 个特征的信息增益为 0.420
第 3 个特征的信息增益为 0.363
最优特征索引值:2
```

例 8.9 中的主要函数如表 8.10 所示。

表 8.10　例 8.9 中的主要函数

函　数	描　述	参　数	返　回
calcShannonEnt(dataSet)	计算给定数据集的经验熵	dataSet：数据集	经验熵
splitDataSet(dataSet, axis,value)	按照给定特征划分数据集	dataSet：待划分的数据集 axis：划分数据集的特征 values：需要返回的特征的值	无
chooseBestFeatureToSplit(dataSet)	选择最优特征	dataSet：数据集	信息增益最大的(最优)特征的索引值

续表

函　　数	描　　述	参　　数	返　　回
majorityCnt(classList)	统计 classList 中出现次数最多的元素(类标签)	classList：类标签列表	出现次数最多的元素(类标签)
createTree(dataSet, labels, featLabels)	创建决策树。 递归有两个终止条件：①所有的类标签完全相同，此时直接返回类标签；②用完所有标签，但是得不到唯一类别的分组，即特征不够用，此时返回出现数量最多的类标签	dataSet：训练数据集 labels：分类属性标签 featLabels：存储选择的最优特征标签	决策树
getNumLeafs(myTree)	获取决策树叶子节点的数目	myTree：决策树	决策树的叶子节点的数目
getTreeDepth(myTree)	获取决策树的层数	myTree：决策树	决策树的层数
plotNode(nodeTxt, centerPt, parentPt, nodeType)	绘制节点	nodeTxt：节点名 centerPt：文本位置 parentPt：标注的箭头位置 nodeType：节点格式	无
Classify(inputTree, featLabels, testVec)	使用决策树分类	inputTree：已经生成的决策树 featLabels：最优特征标签 testVec：测试数据列表，顺序与最优特征标签对应	分类结果

8.5.2　C4.5 算法

C4.5 算法是决策树算法的一种，常用在机器学习和数据挖掘的分类问题中。决策树算法作为一种分类算法，其目标就是将具有 p 维特征的 n 个样本分到 c 个类别中去。它采用监督学习，给定一个数据集，其中的每一个元组都能用一组属性值来描述，每一个元组属于一组互斥类别中的某一类。C4.5 算法的目标是通过学习找到一个从属性值到类别的映射关系，并且这个映射能用于对类别未知的新的实体进行分类。

C4.5 算法是由昆兰在 ID3 的基础上提出的。ID3 算法用来构造决策树。决策树是一种类似流程图的树结构，其中每个内部节点(非叶子节点)表示在一个属性上的测试，每个分枝代表一个测试输出，而每个叶子节点存放一个类标号。一旦建立了决策树，对于一个未给定类标号的元组，跟踪一条由根节点到叶子节点的路径，该叶子节点就存放着该元组的预测。决策树的优势在于不需要任何领域知识或参数设置，适用于探测性的知识发现。它通过计算给定数据集的熵可以反映数据集的混乱程度，熵越大，数据集越混乱。

例 8.10 针对头发长短和声音粗细两个特征来判断一个人是男还是女。

【例 8.10】 用 Python 实现 C4.5 算法，训练给定数据集 dataSet，得到决策树，用来判断一个人的性别，其中包含两个特征：头发长短和声音粗细。给出详细的分类依据。

```
from math import log,sqrt
import operator
import re
def createDataSet():
    dataSet = [[1,'长', '粗', '男'],
               [2,'短', '粗', '男'],
               [3,'短', '粗', '男'],
               [4,'长', '细', '女'],
               [5,'短', '细', '女'],
               [6,'短', '粗', '女'],
               [7,'长', '粗', '女'],
               [8,'长', '粗', '女']]
    labels = ['序号','头发', '声音']                          #两个特征
    return dataSet, labels
def classCount(dataSet):
    labelCount={}
    for one in dataSet:
        if one[-1] not in labelCount.keys():
            labelCount[one[-1]]=0
        labelCount[one[-1]]+=1
    return labelCount
def calcShannonEntropy(dataSet):
    labelCount=classCount(dataSet)
    numEntries=len(dataSet)
    Entropy=0.0
    for i in labelCount:
        prob=float(labelCount[i])/numEntries
        Entropy-=prob * log(prob,2)
    return Entropy
def majorityClass(dataSet):
    labelCount=classCount(dataSet)
    sortedLabelCount=sorted(labelCount.items(),key=operator.itemgetter(1),
reverse=True)
    return sortedLabelCount[0][0]
def splitDataSet(dataSet,i,value):
    subDataSet=[]
    for one in dataSet:
        if one[i]==value:
            reduceData=one[:i]
            reduceData.extend(one[i+1:])
            subDataSet.append(reduceData)
    return subDataSet
def splitContinuousDataSet(dataSet,i,value,direction):
    subDataSet=[]
```

```
    for one in dataSet:
        if direction==0:
            if one[i]>value:
                reduceData=one[:i]
                reduceData.extend(one[i+1:])
                subDataSet.append(reduceData)
        if direction==1:
            if one[i]<=value:
                reduceData=one[:i]
                reduceData.extend(one[i+1:])
                subDataSet.append(reduceData)
    return subDataSet
def chooseBestFeat(dataSet,labels):
    baseEntropy=calcShannonEntropy(dataSet)
    bestFeat=0
    baseGainRatio=-1
    numFeats=len(dataSet[0])-1
    bestSplitDic={}
    i=0
    print('dataSet[0]:' +str(dataSet[0]))
    for i in range(numFeats):
        featVals=[example[i] for example in dataSet]
        if type(featVals[0]).__name__=='float' or type(featVals[0]).__name__
=='int':
            j=0
            sortedFeatVals=sorted(featVals)
            splitList=[]
            for j in range(len(featVals)-1):
                splitList.append((sortedFeatVals[j]+sortedFeatVals[j+1])/2.0)
            for j in range(len(splitList)):
                newEntropy=0.0
                gainRatio=0.0
                splitInfo=0.0
                value=splitList[j]
                subDataSet0=splitContinuousDataSet(dataSet,i,value,0)
                subDataSet1=splitContinuousDataSet(dataSet,i,value,1)
                prob0=float(len(subDataSet0))/len(dataSet)
                newEntropy-=prob0*calcShannonEntropy(subDataSet0)
                prob1=float(len(subDataSet1))/len(dataSet)
                newEntropy-=prob1*calcShannonEntropy(subDataSet1)
                splitInfo-=prob0*log(prob0,2)
                splitInfo-=prob1*log(prob1,2)
                gainRatio=float(baseEntropy-newEntropy)/splitInfo
                print('IVa '+str(j)+':'+str(splitInfo))
```

```
                if gainRatio>baseGainRatio:
                    baseGainRatio=gainRatio
                    bestSplit=j
                    bestFeat=i
            bestSplitDic[labels[i]]=splitList[bestSplit]
        else:
            uniqueFeatVals=set(featVals)
            GainRatio=0.0
            splitInfo=0.0
            newEntropy=0.0
            for value in uniqueFeatVals:
                subDataSet=splitDataSet(dataSet,i,value)
                prob=float(len(subDataSet))/len(dataSet)
                splitInfo-=prob * log(prob,2)
                newEntropy-=prob * calcShannonEntropy(subDataSet)
            gainRatio=float(baseEntropy-newEntropy)/splitInfo
            if gainRatio>baseGainRatio:
                bestFeat=i
                baseGainRatio=gainRatio
    if type(dataSet[0][bestFeat]).__name__=='float' or type(dataSet[0]
[bestFeat]).__name__=='int':
        bestFeatValue=bestSplitDic[labels[bestFeat]]
    if type(dataSet[0][bestFeat]).__name__=='str':
        bestFeatValue=labels[bestFeat]
    return bestFeat,bestFeatValue
def createTree(dataSet,labels):
    classList=[example[-1] for example in dataSet]
    if len(set(classList))==1:
        return classList[0][0]
    if len(dataSet[0])==1:
        return majorityClass(dataSet)
    Entropy=calcShannonEntropy(dataSet)
    bestFeat,bestFeatLabel=chooseBestFeat(dataSet,labels)
    print('bestFeat:'+str(bestFeat)+'--'+str(labels[bestFeat])+',
bestFeatLabel:'+str(bestFeatLabel))
    myTree={labels[bestFeat]:{}}
    subLabels=labels[:bestFeat]
    subLabels.extend(labels[bestFeat+1:])
    print('subLabels:'+str(subLabels))
    if type(dataSet[0][bestFeat]).__name__=='str':
        featVals=[example[bestFeat] for example in dataSet]
        uniqueVals=set(featVals)
        print('uniqueVals:'+str(uniqueVals))
        for value in uniqueVals:
```

```
            reduceDataSet=splitDataSet(dataSet,bestFeat,value)
            print('reduceDataSet:'+str(reduceDataSet))
            myTree[labels[bestFeat]][value]=createTree(reduceDataSet,subLabels)
    if type(dataSet[0][bestFeat]).__name__=='int' or type(dataSet[0]
[bestFeat]).__name__=='float':
        value=bestFeatLabel
        greaterDataSet=splitContinuousDataSet(dataSet,bestFeat,value,0)
        smallerDataSet=splitContinuousDataSet(dataSet,bestFeat,value,1)
        print('greaterDataset:'+str(greaterDataSet))
        print('smallerDataSet:'+str(smallerDataSet))
        print('==' * len(dataSet[0]))
        myTree[labels[bestFeat]]['>'+str(value)]=createTree(greaterDataSet,
subLabels)
        print(myTree)
        print('==' * len(dataSet[0]))
        myTree[labels[bestFeat]]['<='+str(value)]=createTree(smallerDataSet,
subLabels)
    return myTree
if __name__=='__main__':
    dataSet,labels=createDataSet()
    print(createTree(dataSet,labels))
```

输出结果如下：

```
dataSet[0]:[1, '长', '粗', '男']
IVa 0:0.5435644431995964
IVa 1:0.8112781244591328
IVa 2:0.9544340029249649
IVa 3:1.0
IVa 4:0.9544340029249649
IVa 5:0.8112781244591328
IVa 6:0.5435644431995964
bestFeat:0--序号, bestFeatLabel:7.5
subLabels:['头发', '声音']
greaterDataset:[['长', '粗', '女']]
smallerDataSet:[['长', '粗', '男'], ['短', '粗', '男'], ['短', '粗', '男'], ['长',
'细', '女'], ['短', '细', '女'], ['短', '粗', '女'], ['长', '粗', '女']]
========
{'序号': {'>7.5': '女'}}
========
dataSet[0]:['长', '粗', '男']
bestFeat:0--头发, bestFeatLabel:头发
subLabels:['声音']
uniqueVals:{'长', '短'}
reduceDataSet:[['粗', '男'], ['细', '女'], ['粗', '女']]
```

```
dataSet[0]:['粗', '男']
bestFeat:0--声音, bestFeatLabel:声音
subLabels:[]
uniqueVals:{'细', '粗'}
reduceDataSet:[['女']]
reduceDataSet:[['男'], ['女']]
reduceDataSet:[['粗', '男'], ['粗', '男'], ['细', '女'], ['粗', '女']]
dataSet[0]:['粗', '男']
bestFeat:0--声音, bestFeatLabel:声音
subLabels:[]
uniqueVals:{'细', '粗'}
reduceDataSet:[['女']]
reduceDataSet:[['男'], ['男'], ['女']]
{'序号': {'>7.5': '女', '<=7.5': {'头发': {'长': {'声音': {'细': '女', '粗': '男'}},
'短': {'声音': {'细': '女', '粗': '男'}}}}}}
```

由于C4.5算法和ID3算法在很大程度上存在相同的部分,因此在示例代码中没有进行详细的注释,主要的函数在8.5.1节中已经给出了,读者可以自行查阅。另外,以上结果详细描述了决策树构建的过程,感兴趣的读者可以根据算法流程自行检验。

C4.5算法继承了ID3算法的优点,并在以下几个方面对ID3算法进行了改进:

(1) 用信息增益率选择属性,克服了使用信息增益选择属性时偏向选择取值大的属性的不足。

(2) 在树构造过程中进行剪枝。

(3) 能够完成对连续属性的离散化处理。

(4) 能够对不完整的数据进行处理。

C4.5算法的优点是:产生的分类规则易于理解,准确率较高。

C4.5算法的缺点是:在构造树的过程中,需要对数据集进行多次顺序扫描和排序,因而导致算法的效率低。此外,C4.5算法只适用于能够驻留于内存的数据集;当训练集大到无法装入内存时,程序无法运行。

无论是ID3算法还是C4.5算法都最好在小数据集上使用,决策树分类一般只适用于小数据。当属性取值很大时最好选择C4.5算法,此时ID3算法得出的效果会非常差。

在Python的sklearn库中已经实现了tree函数,可以直接创建决策树,并且可以对给出的数据进行分类。

【例8.11】 调用sklearn库的tree函数创建决策树,其中X为给定的数据集,Y为特征标签,输出对给定数据的分类预测。

```
from sklearn import tree
X = [[0, 0], [1, 1]]
Y = [0, 1]
clf = tree.DecisionTreeClassifier()
clf = clf.fit(X, Y)
clf.predict([[2., 2.]])
```

输出结果如下：

```
array([1])
```

8.5.3 KNN 算法

KNN 算法的思想很简单：计算待分类的样本与训练集中的所有样本的距离，取出与待分类样本距离最近的 k 个样本，统计这 k 个样本的类别数量，根据多数表决原则，取样本数量最多的那一类作为待分类样本的类别。距离度量可采用欧几里得距离、曼哈顿距离和余弦值等。

算法的实现代码如例 8.12 所示。

【例 8.12】 用 Python 实现 KNN 算法，并对 datingTestSet.txt 数据集的数据进行分析，训练分类器。根据"玩视频游戏所消耗时间百分比""每年获得的飞行常客里程数"和"每周消费的冰淇淋升数"这 3 个特征来确定你对这个人的印象："讨厌""有些喜欢"和"非常喜欢"。

```
#-*-coding: utf-8 -*-
from matplotlib.font_manager import FontProperties
import matplotlib.lines as mlines
import matplotlib.pyplot as plt
import time
import numpy as np
import operator
def classify0(inX, dataSet, labels, k):   #KNN 算法，分类器
    dataSetSize = dataSet.shape[0]        #shape[0]返回 dataSet 的行数
    diffMat = np.tile(inX, (dataSetSize, 1)) -dataset
                                          #将 inX 重复 dataSetSize 次并排成一列
    sqDiffMat = diffMat**2                #二维特征相减后平方
    sqDistances = sqDiffMat.sum(axis=1)
    #sum 将所有元素相加，sum(0)将所有列相加，sum(1)将所有行相加
    distances = sqDistances**0.5          #开方，计算距离
    #argsort 函数返回的是距离值从小到大的索引
    sortedDistIndicies = distances.argsort()
    classCount ={}                        #定义一个记录同一类别中的样本个数的字典
    for i in range(k):                    #选择距离最小的 k 个点
        voteIlabel = labels[sortedDistIndicies[i]]
        classCount[voteIlabel] = classCount.get(voteIlabel, 0) +1
    sortedClassCount = sorted(classCount.items(),
                          key = operator.itemgetter(1), reverse = True)
    return sortedClassCount[0][0]       #返回样本个数最多的类别，即待分类样本的类别

def file2matrix(filename):                #打开解析文件，对数据进行分类
    fr = open(filename)
    arrayOlines = fr.readlines()
```

```
    numberOfLines = len(arrayOlines)
    returnMat = np.zeros((numberOfLines, 3))
    #返回矩阵中的 numberOfLines 行、3 列
    classLabelVector = []                       #创建分类标签向量
    index = 0
    for line in arrayOlines:                    #读取每一行
        line = line.strip()
        #去掉每一行首尾的空白符,例如'\n','\r','\t',' '
        listFromLine = line.split('\t')         #将每一行内容根据'\t'进行切片
        returnMat[index,:] = listFromLine[0:3]
        #提取数据的前 3 列,保存在特征矩阵中
        #根据文本内容进行分类:1 为讨厌,2 为喜欢,3 为非常喜欢
        if listFromLine[-1] == 'didntLike':
            classLabelVector.append(1)
        elif listFromLine[-1] == 'smallDoses':
            classLabelVector.append(2)
        elif listFromLine[-1] == 'largeDoses':
            classLabelVector.append(3)
        index += 1
    return returnMat, classLabelVector          #返回特征矩阵以及分类标签向量

def showdatas(datingDataMat, datingLabels):    #可视化数据
#设置汉字为 14 号简体字
font = FontProperties(fname=r"C:\Windows\Fonts\simsun.ttc", size=14)
    fig, axs = plt.subplots(nrows=2, ncols=2, sharex=False, sharey=False,
figsize=(13, 8))
    LabelsColors = []                           #label 的颜色配置矩阵
    for i in datingLabels:
        if i == 1:
            LabelsColors.append('black')
        if i == 2:
            LabelsColors.append('orange')
        if i == 3:
            LabelsColors.append('red')
    #绘制散点图,以 datingDataMat 矩阵第一列为 x,第二列为 y,散点大小为 15, 透明度为 0.5
    axs[0][0].scatter(x=datingDataMat[:,0], y=datingDataMat[:,1],
    color=LabelsColors, s=15, alpha=.5)
    #设置坐标轴的标目
    axs0_title_text=axs[0][0].set_title(u'每年获得的飞行常客里程数与玩视频游戏
所消耗时间百分比', FontProperties=font)
    axs0_xlabel_text = axs[0][0].set_xlabel(u'每年获得的飞行常客里程数',
FontProperties=font)
    axs0_ylabel_text = axs[0][0].set_ylabel(u'玩视频游戏所消耗时间百分比',
FontProperties=font)
```

```
    plt.setp(axs0_title_text, size=9, weight='bold', color='red')
    plt.setp(axs0_xlabel_text, size=7, weight='bold', color='black')
    plt.setp(axs0_ylabel_text, size=7, weight='bold', color='black')
    #绘制散点图,以 datingDataMat 矩阵第一列为 x,第三列为 y,散点大小为 15, 透明度为 0.5
    axs[0][1].scatter(x=datingDataMat[:,0], y=datingDataMat[:,2],
    color=LabelsColors, s=15, alpha=.5)
    axs1_title_text=axs[0][1].set_title(u'每年获得的飞行常客里程数与每周消费的
冰淇淋升数', FontProperties=font)
    axs1_xlabel_text=axs[0][1].set_xlabel(u'每年获得的飞行常客里程数',
FontProperties=font)
    axs1_ylabel_text=axs[0][1].set_ylabel(u'每周消费的冰淇淋升数',
FontProperties=font)
    plt.setp(axs1_title_text, size=9, weight='bold', color='red')
    plt.setp(axs1_xlabel_text, size=7, weight='bold', color='black')
    plt.setp(axs1_ylabel_text, size=7, weight='bold', color='black')
    #绘制散点图,以 datingDataMat 矩阵第二列为 x,第三列为 y,散点大小为 15, 透明度为 0.5
    axs[1][0].scatter(x=datingDataMat[:,1], y=datingDataMat[:,2], color=
LabelsColors, s=15, alpha=.5)
    axs2_title_text=axs[1][0].set_title(u'玩视频游戏所消耗时间百分比与每周消费
的冰淇淋升数', FontProperties=font)
    axs2_xlabel_text=axs[1][0].set_xlabel(u'玩视频游戏所消耗时间百分比',
FontProperties=font)
    axs2_ylabel_text=axs[1][0].set_ylabel(u'每周消费的冰淇淋升数',
FontProperties=font)
    plt.setp(axs2_title_text, size=9, weight='bold', color='red')
    plt.setp(axs2_xlabel_text, size=7, weight='bold', color='black')
    plt.setp(axs2_ylabel_text, size=7, weight='bold', color='black')
    #设置图例
    didntLike = mlines.Line2D([], [], color='black', marker='.', markersize=6,
label='didntLike')
    smallDoses = mlines.Line2D([], [], color='orange', marker='.', markersize=6,
label='smallDoses')
    largeDoses = mlines.Line2D([], [], color='red', marker='.', markersize=6,
label='largeDoses')
    #添加图例
    axs[0][0].legend(handles=[didntLike, smallDoses, largeDoses])
    axs[0][1].legend(handles=[didntLike, smallDoses, largeDoses])
    axs[1][0].legend(handles=[didntLike, smallDoses, largeDoses])
    #显示图片
    plt.show()
def autoNorm(dataSet):                                  #对数据进行归一化
    minVals = dataSet.min(0)
    maxVals = dataSet.max(0)
    ranges = maxVals-minVals
```

```
    normDataSet = np.zeros(np.shape(dataSet))
    #shape(dataSet)返回 dataSet 的矩阵行列数
    m = dataSet.shape[0]                              #shape[0]返回 dataSet 的行数
    normDataSet = dataSet-np.tile(minVals, (m, 1)) #原始值减去最小值(x-xmin)
    normDataSet = normDataSet / np.tile(ranges, (m, 1))
                                              #上面的差值除以最大值和最小值之差
    return normDataSet, ranges, minVals
def datingClassTest():                        #分类器测试函数
    filename ="E:\数据挖掘 &Python\第 8 章\data/datingTestSet.txt"
    #将返回的特征矩阵和分类标签向量分别存储到 datingDataMat 和 datingLabels 中
    datingDataMat, datingLabels = file2matrix(filename)
    hoRatio = 0.10                            #取所有数据的 10%。hoRatio 越小,错误率越低
    #数据归一化,返回归一化数据结果、数据范围和最小值
    normMat, ranges, minVals = autoNorm(datingDataMat)
    m = normMat.shape[0]
    numTestVecs = int(m * hoRatio)    #10%的测试数据的个数
    errorCount = 0.0                          #分类错误计数
    for i in range(numTestVecs):
        #前 numTestVecs 个数据作为测试集,后 m-numTestVecs 个数据作为训练集
        #k 选择标签数+1(结果比较好)
        classifierResult = classify0(normMat[i,:], normMat[numTestVecs:m,:],\
                                     datingLabels[numTestVecs:m], 4)
        print("分类结果:%d\t 真实类别:%d" %(classifierResult, datingLabels[i]))
        if classifierResult ! = datingLabels[i]:
            errorCount += 1.0
    print("错误率:%f%%" %(errorCount/float(numTestVecs) * 100))
def classifyPerson():                                     #输入一个人的 3 个特征,分类输出
    resultList =['讨厌', '有些喜欢', '非常喜欢']
    percentTats = float(input("玩视频游戏所消耗时间百分比:"))  #三维特征用户输入
    ffMiles = float(input("每年获得的飞行常客里程数:"))
    iceCream = float(input("每周消费的冰淇淋升数:"))
    filename = "E:\数据挖掘 &Python\第 8 章\data/datingTestSet.txt"
    datingDataMat, datingLabels = file2matrix(filename)
    normMat, ranges, minVals = autoNorm(datingDataMat)          #训练集归一化
    inArr = np.array([percentTats, ffMiles, iceCream])
    norminArr =(inArr-minVals) / ranges                         #测试集归一化
    classifierResult = classify0(norminArr, normMat, datingLabels, 4)
    print("你可能%s 这个人" %(resultList[classifierResult-1]))
def main():
    start = time.clock()                                        #获取程序运行时间
    filename = "E:\数据挖掘 &Python\第 8 章\data/datingTestSet.txt"
    datingDataMat, datingLabels = file2matrix(filename)
    normDataset, ranges, minVals = autoNorm(datingDataMat)
    datingClassTest()
```

```
        #showdatas(datingDataMat, datingLabels)                  #绘制数据散点图
    classifyPerson()
    end = time.clock()
    print('Running time: %f seconds'%(end-start))                #打印程序运行时间
if __name__=='__main__':
    main()
```

输出结果如下：

```
分类结果:1    真实类别:1
分类结果:1    真实类别:1
分类结果:3    真实类别:3
分类结果:2    真实类别:3
分类结果:1    真实类别:1
分类结果:2    真实类别:2
分类结果:1    真实类别:1
分类结果:3    真实类别:3
分类结果:3    真实类别:3
分类结果:2    真实类别:2
分类结果:2    真实类别:1
分类结果:1    真实类别:1
错误率:4.000000%
玩视频游戏所消耗时间百分比:11
每年获得的飞行常客里程数:1
每周消费的冰淇淋升数:1
你可能有些喜欢这个人
Running time: 8.539824 seconds
```

以上只给出了部分测试数据的预测结果。本例对给出的数据集中的特征进行预测分类，同时利用输入的3个特征预测自己是否喜欢这个人。也可以针对每个特征绘制散点图，实现方法已经写在代码中，感兴趣的读者可以通过调用函数绘制散点图。

例8.12中的主要函数如表8.11所示。

表8.11 例8.12中的主要函数

函　数	描　述	参　数	返　回
classify0(inX,dataSet,labels,k)	KNN算法，分类器	inX：用于分类的数据(测试集) dataSet：用于训练的数据(训练集，n维列向量) labels：分类标准(n维列向量) k：KNN算法参数，选择距离最小的k个点	分类结果
file2matrix(filename)	打开解析文件，对数据进行分类	filename：文件名	特征矩阵和分类标签向量

续表

函　　数	描　　述	参　　数	返　　回
Showdatas (datingDataMat, datingLabels)	可视化数据	datingDataMat：特征矩阵 datingLabels：分类标签	无
autoNorm(dataSet)	对数据进行归一化	dataSet：特征矩阵	归一化后的特征矩阵、数据范围和数据最小值
datingClassTest()	分类器测试函数	无	归一化后的特征矩阵、数据范围和数据最小值
classifyPerson()	输入一个人的 3 个特征，分类输出	无	无

Python 的 sklearn.neighbors 库中也实现了 KNN 算法——KNeighborsClassifier 函数,可以直接调用该函数进行数据的预测,具体的调用方法如例 8.13 所示。

【例 8.13】 调用 sklearn.neighbors 库的 KNeighborsClassifier 函数实现 KNN 算法。

```
from sklearn.neighbors import KNeighborsClassifier
X =[[0], [1], [2], [3]]
y =[0, 0, 1, 1]
neigh = KNeighborsClassifier(n_neighbors=3)
neigh.fit(X, y)
print(neigh.predict([[1.1]]))
#输出结果:
#[0]
print(neigh.predict_proba([[0.9]]))
#输出结果:
#[[0.66666667 0.33333333]]
```

例 8.13 中的主要函数如表 8.12 所示。

表 8.12　例 8.13 中的主要函数

方　　法	描　　述
KNeighborsClassifier(n_neighbors=5)	执行 KNN 算法
fit(X,y)	使用 X 作为训练数据并使用 y 作为目标值来拟合模型
get_params([deep])	获取此估算器的参数
kneighbors([X,n_neighbors,return_distance])	找到一个点的 k 近邻
kneighbors_graph([X,n_neighbors,mode])	计算 X 中点的 k 近邻的(加权)图
predict(X)	预测所提供数据的类标签

续表

方　法	描　述
predict_proba(X)	测试数据 X 的返回概率估计
score(X,y[,sample_weight])	返回给定测试数据和分类标签的平均精度
set_params(**params)	设置此估算器的参数

KNN 算法的优点如下：

(1) 算法简单,易于实现,无须估计参数,无须训练。

(2) 适合对稀有事件进行分类。

(3) 对于多分类问题(即一个对象具有多个分类标签),KNN 算法优于 SVM 算法。

KNN 算法的缺点如下：

(1) 该算法在分类时有一个主要的不足：当样本不平衡时,例如一个类的样本容量很大,而其他类样本容量很小时,有可能在输入一个新样本时该样本的 k 个近邻中大容量类的样本占多数。

(2) 该算法只计算有限个最近邻样本,因此,其余样本数量并不能影响运行结果。

(3) 该方法的另一个不足之处是计算量较大。对每一个待分类的样本,都要计算它到全体已知样本的距离,才能求得它的 k 个最近邻。

(4) 结果的可理解性差,无法给出像决策树那样的规则。

8.6 思考与练习

从以下网址下载数据集 1 和数据集 2：

https://archive.ics.uci.edu/ml/datasets/Breast+Cancer+Coimbra

https://archive.ics.uci.edu/ml/datasets/Mturk+User-Perceived+Clusters+over+Images

并完成以下练习。

(1) 读取数据集 1 和数据集 2,并对这两个数据集进行预处理,包括缺失值处理、异常值处理、数据变换等。

(2) 调用库函数,分别采用 ID3 算法和 C4.5 算法在数据集 1 上训练分类器,并对两种分类器的分类结果进行对比,同时结合数据集 1 分析导致这种结果的原因。尝试将训练好的分类器的树结构画出来。

(3) 调用库函数,采用 k-means 和 DBSCAN 算法在数据集 2 上训练模型,并采用聚类评价指标对两种模型的聚类结果进行评价,结合数据集 2 分析两种聚类方法的优缺点和适用场景,并可视化聚类结果。

第9章 泰坦尼克号乘客生存率预测

9.1 背景与挖掘目标

泰坦尼克号沉船事故被认为是20世纪世界十大灾难之一。1912年4月15日凌晨，一块像岩石般坚硬的冰块刺进了泰坦尼克号船体，号称“不沉之船”的泰坦尼克号邮轮最终沉入了北大西洋海底。泰坦尼克号沉船事故导致1500多人遇难。根据泰坦尼克号的伤亡记载，女性的生存率高于男性，小孩的生存率高于成人，本章通过已有数据，分析乘客的各个属性及其与生存率之间的关系，探索乘客的哪些属性影响生存率，建立新的属性特征并将其加入原始训练集数据，利用处理后的数据建立多个不同的模型，对各个模型进行评估，利用预测精确度最高的模型对测试集中的各个样本进行生存率预测。下面是本章的案例要挖掘的目标：

(1) 预测船上人员的每个属性和生存率的关系。

(2) 探索与生存率有关的新特征。

(3) 建立预测精确度高的模型。

(4) 预测测试集样本的生存率。

9.2 算法介绍

9.2.1 线性回归算法

1. 概念

线性回归(linear regression)模型是一种通过属性的线性组合进行预测的模型，如图9.1所示。其目的是利用已知数据，找到一条直线或者一个平面甚至更高维的超平面来最大限度地拟合样本与输出标记，即产生拟合方程，使得预测值与真实值之间的误差最小化。

2. 算法原理与推导

给定数据集 $D=\{(\boldsymbol{x}_i, y_i)\}$，其中 $\boldsymbol{x}_i=(x_{i1}, x_{i2}, \cdots, x_{id})$，$y_i \in R$(线性回归的输出空间为 R)，样本数为 m，属性维度为 d。

根据数据集，线性回归试图学习到以下函数：

$$f(\boldsymbol{x}_i)=\boldsymbol{\omega}^{\mathrm{T}}\boldsymbol{x}_i+b \tag{9.1}$$

使得 $f(\boldsymbol{x}_i) \approx y_i$。

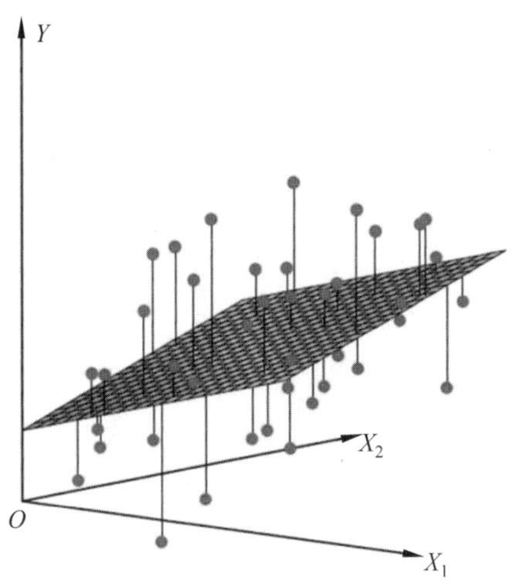

图 9.1　线性回归模型

为了方便后续讨论和分析，令 $b=\omega_0 x_0$，其中 $x_0=1$。此时 $\boldsymbol{\omega}=(\omega_0,\omega_1,\cdots,\omega_d)$，$\boldsymbol{x}_i=(1,x_{i1},\cdots,x_{id})$，线性回归学习到的函数为 $f(\boldsymbol{x}_i)=\omega^{\mathrm{T}}x_i$。

预测值与真实值之间的误差为 ε，对于每个样本：

$$y_i=\boldsymbol{\omega}^{\mathrm{T}}\boldsymbol{x}_i+\varepsilon_i \tag{9.2}$$

假设误差 ε_i 是独立同分布的，并且服从高斯分布。即

$$p(\varepsilon_i)=\frac{1}{\sqrt{2\pi\sigma}}\exp\left(-\frac{\varepsilon_i^2}{2\sigma^2}\right) \tag{9.3}$$

将式(9.2)代入式(9.3)，在已知参数 $\boldsymbol{\omega}$ 和数据 $\boldsymbol{\omega}_i$ 的情况下，预测 y_i 的条件概率为

$$p(y_i\mid \boldsymbol{x}_i;\boldsymbol{\omega})=\frac{1}{\sqrt{2\pi\sigma}}\exp\left(-\frac{(y_i-\boldsymbol{\omega}^{\mathrm{T}}\boldsymbol{x}_i)^2}{2\sigma^2}\right) \tag{9.4}$$

为了根据样本估计参数值，必须引入似然函数，将式(9.4)连乘，得到在已知参数 $\boldsymbol{\omega}$ 和数据 ω_i 的情况下预测值为 y 的条件概率，这个条件概率数等于 likelihood($\boldsymbol{\omega}\mid x,y$)，也就是在已知现有数据的条件下，$\boldsymbol{\omega}$ 是真正参数的概率，即似然函数：

$$L(\boldsymbol{\omega})=\prod_{i=1}^{m}p(y_i\mid \boldsymbol{x}_i;\boldsymbol{\omega})=\prod_{i=1}^{m}\frac{1}{\sqrt{2\pi\sigma}}\exp\left(-\frac{(y_i-\boldsymbol{\omega}^{\mathrm{T}}\boldsymbol{x}_i)^2}{2\sigma^2}\right) \tag{9.5}$$

对似然函数进行对数变换后得到目标函数：

$$J(\boldsymbol{\omega})=\frac{1}{2}(y-\boldsymbol{\omega}^{\mathrm{T}}\boldsymbol{x})^{\mathrm{T}}(y-\boldsymbol{\omega}^{\mathrm{T}}\boldsymbol{x}) \tag{9.6}$$

似然函数越大，则样本与真实值误差越小，所以必须找到目标函数 $J(\boldsymbol{\omega})$的最小值，因此对其求偏导：

$$\frac{\partial J(\boldsymbol{\omega})}{\partial \boldsymbol{\omega}}=\boldsymbol{X}^{\mathrm{T}}\boldsymbol{X}\boldsymbol{\omega}-\boldsymbol{X}y \tag{9.7}$$

当偏导为 0 时：

$$\boldsymbol{X}^{\mathrm{T}}\boldsymbol{X}\boldsymbol{\omega}=\boldsymbol{X}y \tag{9.8}$$

(1) 当 $\boldsymbol{X}^{\mathrm{T}}\boldsymbol{X}$ 可逆时,有唯一解,令式(9.8)为 0,可得最优解为

$$\boldsymbol{\omega}^{*}=(\boldsymbol{X}^{\mathrm{T}}\boldsymbol{X})^{-1}\boldsymbol{X}^{\mathrm{T}}y \tag{9.9}$$

此时线性回归模型为

$$\hat{y}=\boldsymbol{\omega}^{\mathrm{T}}\boldsymbol{X}=\boldsymbol{X}^{\mathrm{T}}\boldsymbol{\omega}=\boldsymbol{X}^{\mathrm{T}}(\boldsymbol{X}^{\mathrm{T}}\boldsymbol{X})^{-1}\boldsymbol{X}^{\mathrm{T}}y \tag{9.10}$$

(2) 当 $\boldsymbol{X}^{\mathrm{T}}\boldsymbol{X}$ 不可逆时,可能存在多个解,将由学习算法决定最优解,此时增加参数 λ,则式(9.10)变为

$$\boldsymbol{\omega}^{*}=(\boldsymbol{X}^{\mathrm{T}}\boldsymbol{X}+\lambda I)^{-1}\boldsymbol{X}^{\mathrm{T}}y \tag{9.11}$$

3. 算法优缺点

线性回归算法的优点如下:线性回归模型建立得较快;对于数据量较小且简单的数据,模型精度较高;线性回归模型十分容易理解,有利于决策分析。

线性回归算法的缺点如下:对于非线性数据或者数据特征间具有相关性的情况,线性回归算法难以建模,且难以很好地表达高度复杂的数据。

9.2.2 逻辑回归算法

1. 概念

逻辑回归(logistic regression)模型是一种广义线性回归(generalized linear regression)模型,因此与多重线性回归模型有很多相同之处。它们的形式基本上相同,都具有 $\omega x+b$,其中 ω 和 b 是待求参数;两者的区别在于它们的因变量不同,多重线性回归模型直接将 $\omega x+b$ 作为因变量,即 $y=\omega x+b$,而逻辑回归模型则通过函数 L 将 $\omega x+b$ 对应一个隐状态 p,即 $p=L(\omega x+b)$,然后根据 p 与 $1-p$ 的大小决定因变量的值。如果 L 是 logistic 函数,就是逻辑回归模型;如果 L 是多项式函数,就是多项式回归模型。

逻辑回归模型的因变量可以是二分类的,也可以是多分类的。二分类的更为常用,也更加容易解释;多分类可以使用 softmax 方法进行处理。实际中最常用的就是二分类的逻辑回归模型。

逻辑回归模型的适用条件如下:

(1) 因变量为二分类的分类变量或某事件的发生率,并且是数值型变量。但是需要注意,重复计数现象指标不适用于逻辑回归模型。

(2) 残差和因变量都要服从二项分布。二项分布对应的是分类变量,所以不是正态分布,进而不采用最小二乘法,而采用最大似然法来解决方程估计和检验问题。

(3) 自变量和逻辑概率是线性关系。

(4) 各观测对象相互独立。

2. 算法原理与推导

逻辑回归模型是一种简单的、常见的二分类模型,通过输入未知类别对象的属性特征序列得到对象所属的类别。由于 $Y(x)$ 是概率分布函数,因此,对于二分类而言,对象与中心点的距离越远,其属于某一类的可能性就越大。

对于常见的二分类问题,逻辑回归通过一个区间分布进行划分。即,如果 Y 大于或等于 0.5,则属于正样本;如果 Y 小于 0.5,则属于负样本。这样就可以得到逻辑回归模型,判别函数如下:

$$F(x)=\begin{cases}1, & Y(x)\geqslant 0.5\\ 0, & Y(x)<0.5\end{cases} \tag{9.12}$$

在模型参数 ω 与 b 没有确定的情况下，模型是无法工作的，因此，在实际应用期间最重要的是模型参数 ω 和 b 的估计，其代价函数为

$$\text{cost}(Y(x),y)=\begin{cases}-\log Y(x), & y=1\\ -\log(1-Y(x)), & y=0\end{cases} \tag{9.13}$$

当 y 为 1 时，决策函数 $Y(x)$ 的值越接近 1，则代价越小，反之越大；当决策函数 $Y(x)$ 的值为 1 时，代价为 0。当 y 为 0 时，有同样的性质。

如果将所有 m 个样本的代价累加并求平均值，就可以得到最终的代价函数：

$$J(\theta)=\frac{1}{m}\sum_{i=1}^{m}\text{cost}(Y(x),y) \tag{9.14}$$

由于 y 的取值为 0 或 1，结合式(9.13)和式(9.14)可以得到

$$J(\theta)=-\frac{1}{m}\sum_{i=1}^{m}(y^2\log(Y(x^i))+(1-y^2)\log(1-Y(x^i))) \tag{9.15}$$

这样就得到了样本的总的代价函数，代价越小，表明得到的模型越符合真实模型。当损失函数最小的时候，就得到了所求参数。损失函数可以通过梯度下降法求解，先设置一个学习率。从 1 到 n 将 θ_j 更新为

$$\theta_j-\alpha\frac{\partial}{\partial\theta_j}J(\theta) \tag{9.16}$$

其中：

$$\frac{\partial}{\partial\theta_j}J(\theta)=\frac{1}{m}\sum_{i=1}^{m}(Y(x^i)-y^i)x_i^j \tag{9.17}$$

重复更新步骤，直到代价函数的值收敛为止。学习率如果过小，则可能会迭代过多的次数而导致整个过程变得很慢；如果过大，则可能导致错过最佳收敛点。所以，在计算过程中要选择合适的学习率。

3. 逻辑回归模型与线性回归模型的不相同之处

首先，逻辑回归模型处理的是分类问题，线性回归模型处理的是回归问题，这是两者最本质的区别。在逻辑回归中，因变量取值是一个二元分布，模型学习到的是 $E[y|x;\omega]$，即，给定自变量和超参数后，得到因变量的期望，并基于此期望来处理预测分类问题；而在线性回归中，实际上求解的是 $y=\boldsymbol{\omega}^{\mathrm{T}}\boldsymbol{x}$，是假设的真实关系 $y=\boldsymbol{\omega}^{\mathrm{T}}\boldsymbol{x}+\varepsilon$ 的一个近似，其中 ε 为误差，线性回归使用这个近似项来处理问题。

4. 逻辑回归模型与线性回归模型的相同之处

逻辑回归与线性回归都使用了极大似然估计对训练样本进行建模。线性回归使用最小二乘法，实际上就是在自变量 x 与参数 ω 确定，因变量 y 服从正态分布的假设下，使用极大似然估计的一个化简；而逻辑回归通过对似然函数的学习得到最佳参数 ω。此外，两者在求解参数 ω 的过程中都可以使用梯度下降法，这也是监督学习中一个常见的方法。

5. 逻辑回归模型的优缺点

逻辑回归模型的优点如下：逻辑回归模型预测结果介于 0 和 1 之间，可以适用于连

续型和离散型自变量,且容易使用和解释。

逻辑回归模型的缺点如下:对模型中自变量多重共线性较为敏感,需要利用因子分析或者变量聚类分析等手段来选择有代表性的自变量,以减少候选变量之间的相关性,预测结果呈 S 形,因此从事件对数概率(即 logit 函数)向概率转化的过程是非线性的,导致很多区间的变量变化对目标概率的影响没有区分度,无法确定阈值。

9.2.3 随机森林算法

1. 决策树

算法场景描述如下。

妈妈:"闺女,我给你介绍了一个合适的对象,要不你们见一面?"

女孩:"他年龄多大?"

妈妈:"不到 30,26 岁。"

女孩:"长得帅吗?"

妈妈:"还行,但也算不上太帅。"

女孩:"工资高吗?"

妈妈:"比平均水平高一点点。"

女孩:"会写代码吗?"

妈妈:"人家是程序员,代码写得很棒。"

女孩:"好,那把联系方式给我,我和他见一面吧。"

这是决策树的一个典型的案例,案例中的女孩做决定的过程就是一棵决策树分类的过程。如图 9.2 所示,女孩通过年龄、长相、工资、是否会写代码等属性对男孩进行了两个类别的分类:见或不见。

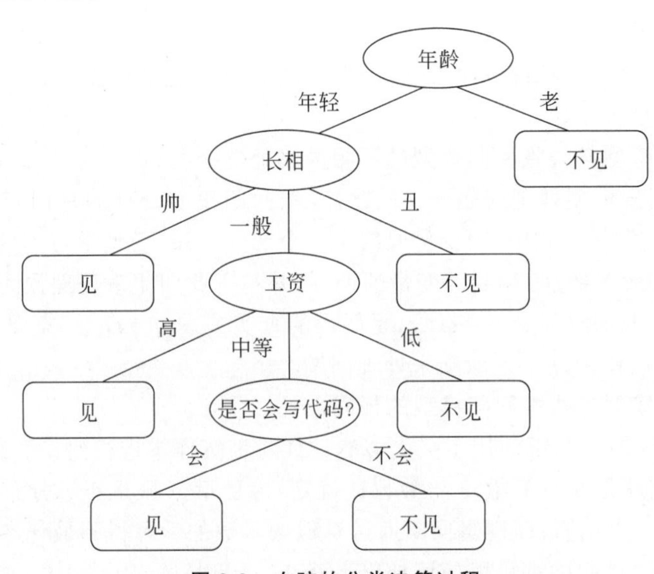

图 9.2 女孩的分类决策过程

仔细思考,女孩在决策过程中为什么要先问男孩的年龄,最后才问是否会写代码?这是因为年龄在女孩心目中是最重要的，年龄不过关就直接决定不见了。任何数据样本均是如此，各个属性对标注类别的影响有着不同的影响，对影响最大的属性首先进行决策，对影响最小的属性最后进行决策。那么，如何计算这些属性对标注类别的影响大小呢？一般使用ID3算法（计算最大信息增益）、C4.5算法（计算最大信息增益率）与CART算法（计算最大基尼系数）。

表9.1中为5位男孩的属性以及女孩对应的决策。下面尝试用上述3种算法对表9.1中的数据进行分类。

表9.1　5位男孩的属性及女孩对应的主观意愿

男孩编号	年龄	长相	工资	是否会写代码	类别
1	老	帅	高	不会	不见
2	年轻	一般	中等	会	见
3	年轻	丑	高	不会	不见
4	年轻	一般	高	会	见
5	年轻	一般	低	不会	不见

1）ID3算法

对于数据集D，类别数为K，数据集D的经验熵表示为

$$H(D)=-\sum_{k=1}^{K}\frac{|C_k|}{|D|}\log_2\frac{|C_k|}{|D|} \tag{9.18}$$

其中C_k是数据集D中属于第k类的样本子集，$|C_k|$表示该子集的元素个数，$|D|$表示数据集的元素个数。

然后计算某个特征A对于数据集D的经验条件熵：

$$H(D\mid A)=\sum_{i=1}^{n}\frac{|D_i|}{|D|}H(D_i)=\sum_{i=1}^{n}\frac{|D_i|}{|D|}\left(-\sum_{k=1}^{K}\frac{|D_{ik}|}{|D_i|}\log_2\frac{|D_{ik}|}{|D_i|}\right) \tag{9.19}$$

其中D_i表示数据集D中特征A取第i个值的样本子集，D_{ik}表示D_i中属于第k类的样本子集。

于是信息增益$g(D,A)$可表示为二者之差：

$$g(D,A)=H(D)-H(D\mid A) \tag{9.20}$$

对于表9.1中的数据，用ID3算法进行决策树分类：

$$H(D)=-\frac{3}{5}\log_2\frac{3}{5}-\frac{2}{5}\log_2\frac{2}{5}=0.971$$

$$\begin{aligned}H(D\mid 年龄)&=\frac{1}{5}H(老)+\frac{4}{5}H(年轻)\\&=\frac{1}{5}(-0)+\frac{4}{5}\left(-\frac{2}{4}\log_2\frac{2}{4}-\frac{2}{4}\log_2\frac{2}{4}\right)=0.8\end{aligned}$$

$$\begin{aligned}H(D\mid 长相)&=\frac{1}{5}H(帅)+\frac{3}{5}H(一般)+\frac{1}{5}H(丑)\\&=0+\frac{3}{5}\left(-\frac{2}{3}\log_2\frac{2}{3}-\frac{1}{3}\log_2\frac{1}{3}\right)+0=0.551\end{aligned}$$

$$H(D \mid \text{工资})=\frac{3}{5}H(\text{高})+\frac{1}{5}H(\text{中等})+\frac{1}{5}H(\text{低})$$

$$=\frac{3}{5}\left(-\frac{2}{3}\log_2\frac{2}{3}-\frac{1}{3}\log_2\frac{1}{3}\right)+0+0=0.551$$

$$H(D \mid \text{是否会写代码})=\frac{3}{5}H(\text{会})+\frac{2}{5}H(\text{不会})$$

$$=\frac{3}{5}(0)+\frac{2}{5}(0)=0$$

根据式(9.20)可以计算出各个特征的信息增益：

$$g(D,\text{年龄})=0.171$$
$$g(D,\text{长相})=0.42$$
$$g(D,\text{工资})=0.42$$
$$g(D,\text{是否会写代码})=0.971$$

由此可得，特征“是否会写代码”的信息增益最大，所有的样本根据此特征可以直接被分到叶子节点(见或不见)中，完成决策树的生长。在实际应用中，决策树往往不能通过一个特征就完成构建，需要在经验熵非0的类别中继续生长。

2) C4.5 算法

特征 A 对于数据集 D 的信息增益率为

$$g_R(D,A)=\frac{g(D,A)}{H_A(D)} \tag{9.21}$$

其中：

$$H_A(D)=-\sum_{i=1}^{n}\frac{|D_i|}{|D|}\log_2\frac{|D_i|}{|D|} \tag{9.22}$$

对于表9.1中的数据，利用式(9.21)和式(9.22)可计算出各个特征的信息增益率：

$$g_R(D,\text{年龄})=0.236$$
$$g_R(D,\text{长相})=0.402$$
$$g_R(D,\text{工资})=0.402$$
$$g_R(D,\text{是否会写代码})=1$$

信息增益率最大的仍然是特征“是否会写代码”。然而，采用了信息增益率，特征“年龄”的影响加大了，而特征“长相”和特征“工资”的影响减小了。

3) CART 算法

基尼系数描述的是数据的纯度，与信息熵的含义类似。

$$\text{Gini}(D)=1-\sum_{k=1}^{n}\left(\frac{|C_k|}{|D|}\right)^2 \tag{9.23}$$

CART 算法在每一次迭代中选择基尼系数最小的特征及其对应的切分点进行分类。但与 ID3 算法和 C4.5 算法不同的是，CART 算法是一棵二叉树，采用二元切分法，每一步将数据按特征 A 的取值切分成两份，分别进入左子树和右子树。特征 A 的基尼系数定义为

$$\text{Gini}(D \mid A)=\sum_{i=1}^{n}\frac{|D_i|}{|D|}\text{Gini}(D_i) \tag{9.24}$$

对于表 9.1 中的数据，应用 CART 算法，根据式(9.23)和式(9.24)可计算出各个特征的基尼系数：

Gini(D | 年龄 = 老) = 0.4，Gini(D | 年龄 = 年轻) = 0.4，

Gini(D | 长相 = 帅) = 0.4，Gini(D | 长相一般) = 0.44，

Gini(D | 长相 = 丑) = 0.4，Gini(D | 工资 = 高) = 0.47，

Gini(D | 工资 = 中等) = 0.3，Gini(D | 工资 = 低) = 0.4，

Gini(D | 是否会写代码 = 会) = 0，Gini(D | 是否会写代码 = 不会) = 0

在"年龄""长相""工资"和"是否会写代码"4 个特征中，可以发现"是否会写代码"的基尼系数最小，为 0，因此选择特征"是否会写代码"作为最优特征，"是否会写代码 = 会"为最优切分点。按照这种切分方式，从根节点会直接产生两个叶子节点，基尼系数降为 0，这样就完成了决策树的生长。

2. 随机森林模型构建

集成学习通过建立几个模型组合起来解决单一预测问题。它的工作原理是：生成多个分类器，即模型，各自独立地学习和作出预测。这些预测最后结合成单一预测，因此优于任何一个单一模型的预测。随机森林算法是将多棵树集成的一种集成学习（ensemble learning）算法，它的基本单元是决策树，每棵决策树都是一个分类器，因此，对于一个输入样本，有 N 棵树，就会有 N 个分类结果。而随机森林算法集成了所有的分类投票结果，将票数最多的类别指定为最终的输出，是一种最简单的 Bagging（并行）思想。如图 9.3 所示的随机森林模型中包含多个由 Bagging 集成学习技术训练得到的决策树。当输入待分类的样本时，最终输出的分类结果取各个决策树输出的平均值，考虑到平均值很可能为 0～1 的小数，所以设定阈值为 0.5，大于或等于 0.5 视为 1，小于 0.5 视为 0。

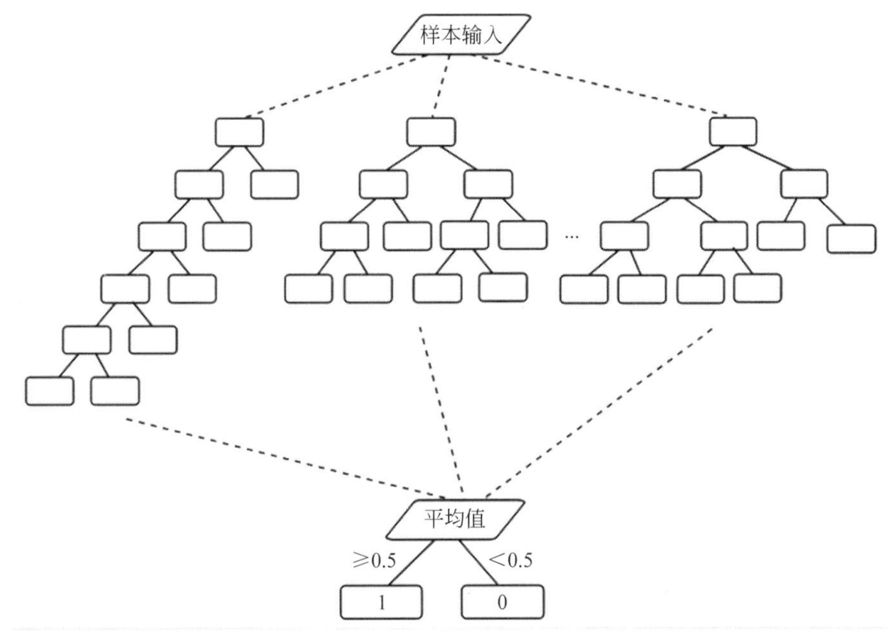

图 9.3　随机森林模型

随机森林算法解决了决策树性能瓶颈的问题,对噪声和异常值有较好的容忍性,对高维数据分类问题具有良好的可扩展性和并行性。此外,随机森林算法是由数据驱动的一种非参数分类方法,只需通过对给定样本的学习来训练分类规则,并不需要先验知识。由于样本和特征随机采样的过程保证了随机性,所以就算不剪枝,也不会出现过拟合的情况。

3. 随机森林算法描述

随机森林算法描述如下。

输入:训练数据集 $D=\{(x_1,y_1),(x_2,y_2),\cdots,(x_n,y_n)\}$,样本子集个数为 T。

输出:最终强分类器 $f(x)$。

对 $t=1,2,\cdots,T$,执行以下步骤:

(1) 从原始样本集中随机抽取 m 个样本点,得到训练集 D_t。

(2) 用训练集 D_t 训练一棵 CART 决策树。在训练的过程中,对每个节点的切分规则是:先从所有特征中随机选择 k 个特征,然后在从这 k 个特征中选择最优的切分点,划分左右子树。

如果是分类算法,则预测的最终类别为该样本点所对应的叶子节点中票数最多的类别;如果是回归算法,则预测的最终类别为该样本点所对应的叶子节点的平均值。

9.3 分析方法与过程

在泰坦尼克号沉船事件中,船上的人员都惊恐逃生,但是救生艇的数量有限,无法人人都登艇,副船长命令女士和小孩优先上救生艇,所以是否获救其实并非随机的,而是基于一些背景及外界因素来排列先后的。

在将一些乘客的个人信息以及存活状况的数据用于进行测试时,要尝试根据它生成合适的模型并预测其他人的存活状况,这是一个二分类问题,是回归算法和随机森林算法所能处理的范畴。

目前,泰坦尼克号沉船事件中遇难和生还人数及其信息有部分记录在 kaggle 上,可在其官网 https://www.kaggle.com 上下载数据;然后运用数据挖掘技术对收集到的数据进行数据探索与预处理,进行数据建模;最后采用各种算法,挖掘并预测乘客生存率。

泰坦尼克号乘客生存率预测主要包括以下步骤:

(1) 初步分析乘客属性,探索影响生存率的新特征。

(2) 对原始数据进行预处理,包括数据填充、属性归约、数据变换。

(3) 利用第(2)步形成的建模数据,分别采用线性回归算法、逻辑回归算法和随机森林算法预测乘客生存率,计算预测精确度。

(4) 对模型进行分析,最后输出对测试集的预测结果。

9.3.1 数据抽取

本案例采用的数据分为两部分,分别为 train.csv(训练集)和 test.csv(测试集),如图 9.4 和图 9.5 所示。train.csv 用来建立预测模型,再利用建立的模型预测 test.csv。

Passenger	Survived	Pclass	Name	Sex	Age	SibSp	Parch	Ticket	Fare	Cabin	Embarked
1	0	3	Braund, Mr. Owen Harris	male	22	1	0	A/5 21171	7.25		S
2	1	1	Cumings, Mrs. John Bradle	female	38	1	0	PC 17599	71.2833	C85	C
3	1	3	Heikkinen, Miss. Laina	female	26	0	0	STON/02. :	7.925		S
4	1	1	Futrelle, Mrs. Jacques He	female	35	1	0	113803	53.1	C123	S
5	0	3	Allen, Mr. William Henry	male	35	0	0	373450	8.05		S
6	0	3	Moran, Mr. James	male		0	0	330877	8.4583		Q
7	0	1	McCarthy, Mr. Timothy J	male	54	0	0	17463	51.8625	E46	S
8	0	3	Palsson, Master. Gosta Le	male	2	3	1	349909	21.075		S
9	1	3	Johnson, Mrs. Oscar W (El	female	27	0	2	347742	11.1333		S
10	1	2	Nasser, Mrs. Nicholas (Ad	female	14	1	0	237736	30.0708		C
11	1	3	Sandstrom, Miss. Margueri	female	4	1	1	PP 9549	16.7	G6	S
12	1	1	Bonnell, Miss. Elizabeth	female	58	0	0	113783	26.55	C103	S
13	0	3	Saundercock, Mr. William	male	20	0	0	A/5. 2151	8.05		S
14	0	3	Andersson, Mr. Anders Joh	male	39	1	5	347082	31.275		S
15	0	3	Vestrom, Miss. Hulda Aman	female	14	0	0	350406	7.8542		S
16	1	2	Hewlett, Mrs. (Mary D Kin	female	55	0	0	248706	16		S
17	0	3	Rice, Master. Eugene	male	2	4	1	382652	29.125		Q
18	1	2	Williams, Mr. Charles Eug	male		0	0	244373	13		S
19	0	3	Vander Planke, Mrs. Juliu	female	31	1	0	345763	18		S
20	1	3	Masselmani, Mrs. Fatima	female		0	0	2649	7.225		C
21	0	2	Fynney, Mr. Joseph J	male	35	0	0	239865	26		S
22	1	2	Beesley, Mr. Lawrence	male	34	0	0	248698	13	D56	S
23	1	3	McGowan, Miss. Anna "Anni	female	15	0	0	330923	8.0292		Q
24	1	1	Sloper, Mr. William Thomp	male	28	0	0	113788	35.5	A6	S

图 9.4 train.csv

Passenger	Pclass	Name	Sex	Age	SibSp	Parch	Ticket	Fare	Cabin	Embarked
892	3	Kelly, Mr. James	male	34.5	0	0	330911	7.8292		Q
893	3	Wilkes, Mrs. James (Ellen Nee	female	47	1	0	363272	7		S
894	2	Myles, Mr. Thomas Francis	male	62	0	0	240276	9.6875		Q
895	3	Wirz, Mr. Albert	male	27	0	0	315154	8.6625		S
896	3	Hirvonen, Mrs. Alexander (Hel	female	22	1	1	3101298	12.2875		S
897	3	Svensson, Mr. Johan Cervin	male	14	0	0	7538	9.225		S
898	3	Connolly, Miss. Kate	female	30	0	0	330972	7.6292		Q
899	2	Caldwell, Mr. Albert Francis	male	26	1	1	248738	29		S
900	3	Abrahim, Mrs. Joseph (Sophie	female	18	0	0	2657	7.2292		C
901	3	Davies, Mr. John Samuel	male	21	2	0	A/4 48871	24.15		S
902	3	Ilieff, Mr. Ylio	male		0	0	349220	7.8958		S
903	1	Jones, Mr. Charles Cresson	male	46	0	0	694	26		S
904	1	Snyder, Mrs. John Pillsbury (	female	23	1	0	21228	82.2667	B45	S
905	2	Howard, Mr. Benjamin	male	63	1	0	24065	26		S
906	1	Chaffee, Mrs. Herbert Fuller	female	47	1	0	W.E.P. 57	61.175	E31	S
907	2	del Carlo, Mrs. Sebastiano (A	female	24	1	0	SC/PARIS :	27.7208		C
908	2	Keane, Mr. Daniel	male	35	0	0	233734	12.35		Q
909	3	Assaf, Mr. Gerios	male	21	0	0	2692	7.225		C
910	3	Ilmakangas, Miss. Ida Livija	female	27	1	0	STON/02. :	7.925		S
911	3	Assaf Khalil, Mrs. Mariana (M	female	45	0	0	2696	7.225		C
912	1	Rothschild, Mr. Martin	male	55	1	0	PC 17603	59.4		C
913	3	Olsen, Master. Artur Karl	male	9	0	1	C 17368	3.1708		S
914	1	Flegenheim, Mrs. Alfred (Anto	female		0	0	PC 17598	31.6833		S
915	1	Williams, Mr. Richard Norris	male	21	0	1	PC 17597	61.3792		C

图 9.5 test.csv

9.3.2 数据探索与分析

首先通过 Jupyter notebook 大致观察一下数据样本，了解数据样本的属性及其类型等。pandas 是常用的 Python 数据处理包，可以把 csv 文件转换成 DataFrame 格式。在 Jupyter notebook 中看到的数据如图 9.6 所示。

在图 9.7 中，除了最左侧的编号外，总共有 12 个字段，其中，Survived 字段表示的是该乘客是否获救，其余都是乘客的个人信息。

乘客属性如表 9.2 所示。

	PassengerId	Survived	Pclass	Name	Sex	Age	SibSp	Parch	Ticket	Fare	Cabin	Embarked
0	1	0	3	Braund, Mr. Owen Harris	male	22.0	1	0	A/5 21171	7.2500	NaN	S
1	2	1	1	Cumings, Mrs. John Bradley (Florence Briggs Th...	female	38.0	1	0	PC 17599	71.2833	C85	C
2	3	1	3	Heikkinen, Miss. Laina	female	26.0	0	0	STON/O2. 3101282	7.9250	NaN	S
3	4	1	1	Futrelle, Mrs. Jacques Heath (Lily May Peel)	female	35.0	1	0	113803	53.1000	C123	S
4	5	0	3	Allen, Mr. William Henry	male	35.0	0	0	373450	8.0500	NaN	S

图 9.6 训练集样本前5行

表 9.2 乘客属性

序号	属性名称	属性描述
1	PassengerId	乘客的编号
2	Survived	生存的标号,数值1表示生存,数值0表示遇难
3	Pclass	船舱等级,数值1～3分别表示头等舱、二等舱和三等舱
4	Name	乘客姓名
5	Sex	乘客性别,female代表女性,male代表男性
6	Age	乘客年龄,乘客最小年龄为4个月,最大年龄为80岁
7	SibSp	兄弟姐妹的数量,最小为0,最大为8
8	Parch	父母和小孩的数量,最小为0,最大为6
9	Ticket	船票号
10	Fare	船票价格
11	Cabin	船舱号
12	Embarked	登船港口,分别为S港、C港和Q港

初步分析的结果是,以下属性对乘客生存率有较大影响：Pclass、Sex、Age、SibSp、Parch、Fare、Embarked。

然后,观察每个属性中无缺失值的数据样本的数量及类型,可以得到表9.3所示的信息。

表 9.3 样本数量及类型

序号	属性名称	无缺失值样本数量	样本数据类型
1	PassengerId	891	int
2	Survived	891	int
3	Pclass	891	int
4	Name	891	object
5	Sex	891	object

续表

序　号	属性名称	无缺失值样本数量	样本数据类型
6	Age	714	float
7	SibSp	891	int
8	Parch	891	int
9	Ticket	891	object
10	Fare	891	float
11	Cabin	204	object
12	Embarked	889	object

表 9.3 显示，训练集中总共有 891 名乘客，但是有些属性的数据不全，例如，Age 属性只有 714 名乘客的记录，Cabin 属性只有 204 名乘客的记录。

为了更深入地了解数据，可以用 describe 方法得到数值型数据的一些统计值，如表 9.4 所示。

表 9.4　数值型数据统计值

序号	属性名称	最大值	最小值	平均值	中位数	标准差	总数
1	PassengerID	891.000	1.000	446.000	446.000	257.354	891.000
2	Survived	1.000	0.000	0.384	0.000	0.487	891.000
3	Pclass	3.000	1.000	2.309	3.000	0.836	891.000
4	Age	80.000	0.420	29.699	28.000	14.526	714.000
5	SibSp	8.000	0.000	0.523	0.000	1.103	891.000
6	Parch	6.000	0.000	0.382	0.000	0.806	891.000
7	Fare	512.329	0.000	32.204	14.454	49.693	891.000

由于乘客的属性较多，哪个属性影响生存率显得不太明朗。仅仅通过上面的分析，依旧无法形成思路。接下来深入分析数据，观察各个属性和 Survived 属性之间的关系。

从图 9.7 来看，获救的乘客有 300 多人，不到总人数的一半。对原始数据进行初步观察后发现，三等舱乘客人数最多，遇难和获救的人年龄跨度很大，3 个不同等级的船舱的乘客年龄总体趋势似乎也一致。在二等舱和三等舱中，20 岁的乘客最多；在头等舱中，40 岁的乘客最多。3 个港口登船人数按照 S、C、Q 的顺序递减，而且 S 港远多于 C 港和 Q 港。

此时可以得出一些设想：

(1) 不同舱位等级可能和财富、地位有关系，生存率可能会不一样。

(2) 乘客的性别对生存率也是有影响的，船员让女士优先登上救生艇。

(3) 生存率和登船港口可能有关系，登船港口不同，人的出身、地位可能不同。

(4) 乘客所携带的亲戚家属数量对生存率也应该是有一定影响的。

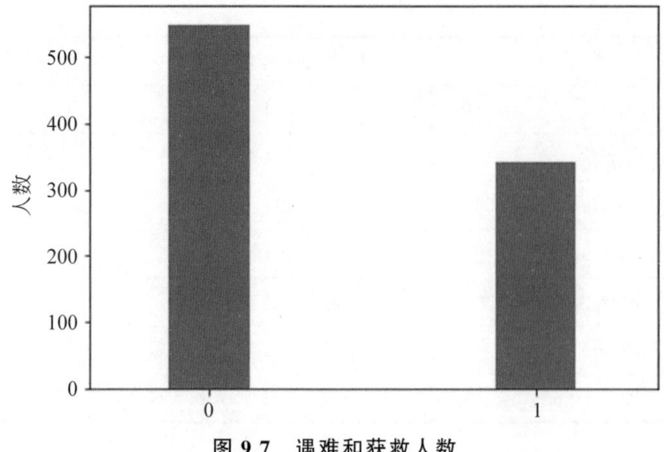

图 9.7 遇难和获救人数

根据这些设想再对数据进行统计,观察并分析这些属性值的统计分布。

9.3.3 数据预处理

数据预处理可以提高数据的质量,并且让数据更好地适应特定的挖掘技术或工具。本案例中的数据预处理过程包括数据缺失值填充、特征因子化和属性归约。原始数据集经过数据预处理形成建模数据集。

1. 数据缺失值填充

在本案例中,需要用到 scikit-learn 中的 RandomForest 函数(即随机森林算法)拟合缺失的年龄数据。在属性 Embarked 中,缺失值只有两个,并且 Embarked 的属性值只有'S'、'C'、'Q' 3 种字符型的值,可以直接用众数'S'进行填充。

从图 9.8 显示的结果来看,拟合成功。

	PassengerId	Survived	Pclass	Name	Sex	Age	SibSp	Parch	Ticket	Fare	Cabin	Embarked
0	1	0	3	Braund, Mr. Owen Harris	male	22.000000	1	0	A/5 21171	7.2500	No	S
1	2	1	1	Cumings, Mrs. John Bradley (Florence Briggs Th...	female	38.000000	1	0	PC 17599	71.2833	Yes	C
2	3	1	3	Heikkinen, Miss. Laina	female	26.000000	0	0	STON/O2. 3101282	7.9250	No	S
3	4	1	1	Futrelle, Mrs. Jacques Heath (Lily May Peel)	female	35.000000	1	0	113803	53.1000	Yes	S
4	5	0	3	Allen, Mr. William Henry	male	35.000000	0	0	373450	8.0500	No	S
5	6	0	3	Moran, Mr. James	male	23.838953	0	0	330877	8.4583	No	Q
6	7	0	1	McCarthy, Mr. Timothy J	male	54.000000	0	0	17463	51.8625	Yes	S
7	8	0	3	Palsson, Master. Gosta Leonard	male	2.000000	3	1	349909	21.0750	No	S
8	9	1	3	Johnson, Mrs. Oscar W (Elisabeth Vilhelmina Berg)	female	27.000000	0	2	347742	11.1333	No	S
9	10	1	2	Nasser, Mrs. Nicholas (Adele Achem)	female	14.000000	1	0	237736	30.0708	No	C

图 9.8 填充 Age 和 Embarked 的缺失值

2. 特征因子化

利用回归算法建模时，需要输入的特征都是数值型特征，因此通常会先将其他类型的特征因子化。

以 Sex 为例，其取值是 male 和 female，但是 male 和 female 不便于接下来的分析，所以要将 male 和 female 转换成数值型，将 male 用数值 0 替换，将 female 用数值 1 替换。同理，将 Embarked 的属性值'S'、'C'、'Q'分别映射成数值 0、1、2。为了观察数据方便，将 Cabin 值也转化成数值型。

从图 9.9 可见，这些属性都转换成数值型了。现在就可以根据这些属性值直接进行预测操作了。

	PassengerId	Survived	Pclass	Name	Sex	Age	SibSp	Parch	Ticket	Fare	Cabin	Embarked
0	1	0	3	Braund, Mr. Owen Harris	0	22.0	1	0	A/5 21171	7.2500	0	0
1	2	1	1	Cumings, Mrs. John Bradley (Florence Briggs Th...	1	38.0	1	0	PC 17599	71.2833	1	1
2	3	1	3	Heikkinen, Miss. Laina	1	26.0	0	0	STON/O2. 3101282	7.9250	0	0
3	4	1	1	Futrelle, Mrs. Jacques Heath (Lily May Peel)	1	35.0	1	0	113803	53.1000	1	0
4	5	0	3	Allen, Mr. William Henry	0	35.0	0	0	373450	8.0500	0	0

图 9.9 属性数值化

3. 属性归约

有一些特征并没有用上，例如乘客姓名长度、与乘客同行的家属数量(父母和小孩的数量加上兄弟姐妹的数量)。为了使最后预测结果更加精确，必须使用更多的乘客信息，可以构建乘客姓名长度和同行家属数量这两个新的属性，然后将其加入候选属性用于预测，在候选属性数量增多的情况下看看预测精确度是否能得到提升。

在乘客的名字中，有 Mr、Miss、Mrs、Dr 等称谓。把这些称谓提取出来，映射为数值型，如表 9.5 所示。

表 9.5 各种称谓的因子化

序　　号	各人士尊称	对应数值
1	Mr	1
2	Miss	2
3	Mrs	3
4	Master	4
5	Dr	5
6	Rev	6
7	Major	7
8	Col	7
9	Mlle	8

续表

序　　号	各人士尊称	对应数值
10	Mme	8
11	Don	9
12	Lady	10
13	Countess	10
14	Jonkheer	10
15	Sir	9
16	Capt	7
17	Ms	2

现在用来预测乘客生存率的属性为 Pclass、Sex、Age、SibSp、Parch、Fare、Embarked、FamilySize、Title 和 NameLength。分析这些属性对生存率的影响程度，其结果如图 9.10 所示。

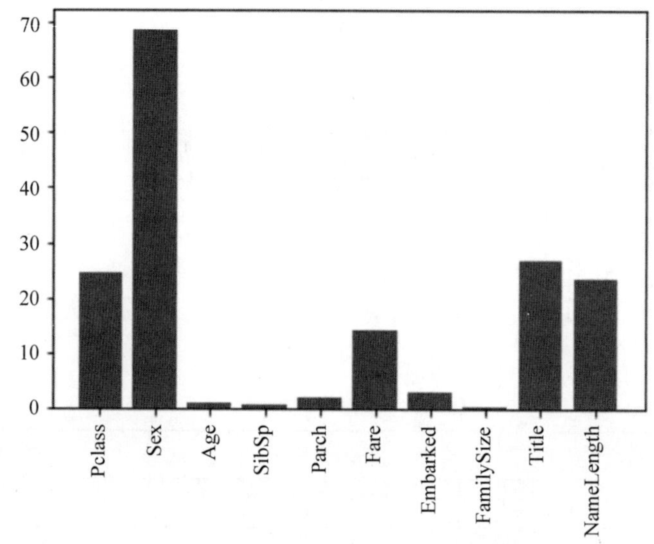

图 9.10　各个属性对生存率的影响程度

4. 测试集处理

训练集的数据已经处理完毕，接下来以同样的方式处理测试集的数据。首先对测试集中 Age 属性的缺失值进行填充，如图 9.11 所示。

利用测试集构建 Title 和 FamilySize 属性，构建方式与训练集一样。

填充测试集中 Embarked 属性的缺失值，然后将 Embarked、Cabin 和 Sex 属性数值化，如图 9.12 所示。

至此，训练集和测试集的数据处理完成。

	PassengerId	Pclass	Name	Sex	Age	SibSp	Parch	Ticket	Fare	Cabin	Embarked
0	892	3	Kelly, Mr. James	male	34.5	0	0	330911	7.8292	No	Q
1	893	3	Wilkes, Mrs. James (Ellen Needs)	female	47.0	1	0	363272	7.0000	No	S
2	894	2	Myles, Mr. Thomas Francis	male	62.0	0	0	240276	9.6875	No	Q
3	895	3	Wirz, Mr. Albert	male	27.0	0	0	315154	8.6625	No	S
4	896	3	Hirvonen, Mrs. Alexander (Helga E Lindqvist)	female	22.0	1	1	3101298	12.2875	No	S
5	897	3	Svensson, Mr. Johan Cervin	male	14.0	0	0	7538	9.2250	No	S
6	898	3	Connolly, Miss. Kate	female	30.0	0	0	330972	7.6292	No	Q
7	899	2	Caldwell, Mr. Albert Francis	male	26.0	1	1	248738	29.0000	No	S
8	900	3	Abrahim, Mrs. Joseph (Sophie Halaut Easu)	female	18.0	0	0	2657	7.2292	No	C
9	901	3	Davies, Mr. John Samuel	male	21.0	2	0	A/4 48871	24.1500	No	S

图 9.11　填充缺失值

	PassengerId	Pclass	Name	Sex	Age	SibSp	Parch	Ticket	Fare	Cabin	Embarked	Title	FamilySize
0	892	3	Kelly, Mr. James	0	34.5	0	0	330911	7.8292	0	2	1	0
1	893	3	Wilkes, Mrs. James (Ellen Needs)	1	47.0	1	0	363272	7.0000	0	0	3	1
2	894	2	Myles, Mr. Thomas Francis	0	62.0	0	0	240276	9.6875	0	2	1	0
3	895	3	Wirz, Mr. Albert	0	27.0	0	0	315154	8.6625	0	0	1	0
4	896	3	Hirvonen, Mrs. Alexander (Helga E Lindqvist)	1	22.0	1	1	3101298	12.2875	0	0	3	2
5	897	3	Svensson, Mr. Johan Cervin	0	14.0	0	0	7538	9.2250	0	0	1	0
6	898	3	Connolly, Miss. Kate	1	30.0	0	0	330972	7.6292	0	2	2	0
7	899	2	Caldwell, Mr. Albert Francis	0	26.0	1	1	248738	29.0000	0	0	1	2
8	900	3	Abrahim, Mrs. Joseph (Sophie Halaut Easu)	1	18.0	0	0	2657	7.2292	0	1	3	0
9	901	3	Davies, Mr. John Samuel	0	21.0	2	0	A/4 48871	24.1500	0	0	1	2

图 9.12　属性数值化

9.3.4　模型构建

本案例的目标是预测船上乘客的生存率，采用线性回归算法、逻辑回归算法和随机森林算法，比较各个算法建立的模型的精确度，用精确度高的模型去预测测试集中的每个样本。建模流程图如图 9.13 所示。

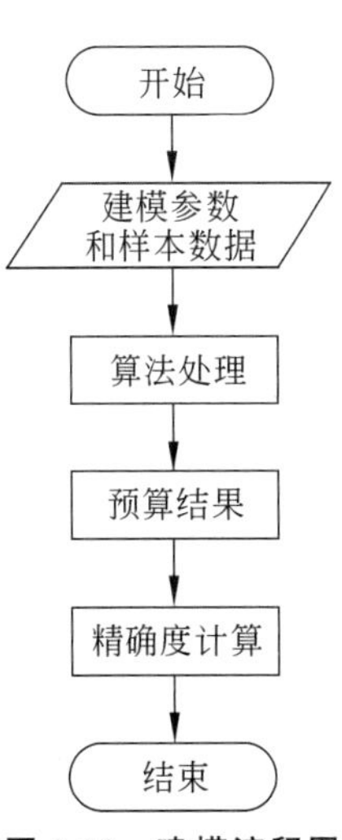

图 9.13　建模流程图

在建模之前，先导入一个线性回归的模块，然后通过此模块预测一个值，将此值与真实值进行比较，以得出算法的精确度。

首先选择候选属性，包括 Pclass、Sex、Age、SibSp、Parch、Fare 和 Embarked，这些属性都是经过初步判断对生存率有影响的指标，然后利用这些属性进行建模。代码如下：

```
from sklearn.linear_model import LinearRegression
from sklearn.cross_validation import KFold
```

```
predictors =["Pclass","Sex","Age","SibSp","Parch","Fare","Embarked"]
alg = LinearRegression()
kf = KFold(titanic.shape[0],n_folds =3,random_state =1)
predictions =[]
for train, test in kf:
    train_predictors =(titanic[predictors].iloc[train,:])
    train_target = titanic["Survived"].iloc[train]
    alg.fit(train_predictors, train_target)
    test_predictions = alg.predict(titanic[predictors].iloc[test,:])
    predictions.append(test_predictions)
```

这时得到了一个线性回归模型,但此时预测得到的并不是一个概率值,需要再给定一个阈值来得出精确度。例如,一个样本预测得到的生存率如果大于 0.5,就将此样本的 Survived 属性取值为 1;如果小于或等于 0.5,则 Survived 属性取值为 0。代码如下:

```
import numpy as np
predictions = np.concatenate(predictions, axis = 0)
predictions[predictions >.5] = 1
predictions[predictions <=.5] = 0
accuracy =sum(predictions[predictions ==titanic["Survived"]]) /len(predictions)
print(accuracy)
```

预测的精确度大约为 26.2%。线性回归预测的结果明显偏低,并且过程也比较麻烦。可以尝试使用解决二分类问题的逻辑回归算法进行预测(实际上在 sklearn 中,逻辑回归算法也可以执行多分类任务),只需导入 sklearn 的 linear_model 模块中的 LogisticRegression 函数即可。代码如下:

```
from sklearn import cross_validation
from sklearn.linear_model import LogisticRegression
alg = LogisticRegression(random_state=1)
scores = cross_validation.cross_val_score(alg, titanic[predictors],
titanic["Survived"], cv=3)
print(scores.mean())
```

预测的精确度大约为 79.9%,逻辑回归算法显然比线性回归算法预测的结果更精确。为了继续提升预测结果的精确度,再尝试随机森林分类器来预测结果,只需导入 sklearn 的 ensemble 模块中的 RandomForestClassifier 函数即可。代码如下:

```
from sklearn import cross_validation
from sklearn.ensemble import RandomForestClassifier
predictors =["Pclass", "Sex", "Age", "SibSp", "Parch", "Fare", "Embarked"]
alg = RandomForestClassifier(random_state=1, n_estimators=10, min_samples_
split=2, min_samples_leaf=1)
kf = cross_validation.KFold(titanic.shape[0], n_folds=3, random_state=1)
scores = cross_validation.cross_val_score(alg, titanic[predictors],
titanic["Survived"], cv=kf)
```

```
print(scores.mean())
```

预测的精确度大约为79.6%,这个结果比逻辑回归算法预测的精确度低一点。继续修改RandomForestClassifier函数中的n_estimators参数,该参数表示构成随机森林的决策树数量,将其设置为100。修改后的代码如下:

```
alg = RandomForestClassifier(random_state=1, n_estimators=100, min_samples_
split=4, min_samples_leaf=2)
kf = cross_validation.KFold(titanic.shape[0], n_folds=3, random_state=1)
scores = cross_validation.cross_val_score(alg, titanic[predictors],
titanic["Survived"], cv=kf)
print(scores.mean())
```

预测的精确度大约为81.0%,这个结果表明,利用随机森林算法进行预测时,决策树的数量不能太少,否则会降低精确度。

以上是用候选属性Pclass、Sex、Age、SibSp、Parch、Fare和Embarked预测出的结果,9.3.3节构建的乘客姓名长度、同行家属数量和称谓并没有用上。下面加上这3个特征属性,再看看结果是否能得到提升。

```
from sklearn import cross_validation
from sklearn.ensemble import RandomForestClassifier
predictors =["Pclass", "Sex", "Age", "SibSp", "Parch", "Fare", "Embarked",
"FamilySize", "Title", "NameLength"]
alg = RandomForestClassifier(random_state=1, n_estimators=100, min_samples_
split=2, min_samples_leaf=1)
kf = cross_validation.KFold(titanic.shape[0], n_folds=3, random_state=1)
scores = cross_validation.cross_val_score(alg, titanic[predictors],
titanic["Survived"], cv=kf)
print(scores.mean())
```

在Pclass、Sex、Age、SibSp、Parch、Fare、Embarked、FamilySize、Title和NameLength作为候选特征属性的条件下,预测结果的精确度大约为82.3%。

9.3.5 模型检验

各个模型下的预测精确度如表9.6和表9.7所示。表9.6为不加上FamilySize、Title和NameLength这3种特征属性时的预测结果,表9.7为加上这3种特征属性时的预测结果。

表9.6 7种特征属性时的预测精确度

序　号	模　型	精确度/%
1	线性回归模型	26.2
2	逻辑回归模型	79.9
3	随机森林模型	81.0

表 9.7 10 种特征属性的预测精确度

序 号	模 型	精确度/%
1	线性回归模型	26.7
2	逻辑回归模型	81.6
3	随机森林模型	82.3

表 9.6 显示,在不加上 FamilySize、Title 和 NameLength 这 3 种特征属性时,线性回归模型的预测精确度明显低于其他两种模型,随机森林模型的预测精确度略高于逻辑回归模型。表 9.7 显示的情况是类似的。

通过表 9.6 和表 9.7 可以得出以下两个结论:

(1) 在相同条件下,有用的特征属性越多,预测结果的精确度越高。

(2) 对于本案例的数据而言,随机森林模型预测的精确度比回归模型更高。

根据以上结论,可以用随机森林模型对测试集中各个样本的生存率进行预测。代码如下:

```
predictors = ["Pclass", "Sex", "Age", "Fare", "Embarked", "FamilySize", "Title"]
algorithms = [[GradientBoostingClassifier(random_state=1, n_estimators=25,
max_depth=3), predictors],[LogisticRegression(random_state=1), ["Pclass",
"Sex", "Fare", "FamilySize", "Title", "Age", "Embarked"]]]
full_predictions = []
for alg, predictors in algorithms:
    alg.fit(titanic[predictors], titanic["Survived"])
    predictions = alg.predict_proba(titanic_test[predictors].astype(float))
[:,1]
    full_predictions.append(predictions)
predictions = (full_predictions[0] * 3 +full_predictions[1]) / 4
predictions
```

预测结果如下:

```
[0.11487885, 0.50471731, 0.10931778, 0.13052267, 0.51369893,
 0.14344226, 0.65185199, 0.18002625, 0.67809056, 0.12429692,
 0.12275795, 0.20211630, 0.90885333, 0.09323730, 0.89268167,
 0.87037992, 0.15613267, 0.14345498, 0.54525642, 0.59903187,
 0.23154998, 0.49859128, 0.87801394, 0.37954759, …]
```

9.4 思考与练习

1. 利用本章案例中的原始数据构建新的特征属性,并分析该特征属性对生存率的影响程度。若影响较大,将其加入候选特征属性并进行建模操作,预测模型精确度。

2. 分析 Cabin 属性对生存率的影响程度。这是考虑到船舱离出口越近,可能获救的概率越大。

3. 分析 Age 属性中各个年龄段的生存率的大小。年龄段的划分如下(单位为岁):(0,10],(10,20],(20,30],(30,40],(40,50],(50,60],(60,70],(70,80]。

4. 尝试利用其他分类器进行泰坦尼克号乘客生存率预测,并分析和对比不同分类器的预测结果。

第 10 章 基于关联规则的电影推荐

在这个信息多元化发展的时代，电影作为当代人的一种娱乐消遣方式已经融入日常生活中。由此，电影推荐已成为电影业必须重视的问题。运用好的算法推荐人们喜爱的电影，会给电影业带来更大的业绩收益。

目前针对电影推荐问题的算法主要有协同过滤算法、二分网络的链路预测算法和关联规则算法。协同过滤算法的基本思想是：首先，读入数据，形成用户-电影矩阵；其次，根据用户-电影矩阵计算不同电影之间的相关系数，形成用户-电影相关度矩阵；最后，根据用户-电影相关度矩阵以及用户已有的评分，通过加权平均的方法计算用户未评分电影的预估评分。二分网络的链路预测算法的基本思想是：设计一个分类器模型，基于给定的数据训练这个模型，并挖掘出用户潜在的观影兴趣，据此作出电影推荐。关联规则算法的主要思想是：首先，借助 Apriori 算法生成频繁项集；其次，根据频繁项集生成关联规则；最后，根据用户喜爱的电影，利用生成的关联规则进行电影推荐。

本章主要采用关联规则算法，结合数据挖掘的基本过程，具体讲解如何利用关联规则方法推荐电影。

数据挖掘的基本流程为：选择数据源、数据探索、数据预处理、数据挖掘算法实现、算法评估。

10.1 选择数据源

本章使用的数据来自美国明尼苏达大学计算机科学与工程系的 grouplens 研究项目“基于协同过滤的电影推荐”（网址：http://www.movielens.org/），包含 MovieLens 系统中 3883 部电影的 100 万个以上的匿名评分。其数据文件目录如图 10.1 所示。其中，users.dat 为用户信息文件，ratings.dat 为评分文件，personalRatings.txt 为个人用户评分文件，movies.dat 为电影信息文件。

users.dat	132 KB
ratings.dat	24,995 KB
personalRatings.txt	1 KB
movies.dat	168 KB

图 10.1 电影推荐数据文件目录

users.dat 文件中包含了 6040 条用户信息，分为 4 列：

第一列为用户 ID(用来唯一标识用户身份)。

第二列为用户性别(M 为男，F 为女)。

第三列为用户年龄(1 表示年龄小于 18 岁，18 表示年龄为 18～24 岁，25 表示年龄为 25～34 岁，35 表示年龄为 35～44 岁，45 表示年龄为 45～49 岁，50 表示年龄为 50～55

岁，56 表示年龄在 56 岁以上”）。

第四列为用户职业（0 表示其他或未指定，1 表示学术/教育家，2 表示艺术家，3 表示文书/管理人员，4 表示大学/研究生，5 表示客户服务人员，6 表示医生/健康护理人员，7 表示行政/管理人员，8 表示农民，9 表示家庭主妇，10 表示 K-12 学生，11 表示律师，12 表示程序员，13 表示退休人员，14 表示销售/营销人员，15 表示科学家，16 表示自雇人员，17 表示技术员/工程师，18 表示商人/工匠，19 表示失业人员，20 表示作家）。

图 10.2 为 users.dat 文件的前 10 条数据。

ratings.dat 文件分为 4 列。

第一列为用户 ID。

第二列为电影 ID（唯一标识电影信息）。

第三列为评分（范围是 1～5，3 分以上表示喜欢）。

第四列为评分时间（距离当前时刻的秒数）。

每个用户含有至少 20 条评分记录。

图 10.3 为 ratings.dat 文件的前 10 条数据。

```
1::F::1::10
2::M::56::16
3::M::25::15
4::M::45::7
5::M::25::20
6::F::50::9
7::M::35::1
8::M::25::12
9::M::25::17
10::F::35::1
```

图 10.2　users.dat 文件的前 10 条数据

```
1::1193::5::978300760
1::661::3::978302109
1::914::3::978301968
1::3408::4::978300275
1::2355::5::978824291
1::1197::3::978302268
1::1287::5::978302039
1::2804::5::978300719
1::594::4::978302268
1::919::4::978301368
```

图 10.3　ratings.dat 文件的前 10 条数据

personalRatings.txt 文件为个人用户评分文件，分为 4 列：

第一列为该用户的用户 ID。

第二列为电影 ID。

第三列为评分（范围是 1～5，3 分以上表示喜欢）。

第四列为评分时间。

图 10.4 为 personalRatings.txt 文件的前 10 条数据。

movies.dat 文件中包含 3883 条电影记录，分为 3 列：

第一列为电影 ID（唯一标识电影信息）。

第二列为电影名称（括号里是上映年份）。

第三列为电影类型（不同类型之间用|隔开，类型有动作、冒险、动画、儿童、喜剧、犯罪、纪录片、戏剧、幻想、黑色、恐怖、音乐、神秘、浪漫、科幻、惊悚、战争、西方）。

图 10.5 为 movies.dat 文件的前 10 条数据。

```
0::1::5::1409495135
0::1198::4::1409495135
0::590::3::1409495135
0::1216::4::1409495135
0::648::5::1409495135
0::260::3::1409495135
0::165::4::1409495135
0::153::5::1409495135
0::597::4::1409495135
0::1586::5::1409495135
0::231::5::1409495135
```

图 10.4　personalRatings.txt 文件的前 10 条数据

```
1::Toy Story (1995)::Animation|Children's|Comedy
2::Jumanji (1995)::Adventure|Children's|Fantasy
3::Grumpier Old Men (1995)::Comedy|Romance
4::Waiting to Exhale (1995)::Comedy|Drama
5::Father of the Bride Part II (1995)::Comedy
6::Heat (1995)::Action|Crime|Thriller
7::Sabrina (1995)::Comedy|Romance
8::Tom and Huck (1995)::Adventure|Children's
9::Sudden Death (1995)::Action
10::GoldenEye (1995)::Action|Adventure|Thriller
```

图 10.5　movies.dat 文件的前 10 条数据

10.2　数据探索

数据探索过程一般包括数据质量分析(异常值分析、缺失值分析、一致性分析)和数据特征值分析(分布分析、对比分析、相关分析、周期性分析、统计量分析)等。本节主要以异常值分析、周期性分析、统计量分析为例,对上述电影评分数据进行数据探索。

由于样本中的电影类型有 18 个,类型太多,对于数据分析来说很不方便,所以有必要首先对电影类型进行数据归约,也就是将类似的电影类型进行合并。具体合并方案是:将 Action、Adventure、War 这 3 类统一用 Action 表示,将 Animation 和 Children's 这两类统一用 Children's 表示,将 Crime、Film-Noir、Horror、Thriller 这 4 类统一用 Horror 表示,Comedy 仍为单独的一类,将 Documentary、Drama、Musical、Romance 这 4 类用 Musical 表示,将 Fantasy、Mystery、Sci-Fi、Western 这 4 类用 Fantasy 表示。压缩后的电影类型有 6 类,分别为 Action、Children's、Horror、Comedy、Musical、Fantasy。

10.2.1　异常值分析

本节以 ratings.dat 文件中的数据为例进行异常值分析,其内容如图 10.3 所示。第三列为评分值,取值范围为 1～5,3 分以上表示喜欢。如果第三列中有不在 1～5 这个范围内的值,则被认为是异常值。针对这类异常值,可以画出对应的箱形图来进行观察分析。

```
data ={
    'Movie': S                                #S 为数组,存放所有的评分
}
df = pd.DataFrame(data)
fig, ax = plt.subplots(1, 1)
df.plot.box(title="rating in Movies",         #标题
ax=ax,
ylim=(-5,20))                                 #纵坐标的范围设置为-5~20
```

```
plt.grid(linestyle="--", alpha=0.3)
plt.show()
```

首先，将 ratings.dat 文件中的所有评分存放在 S 数组内。然后，使用 S 数组内的数据画出箱形图，如图 10.6 所示。

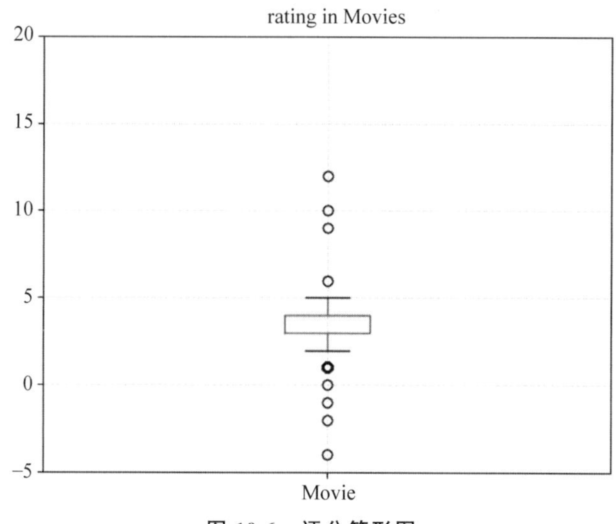

图 10.6　评分箱形图

从图 10.6 可以看出，评分范围为 1～5。那些圆圈代表的是在 1～5 之外的异常值。通过箱形图可以看到，一共有 9 个异常值，关于这些异常值的处理，会在 10.3 节中具体描述。

10.2.2　周期性分析

本节以 ratings.dat 文件中的数据为例进行周期性分析。通过该文件中的评分信息，看一看能否获知不同年龄段的人更喜欢哪些类型的电影。ratings.dat 文件中包含用户 ID、电影 ID 和评分。使用用户 ID 在 users.dat 文件中可以得到用户的年龄段，使用电影 ID 在 movies.dat 文件中可以得到电影的类型。通过这些数据，可以画出不同年龄段喜爱的电影类型分布图。

```
mpl.rcParams['font.sans-serif'] = ['SimHei']
#横坐标分隔点
names = ['1','18', '25', '35', '45', '55','120']
x = range(len(names))
#不同电影类型的表示
plt.plot(x, Z[0], marker='o', mec='r', mfc='w',label=u'Action 分布曲线图')
plt.plot(x, Z[1], marker='*', ms=10,label=u'Childre\'s 分布曲线图')
plt.plot(x, Z[2], marker='.', ms=10,label=u'Horror 分布曲线图')
plt.plot(x, Z[3], marker='<', ms=10,label=u'Comedy 分布曲线图')
plt.plot(x, Z[4], marker='>', ms=10,label=u'Musical 分布曲线图')
plt.plot(x, Z[5], marker='+', ms=10,label=u'Fantasy 分布曲线图')
```

```
#让图例生效
plt.legend()
plt.xticks(x, names, rotation=45)
plt.margins(0)
plt.subplots_adjust(bottom=0.15)
#X 轴标签
plt.xlabel(u"年龄段")
#Y 轴标签
plt.ylabel("喜欢人数")
#标题
plt.title("不同年龄段喜爱的电影类型分布图")
plt.show()
```

在上述代码中,Z 为一个 6×7 的二维数组。该数组的每一行表示一个电影类型,每一列表示一个年龄段。结果如图 10.7 所示。

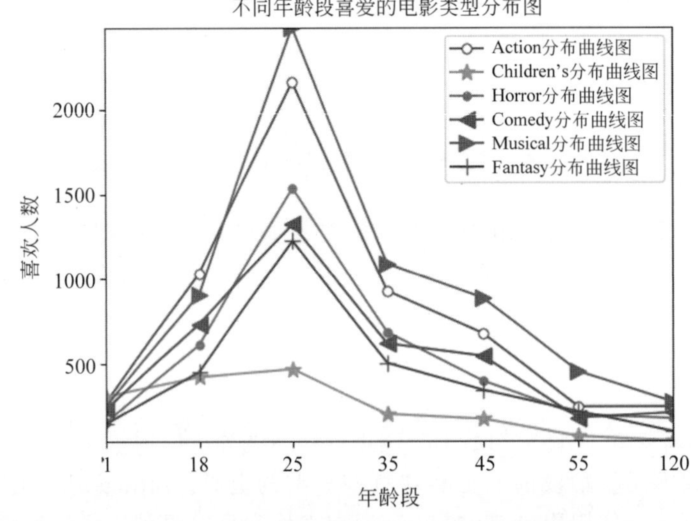

图 10.7 不同年龄段喜爱的电影类型分布图

从图 10.7 可以看出各个年龄段对各个电影类型喜爱的程度。可以发现,不论是什么类型的电影,以 25 岁为中心,也就是年龄为 18～35 岁这个阶段,喜爱看各种类型电影的人数都是最多的。观察 18～25 岁这个年龄段,发现喜爱看 Musicial 类型电影的人数逐渐超过了喜爱看 Action 类型电影的人数。喜爱看 Horror 类型电影的人数逐渐超过了喜爱看 Comedy 类型电影的人数。这些现象说明 18 岁以后一些人的品位就会发生变化。25 岁以后,喜爱看 Children's 电影类型的人数就开始下降,并且远远少于其他类型的电影,这可能说明人的年纪越大,越不喜欢看儿童类型的电影。

10.2.3 统计量分析

本节以 ratings.dat 文件中的数据为例进行统计量分析,以用户的性别作为主要属性,分析性别对电影类型喜好的影响。对此,可以分别画出两个饼图,观察男性和女性对电影类型的喜爱程度。

```
#绘制女性喜欢的电影类型的饼图
#切片按逆时针排列和绘制
labels = 'Action', 'Children\'s', 'Horror', 'Comdy','Musical','Fantasy'
sizes = H[0]
explode = (0, 0, 0, 0, 0, 0)
fig1, ax1 = plt.subplots()
ax1.pie(sizes, explode=explode, labels=labels,
autopct='%1.1f%%', shadow=True, startangle=90)
#等长宽比,确保饼图为圆形
ax1.axis('equal')
#标题
plt.title("Distribution of movies type-Female like")
plt.show()
#绘制男性喜欢的电影类型的饼图
sizes = H[1]
explode = (0, 0, 0, 0, 0, 0)
fig1, ax1 = plt.subplots()
ax1.pie(sizes, explode=explode, labels=labels,
autopct='%1.1f%%', shadow=True, startangle=90)
ax1.axis('equal')
plt.title("Distribution of movies type-Male like")
plt.show()
```

在上述代码中,H 为一个 2×6 的二维数组,行代表性别,列代表电影类型。H 数组存放的是已经提前处理好的数据。结果如图 10.8 所示。

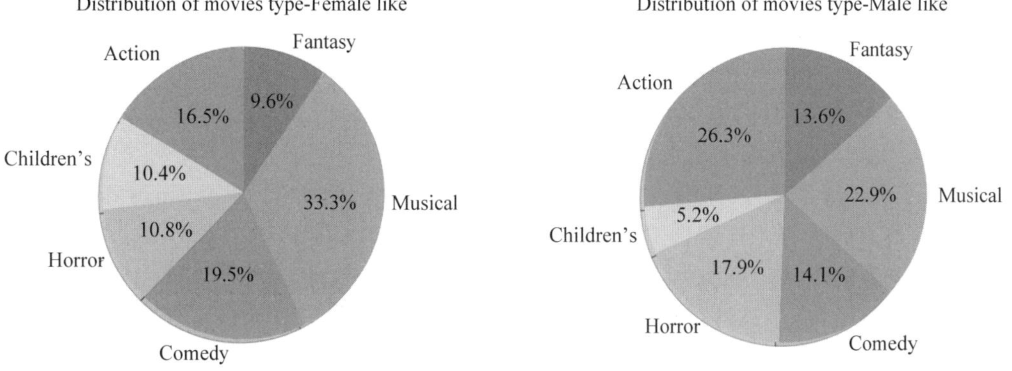

图 10.8　不同性别喜爱的电影类型饼图

通过图 10.8 可以看出,女性比男性更喜爱 Musical、Comedy、Children's 类型的电影,而男性比女性更喜爱 Fantasy、Action、Horror 类型的电影。基于这样的统计结果,若 users.dat 文件中缺少了性别这一项,可以通过分析该用户喜爱的电影类型判断其为女性还是男性,从而填补这项缺失值。

10.3 数据预处理

数据预处理主要包含数据筛选、数据变量转换、缺失值处理、异常值处理、数据标准化、主成分分析、属性选择等。本节主要以数据加载、缺失数据处理和异常值处理3个环节为例,介绍数据预处理方法。

10.3.1 数据加载

导入数据集,代码如下:

```
start_time = time.time()
ratings_object = open('ratings.dat')
movies_object = open('movies.dat')
personal_object = open('personalRatings.txt')
```

上述代码会加载数据集,打开评分文件,电影信息文件和个人用户评分文件。通过观察数据,将::设置为分隔符。对文件数据进行提取、存储与处理。代码如下:

```
ratings_text = ratings_object.read()
for item in (line.split('::') for line in ratings_text.split('\n')):
    rating_list.append(item[2])
```

上述代码的功能是打开ratings.dat文件,逐条读取数据,按::将数据分开,将评分项(也就是item[2])添加到rating_list数组中。

10.3.2 缺失值处理

处理缺失值的方法主要有3种:删除元组、数据补齐、不处理。其中,数据补齐的方法包括人工填写、特殊值填充、平均值填充、热卡填充、KNN法、组合完整化方法、回归、期望值最大化方法和多重填补等。

以users.dat文件为例,若此文件缺少第二列,即性别这一列,可以根据图10.8的统计结果,基于用户喜爱的电影类型填补缺失值。下面以KNN法为例来说明这个过程。

首先,从users.dat文件中找到缺失性别信息的用户ID;然后,在ratings.dat文件中找到这个用户的所有评分信息,从评分信息中获取电影ID;接下来,在movies.dat文件中找出这些电影的类型,存放在1×6的电影类型数组中,数组中值依次为该用户喜欢6种类型电影的数量;最后,对这个数组进行归一化,分别比较它与男性和女性喜爱的电影类型数据的距离,取最小距离,将缺失值填补为相应的性别。主要代码如下:

```
def Vector_similar(movies_type,H):
    #对比两个向量的相似性,从而选择填写女性还是男性
    Normalizaton(movies_type)
    Normalizaton(H[0])
    Normalizaton(H[1])
    #以欧几里得距离为标准
```

```
    d1 = np.linalg.norm(np.array(movies_type)-np.array(H[0]))
    d2 = np.linalg.norm(np.array(movies_type)-np.array(H[1]))
    print('与女性的距离为:\n',d1)
    print('与男性的距离为:\n',d2)
    if d1<d2:
        print('建议填补性别为: 女\n')
    else:
        print('建议填补性别为: 男\n')

def fillAgenda(H):
    #找到缺失性别的用户信息,生成其喜爱的电影类型数组
    #分别与男性和女性喜爱的电影类型数组进行相似性对比
    users_object = open('users.dat')
    user_text = users_object.read()
    for line in user_text.split('\n')):
        #将缺少性别数据的用户 ID 存放在 lost_userID[]数组中
        if item[1].strip() =='':
            print('用户 ID:%s 缺失性别属性\n',item[0])
            #movies_type[]为存放每个用户喜爱的电影类型数量的 1×6 的数组
            movies_type=[0 for i in range(6)]
            init_array(movies_type,item[0])
            print('1×6 的数组:\n',movies_type)
            Vector_similar(movies_type,H)
```

运行上述代码后,控制台输出如下。

```
用户 ID: 15
缺失性别属性
与女性的距离为: 1.1521839798691191
与男性的距离为: 0.4749525602688616
建议填补性别为: 男
用户 ID: 24
缺失性别属性
与女性的距离为: 0.3696721440489391
与男性的距离为: 0.7553123749358749
建议填补性别为: 女
用户 ID: 73
缺失性别属性
与女性的距离为: 1.2090022342568003
与男性的距离为: 0.7424368152662175
建议填补性别为: 男
```

10.3.3 异常值处理

异常值处理的常用方法有删除含有异常值的数据和将异常值视为缺失值进行处理。

ratings.dat 文件的评分属性在 10.2.1 节中已经通过箱形图进行了异常值分析。由于评分数据量较大且不具有客观性，所以本案例采用直接删除含有异常值的数据的处理方法。主要代码如下：

```
for line in fileinput.input('ratings.dat', inplace=True):
    if line[2] not in range(1,5):
        print(line.rstrip())
```

遍历"ratings.dat"文件，判断评分属性的值，若是在 1～5 之外，则删除。

10.4 数据挖掘算法实现

通过关联规则挖掘发现商品之间的关联关系，挖掘结果可以用于商品推荐以及制订营销策略。关联规则挖掘通常分为两个阶段：第一阶段从事务数据库中找出所有大于或等于指定的最小支持度的频繁项集；第二阶段利用频繁项集生成关联规则，根据指定的最小置信度进行取舍，最后得到强关联规则。Apriori 算法是经典的关联规则挖掘算法。本节就以 Apriori 算法为例讨论关联规则挖掘过程。

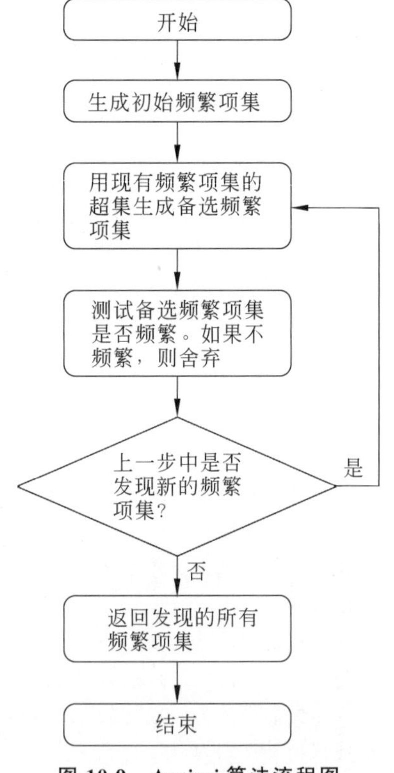

图 10.9 Apriori 算法流程图

Apriori 算法流程图如图 10.9 所示。该算法的主要步骤如下：

(1) 扫描全部数据，产生候选 1 项集的集合 C_1。

(2) 根据最小支持度，由候选 1 项集的集合 C_1 产生频繁 1 项集的集合 L_1。

(3) 对 $k>1$，重复步骤(4)～(6)。

(4) 对 L_k 执行连接和剪枝操作，产生候选 $k+1$ 项集的集合 C_{k+1}。

(5) 根据最小支持度，由候选 $k+1$ 项集的集合 C_{k+1} 产生频繁 $k+1$ 项集的集合 L_{k+1}。

(6) 若 $L\neq\varnothing$，则 $k=k+1$，跳往步骤(4)；否则，跳往步骤(7)。

(7) 根据最小置信度，由频繁项集产生强关联规则，算法结束。

10.5 算法评估

对于关联规则的评估可以使用很多指标，例如提升度、卡方系数、全置信度、最大置信度、Kulc 系数等。本节使用提升度来评估关联规则。提升度的计算公式如下：

$$\text{lift}(X \rightarrow Y) = \frac{P(X,Y)}{P(X)P(Y)} = \frac{P(Y \mid X)}{P(Y)}$$

在程序运行结束时分别输出频繁项集、关联规则、置信度和提升度。在程序中设定最小支持度为 0.2，最小置信度为 0.5。若提升度大于 1，则认为关联规则有效；否则，认为关联规则无效。程序运行结束时输出的频繁项集如下：

```
[[frozenset({924}), frozenset({858}), frozenset({2716}), frozenset({1200}),
frozenset({541}), frozenset({1617}), frozenset({1307}), frozenset({1704}),
frozenset({1265}), frozenset({2916}), frozenset({1221}), frozenset({912}),
frozenset({2997}), frozenset({1580}), frozenset({1213}), frozenset({296}),
frozenset({50}), frozenset({34}), frozenset({1387}), frozenset({1240}),
frozenset({1214}), frozenset({1036}), frozenset({1291}), frozenset({1197}),
frozenset({1136}), frozenset({3578}), frozenset({2858}), frozenset({2571}),
frozenset({2396}), frozenset({1610}), frozenset({1259}), frozenset({1210}),
frozenset({1198}), frozenset({1196}), frozenset({1193}), frozenset({593}),
frozenset({589}), frozenset({480}), frozenset({457}), frozenset({356}),
frozenset({318}), frozenset({110}), frozenset({3114}), frozenset({2791}),
frozenset({2762}), frozenset({2028}), frozenset({1270}), frozenset({1097}),
frozenset({919}), frozenset({608}), frozenset({527}), frozenset({260}),
frozenset({1})], [frozenset({858, 260}), frozenset({593, 260}),
frozenset({858, 1221}), frozenset({260, 589}), frozenset({2571, 260}),
frozenset({1240, 1196}), frozenset({318, 527}), frozenset({608, 318}),
frozenset({593, 527}), frozenset({593, 2762}), frozenset({2762, 2858}),
frozenset({1617, 2858}), frozenset({2858, 527}), frozenset({1196, 1270}),
frozenset({608, 593}), frozenset({608, 2858}), frozenset({296, 608}),
frozenset({296, 2858}), frozenset({2858, 2997}), frozenset({260, 1214}),
frozenset({1240, 260}), frozenset({1196, 260}), frozenset({260, 1198}),
frozenset({1210, 260}), frozenset({2858, 260}), frozenset({260, 1197}),
frozenset({1196, 1197}), frozenset({2028, 110}), frozenset({2028, 318}),
frozenset({593, 2028}), frozenset({593, 318}), frozenset({1196, 2028}),
frozenset({1196, 589}), frozenset({593, 1196}), frozenset({2028, 1198}),
frozenset({1196, 1198}), frozenset({1210, 1196}), frozenset({1210, 1198}),
frozenset({2571, 2028}), frozenset({2571, 589}), frozenset({2571, 1196}),
frozenset({2571, 1198}), frozenset({1210, 2571}), frozenset({2858, 2028}),
frozenset({2858, 318}), frozenset({593, 2858}), frozenset({2858, 1196}),
frozenset({2858, 2396}), frozenset({2858, 2571}), frozenset({260, 1270}),
frozenset({2028, 260}), frozenset({2028, 527})], [frozenset({1196, 2571, 260}),
frozenset({1210, 260, 1196}), frozenset({1196, 260, 1198})], []]
```

在上面的结果中，frozenset({924})表示电影 ID 为 924 的频繁 1 项集，即支持度大于或等于 0.2 的项集；frozenset({858, 260})为频繁 2 项集；frozenset({1196, 2571, 260})为频繁 3 项集。以上结果为以后计算置信度与确定强关联规则提供支持。

以下是程序输出的强关联规则、置信度和提升度：

```
[(frozenset({858}), frozenset({260}), 0.6393360160965794, 1.4733267978723157),
(frozenset({593}), frozenset({260}), 0.5553005966039467, 1.2796702035436238),
(frozenset({1221}), frozenset({858}), 0.8662508662508663, 2.631868829051928),
(frozenset({858}), frozenset({1221}), 0.6287726358148893, 2.6318688290519274),
...
(frozenset({1196}), frozenset({260, 1198}), 0.5599840573933837, 2.0289764287078813)]
```

在上面的输出中,(frozenset({858}), frozenset({260}), 0.6393360160965794, 1.4733267978723157)的含义如下:

- {858}→{260}为强关联规则,它的意思是,若一个用户喜欢 ID 为 858 的电影,则此用户也会喜欢 ID 为 260 的电影。
- 0.6393360160965794 为置信度,大于 0.5。
- 1.4733267978723157 为提升度,且大于 1,表示此关联规则有效。

可以观察到,以上输出结果中的提升度都大于 1。利用这些强关联规则,可以向用户提供个性化电影推荐服务。

10.6 主要代码

10.6.1 频繁项集生成代码

假设最小支持度设置为 0.5,dataSet 中存放的是事务数据库的信息。首先调用 createC1 函数创建初始候选项集 C1;接着调用 scanD 函数根据候选项集创建频繁项集;最后进入循环处理,直到没有新的频繁项集产生为止。代码如下:

```
def apriori(dataSet, minSupport = 0.5):
#构建初始候选项集 C1
C1 = createC1(dataSet)
#将 dataSet 集合化,以满足 scanD 函数的格式要求
D = list(map(set, dataSet))
#构建初始的频繁项集,即所有项集中都只有一个元素
L1, suppData = scanD(D, C1, minSupport)
L = [L1]
#最初的 L1 中的每个项集中只含有一个元素,新生成的项集应该含有两个元素,所以 k=2
k = 2
while(len(L[k -2])>0):
    Ck = aprioriGen(L[k -2], k)
    Lk, supK =scanD(D, Ck, minSupport)
    #将新的项集的支持度数据加入原来的总支持度字典中
    suppData.update(supK)
    #将符合最小支持度要求的项集加入 L
    L.append(Lk)
    #新生成的项集中的元素个数应不断增加
```

```
        k += 1
        #返回所有满足条件的频繁项集的列表和所有候选项集的支持度信息
        return L, suppData
```

createC1 函数的功能为构建初始候选项集的列表,即所有候选项集中均只包含一个元素，C1 是大小为 1 的所有候选项集的集合。代码如下：

```
    def createC1(dataSet):
        C1 = []
        for transaction in dataSet:
            for item in transaction:
                if [item] not in C1:
                    C1.append([item])
            C1.sort()
        return list(map(frozenset, C1))
```

scanD 函数的功能为计算 Ck 中的项集在事务集合 D 的每个事务中的支持度,返回满足最小支持度的项集的集合和所有项集支持度信息的字典。代码如下：

```
    def scanD(D, Ck, minSupport):
        ssCnt = {}
        for tid in D:
            #对于每一个事务
            for can in Ck:
                #对于每一个候选项集 can,检查它是否是事务的一部分
                #即该候选项集是否得到事务的支持
                if can.issubset(tid):
                    ssCnt[can] = ssCnt.get(can, 0) +1
        numItems = float(len(D))
        retList = []
        supportData = {}
        for key in ssCnt:
            #计算每个项集的支持度
            support = ssCnt[key] / numItems
            #将满足最小支持度的项集加入 retList
            if support >= minSupport:
                retList.insert(0, key)
            #汇总支持度数据
            supportData[key] = support
        return retList, supportData
```

aprioriGen(LK,k)函数的功能为由初始候选项集的集合 Lk 生成新的生成候选项集,k 表示生成的新项集中包含的元素个数。代码如下：

```
    def aprioriGen(Lk, k):
```

```
    retList = []
    lenLk = len(Lk)
    for i in range(lenLk):
        for j in range(i +1, lenLk):
            L1 = list(Lk[i])[: k -2];
            L2 = list(Lk[j])[: k -2];
            L1.sort();
            L2.sort()
            if L1 == L2:
                retList.append(Lk[i] | Lk[j])
    return retList
```

10.6.2 关联规则生成代码

根据已经生成的频繁项集和最小置信度，调用 generateRules 函数生成关联规则。其中，L 为列表，存储频繁项集；supportData 为字典，存储所有项集（不仅仅是频繁项集）的支持度；minConf 是浮点型变量，代表最小置信度。代码如下：

```
def generateRules(L, supportData, minConf=0.5):
    bigRuleList = []
    for i in range(1, len(L)):
        for freqSet in L[i]:
            #对于每一个频繁项集的集合 freqSet
            H1 = [frozenset([item]) for item in freqSet]
            #如果频繁项集中的元素个数大于 1,需要进一步合并
            if i >1:
                rulesFromConseq(freqSet, H1, supportData, bigRuleList, minConf)
            else:
                calcConf(freqSet, H1, supportData, bigRuleList, minConf)
    return bigRuleList
```

rulesFromConseq 函数功能为对频繁项集中元素个数大于 1 的项集进行合并。其中，freqSet 为频繁项集；H 为频繁项集中的所有元素，即可以出现在关联规则右部的元素；supportData 为字典，存储所有项集的支持度信息；brl 为生成的关联规则。代码如下：

```
def rulesFromConseq(freqSet, H, supportData, brl, minConf=0.5):
    m = len(H[0])
    if m == 1:
        calcConf(freqSet, H , supportData, brl, minConf)
    #查看频繁项集是否大到可以移除大小为 m 的子集
    if len(freqSet) >m +1:
        Hmp1 = aprioriGen(H, m +1)
        Hmp1 = calcConf(freqSet, Hmp1, supportData, brl, minConf)
        #如果不止一条关联规则满足要求,进一步递归合并项集
```

```
        if len(Hmp1) >1:
            rulesFromConseq(freqSet, Hmp1, supportData, brl, minConf)
```

calcConf 函数的功能为计算规则的可信度，返回满足最小可信度的关联规则。其中，freqSet 为频繁项集；H 为频繁项集中的所有元素；supportData 为字典，存储频繁项集中所有元素的支持度；brl 为满足可信度条件的关联规则；minConf 为浮点型变量，代表最小可信度；lift 为提升度。代码如下：

```
def calcConf(freqSet, H, supportData, brl, minConf=0.5):
    prunedH = []
    for conseq in H:
        conf = supportData[freqSet] / supportData[freqSet-conseq]
        lift = conf / supportData[conseq]
        if conf >= minConf:
            #print(freqSet-conseq, '-->', conseq, 'conf:', conf)
            brl.append((freqSet-conseq, conseq, conf,lift))
            prunedH.append(conseq)
    return prunedH
```

10.6.3　电影推荐代码

根据已经生成的关联规则，遍历用户个人喜欢的电影列表，按照已生成的关联规则进行个性化推荐。代码如下：

```
def recommendMovies(rules,personal_list,movie_list):
    recommend_list = []
    sup_list = []
    for rule in rules:
        if rule[0]<= personal_list:
            for movie in rule[1]:
                if movie_list[movie-1] not in recommend_list:
                    recommend_list.append(movie_list[movie-1])
                    sup_list.append(rule[2])
    for recommend in recommend_list:
        i = recommend_list.index(recommend)
        print('Recommend you to watch',recommend,',',round(sup_list[i] * 100,2),
'%people who is similar to you like it! ')
```

10.7　思考与练习

本章把关联规则用于电影推荐，从大量的电影评分中找到可以应用的关联规则。本章算法从整体上分为 3 个步骤：首先，借助 Apriori 算法生成频繁项集；其次，根据频繁项集生成关联规则；最后，根据用户喜爱的电影，利用生成的关联规则进行电影推荐。读者可以思考和探索如下问题：

(1) 使用更高效的FP树算法实现本章案例，并与本文方法进行对比，以考查Apriori算法和FP树算法的优缺点。

(2) 使用协同过滤等推荐算法实现本章案例，并与基于关联规则的方法进行对比，以考查协同过滤算法和关联规则类算法的优缺点。

第 11 章 航空公司客户价值分析

11.1 背景与挖掘目标

随着生活水平的不断提升，人们的出行方式变得越来越多样化。航空运输业迎来了巨大的市场机遇，也面临来自各方的竞争及压力。在火车不断提速、高速公路网络建设快速发展的情况下，铁路、公路和航空运输业之间的互相替代性明显增强。而航空公司在提供运输服务时受空中管制、天气原因等不可控因素影响较大，因此航空运输与其他运输形式相比，速度快的竞争优势越来越不明显。如何利用信息技术更好地为客户服务，提高客户黏性，更好地保持自身竞争力，成为当前航空运输业面临的重要问题。

通过为客户创造价值，才能实现企业的价值。航空公司面临严峻挑战，核心经营理念应该从传统意义上的"以产品为中心"的粗放型模式转向"以客户为中心"的集约化模式，以此实现客户价值和企业利润最大化目标。航空公司传统的信息系统中存在大量的客户特征信息和客户行为信息，但是对这些信息缺少深层次的分析。运用数据挖掘方法进行数据分析，发现数据中的规则和知识，可以为企业决策提供实质性的建议和指导。

本章基于聚类分析方法对航空公司的客户价值进行分析。针对不同类型的客户，建立客户价值评估模型，采用聚类方法对航空运输业高价值客户进行战略细分和精准营销，以吸引新客户，挽留老客户，提升客户价值，最终实现企业声誉和利润最大化。航空公司客户价值分析首先要根据航空运输业的特点定义高价值客户并选择关键属性，然后对客户数据进行探索和预处理，接着构建模型并利用聚类算法对客户数据进行聚类，最后分析客户价值，为航空公司设计有针对性的产品提供支持，并进行精准营销。

11.2 分析方法与过程

如何进行航空公司客户价值分析呢？应该借助航空公司历史客户数据，对客户进行聚类。对不同类别的客户进行特征分析，比较不同类别客户的价值差异。在此基础上，为不同类别的客户提供个性化服务和有针对性的产品，制订相应的精准营销策略。

航空客户信息包含会员档案信息和其他客户乘坐航班记录信息等。识别客户价值目前使用得最广泛的模型是 RFM 模型。RFM 模型是衡量客户价值和客户创利能力的重要工具和手段。RFM 模型中的客户数据有 3 个要素，这 3 个要素构成了数据分析的关键指标：

（1）Recency(R)：最近消费时间间隔，即顾客最近一次消费的时间与目前时间的距离，通常以天数或月数表示。该值越大，表示客户上一次消费距目前越久。

(2) Frequency(F)：消费频率，即顾客在一定时间段内的消费次数。该值越大，表示客户交易越频繁。

(3) Monetary(M)：消费金额，即顾客在一定时间段内消费的总金额。帕累托法则表明，公司 80%的收入来自 20%的顾客。该值越大，表示客户价值越高。

大量的研究和实证表明：在 RFM 模型中，R、F、M 值越大，客户未来为企业带来的价值越大，这样的客户是企业需要重点关注的客户。RFM 模型如图 11.1 所示，其中 X 轴表示 Recency，Y 轴表示 Frequency，Z 轴表示 Monetary。图 11.1 中所代表的含义如表 11.1 所示，其中↑表示大于均值，↓表示小于均值。

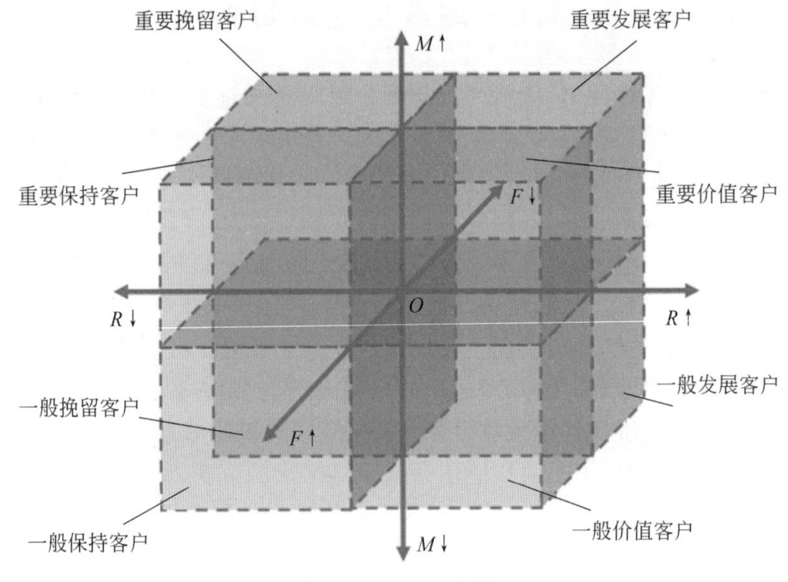

图 11.1　RFM 模型

表 11.1　RFM 模型

R	***F***	***M***	客户类型
↑	↑	↑	重要价值客户
↑	↓	↑	重要发展客户
↓	↓	↑	重要挽留客户
↓	↑	↑	重要保持客户
↑	↑	↓	一般价值客户
↑	↓	↓	一般发展客户
↓	↓	↓	一般挽留客户
↓	↑	↓	一般保持客户

当然，在提取和分析数据之前，首先要确定数据的时间跨度。根据产品的差异，确定合适的时间跨度。例如，快速消费品、日用品的时间跨度可以为一个季度或一个月；电子

产品的时间跨度可为一年或半年。Recency 往往用当前时间减去最近一次消费时间来计算,Frequency 通过某个时间跨度的消费次数反映,Monetary 通过将每位客户的所有消费的金额相加得到。

但是,同样消费金额的不同客户对航空公司的价值不同。例如,购买长航线、低等舱的客户和购买短航线、高等舱的客户消费金额相同,价值却是不同的,显然后者更有价值。因此,消费金额这个指标可能不合适,而应该选择客户在一定时间内的飞行里程(Milage,M)和乘坐舱位所对应的折扣系数(Coefficient,C)。同时,航空公司会员的加入时间在一定程度上可以影响客户价值,所以在航空公司客户价值分析模型中添加客户成为会员的时间长度(Length,L),作为区分客户价值的另一个指标。由此构建出更加符合航空客运公司的 LRFMC 模型,具体的指标如下:

- L:客户成为会员的时间距观测窗口结束的时间(客户成为会员的时间长度)。
- R:客户最近一次乘坐本航空公司飞机距观测窗口结束的时间(消费时间间隔)。
- F:客户在观测窗口内乘坐本航空公司飞机的次数(消费频率)。
- M:客户在观测窗口内累计的飞行里程。
- C:客户在观测窗口内乘坐舱位所对应的折扣系数的平均值。

使用聚类分析的方法对客户进行聚类,并且分析客户群的特征和客户价值。航空客户价值分析的总体流程如图 11.2 所示,主要包括以下步骤:

(1) 从航空公司的数据源中随机抽取样本数据。

(2) 对样本数据进行数据探索和预处理。

(3) 对数据进行建模和分析,通过对航空客户进行客户群细分,然后分别对各个客户群进行特征分析,最终识别出有价值的客户。

(4) 针对模型得到的结果,对不同价值的客户群进行精准营销,提供差异化服务。

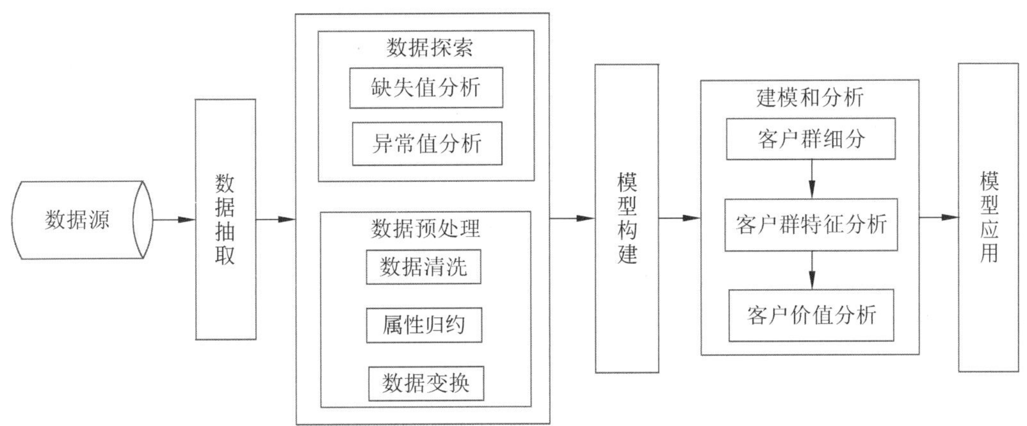

图 11.2 航空客户价值分析的总体流程

11.2.1 数据抽取

以某航空公司的客户乘机记录作为分析对象数据集,从该航空公司系统内抽取 2012

年4月1日至2014年3月31日所有乘客的详细数据，选取宽度为两年的时间段作为观测窗口，抽取观测窗口内有乘机记录的所有客户的详细资料，形成历史数据，共62 988条记录，包括会员号、入会时间、首次登机时间、性别等44个属性字段。对于新增的客户信息，利用数据中最晚的某个时间作为结束时间，采用同样的方法进行抽取，可以形成增量数据。

根据选取的航空公司的LRFMC模型要求，数据分析需要抽取的属性字段有FFP_DATE（成为会员时间）、LOAD_TIME（观测窗口结束时间）、FLIGHT_COUNT（乘机次数）、SUM_YR_1（票价收入1）、SUM_YR_2（票价收入2）、SEG_KM_SUM（飞行里程数）、LAST_FLIGHT_DATE（最后一次乘机时间）和AVG_DISCOUNT（舱位等级对应的平均折扣系数）。

11.2.2 数据探索

数据探索是指掌握数据的各种属性类型，通过绘制图表、计算某些特征量等手段获取数据集的基本统计描述，了解数据的全貌。本节主要对数据进行缺失值分析与异常值分析。通过分析发现原始数据中存在票价为空的记录和票价为0、平均折扣系数不为0、总飞行里程不为0的记录。票价为空值，可能是不存在飞行记录，也可能是飞机票来自积分兑换等其他渠道。统计每列属性观测值中空值的个数，完整代码如下：

```
#对数据进行基本的探索
#返回缺失值个数以及最大值和最小值
import pandas as pd
#原始航空数据,第一行为属性标签
datafile = '../data/air_data.csv'
#数据探索结果文件
resultfile = '../tmp/explore.xls'
#读取原始数据,指定 UTF-8 编码(需要用文本编辑器将数据转换为 UTF-8 编码)
data = pd.read_csv(datafile, encoding = 'utf-8')
#包括对数据的基本描述
percentiles 参数指定计算的分位数(如 1/4 分位数、中位数等)
#T 是转置,以方便查阅
describe 函数自动计算非空值个数,需要单独计算空值个数
explore = data.describe(percentiles = [], include = 'all').T
explore['null'] = len(data) - explore['count']
explore = explore[['null', 'max', 'min']]
#表头重命名
explore.columns = [u'空值数', u'最大值', u'最小值']
#导出结果
explore.to_csv(resultfile)
```

describe函数自动计算的字段有count（非空值个数）、unique（唯一值个数）、top（众数）、freq（众数的频数）、mean（平均值）、std（方差）、min（最小值）、50%（中位数）和max（最大值）。

注意：如果代码运行时提示 UTF-8 编码错误，则将 air_data.csv 文件以记事本方式打开，然后以 UTF-8 编码保存，最后再重新导入该文件。

运行上面的代码可以得到数据探索结果，如表 11.2 所示。

表 11.2 数据探索结果

属性字段	空值个数	最大值	最小值
SUM_YR_1	551	239 560	0
SUM_YR_2	138	234 188	0
…	…	…	…
SEG_KM_SUM	0	580 717	368
AVG_DISCOUNT	0	1.5	0

11.2.3 数据预处理

数据预处理是数据挖掘过程的重要环节，可以提高数据挖掘获得的知识的质量和数据挖掘的效率。本节针对航空数据的数据预处理主要有数据清洗、属性归约与数据变换。

1. 数据清洗

通过数据探索，发现数据中存在票价为空的记录和票价为 0、平均折扣系数不为 0、总飞行里程不为 0 的记录。由于原始数据量很大，缺失和异常数据所占比例较小，对于问题求解影响不大，因此对其进行丢弃处理。

(1) 丢弃票价为空的记录。

(2) 丢弃票价为 0、平均折扣系数不为 0、总飞行里程不为 0 的记录。

使用 Pandas 对满足清洗条件的数据进行丢弃处理。其完整代码如下：

```
#数据清洗，丢弃不符合规则的数据
import pandas as pd
#航空原始数据，第一行为属性标签
datafile ='air_data.csv'
#数据清洗结果文件
cleanedfile ='data_cleaned.xls'
#读取原始数据，指定 UTF-8 编码(需要用文本编辑器将数据转换为 UTF-8 编码)
data = pd.read_csv(datafile,encoding='utf-8')
#保留票价非空的数据
data = data[data['SUM_YR_1'].notnull() * data['SUM_YR_2'].notnull()]
#保留票价非 0 或者平均折扣系数与总飞行里程同时为 0 的记录
index1 = data['SUM_YR_1'] ! =0
index2 = data['SUM_YR_2'] ! =0
#下面的规则是“与”
index3 =(data['SEG_KM_SUM'] ==0) & (data['avg_discount'] ==0)
#下面的规则是“或”
data = data[index1 | index2 | index3]
```

```
#导出结果
data.to_csv(cleanedfile)
```

这时候会发现,原本有 62 988 条数据,清洗后变为 62 045 条数据。

2. 属性归约

原始数据中的属性有 44 个。针对航空公司客户价值分析的需要,根据 LRFMC 模型选择 6 个与客户价值分析密切相关的数据属性:FFP_DATE、LOAD_TIME、FLIGHT_COUNT、AVG_DISCOUNT、SEG_KM_SUM、LAST_TO_END,删除其他 38 个不相关、弱相关和冗余的数据属性。

只需在数据清除代码中加入以下代码行即可:

```
data = data[['FFP_DATE','LOAD_TIME','FLIGHT_COUNT','AVG_DISCOUNT','SEG_KM_SUM',
'LAST_TO_END']]
```

3. 数据变换

接下来将数据变换成适当的格式,以适应挖掘任务及算法的需要。通过数据变换来构造 L、R、F、M、C 这 5 个指标。主要采用数据变换的方式完成属性构造和数据标准化。

由于原始数据集中并没有直接给出 L、R、F、M、C 这 5 个指标,需要通过数据变换来获得这 5 个指标,具体计算方式如下:

(1) L 代表客户成为会员的时间,计算时用观测窗口的结束时间减去客户入会时间(以月为单位),即

$$L=\text{LOAD\_TIME}-\text{FFP\_DATE}$$

(2) R 代表客户最近一次乘坐航空公司飞机距观测窗口结束的时间(以月为单位),即

$$R=\text{LAST\_TO\_END}$$

(3) F 代表客户在观测窗口内乘坐航空公司飞机的次数,即

$$F=\text{FLIGHT\_COUNT}$$

(4) M 代表客户在观测窗口内在航空公司累计的飞行里程(以千米为单位),即

$$M=\text{SEG\_KM\_SUM}$$

(5) C 代表客户在观测时间内乘坐舱位的平均折扣系数,即

$$C=\text{AVG\_DISCOUNT}$$

数据变换与标准化过程的代码如下:

```
from datetime import datetime
import time
def normal_time(date):
#格式化数据
return datetime.strptime(date,'%Y/%m/%d')
def interval_time(dd):
#计算时间间隔,以月为单位
return dd.days / 30
#data_LRFMC 数据
```

```
data_LRFMC = pd.DataFrame()
#data_LRFMC.columns = ['L', 'R', 'F','M', 'C']
data_LRFMC['L']=(data['LOAD_TIME'].apply(normal_time)-data['FFP_DATE']
.apply(normal_time)).apply(interval_time)
data_LRFMC['R'] = data['LAST_TO_END']
data_LRFMC['F'] = data['FLIGHT_COUNT']
data_LRFMC['M'] = data['SEG_KM_SUM']
data_LRFMC['C'] = data['AVG_DISCOUNT']
#显示数据的描述、最大值和最小值
data_LRFMC_describe = data_LRFMC.describe().T
data_LRFMC_describe = data_LRFMC_describe[['max','min']].T
#data_LRFMC.to_csv('data_cleaned.csv')      #将数据写入文件
data_normal = (data_LRFMC-data_LRFMC.mean()) / (data_LRFMC.std())
data_normal.columns =['Z'+i for i in data_normal.columns]
data_normal.to_csv('data_normal')
```

11.2.4 模型构建

客户价值分析中的模型构建主要由两个部分构成：第一部分根据航空公司的 L、R、F、M、C 这 5 个指标的数据，对客户进行聚类分群；第二部分结合业务对每个客户群进行特征分析，分析其客户价值，并对所有客户群进行排序。

采用 k-means 聚类算法对所有客户数据进行聚类分析，将客户数据聚为 5 类。代码如下所示：

```
from sklearn.cluster import KMeans
k = 5
kmodel = KMeans(k)
kmodel.fit(data_normal)
print(kmodel.cluster_centers_)
print(kmodel.labels_)
import matplotlib.pyplot as plt
import numpy as np
clu = kmodel.cluster_centers_
X =[1,2,3,4,5]
style =['-','--',':','-.',':']
for i in range(5):
    if i == 4:
    plt.plot(X,clu[i],label='clustre'+str(i),linewidth=5,linestyle=style[4],
marker=' * ')
else:
    plt.plot(X,clu[i],label='clustre'+str(i),linewidth=2,linestyle=style[i],
marker='o')
plt.xlabel('L   R   F   M   C')
plt.ylabel('values')
plt.show()
```

对数据进行聚类的结果如表 11.3 和图 11.3 所示。

表 11.3 利用 *k*-means 聚类的结果

客 户 群	ZL	ZR	ZF	ZM	ZC
客户群 1	−0.31367829	1.68625847	−0.57401599	−0.53682019	−0.1733261
客户群 2	0.05184279	−0.00266813	−0.22680311	−0.23125407	2.19134701
客户群 3	0.48332845	−0.79938326	2.4832016	2.42472391	0.30863003
客户群 4	1.16066672	−0.37722119	−0.08691852	−0.09484404	−0.1559046
客户群 5	−0.70020646	−0.41488827	−0.16114258	−0.16095751	−0.25513154

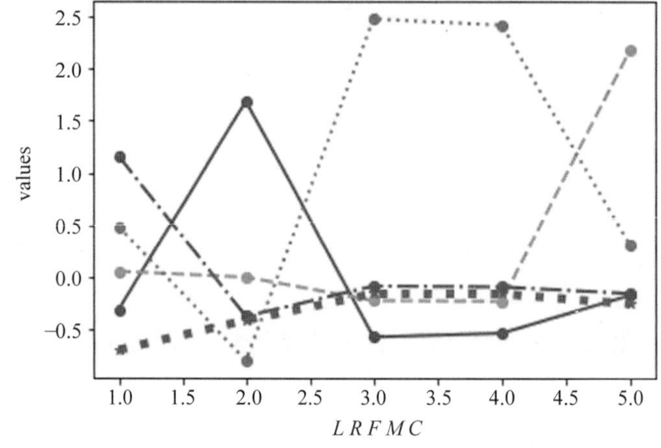

图 11.3 聚类结果的折线图

在图 11.3 中,客户群 1 用实线表示,客户群 2 用短画式虚线表示,客户群 3 用点式虚线表示,客户群 4 用点画式虚线表示,客户群 5 用粗点式虚线表示。

11.2.5 模型检验

k-means 聚类算法每次运行的时候得到的类会有差别,簇号也会相应地改变,但是中心点基本不会改变。各客户群的中心点如下:

客户群 1 为[−0.31367829 1.68625847 −0.57401599 −0.53682019 −0.1733261]。

客户群 2 为[0.05184279 −0.00266813 −0.22680311 −0.23125407 2.19134701]。

客户群 3 为[0.48332845 −0.79938326 2.4832016 2.42472391 0.30863003]。

客户群 4 为[1.16066672 −0.37722119 −0.08691852 −0.09484404 −0.1559046]。

客户群 5 为[−0.70020646 −0.41488827 −0.16114258 −0.16095751 −0.25513154]。

根据航空公司的业务定义为五个等级的客户类别:

- 重要保持客户:平均折扣率高,乘坐次数或里程高,最近坐过本公司航班。
- 重要发展客户:平均折扣率较高,乘坐次数和里程较低。
- 重要挽留客户:平均折扣率,乘坐次数或者里程较高,较长时间没坐本公司航班。

- 一般与低价值客户：折扣率低，较长时间未做本公司航班，乘坐次数或里程较低，入会时长短。

根据每种客户群类型的特征对客户群进行客户价值排名，以便获得高价值客户的信息。我们重点关注的是 L，F，M，从图 11.3 中可以看到：

(1) 客户群 1 是一般客户群。

(2) 客户群 2 是重点发展客户群。

(3) 客户群 3 的 F、M 很高，L 也不低，是重点保持的客户群。

(4) 客户群 4 是重点挽留客户群，他们入会时间长，但是 F、M 较低。

(5) 客户群 5 是低价值客户群。

市场营销学中对客户流失的定义是由于企业各种营销手段的实施而导致客户和企业终止合作的现象。客户流失主要是营销组合策略的不当造成的。根据给出的数学模型结果，可将该航空公司客户流失原因大体归纳为以下几点：

(1) 自然流失。人作为理性消费者，总会选择能给自己带来最大利益的服务。所以，客户的自然流失是正常的。该航空公司只有不断提高服务质量，才能留住客户。

(2) 客户离去。航空公司要降低客户流失率，只有不断提高客户效益。例如，加强会员的优惠政策，具体做法可以是增加折扣率、增加积分兑换等业务；否则，客户会因为在该航空公司市场无法获得更多利益而选择离去。

(3) 竞争对手夺走客户。根据市场营销理论，在任何一个行业中，客户都是有限的，特别是高价值客户。所以高价值客户往往会成为各航空公司争夺的对象。航空公司只有不断优化自身结构，为高价值客户提供更多的优质服务，才能保证客户的稳定。

(4) 其他原因。部分客户可能因为年龄、地域等因素退出了该航空公司的服务市场，导致该航空公司的客户流失。例如，有些客户的年龄较大，乘飞机次数也会相应减少。

客户价值分析模型采用历史数据进行建模，随着时间的变化，分析数据的观测窗口也在变换。因此，根据业务的实际情况，该模型可以每个月运行一次，对新增客户的特征通过聚类算法进行分析。如果新增的数据与预测结果差异较大，需要业务部门重点关注，分析变化大的原因以及确认模型的稳定性。如果模型稳定性不佳，就需要重新训练模型。对模型进行重新训练的时间没有统一标准，大部分情况下要根据经验来决定，一般每半年训练一次模型比较合适。

11.3 思考与练习

本章主要利用 k-means 算法对航空公司客户价值进行了分析，还可以使用其他的聚类算法(如 DBSCAN 算法、层次聚类算法等)进行分析。另外，客户价值分析固然重要，客户流失分析也必不可少，本章并没有对客户流失提出具体的分析。

对于航空公司而言，客户流失是不可避免的。有些客户乘机频率非常低，这部分客户是偶然客户，他们的流失没有太大的分析价值。会员客户才是研究的重点，愿意入会的客户一定是有频繁乘机需求的。如果这些客户流失了，说明航空公司提供的服务已经不能很好地满足客户的需求，所以这类客户是重点研究对象。在航空运输这个竞争激烈的特殊行业,一个会员客户的流失造成的损失是几个新客户不能弥补的。

因此,分析客户(特别是会员客户)的相关信息,建立模型,发现流失客户特征,制订有针对性的营销策略,挽留客户,是企业生存的重要一环。将航空公司客户价值分析与客户流失分析相结合,可以进一步提升航空公司的经济效益,获得竞争优势。

结合以上讨论,思考客户流失分析的方法。

第12章 基于协同过滤的音乐推荐

12.1 推荐系统和协同过滤算法

12.1.1 推荐系统发展概况

互联网的飞速发展推动了整个社会以及科学技术的发展，如今各行各业的日常活动都在源源不断地产生大量信息。社会信息大大超过了个人或系统所能接收或处理的有效范围，导致了信息过载问题，严重影响了人们对有用信息的准确分析和正确选择。信息过载令用户不堪重负，用户渴望获得真正有价值的信息。

在信息时代，信息及其传播形式多样化，用户对信息的需求呈现出多元化和个性化发展趋势。搜索引擎已不能满足不同背景、不同目的、不同时期的个性化信息需求，于是个性化服务应运而生。个性化服务根据用户的信息需求、兴趣等，将用户感兴趣的信息、产品等推荐给用户，从而为不同用户提供不同的服务或信息内容。推荐系统就是个性化服务的一个重要分支。推荐系统的任务是联系用户和信息，帮助用户发现有价值的信息，并让信息展现在对它有兴趣的用户面前，其本质是信息过滤。推荐系统也称为个性化推荐系统。相比于传统意义上“一对一”式搜索引擎，个性化推荐系统可以为用户提供其感兴趣但从未了解过的信息，而且推荐的结果更能满足用户的需求。

推荐系统的发展过程可以分为3个阶段。

1. 起步阶段

第一阶段是推荐系统的起步阶段。这个阶段的主要特征是面向系统的探索，不仅出现了基于协同过滤的系统，还出现了基于知识的系统（例如FindMe系统）。推荐系统的可行性和有效性极大地激发了人们对该领域进行研究及商业实践的积极性，这个阶段的标志性事件如下：

（1）协同过滤。1992年，Xerox公司Palo Alto研究中心开发了实验系统Tapestry，该系统基于其他用户的显性反馈帮助用户过滤邮件，解决邮件过载问题。

（2）自动推荐。1994年，第一个能够实现自动推荐功能的系统GroupLens诞生。该系统也是为文本文档过滤而开发的。

（3）推荐系统。1997年，雷斯尼克（P.Resnick）等人首次提出“推荐系统”（recommender system）一词，认为该词比“协同过滤”（collaborative filtering）更适合描述推荐技术。原因有二：第一，推荐人可能并不与被推荐人有形式上的合作，他们双方可能不知道对方的存在；第二，推荐除了要指出哪些应该被过滤，还要对被推荐人可能特别感兴趣的项目提出建议。

从此,“推荐系统”一词被广泛引用,并且推荐系统开始成为一个重要的研究领域。

2. 商业应用阶段

第二阶段是推荐系统的商业应用阶段。在这个阶段推荐系统快速商业化,并且成果显著。美国麻省理工学院的帕蒂·梅斯(Pattie Maes)研究组于1995年创立了Agents公司。美国明尼苏达州的GroupLens研究组于1996年创立了NetPerception公司。这个阶段的工作主要是解决推荐系统在大大超过实验室规模的情况下运行带来的技术问题,开发新算法以降低在线计算时间,等等。这个阶段的标志性事件是电子商务推荐系统的出现。最著名的电子商务系统是Amazon.com,顾客选择一个感兴趣的商品后,页面下方就会出现“通常一起购买的商品”和“购买此商品的顾客也同时购买”的商品列表。格雷格·林登(Greg Linden)等人公布了在Amazon.com中使用的基于物品内容的协同过滤方法,该方法能处理大规模的评分数据,并产生质量良好的推荐,大大提高了亚马逊公司的营业额。电子商务推荐系统的另一个成功的应用案例就是Facebook的广告系统,该系统可以根据用户的个人资料、用户朋友感兴趣的广告等向用户推送广告。

3. 研究大爆发阶段

第三阶段是研究大爆发、新型算法不断涌现的阶段。2000年至今,随着应用的深入和各个学科研究人员的参与,推荐系统得到了迅猛的发展。来自数据挖掘、人工智能、信息检索、安全与隐私以及商业与营销等各个领域的研究者为推荐系统提供了很多新的分析方法。因为海量数据的广泛存在,算法研究方法取得了很大的进步。这个阶段的标志性事件如下:

(1) 推荐分类。2005年,阿多马维希尔斯(Gedas Adomavicius)等人的综述论文将推荐系统分为3个主要类别:基于内容的、协同的和混合的推荐系统,并提出了未来可能的主要研究方向。

(2) Netflix竞赛。2006年10月,北美最大的在线视频服务提供商Netflix公司宣布了一项竞赛,任何人只要能够将现有的电影推荐算法Cinematch的预测准确度提高10%,就能够获得100万美元的奖金。该比赛在学术界和产业界引起了较大的关注,参赛者提出了若干高效的推荐算法,降低了推荐系统的预测误差,极大地推动了推荐系统的发展。

(3) 推荐系统大会RecSys。2007年,第1届ACM推荐系统大会在美国举行。2019年的第13届ACM推荐系统大会于9月在丹麦哥本哈根举行,来自世界各地的909位专家学者参与了此次会议,是RecSys迄今为止规模最大的一次会议。这是推荐系统领域的顶级会议,涵盖了与推荐系统相关的各种主题——从推荐系统的社会影响到搭建推荐系统所用的算法。

迄今为止,推荐算法的准确度和有效性得到了很大改进,极大地改进了推荐效果,并可满足大多数的应用需求。基于用户行为数据的推荐(user behavior-based recommendation)算法也称为协同过滤算法,是推荐系统领域应用最广泛的算法。

在个性化推荐领域,最常采用的技术是信息过滤技术,信息过滤技术主要分为协同过滤和基于内容的过滤等。其中,协同过滤算法又分为基于用户的协同过滤算法和基于项目的协同过滤算法。

12.1.2　基于用户的协同过滤算法

基于用户的协同过滤算法计算出目标用户与邻近用户之间的相似度权重，然后找出与目标用户最相似的用户，并将其感兴趣的信息推荐给目标用户。基于用户的协同过滤算法的示意图如图12.1所示。

以基于用户的协同过滤算法在进行系统建模时，其前提条件是需要获取与邻近用户之间的相似度，例如，首先根据计算得到的相似度权重，找出与目标用户A具有相似性的用户组，然后根据最邻近用户组的评分来预测A对某个产品的评分。

基于用户的协同过滤算法的核心是计算用户的相似度和评分预测值。

基于用户的协同过滤算法的流程图如图12.2所示。

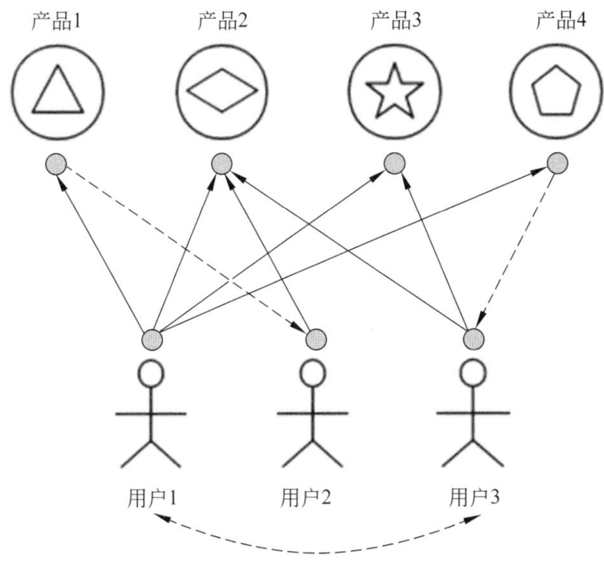

图12.1　基于用户的协同过滤算法示意图

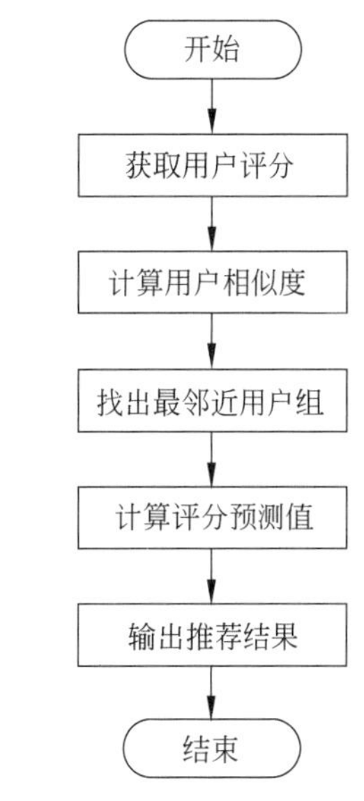

图12.2　基于用户的协同过滤算法实现流程图

1. 计算用户相似度

下面介绍两种计算用户相似度的方法。

1）皮尔逊相关系数

皮尔逊相关系数的计算公式如式(12.1)所示：

$$S(u,v)=\frac{\sum_{i\in I_u\cap I_v}(r_{ui}-\bar{r}_u)(r_{vi}-\bar{r}_v)}{\sqrt{\sum_{i\in I_u\cap I_v}(r_{ui}-\bar{r}_u)^2}\sqrt{\sum_{i\in I_u\cap I_v}(r_{ui}-\bar{r}_v)^2}} \tag{12.1}$$

各参数说明如下：

- i 表示第 i 个项目。
- I_u 表示用户 u 评价的项集。

- I_v 表示用户 v 评价的项集。
- r_{ui} 表示用户 u 对项目 i 的评分。
- r_{vi} 表示用户 v 对项目 i 的评分。
- $\bar{r}_u$ 表示用户 u 的平均评分。
- $\bar{r}_v$ 表示用户 v 的平均评分。

2) 余弦相似度

余弦相似度的计算公式如式(12.2)所示：

$$s(u,v)=\frac{\sum_i r_{ui}r_{vi}}{\sqrt{\sum_i r_{ui}^2}\sqrt{\sum_i r_{vi}^2}} \tag{12.2}$$

2. 计算用户对未评分产品的评分预测值

在推荐系统的评分预测中，有很多种评分方法，这里介绍两种方法。

1) 平均值预测

在平均值预测方法中，可以采用以下 3 种平均值。

(1) 全局平均值，即训练集中所有评分记录的平均值，如式(12.3)所示：

$$\mu=\frac{\sum_{(u,i)\in \mathrm{Train}} r_{ui}}{\sum_{(u,i)\in \mathrm{Train}} 1} \tag{12.3}$$

(2) 用户平均值。预测评分可以定义为用户 u 在训练集中所有评分的平均值，如式(12.4)所示：

$$\bar{r}_u=\frac{\sum_{i\in N(u)} r_{ui}}{\sum_{i\in N(u)} 1} \tag{12.4}$$

(3) 同类用户对同类物品评分的平均值，即利用训练集中同类用户对同类产品评分的平均值预测用户对产品的评分，如式(12.5)所示：

$$\hat{r}_{ui}=\frac{\sum_{(v,j)\in \mathrm{Train},\phi(u)=\phi(v),\varphi(i)=\varphi(j)} r_{vj}}{\sum_{(v,j)\in \mathrm{Train},\phi(u)=\phi(v),\varphi(i)=\varphi(j)} 1} \tag{12.5}$$

2) 基于领域的评分预测

基于领域的评分预测分为基于用户的邻域算法和基于产品的邻域算法。

基于用户的邻域算法在预测一个用户对一个产品的评分时，需要参考和这个用户兴趣相似的用户对该产品的评分，如式(12.6)所示：

$$\hat{r}_{ui}=\bar{r}_u+\frac{\sum_{v\in S(u,K)\cap N(i)} w_{uv}(r_{vi}-\bar{r}_v)}{\sum_{v\in S(u,K)\cap N(i)} |w_{uv}|} \tag{12.6}$$

这里，$S(u,K)$是和用户 u 兴趣最相似的 K 个用户的集合，$N(i)$是对产品 i 已给出评分的用户集合，r_{vi} 是用户 v 对产品 i 的评分，$\bar{r}_v$ 是用户 v 的所有评分的平均值。用户之间

的相似度 w_{uv} 采用上文所述的皮尔逊相关系数公式计算。

基于产品的领域算法在预测用户 u 对产品 i 的评分时，会参考与用户 u 最邻近的其他用户的评分，如式(12.7)所示：

$$\hat{r}_{ui} = \bar{r}_i + \frac{\sum_{j \in S(u,K) \cap N(u)} w_{ij}(r_{uj} - \bar{r}_i)}{\sum_{j \in S(u,K) \cap N(u)} |w_{ij}|} \tag{12.7}$$

这里，$S(i,K)$ 是和用户 i 兴趣最相似的 K 个用户的集合，$N(u)$ 是用户 u 已给出评分的产品集合，$\bar{r}_i$ 是用户 i 的所有评分的平均值。

在基于用户的协同过滤算法中，采用基于用户的邻域推荐算法。当完成用户相似度的计算后，得到与用户 u 相似的最邻近用户集 N。根据计算得到的评分数据集，采用相应的计算公式，可以计算出用户 u 对项目 i 的评分，如式(12.8)所示：

$$P_{ui} = \frac{\sum_{u' \in N} S(u,u') \cdot r_{u'i}}{\sum_{u' \in N} |S(u,u')|} \tag{12.8}$$

其中，$S(u,u')$ 为用户 u 和 u' 的相似度，$\hat{r}_{ui}$ 可以用式(12.9)求解：

$$\hat{r}_{ui} = \bar{r}_u + \frac{\sum_{v \in S(u,K) \cap N(i)} w_{uv}(r_{vi} - \bar{r}_v)}{\sum_{v \in S(u,K) \cap N(i)} |w_{uv}|} \tag{12.9}$$

3. 示例

已知有 3 位用户，分别为 User1、User2、User3；产品有 10 种，分别为 Product1～Product10。这里限定评分范围为 0～10。评分矩阵如表 12.1 所示。

表 12.1　评分矩阵

产品 用户	Product1	Product2	Product3	Product4	Product5	Product6	Product7	Product8	Product9	Product10
User1	0	2	5	0	9	2	0	0	1	0
User2	5	2	7	8	0	9	2	0	5	4
User3	10	2	1	7	2	0	0	5	8	3

首先计算用户的相似度。

选定用户 User1，计算 User1 与另外两位用户的余弦相似度，结果如下：

User1 与 User2 的相似度为 0.3532。

User1 与 User3 的相似度为 0.2040。

所以 User2 与 User1 相似度更大。由于这里只给定了 3 个用户，无须通过最邻近用户组计算评分预测值，所以此时直接根据 User2 的评分数据向 User1 进行推荐。

很明显，Product1 和 Product10 更符合 User1 的口味，因此可以将这两件产品推荐给 User1。

12.1.3 基于项目的协同过滤算法

在实际的推荐系统中,如果系统用户的数量达到了相当量级,整个系统的计算时间和计算难度会大大增加,进而使得推荐效率和质量变得低下。对于这种情况,适合采用项目的协同过滤算法。该算法的核心思想是计算不同项目之间的相似度,进而预测用户对某件产品的评分。基于项目的协同过滤算法示意图如图12.3所示。

以基于项目的协同过滤算法进行系统建模时,其前提条件是需要获取待测项目与其他项目之间的相似度。通过计算得到的相似度对用户评分进行加权平均计算,进而得到待测项目的评分预测值。例如,如果需要计算项目A和B之间的相似度,则需要找出同时评价过这两个项目的用户组,然后通过计算用户组之间的相似度得到项目之间的相似度。

基于项目的协同过滤算法的核心仍然是相似度权重计算和推荐评分预测。

图12.4是基于项目的协同过滤算法的流程图。

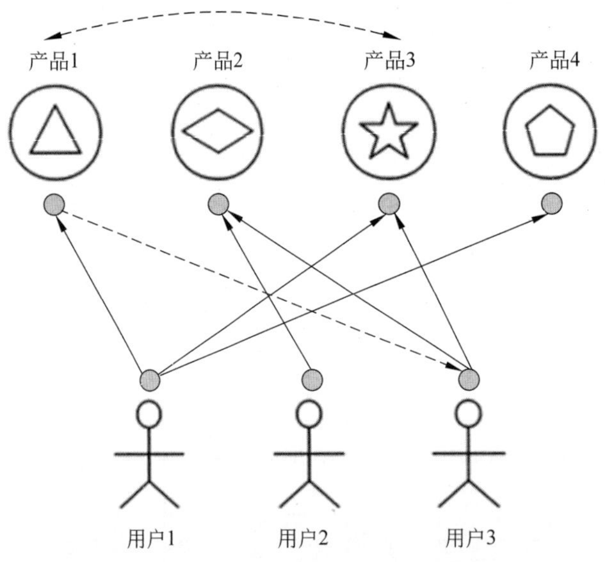

图12.3 基于项目的协同过滤算法示意图

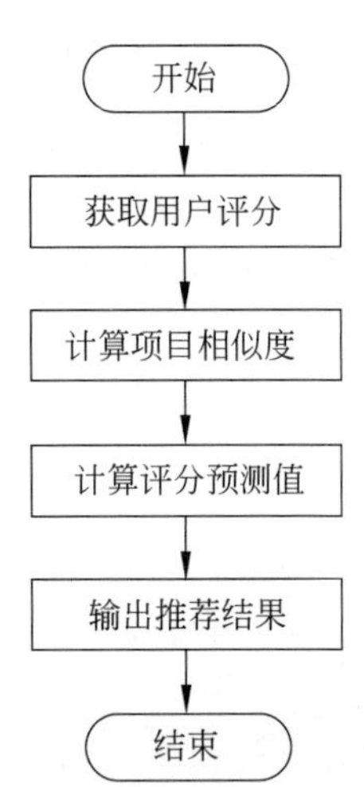

图12.4 基于项目的协同过滤算法的流程图

1. 计算相似度

这里采用电商网站常用的相似度计算方法,计算公式如式(12.10)所示:

$$w_{ij}=\frac{|N(i)\cap N(j)|}{|N(i)|} \tag{12.10}$$

各参数说明如下:

- $|N(i)|$表示喜欢产品i的用户数量。
- $|N(i)\cap N(j)|$表示同时喜欢产品i和j的用户数量。

式(12.10)存在一个弊端:如果项目j受欢迎程度相当高,则会出现w_{ij}的值无限接近1的情况。为了避免此类问题的出现,人们又提出了新的公式,如式(12.11)所示:

$$w_{ij}=\frac{|N(i)\cap N(j)|}{\sqrt{|N(i)||N(j)|}} \tag{12.11}$$

可以发现,基于项目的协同过滤算法得到的推荐结果与用户以前感兴趣的项目具有相似性。

2. 计算评分预测值

在基于项目的协同过滤算法中,采用基于产品的邻域推荐算法计算评分预测值,如式(12.12)所示:

$$\hat{r}_{ui}=\bar{r}_i+\frac{\sum_{j\in S(u,K)\cap N(u)} w_{ij}(r_{uj}-\bar{r}_i)}{\sum_{j\in S(j,K)\cap N(u)} |w_{ij}|} \tag{12.12}$$

各参数说明如下:

- $N(u)$表示用户 u 喜欢的项目的集合。
- $S(j,K)$表示与项目 j 最相似的 K 个项目的集合。
- w_{ji}表示项目 j 和 i 的相似度。
- r_{ui}表示用户 u 对项目 i 的评分。

由此可以看出,如果某个项目与用户以前感兴趣的项目具有很高的相似性,则该项目被推荐的可能性就很大。相似度越高,系统对该项目的推荐评分越高。

12.1.4　两种算法的比较

本节从 3 个方面对基于用户的协同过滤算法和基于项目的协同过滤算法进行比较。

1. 适用场景

对于阿里巴巴、京东等大型电商类互联网公司来说,其系统用户的数量巨大,用户总量远远超过其系统内所含有的产品的总量,如果此时选择基于用户的协同过滤算法,那么系统的计算时间和计算难度会大幅增加,成本会急剧上升。对于这种情况,基于项目的协同过滤算法是更适宜的选择。而对于社交平台或者新闻门户网站来说,其系统内所含有的产品信息是海量的,此时基于用户的协同过滤算法是最佳选择。由此可以看出,这两种算法有各自的最佳应用场景,在不同的场景下选择不同的算法,才能使推荐效果最好。

2. 准确度和推荐多样性

有研究者对同一个数据集分别采用基于用户的协同过滤算法和基于项目的协同过滤算法两种方式建立模型,计算最终的推荐结果,发现两种推荐方式得到的结果中有 1/2 是一样的,而另外的 1/2 完全不一样。实际上,这两种算法的准确度是一样的,这两种算法是可以相互补充的。

衡量推荐的多样性有两种方法:

(1) 从单个用户角度度量。即推荐系统提供给单个用户的结果是否呈现多样化。可以发现,基于项目的协同过滤算法的推荐结果的多样性肯定不如基于用户的协同过滤算法的推荐结果,因为基于项目的协同过滤算法得到的推荐结果与以前的产品相似。

(2) 从推荐系统角度度量。系统提供的结果是否可以多样选择。此时,基于项目的协同过滤算法的推荐结果的多样性远高于基于用户的协同过滤算法的推荐结果的多样性,这是因为基于用户的协同过滤算法的推荐结果中基本上都是热门产品,也就是说,基于项目的协同过滤算法的推荐结果具有很高的新鲜性,最终的推荐结果看似冷门,实则很有价值。

3. 用户对推荐算法的适应度

基于用户的协同过滤算法的核心思想是将与目标用户相似度高的邻近用户感兴趣的东西推荐给目标用户。而如果目标用户没有与之有相似喜好的邻近用户,那么这种算法的推荐效果就会很差。可以看出,基于用户的协同过滤算法的适应度与目标用户的邻近用户的数量成正比。

而基于项目的协同过滤算法的核心思想是找出与用户以前感兴趣的产品相似的产品,然后将其推荐给目标用户,这种相似度称为自相似度。自相似度越大的产品被推荐的可能性越大。所以,基于项目的协同过滤算法的适应度与目标用户的自相似度成正比。

12.1.5 协同过滤算法和基于内容的过滤算法比较

协同过滤算法以用户的行为数据为出发点,推荐结果的个性化程度高。该算法基于以下两点:

(1) 兴趣相近的用户可能会对同样的东西感兴趣。

(2) 用户可能偏爱与自己以前购买的东西相似的产品。

基于内容的过滤算法只考虑了对象本身的性质,将对象按照标签形成集合。如果用户喜欢集合中的一个对象,则系统会向用户推荐集合中其他的对象。该算法根据内容的元数据发现内容的相关性,然后基于用户以前的喜好推荐给用户相似的产品,它不能进行实时的推送。

12.1.6 推荐系统的评价

推荐系统包含许多可能会影响用户体验的属性,如准确性、健壮性、可拓展性等,就整个推荐系统而言,要对其进行评价,就要对推荐系统产生的结果进行分析。主要的评价方法如下:

1. 通过系统输出评价

从客观方面评价,衡量该系统的推荐效果,本节采用系统推荐结果的准确率,即从推荐结果出发,评价整个系统。以歌曲推荐系统为例,系统推荐结果的准确率定义为在推荐歌曲列表中用户以前听过的相同歌手的歌曲或风格类似的歌曲所占的比例,其计算公式如式(12.13)所示:

$$\text{Accuracy} = \frac{\text{Num}(\text{singer}) + \text{Num}(\text{style})}{\text{Num}(\text{total})} \tag{12.13}$$

其中:

- Accuracy 表示系统推荐准确率。
- Num(singer)表示同一歌手的歌曲数目。
- Num(style)表示风格类似的歌曲数目。
- Num(total)表示推荐的歌曲总数。

2. 通过用户反馈评价

从主观方面评价，需要被推荐用户反馈的主观评分。其中可以用用户对推荐结果的采纳程度来评价整个推荐系统。通过计算准确率和召回率，可以得出用户对推荐结果的采纳程度。准确率是指推荐歌曲被用户接受的比例，召回率是指推荐歌曲在用户新歌列表中所占的比例。

准确率的计算公式如式(12.14)所示：

$$\text{Precision}=\frac{\sum_{u\in U}|R(u)\cap M(u)|}{\sum_{u\in U}|R(u)|} \tag{12.14}$$

召回率的计算公式如式(12.15)所示：

$$\text{Recall}=\frac{\sum_{u\in U}|R(u)\cap M(u)|}{\sum_{u\in U}|M(u)|} \tag{12.15}$$

其中：

- $R(u)$表示针对用户 u 的推荐歌曲列表。
- $M(u)$表示用户 u 的新歌列表。
- U 表示用户集合。

12.2 音乐推荐

12.2.1 数据获取

本节所使用的原始数据来源于国内某大型音乐社区。我们采用了主流的 Scrapy 爬虫框架爬取了该音乐社区的用户信息，并且进入用户主页进一步获取用户的实际听歌信息，获得的数据集由 3 部分组成：用户 ID、歌曲名、歌手名。

获得的原始数据集的部分样本如表 12.2 所示。

表 12.2　原始数据集的部分样本

用户 ID	歌　曲　名
6236391	The Impossible Main-Fernando Vel\u00e1zquez
6236391	The Impossible Main-Fernando Vel\u00e1zquez
20484291	Let It Go-Pentatonix
20484291	Your Song-Lady Gaga
74902532	Pink Trip-Chill Boy
283364730	Worth It-Fifth Harmony
283364730	She-Groove Coverage
23641059	Superstition-Stevie Wonder
282146793	I Am You-Kim Taylor
1824115	Flying Home-Clint Eastwood

12.2.2 数据预处理

经过实际的数据爬取操作,最终获得的数据集里存在大量的无效信息,包含数据重复、数据缺失、数据异常等。如果原始数据集不经过预处理,在后续的操作中,这些无效信息会在后续的数据分析中导致结果与预测出现极大的偏差,因此需要对数据进行预处理操作。在数据分析领域,预处理操作主要包括合并重复值、处理缺失值、处理异常值等。

在本案例中,实际需要处理的问题主要是数据重复。重复主要分为如下两种情况:

(1) 同一事物在数据库中存在两条或者多条完全相同的记录。

(2) 相同的信息冗余地存在于多个数据源中。

根据用户的听歌习惯,一首歌被循环播放的次数往往不止一次,因此原始数据集里会出现大量的重复。此时需要对重复数据进行合并,得到该歌曲的播放次数,产生新的数据集。表12.3是预处理后的数据集中的部分样本。

表12.3 预处理后数据集中的部分样本

用户ID	歌曲名	歌手	播放次数
97044482	Unstoppable	Sia	2
97044482	Victory-Two	Steps From Hell	12
97044482	Vincent-Ellie	Goulding	2
97044482	Where'd You Go-Fort	Minor	1
97044482	With an Orchid	Yanni	1
97044482	Yesterday Once More	Carpenters	2
97123798	123 我爱你 (FT 贺子玲)	丁文杰	1
97123798	All The Stars	Kendrick Lamar	1
97123798	Call Out My Name	The Weeknd	1
97123798	Chandelier	Madilyn Bailey	1

12.2.3 数据分析及算法设计

在本案例中,由于音乐作品自身的特征向量无法客观地确定,带有很强的主观性,考虑推荐结果在用户中的信服力,本节最终采用了基于用户的协同过滤算法对整个系统进行建模。

1. 建立评分矩阵

对整个系统建模的第一步是建立用户的评分矩阵,如表12.4所示。

表12.4 评分矩阵

音乐作品 / 用户ID	卡农D大调	往日时光	水城	盛夏光年	…
10649818	1				…
11224197		8			…

续表

音乐作品 / 用户 ID	卡农 D 大调	往日时光	水　城	盛夏光年	…
12899728			3		…
13047272	2			1	…
⋮	⋮	⋮	⋮	⋮	⋮

2. 相似度计算

第二步需要计算用户之间的相似度。在数据分析领域，计算相似度的方法有很多，本节采用了最经典的余弦相似度计算方法。余弦相似度计算公式如式(12.16)所示：

$$\mathrm{Cos}(u,v)=\frac{\sum_i r_{ui}r_{vi}}{\sqrt{\sum_i r_{ui}^2}\sqrt{\sum_i r_{vi}^2}} \tag{12.16}$$

其中：

- r_{ui}表示用户 u 对项目 i 的评分。
- r_{vi}表示用户 v 对项目 i 的评分。

这里选择向用户 ID 为 324037825 的用户进行推荐。通过余弦相似度的计算，得到该用户与其他用户之间的余弦相似度。

求余弦相似度的代码如下：

```
#求余弦相似度
id =324037825
res = list()
alluser = np.unique(df.index)
for user in alluser:
    if(user == id):
        continue
    for song in song_b:
        map2[song[0]] = song[1]
    for song in map1.keys():
        if(song in map2.keys()):
            suma = suma + map1.get(song) * map2.get(song)
```

表 12.5 为余弦相似度数据集的部分样本。

3. 推荐评分计算

计算出目标用户与其他用户之间的余弦相似度以后，通过对余弦相似度进行排序，就获取了与目标用户相似度高的前 K 个用户。

这里取 $K=20$，得到与目标用户相似度高的前 20 个用户，如表 12.6 所示。

表 12.5 余弦相似度数据集的部分样本

用户 ID	余弦相似度	用户 ID	余弦相似度
10649818	0.0008859206677969	292856279	0.0017887971414071
11224197	0.0112602258801165	292942254	0.0029438260878483
12899728	0.0005700694706183	294647694	0.0
13047272	0.012339660841660	295013501	0.0003274288219274
232041365	0.0041135083514493	313606998	0.004252018090563
233758732	0.0002719390054826	321965216	0.002762548579342
253532283	0.006914696806077	337439938	0.005484869088977
253940113	0.0	347815862	0.0
271247095	0.0002487062069063	349021036	0.0011532270575649
285925226	0.0037764989578201	352258291	0.004560555764947
286002767	0.0	354565064	0.00777851004853

表 12.6 与目标用户相似度高的前 20 个用户及相应的余弦相似度

用户 ID	余弦相似度	用户 ID	余弦相似度
256473507	0.2788466693893769	245078440	0.0139652851960018
203674471	0.2017660725037405	14057233	0.0133677318849281
204568841	0.0540606448372923	254035475	0.0133480491187004
203346276	0.0280258491528776	289240885	0.0132731669155736
283364730	0.0209581380860136	187742989	0.0129034420896082
298965430	0.01740140703169790	290342392	0.0126496970413079
246286510	0.01730609233613283	13047272	0.012339660841660764
187667273	0.0162595312122995	148650322	0.0114443498645931
260310222	0.015241457964445	11224197	0.0112602258801165
280641430	0.0149389764881706	54883905	0.0112456867032808

获取前 K 个用户的代码如下：

```
res1 = sorted(res.items(), key = lambda d: d[1],reverse = True)
res1 =[x for x in res1 if(x[1]>0)]
res1 = res1[:20]                        #取前 K 个相似用户
print(res1)
```

当得到与目标用户相似度高的前 K 个用户后，根据其评分矩阵计算歌曲的推荐评分。本实例中所采用的推荐评分计算公式如式(12.17)所示：

$$\text{Recommend}(u,i)=\frac{\sum_{v\in U}\text{Cos}(u,v)\boldsymbol{R}_{vi}}{\sqrt{\sum_{v\in U}|\text{Cos}(u,v)|}} \tag{12.17}$$

其中：

- Recommend(u,i)表示用户 u 对歌曲 i 的评分。
- U 是与目标用户有相同爱好的用户群。
- $\boldsymbol{R}$ 是评分矩阵。

歌曲推荐部分的代码如下：

```
#用最近邻用户的评分向目标用户推荐歌曲
for user in user_topk:
    if(user == id):
        continue
    for song in song_b:
        map2[song[0]] = song[1]
        if song[0] in res_recommend.keys():
            res_recommend[song[0]]+= song[1] * map_score[user]
        else:
            res_recommend[song[0]] = song[1] * map_score[user]
```

经过上述 3 个步骤之后，就得到了每一首歌曲的推荐评分。最后，对推荐评分按照从高到低的顺序排序，取推荐评分高的前若干首歌曲作为向该用户推荐的歌曲。

12.2.4　结果输出和模型评价

1. 结果输出

本节选择用户 ID 为 324037825 的用户为目标用户，向其推荐 20 首歌曲，如表 12.7 所示。

表 12.7　向目标用户推荐的 20 首歌曲

推荐歌曲	推荐评分	推荐歌曲	推荐评分
Sober-G-Eazy	4.46154671	Something Just Like ..-Alex Goot	1.31218631
Good Night-AKA.imp 小鬼	3.239603718	Falling For U-Seventeen	1.210596435
Lost Boy-Ruth B	3.067313363	I'm Not In Love-Andrew Ryan	1.210596435
Such A Boy-Astrid S	2.230773355	TAEYEON（태연）-11：11..-凯琳 Kate	1.176421825
사랑을했다-iKON	1.91161966	Dusk Till Dawn-Madilyn Bailey	1.115386678
First Kiss-Marcus & Martinus	1.673080016	Force of Nature-Bea Miller	1.115386678
BINGBIAN 病变（女声版）-鞠文娴	1.49058387	Galway Girl-Madilyn Bailey	1.115386678
I Wanna Get Love-蔡徐坤	1.420161414	Where Is the Love? -The Black Eyed Peas	1.115386678

续表

推荐歌曲	推荐评分	推荐歌曲	推荐评分
Better Off-Emily Vaughn	1.412362508	There For You-Martin Garrix	1.01871128
Bring Back The Summe..-Rain Man	1.394233347	21 Guns-Green Day	0.836540008

2. 模型评价

用户是推荐系统的参与者，要获得用户的主观评分和听歌记录，只能通过线下调查或线上反馈的方式实现。本案例选择的目标用户是来自某大型音乐社区的真实用户，要找到真实用户进行反馈调查非常困难，故这里采用系统输出来评价本推荐系统。

下面利用用户 ID 为 324037825 的用户的听歌信息进行歌曲类别分析。表 12.8 是其听歌次数排行的前 30 首歌曲。

表 12.8 用户 324037825 听歌次数排行的前 30 首歌曲

歌曲名	歌手	听歌次数	歌曲名	歌手	听歌次数
Good Night	AKA.imp 小鬼	75	Something Just Like …	Alex Goot	2
Don't Play (Remix)	B.P.E	8	いつも何度でも	奥户巴寿	2
非酋	薛明媛	8	全部都是你	Dragon Pig	2
如果你能感同我的身受	BC221	7	千禧	徐秉龙	2
Rumors	Jake Miller	5	大鱼	双笙	2
戒烟	李荣浩	4	时间煮雨	郁可唯	2
让世界毁灭	林宥嘉	4	空空如也	胡 66	2
偶尔	J.zen	3	阿楚姑娘	袁娅维	2
刚好遇见你	李玉刚	3	24K Magic	Bruno Mars	1
后会无期	G.E.M.邓紫棋	3	Bad Liar	Selena Gomez	1
奇妙能力歌	陈一发儿	3	Can't Stop	CNBLUE	1
女孩	韦礼安	3	City Of Stars	陶心瑶	1
白羊	徐秉龙	3	Dance To The Music	李宇春	1
사랑을 했다	iKON	3	Don't Treat Me	王极	1
Dream It Possible	Delacey	2	Faded	Alan Walker	1

经过分析，该用户所听歌曲的语种分布如图 12.5 所示。

对比表 12.7 的推荐结果可知，相同歌手有 AKA.imp 小鬼、G.E.M.邓紫棋、Alex Goot 和蔡徐坤，相同歌手的歌曲有 4 首。

受限于该音乐社区曲库的分类信息，本案例根据歌曲语种来划分歌曲类型。由用户 324037825 的听歌信息可以发现，该用户喜爱英文歌，推荐的歌曲里除了有相同歌手的 4 首歌曲外，还有 13 首英文歌曲，根据式(12.14)，得到系统推荐准确率为 85%，故本推荐系

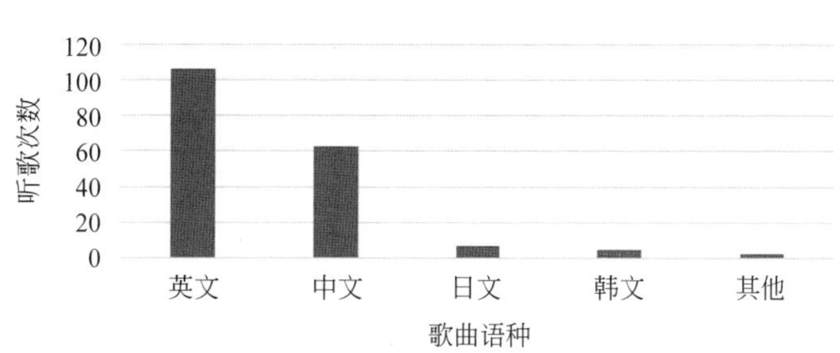

图12.5　用户324037825所听歌曲的语种分布

统得出的结果还是比较符合用户口味的，也达到了预期的效果。

12.3　思考与练习

本章介绍的音乐推荐系统的模型评估部分还需要进一步完善和改进。可以引入真实用户进行推荐，后续还可以制作一个App页面，向平台化发展，以吸引更多的用户参与，使推荐系统具有更高的商业价值。

读者可以自己探索与研究如下两个问题。

(1) 如果采用基于项目的协同过滤算法进行推荐预测，推荐效果会怎么样？

(2) 如果采用其他的算法进行推荐预测，推荐效果会怎么样？

第 13 章 基于支持向量机的手写数字识别

13.1 背景与支持向量机的概念

本章通过支持向量机(SVM)对手写数字图片进行分类。支持向量机最初被用来解决线性分类问题,自 20 世纪 90 年代中期在其中加入核函数后,支持向量机也能有效解决非线性问题。其优点主要是能适应样本数量小、特征维度高的数据集,甚至是特征维度数高于训练样本数的情况。支持向量机是建立在统计学习理论的 VC 维(Vapnik-Chervonenkis Dimension,万普尼克-切沃嫩基斯维)理论和结构风险最小原理基础上的,根据有限的样本信息在模型的复杂性(即对特定训练样本的学习精度)和学习能力(即无错误地识别任意样本的能力)之间寻求折中,以期获得较好的泛化能力。

由于支持向量机具有许多引人注目的优点和极有前途的应用性能,因此它受到了越来越广泛的重视。继神经网络之后,该技术已经成为机器学习研究领域中的新热点,并取得了非常理想的实践效果,在很多领域,特别是人脸识别、手写数字识别和网页分类等方面得到广泛应用。

13.1.1 最优超平面

支持向量机通过学习数据空间中的一个超平面达到二分类目的。在预测中,在超平面一侧的被认为是一种类型的数据,在另一侧的被认为是另一种类型的数据。

所谓超平面,在一维空间中是一个点,在二维空间中是一条线,在三维空间中是一个平面,在更高维空间中被称为超平面。在普通线性可分问题中,符合分类要求的超平面有无穷多个。机器学习的目的不只是能正确匹配训练数据,而且是使分类器在新的、未来的测试数据上能有良好表现。所以,在没有任何其他已知条件的情况下,分类器应该平均分配两类数据之间的空白区域,新的被测数据能被分到它更靠近的那一侧。

13.1.2 软间隔

在很多时候训练集中会有噪声数据,或者问题本身带有不确定性,这时使用最优超平面策略会产生过度拟合问题。

在支持向量机中,软间隔(soft margin)的概念解决了这类问题,它允许计算超平面时在训练集上存在错误数据,能够防止出现过度拟合。此时寻找超平面的问题变成了如下两种条件的权衡:尽可能正确地分类训练数据和软间隔尽可能大。支持向量机模型中提供了松弛因子超参数 C,能够控制在训练时所倾向的条件。当设置的 C 参数较大时,支持向量机倾向于超平面能严格划分训练数据；当设置的 C 参数较小时，支持向量机倾向于容忍更多训练数据分类错误，而使软间隔更大。

13.1.3　线性不可分问题

前面讨论的训练数据大体上是能够在特征维度上进行线性分割的。如果训练数据的分布类型是不可分的情况，那么无论如何也找不到一个能较好地分割两类数据的一维超平面，这就是非线性不可分问题。

对于这样的数据集，可以在增加特征维度后找到分类超平面。任何有限维的线性不可分问题在更高维度的空间里总可以变化成线性可分问题。但是从二维到三维的映射公式是针对训练数据量身定制的，SVM 使用拉格朗日乘子法实现对超平面求解问题的升维。假设高维空间中最优超平面是形如 $y=w_0+w_1x_1+w_2x_2+\cdots+w_nx_n$ 的线性方程，通过拉格朗日乘子法最后可以将求超平面参数 w 的目标转换为用高维空间中数据点向量两两点积值求解的二次规划问题。

目前解决二次规划问题的较好的计算机算法是微软公司工程师普拉特(John C. Platt)于 1998 年提出的 SMO(Sequential Minimal Optimization)算法，并成为颇受欢迎的二次规划优化算法，特别针对线性支持向量机和数据稀疏时性能非常优秀。SMO 算法可用于求解对偶问题的序列最小最优化问题，主要有以下两个步骤：

(1) 使用启发式方法选取一对参数 a_i 和 a_j。

(2) 固定除 a_i 和 a_j 之外的其他参数，确定 W 极值条件下的 a_i，将 a_j 由 a_i 表示。SMO 算法之所以高效，就是因为固定了其他参数，而只对一个参数进行优化。

13.1.4　支持向量机类型

常用的支持向量机可以分为以下几个类型：

(1) 线性可分支持向量机(又称为硬间隔支持向量机)。如果训练数据是线性可分的，可以选择分离两类数据的两个平行的超平面，使得它们之间的距离尽可能大。在这两个超平面范围内的区域称为硬间隔，最大硬间隔超平面是位于这两个超平面正中间的超平面。

(2) 线性支持向量机(又称为软间隔支持向量机)。当数据中有一些噪声，为了将支持向量机扩展到数据线性不可分的情况，可以引入松弛变量，它表示样本离群的程度。松弛变量越大，样本离群越远；松弛变量为 0，则样本没有离群。但即使数据不可线性分类，仍能学习到可行的分类规则。

(3) 非线性支持向量机。为了解决数据在低维不可分的问题，引入核函数，可以将数据映射到更高维空间进行分类。

13.1.5　支持向量机举例

只要掌握了线性可分支持向量机，则线性支持向量机或非线性支持向量机问题的求解只需在线性可分支持向量机基础上进行改动即可。例如，线性支持向量机只是向线性可分支持向量机中引入惩罚因子(离群点带来的损失)；非线性支持向量机只是向线性可分支持向量机中引入核函数,用来将不可分数据映射到高维空间,从而达到可分的效果。因此,本节以最基础的线性可分支持向量机为例,通过一个实例从大体上认识支持向量机。

输入数据的情况如下:

(1) 假设给定一个特征空间上的训练数据集 $T=\{(x_1,y_1),(x_2,y_2),\cdots,(x_N,y_N)\}$。

(2) x_i 为第 i 个实例(若 $n>1$,则 $\boldsymbol{x}_i$ 为向量)。

(3) y_i 为 x_i 的类标记。当 $y_i=1$ 时,称 x_i 为正例;当 $y_i=-1$ 时,称 x_i 为负例(y_i 的值之所以设为 1 和 −1,只是为了后面化简容易)。

(4) (x_i,y_i)称为样本点。

(5) 决策方程:$y(x)=w^{\mathrm{T}}f(x)+b \Rightarrow y_i y(x_i)>0$。

通俗地说,支持向量机优化的目标就是要找到一条线(w 和 b),使得离该线最近的点与该线的距离尽可能最大。对于决策方程,可以通过放缩变换使得其结果值 $|Y|\geqslant 1$,常规的方法就是将原问题的极小极大问题利用对偶性质转换为极大极小问题,应用拉格朗日乘子法求解给定的 3 个数据点,即正例点 $x_1=(3,3)^{\mathrm{T}}$、$x_2=(4,3)^{\mathrm{T}}$ 和负例点 $x_3=(1,1)^{\mathrm{T}}$,求出线性可分支持向量机。求解过程如下:

(1) 目标函数为

$$\min \frac{1}{2}\sum_{i=1}^{n}\sum_{j=1}^{n}a_i a_j y_i y_j (x_i x_j)-\sum_{i=1}^{n}a_i$$

$$=\frac{1}{2}(18a_1^2+25a_2^2+2a_3^2+42a_1a_2-12a_1a_3-14a_2a_3)-a_1-a_2-a_3$$

$$\text{s.t.}\quad \begin{array}{l} a_1+a_2-a_3=0 \\ a_i \geqslant 0, i=1,2,3 \end{array}$$

(2) 将约束条件带入目标函数,化简计算:

将 $a_1+a_2=a_3$ 代入目标函数,得到关于 a_1、a_2 的函数:

$$s(a_1,a_2)=4a_1^2+\frac{13}{2}a_2^2+10a_1a_2-2a_1-2a_2$$

对 a_1、a_2 求偏导并令其为 0,易知 $s(a_1,a_2)$在点$(1.5,-1)$ 处取极值。而该点不满足条件 $a_2\geqslant 0$,所以,最小值应在边界上达到。

当 $a_1=0$ 时,最小值 $s\left(0,\frac{2}{13}\right)=-\frac{2}{13}=-0.1538$。

当 $a_2=0$ 时,最小值 $s\left(\frac{1}{4},0\right)=-\frac{1}{4}=-0.25$。

于是,$s(a_1,a_2)$在 $a_1=\frac{1}{4}$,$a_2=0$ 时达到最小,此时,$a_3=a_1+a_2=\frac{1}{4}$。

(3) 分离超平面:

$a_1=a_3=\frac{1}{4}$对应的点 x_1、x_3 是支持向量,带入式(13.1)和式(13.2):

$$w^* = \sum_{i=1}^{N} a_i y_i f(x_i) \tag{13.1}$$

$$b^* = y_i - \sum_{i=1}^{N} a_i y_i (f(x_i) f(x_j)) \tag{13.2}$$

得到 $w_1 = w_2 = 0.5, b = -2$,因此,分离超平面为

$$\frac{1}{2}x_1 + \frac{1}{2}x_2 - 2 = 0$$

分离决策函数为

$$f(x) = \text{sign}\left(\frac{1}{2}x_1 + \frac{1}{2}x_2 - 2\right)$$

上面一个简单的线性可分支持向量机的例子。也可在坐标轴上画出这几个点,可以直观地看到,求出的分离超平面就是一个最大硬间隔超平面。

支持向量机实现了通过某种事先选择的非线性映射(核函数)将输入向量映射到一个高维特征空间,在这个空间中构造最优分类超平面。使用支持向量机进行数据集分类工作时,首先通过预先选定的一些非线性映射将输入空间映射到高维特征空间,使得在高维特征空间中有可能对训练数据实现超平面的分割,避免了在原输入空间中进行非线性曲面分割计算。支持向量机数据集形成的分类函数具有以下性质:它是一组以支持向量为参数的非线性函数的线性组合,因此分类函数的表达式仅和支持向量的数量有关,而独立于空间的维数。在处理高维输入空间的分类时,这种方法非常有效。

支持向量机的相关公式可自行推导出来,最初分类函数、最大化分类间隔、凸二次规划、拉格朗日函数、转化为对偶问题、SMO 算法的目的都是寻找一个最优解,即一个最优分类超平面。

13.1.6　支持向量机的应用

支持向量机在各领域的模式识别问题中都得到了应用,包括人像识别、文本分类、手写字符识别、生物信息学等。

(1) 用于文本和超文本的分类。支持向量机在归纳和直推方法中都可以显著减少学习所需要的有类标的样本数。

(2) 用于图像分类。比起传统的查询优化方案,支持向量机能够获取明显更高的搜索准确度。这同样也适用于图像分割系统,例如使用万普尼克所建议的特权方法的修改版本支持向量机的图像分割系统。

(3) 用于手写字体识别。例如,手写数字识别可以应用在银行存款单号识别中,可极大地减少人工成本。

(4) 用于医学中的蛋白质分类,超过 90%的化合物能够被正确分类。基于支持向量机权重的置换测试已经成为一种机制,用于解释支持向量机模型。支持向量机权重也被用来解释过去的支持向量机模型。为识别模型用于进行预测的特征而对支持向量机模型作出事后解释是在生物科学中具有特殊意义的新研究领域。

13.2 分析方法与过程

大多数人很容易就能认出数字,但让计算机程序来识别数字,就会感到视觉模式识别的困难。支持向量机算法从另一个角度来考虑问题,其思路是:获取大量的手写数字,作为训练样本,然后开发出一个可以从这些训练样本中学习手写数字的知识的系统。换言之,支持向量机使用训练样本自动推断出识别手写数字的规则。随着训练样本数量的增加,支持向量机算法可以学习到更多关于手写数字的知识,这样就能够提升自身的准确性。

支持向量机算法广泛应用于分类问题,本节将采用支持向量机算法构建一个图片分类模型。手写数字识别是机器学习经典的分类问题,手写数字数据集较小,模型训练速度快,能快速评估一个机器学习模型的性能。通过对手写数字识别的介绍可以使读者快速入门并理解机器学习的基本思想,读者也可通过对比常用机器学习算法在手写数字数据集上的性能来分析各种机器学习算法的优缺点。本节将构建基于支持向量机算法的模型,以手写数字数据集为训练样本,训练并测试模型,最后通过评估指标来分析支持向量机算法的性能。

手写数字识别主要包括以下步骤:

(1) 对手写数字的图片进行二值处理,去除噪声,为每个像素点给定一个 0～16 的值,得到一个一维矩阵。如图 13.1 所示,原图是一个数字为"7"的图片,经过矩阵转换后得到一维矩阵。

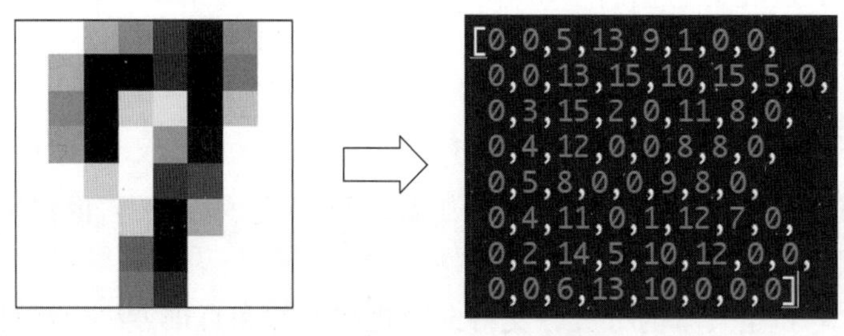

图 13.1 将图片转换为一维矩阵

(2) 对经过步骤(1)处理后的矩阵数据按 7∶3 的比例划分为训练集和测试集,构建支持向量机分类器并在设置参数后训练支持向量机分类器。

(3) 调用步骤(2)训练好的分类器,对测试集的数据进行验证,得出各评估指标并分析分类结果。

13.2.1 数据集介绍

公开数据集 optdigits 包含来自 43 人的手写数字图片,其中 30 人的手写数字图片用于训练,13 人的手写数字图片用于测试,训练集共 3823 张图片,测试集共 1797 张图片。数据集的每一行表示一张图片,每行包含 65 个数字,前面 64 个数字是 8×8 的小图片,最后面的数字表示要写的数字(即图片所表示的正确的数字)。在前面 64 个数字中,每 8 个数字表示图片的一行,共 8 行,数字大小表示图片像素的灰度,值为 0～16,值越大表示像素越黑,0 代表白色,16 代表黑色。

optdigits 数据集的链接如下: https://archive.ics.uci.edu/ml/machine-learning-databases/optdigits/。

13.2.2　数据集读取

在 Python 中,可以用 NumPy 库和 Pandas 库读取数据集。本节利用 NumPy 库读取数据集。代码如下:

```
import numpy as np
import os
data = np.loadtxt('optdigits.tra', dtype = np.float, delimiter = ',')
x, y = np.split(data, (-1, ), axis = 1)
images = x.reshape(-1, 8, 8)
y = y.ravel().astype(np.int)
```

13.2.3　数据集可视化

数据集可视化是指以数字形式存储的手写数字图片显示出来。在 Python 中,通常用 matplotlib 库来画图。

```
import matplotlib.colors
import matplotlib.pyplot as plt
from PIL import Image
    matplotlib.rcParams['font.sans-serif'] = [u'SimHei']
    matplotlib.rcParams['axes.unicode_minus'] = False
    plt.figure(figsize = (15, 9), facecolor = 'w')
    for index, image in enumerate(images[:16]):
        plt.subplot(4, 8, index +1)
        plt.imshow(image, cmap = plt.cm.gray_r, interpolation = 'nearest')
        plt.title(u'训练图片: %i' %y[index])
    for index, image in enumerate(images_test[:16]):
        plt.subplot(4, 8, index +17)
        plt.imshow(image, cmap = plt.cm.gray_r, interpolation = 'nearest')
        save_image(image.copy(), index)
        plt.title(u'测试图片: %i' %y_test[index])
    plt.tight_layout()
    plt.show()
```

上面的代码分别将训练图片和测试图片的前 16 张显示出来,如图 13.2 所示。

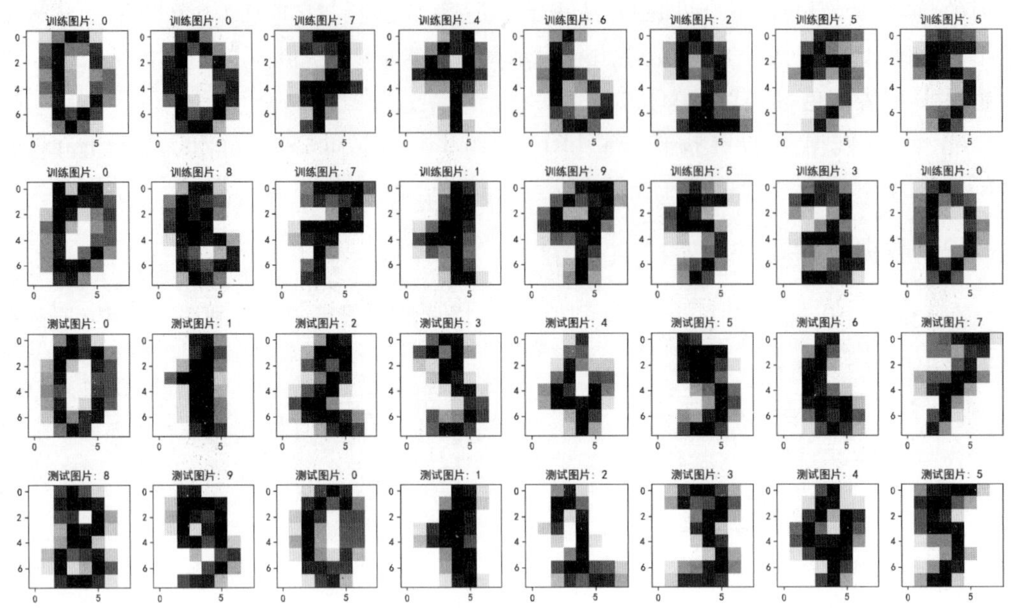

图 13.2　训练图片和测试图片的前 16 张

13.3　模型构建

识别手写数字的结果为 0～9,可知这是一个多分类问题,具体来说,这是一个 10 分类问题。支持向量机算法泛化性好,错误率低,且学习到的结果具有很好的推广性,可以解决小样本情况下的机器学习问题,引入核函数后还可解决高维问题。

Python 的 sklearn.svm 模块提供了很多模型,本节使用的是 svm.SVC,它是基于 libsvm 实现的,libsvm 是由林智仁编写的一个封装支持向量机算法库。svm.SVC 功能强大,使用时不需理解算法实现的具体细节和优化方法。同时,它也能满足多分类需求。svm.SVC 的官方手册链接为 http://scikit-learn.org/stable/modules/generated/sklearn.svm.SVC.html。

SVC 函数共有 14 个参数,下面只作简要介绍,详细信息可在官方手册中查询。

(1) C 表示惩罚项。惩罚的施加对象是松弛变量。C 越大,松弛变量越接近 0,即对误分类的惩罚越重,越接近对训练集全分对的情况,这样,在对训练集进行测试时准确率很高,但泛化能力弱;C 越小,对误分类的惩罚越轻,允许分类出错,将它们当成噪声,泛化能力较强。

(2) kernel 表示核函数类型。默认是 rbf,常用的类型是 linear、poly、rbf 和 sigmoid 等。

(3) degree 表示多项式(poly)函数的维度。默认是 3,选择其他核函数时该参数会被忽略。

(4) gamma 表示核函数系数。它是 rbf、poly 和 sigmoid 类型的核函数的参数。默认是 auto,即 1/n_features。

（5）coef0 表示核函数的常数项。对于 poly 和 sigmoid 类型的核函数有用。

（6）probability 表示是否采用概率估计。默认是 false。

（7）shrinking 表示是否采用收缩启发式方法。默认是 true。

（8）tol 表示停止训练的误差值大小。默认是 10^{-3}。

（9）cache_size 表示核函数缓存大小，默认是 200KB。

（10）class_weight 表示类别的权重，以字典形式传递。

（11）verbose 表示是否允许冗余输出。

（12）max_iter 表示最大迭代次数。－1 为无限制。

（13）decision_function_shape 表示决策函数形状。其值包括 ovo、ovr 和 None，默认是 None。

（14）random_state 表示数据洗牌时的种子值（整型值）。

通常人们会从一些常用的核函数中选择适当的核函数（根据问题和数据的不同，选择不同的参数，实际上就是选择了不同的核函数），例如：

（1）多项式核函数。可以实现将低维的输入空间映射到高维的特征空间。但是，多项式核函数的参数较多，当多项式的阶数比较高的时候，核矩阵的元素值将趋于无穷大或者无穷小，计算复杂度会大到无法执行。

（2）高斯核函数。可以将原始空间映射为无穷维空间。如果选得很大，高次特征上的权重衰减得非常快，所以实际上相当于一个低维的子空间；反过来，如果选得很小，则可以将任意的数据映射为线性可分，可能会产生过度拟合问题。通过调控参数，高斯核函数具有相当高的灵活性，也是使用最广泛的核函数之一。

（3）线性核函数。它实际上就是原始空间中的内积。线性核函数存在的主要目的是使得映射后空间中的问题和映射前空间中的问题在形式上统一起来。

核函数的本质是：在遇到线性不可分的样例时，常用做法是把样例特征映射到高维空间中，然后，相关特征便被分开了，也就达到了分类的目的。但是，如果一遇到线性不可分的样例就将其特征映射到高维空间，那么维数会高到可怕。此时，就需要利用核函数对特征进行从低维到高维的转换，核函数事先在低维空间中进行计算，而将实质上的分类效果表现在高维空间中，这样就避免了直接在高维空间中进行的复杂计算。

下面的代码使用 SVC 训练模型，得到分类结果，并将分错（即识别手写数字出现错误）的图片显示出来。

```
from sklearn import svm
clf = svm.SVC(C=1, kernel='rbf', gamma=0.001)
print('Start Learning...')
clf.fit(x, y)
print('Learning is OK...')
y_hat = clf.predict(x)
show_accuracy(y, y_hat, '训练集')
y_hat = clf.predict(x_test)
print(y_hat)
print(y_test)
```

```
show_accuracy(y_test, y_hat, '测试集')
err_images = images_test[y_test ! = y_hat]
err_y_hat = y_hat[y_test ! = y_hat]
err_y = y_test[y_test ! = y_hat]
print(err_y_hat)
print(err_y)
plt.figure(figsize=(10, 8), facecolor='w')
for index, image in enumerate(err_images):
    if index >=12:
        break
    plt.subplot(3, 4, index +1)
    plt.imshow(image, cmap=plt.cm.gray_r, interpolation='nearest')
    plt.title(u'错分为:%i,真实值:%i' %(err_y_hat[index], err_y[index]))
plt.tight_layout()
plt.show()
```

代码运行结果如图 13.3 所示。其中,“错分为”是模型分类的结果,“真实值”是图片原来的标签。

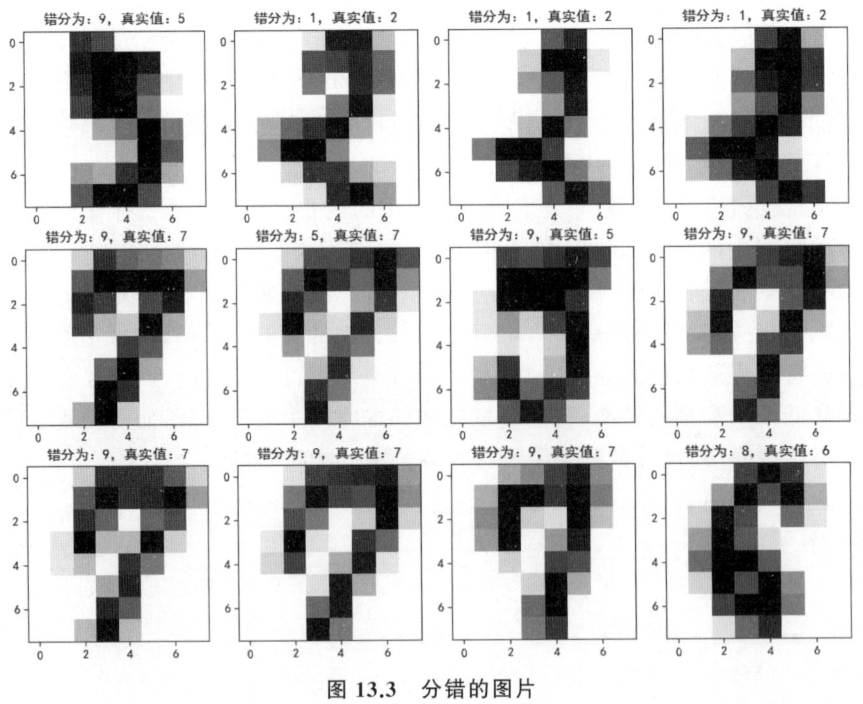

图 13.3　分错的图片

13.4　模型检验

分类模型的评估指标主要有混淆矩阵、准确率、精确率、召回率、F1 值等。在完成手写数字识别模型的构建后,计算模型正确率的代码如下:

```
def show_accuracy(a, b, tip):
    acc = a.ravel() == b.ravel()
    print(tip +'正确率:%.2f%%' %(100 * np.mean(acc)))
```

运行代码，可以发现，该模型在训练集上的正确率为99.82%，在测试集上的正确率为98.27%，对手写数字图片的分类达到了很高的精度。各评估指标如表13.1所示。

表13.1　分类模型评估指标

评估指标	值
准确率	98.27%
精确率	95.04%
召回率	97.31%
F1值	96.16%

从表13.1可以看出，支持向量机对于手写数字字体识别的准确率还是较高的，在其他各个指标上也均有很好的效果，支持向量机适合一些维度不高、样本均匀但数据规模较小的数据集。

13.5　思考与练习

本章案例基于支持向量机进行手写数字图片识别，主要介绍了支持向量机在多分类上的应用与优势、手写数字图片数据集的使用、支持向量机模型的构建以及模型检验。SVC函数共有14个参数，每一个参数值的选取都需要结合实际应用场景进行实验。

读者可以深入思考和探索如下两个问题：

(1) 结合本章案例，尝试选择SVC函数各个参数的不同取值，通过实验对比来确定最佳的参数值。

(2) 不采用调用SVC函数的方式完成本章案例，而是用高级语言来实现支持向量机算法，以解决手写数字图片识别问题。

第 14 章 基于神经网络的代码坏味检测

14.1 神经网络

神经网络是受到人脑中的神经元网络的启发而产生的。历史上出现过很多不同的神经网络算法,最著名的反向传播(BP)算法是由 Kung 和 Hwang 在 1980 年提出的误差反向传播算法,是神经网络和深度学习的基础优化算法。该算法通过迭代来处理训练集中的实例,并且对比经过神经网络后输入层的预测值与真实值之间的误差,将误差由输出层向输入层反向传播,在这个过程中,利用梯度下降算法对神经元的权值进行调整。

神经网络是机器学习的一个分支领域。它是从数据中学习表示的一种新方法,强调在连续的层中进行学习。以多层前馈神经网络(Multilayer Feed-forward Neural Network,MFNN)为例,它包含 3 个层,分别是输入层、隐藏层和输出层。

神经网络的结构是逐层堆叠的。传统意义上的多层神经网络只有输入层、隐藏层和输出层。其中,隐藏层的层数根据需要而定,没有明确的理论推导来说明到底多少层合适。从广义上说,深度学习的网络结构也是多层神经网络的一种。而深度学习中最著名的卷积神经网络(CNN)在多层神经网络的基础上加入了特征学习部分,具体就是在原来的全连接的层前面加入了部分连接的卷积层与降维层。因此,神经网络可以看作深度学习的初级版本。为了便于在后面开展神经网络方面的应用,在学习神经网络模型之前,先了解 Python 中的 Keras 深度学习库,它可以方便地定义和训练几乎所有类型的深度学习模型(包括多层神经网络)。

1. Keras 简介

Keras 是一个模型级(model-level)的库,为开发深度学习模型提供了高层次的构建模块。它不处理张量操作、求微分等低层次的运算。Keras 基于宽松的 MIT 许可证的发布,可以在商业项目中免费使用它。它与所有版本的 Python 都兼容。

2. 在 Ubuntu 上安装 Keras

Keras 的 3 个后端(backend)都支持 Windows 系统,但是不建议在 Windows 系统上安装 Keras,因为在 Windows 上安装 Keras 的过程中会出现一些难以理解的报错信息,使用 Ubuntu 可以避免这些问题。在使用 Keras 前,需要安装 TensorFlow、CNTK 和 Theano 之一(如果希望能够在这 3 个后端之间切换,那么可以安装 3 个后端)。

TensorFlow、CNTK 和 Theano 是深度学习的主要平台。TensorFlow 由 Google 公司开发,Theano 由蒙特利尔大学的 MILA 实验室开发,CNTK 由微软公司开发。用 Keras 编写的所有代码都可以在这 3 个后端上运行,无须任何修改。也就是说,在开发过程中可以在 3 个后端之间无缝切换，这通常是很有用的。例如，对于特定任务，某个后端的速度更快，就可以无缝切换过去。推荐使用 TensorFlow 作为大部分深度学习任务的默认后端，因为它的应用最广，可扩展，而且可用于生产环境。

在 Ubuntu 上安装 Keras 的过程如下：

(1) 安装 Python 科学计算套件(NumPy 和 SciPy)，并确认安装了基础线性代数子程序(BLAS)库，这样模型才能在 CPU 上快速运行。

(2) 安装两个软件包：HDF5(用于保存大型的神经网络文件)和 Graphviz(用于将神经网络架构可视化)。在使用 Keras 时这两个软件包很有用。

(3) 安装 CUDA 驱动程序和 cuDNN，确保 CPU 能够运行深度学习代码。

(4) 假设已经安装了 Ubuntu，并配备了 NVIDIA CPU。开始之前，请确认已经安装了 pip，并确认包管理器是最新的，命令如下：

```
$sudo apt-get update
$sudo apt-get upgrade
$sudo apt-get install python-pip python-dev
```

(5) 安装 TensorFlow。可以使用 pip 从 PyPI 安装 TensorFlow，命令如下：

```
$sudo pip install tensorflow
```

(6) 安装 Theano(可选)。如果已经安装了 TensorFlow，则无须安装 Theano 即可运行 Keras 代码。但构建 Keras 模型时，在 TensorFlow 和 Theano 之间来回切换有时会很有用。Theano 也可以从 PyPI 安装，命令如下：

```
$sudo pip install theano
```

(7) 安装 Keras。可以从 PyPI 安装 Keras。

```
$sudo pip install keras
```

本节的代码示例全部使用 Keras 实现，并在 IPython 上进行编程。IPython 中包含了 Python 编程语言以及几种常见的数字和数据绘图扩展包，在进行实验时，可以立即显示结果，提高工作效率。

14.2　代码坏味检测

神经网络可以用来解决分类问题，如果是二分类问题，可以用一个输出单元表示(0 和 1 分别代表两类)。本节以一个代码坏味检测的例子对二分类问题进行阐述，以方塔纳(F.A.Fontana)等人提出的代码坏味公开数据集为基础，根据代码坏味的度量特征将代码划分为坏味的和不是坏味的。

14.2.1　代码坏味简介

福勒(M.Fowler)等人在 1999 年首次提出了代码坏味(bad smell)概念，作为软件开发中可能会出现的代码问题。代码坏味检测已经成为可以通过重构步骤去除的源代码(或设计)问题的既定方法,目的是提高软件质量和可维护性。坏味并不是代码中已经出现的错误或缺陷,但是它可能会导致错误或者缺陷的发生,所以,坏味实际上是代码中潜在问题的警示信号。

提到代码坏味这个概念,需要和软件重构联系起来。软件重构指的是在不改变软件的功能和外部可见性的情况下,为了改善软件的结构,提高软件的清晰性、可扩展性和可重用性而对其进行的改造。简言之,重构就是改进已经写好的软件的设计。这说明了代码重构的前提是寻找到代码坏味。由此可见,代码坏味在软件重构中扮演着至关重要的角色。

在系统中确定重构的位置对于识别不良设计的区域是一个相当大的挑战。这些不良设计的区域在代码中被称为 bad smell 或 stinks。由此可见,这个领域与人类直觉更相关,而非精确的科学,依赖于开发人员的经验来识别这些“糟糕的气味”。但是,如果不了解何时需要应用重构,那么重构本身不会带来任何好处。为了让软件开发人员更容易确定某些软件是否需要重构,福勒等人于 2000 年列出了一些代码坏味。代码坏味是指示出现问题的任何症状。它通常表示需要重构代码或重新检查整体设计。

下面给出代码坏味的具体描述:

(1) 过长的方法。它很难理解、改变或扩展。其主要表现为方法的代码行数过多。

(2) 过大的类。这意味着一个类试图做太多的事。这样的类有过多的实例变量或方法,重复的代码也大量存在。

(3) 基本类型偏执。指程序员过于坚持使用基本类型而不是创建实现必要功能的单独的类。

(4) 过长的参数列表。参数列表太长时很难理解。

(5) 数据团。程序中具有经常一起出现的数据项。通常,在许多地方看到相同的 3 个或 4 个数据项。删除一组数据中的一个数据项就意味着剩下的数据项失去意义。

(6) 滥用 switch 语句。对于 switch 语句,如果要为它添加一个新的 case 子句,就必须找到所有 switch 语句并修改它们。大多数时候,switch 语句应该以多态性替换。

(7) 令人迷惑的临时字段。临时字段仅在某些情况下用于设置实例变量的对象。这可能使代码难以理解。

(8) 被拒绝的馈赠(refused bequest)。指子类不完全支持它继承的所有方法或数据。当类拒绝实现接口时,就存在坏味。

(9) 有不同接口的可替代的类。这意味着一个类可以使用两个替代类进行操作,但这些替代类的接口是不同的。

(10) 平行继承体系。其中存在两个并行的类层次结构,并且必须扩展这两个层次结构,具体表现为每次创建一个类的子类时,还必须创建另一个类的子类。

(11) 闲置的类。指一个类用处很少或者已经无用了。闲置的类不利于程序维护。

(12) 数据类。是一个包含数据的类,是单纯的数据持有者,但几乎没有任何逻辑。这是一个不好的现象,因为类应包含数据和逻辑。

(13) 重复代码。按照福勒的观点,重复代码是最糟糕的坏味。应该删除所有重复的代码。

（14）过度耦合的消息链。这意味着以下情况：一个类询问一个对象，再通过该对象询问另一个对象，有时会发生多次这样的传递。这违反了高内聚、低耦合的软件设计原则。

（15）特征依恋（feature envy）。这是一种方法级代码坏味，当一个方法使用的数据远远多于它所在的类实际拥有的数据时，会出现这种坏味。

近年来，通过机器学习和深度学习技术对代码坏味进行检测比较成功，在准确度与查全率上有了大幅度提升。本节介绍一种基于神经网络的代码坏味检测方法，根据数据集中的标签信息进行有监督深度学习，进而构建代码坏味的真假阳性预测模型。

14.2.2　代码坏味研究现状

过去关于代码坏味检测的工作主要可分为两大类。一是基于规则的方法；二是基于度量的机器学习方法。

基于规则的方法比较复杂，因为它们使用的信息来源（例如命名规则、结构规则甚至软件版本历史）多于基于度量的机器学习方法。章晓芳等人考虑到代码坏味与软件演化中的源文件操作的关系，探究了包含坏味的文件在软件版本历史中的不同特征。他们的研究表明，存在着几种特定的坏味，对文件的修改产生了显著的影响。另外，基于规则的方法依赖于人工创建的规则。例如，DECOR要求规则以特定语言的形式指定，并且此过程必须由领域专家和工程师完成。然而，基于度量的机器学习方法是否比基于规则的方法需要更少的人工干预是不明确的，这个问题取决于两个因素：①基于规则的方法需要多么复杂的规则；②基于度量的机器学习方法需要多少训练样本。然而，基于度量的机器学习方法仍然有明显的优点：它可以减轻开发人员的工作压力。基于规则的方法要求工程师创建定义每种坏味的特定规则；而在基于度量的机器学习方法中，规则的创建由机器学习算法完成，工程师仅提供一段代码是否有坏味的信息即可。

研究者提出了一些基于各类机器学习技术的代码坏味检测方法。Kreimer提出了一种自适应检测方法，该方法将度量与学习决策树相结合，可以发现有设计缺陷的过大的类和过长的方法，并且在两个软件系统——IYC系统和WEKA工具上进行了分析。由于该方法适用于特定的场景，而其识别不同的代码坏味的能力会因为度量规则而存在差异。Khomh等人提出了BDTEX方法，这是一种目标问题度量方法，用于根据反模式的定义构建贝叶斯信任网络，并在两个开源程序上使用Blob反模式、功能分解和Spaghetti Code反模式验证BDTEX。Maiga等人利用一种基于支持向量机的检测方法在3个开源程序中进行反模式检测，该方法能使F1值达到80%左右，但是其准确度普遍偏低。Yang等人通过在克隆代码上应用机器学习算法研究开发人员对代码坏味的判断。Palomba等人提出了一种基于信息检索技术，利用程序中的文本信息进行坏味检测的方法。Fontana等人将几种常见的机器学习算法应用在各类代码坏味检测上，在实验中对代码坏味进行了检测，并总结了几种表现较好的机器学习算法，分别是J48算法、随机森林算法以及贝叶斯网络算法。但是在基于机器学习算法的代码坏味检测中，数据集包含的有坏味与无坏味实例的度量分布是不同的，实例的选择可能会导致机器学习算法对坏味检测的性能下降。刘丽倩等人将决策树算法与代价敏感学习理论相结合，针对数据不平衡对机器学习算法的影响，对过长方法坏味进行了检测，研究表明，该方法提高了过长方法坏味的检测的查准率和查全率。卜依凡等人将代码中的文本信息和软件度量相结合，以一种基于深度学习技术的方法对上帝类(God class，即过长的类)进行检测，实际验证了他们所提出的方法，在上帝类检测的总体表现上优于代码坏味检测工具JDeodorant，尤其是在查全率上优势明显。

14.2.3 代码坏味公开数据集

方塔纳等人对属于Qualitas Corpus语料库的74个软件系统进行了分析，得到了包括4种代码坏味类型的坏味数据集，该数据集可以在http://essere.disco.unimib.it/reverse/MLCSD.html下载。表14.1是对4种代码坏味类型的描述。该数据集的结构为：每一行代表一个代码坏味实例，每一列代表实例的度量特征，最后一列为标签信息。该数据集将度量特征以及标签信息转换为向量表示。

表14.1 代码坏味描述

代码坏味类型	描　述
数据类	类中只提供公开成员变量或操作函数
上帝类	类中存在大量的属性和方法
过长方法	方法中存在大量的函数
特征依恋	方法中大量使用其他类中的成员

度量特征指的是软件规模度量、内聚度度量和耦合度度量，具体包括访问外部数据个数(ATFD)、属性访问的位置(LAA)、提供外部数据个数(FDP)、代码总行数(LOC)、方法数(NOM)和属性数(NOA)。

在该数据集中，使用浮点数序列对有代码坏味和无代码坏味实例的度量特征用编码表示，其中，0代表某度量特征不是代码坏味影响因素，纯小数值代表某度量特征是代码坏味的影响因素。该数据集是CSV格式，包括4个文件：feature-envy.csv(特征依恋)、god-class.csv(上帝类)、long-method.csv(过长方法)、data-class.csv(数据类)。

14.3 基于神经网络算法的代码坏味检测

14.3.1 准备数据

【例14.1】 导入数据集。

代码如下：

```
import numpy as np
import pandas as pd
dataset = pd.read_csv('feature-envy.csv')
#导入数据集之后,需要对数据集的输入格式进行预处理,以下是预处理代码
```

```
x = dataset.iloc[:,5:88]
y = dataset.iloc[:,87]
print(x.head(5))
print(y.head(3))
from sklearn import preprocessing
#获得第一列信息
names = dataset.columns
#创建 scaler 对象
scaler = preprocessing.StandardScaler()
```

x=dataset.iloc[:,5:88]和 y=dataset.iloc[:,87]用于获取数据集中指定区间的数据,因为通过观察,feature-envy.csv(特征依恋)和 long-method.csv(长方法)的数据集中总共包含 88 列,其中前 5 列是存在坏味类型的代码中的项目名称和类的名称,在神经网络算法的输入中不需要对此信息进行分析,第 6~87 列为度量特征信息,88 列为标签信息。god-class.csv(上帝类)和 data-class.csv(数据类)的数据集预处理方式与之类似。最后使用 Python 提供的功能强大的 NumPy 和 Pandas 库对数据进行存取与清洗。

【例 14.2】 划分数据集,形成训练集和测试集。

代码如下:

```
from sklearn.model_selection import train_test_split
x_train, x_test, y_train, y_test=train_test_split(x, y, test_size=0.3)
```

使用 sklearn 中的 sklearn.model_selection.train_test_split 模块制作训练数据和测试数据。

x、y 代表分割对象同样长度的列表或者 NumPy 矩阵。test_size=0.3 代表测试集占据的比例为 30%。如果指定整数,则整数的大小必须在这个数据集的数据个数范围内。

14.3.2 构建神经网络

输入数据是向量,而标签是标量(1 和 0)。有一类神经网络在这种问题上表现很好,就是带有 relu 激活函数的全连接层(Dense)的简单堆叠,例如 Dense(16, activation='relu')传入 Dense 层的参数(16)是该层隐藏单元(hidden unit)的个数。一个隐藏单元是该层表示空间的一个维度,每个带有 relu 激活函数的 Dense 层都实现了下列运算:

$$\text{output}=\text{relu}(\text{dot}(\boldsymbol{W},\text{input})+\boldsymbol{b})$$

16 个隐藏单元对应的权重矩阵 $\boldsymbol{W}$ 的维数为 input_dimension×16,与 $\boldsymbol{W}$ 进行点积运算相当于将输入数据投影到 16 维表示空间中(然后再加上偏置向量 $\boldsymbol{b}$ 并应用 relu 运算)。对于这种 Dense 层的堆叠,需要确定网络有多少层以及每层有多少个隐藏单元。

本例中的神经网络有两个中间层,每层都有 16 个隐藏单元。第三层输出一个标量,预测是否存在代码坏味。

中间层使用 relu 函数作为激活函数;最后一层使用 sigmoid 函数作为激活函数,以输出一个 0~1 的概率值(表示样本的目标值等于 1 的可能性,即预测代码坏味为正的可能性)。relu 函数将所有负值归零,而 sigmoid 函数则将任意值压缩到[0, 1]区间内,其输出值可以看作概率值。

【例 14.3】 使用 Keras 构建模型框架。

代码如下：

```
from keras import Sequential
from keras.layers import Dense
classifier = Sequential()
#输入层
classifier.add(Dense(4, activation='relu', kernel_initializer='random_normal',
input_dim=8))
#隐藏层
classifier.add(Dense(4,activation='relu',kernel_initializer='random_normal'))
#输出层
classifier.add(Dense(1, activation='sigmoid', kernel_initializer='random_
normal'))
```

如果没有 relu 等激活函数(也叫非线性函数),Dense 层将只包含两个线性运算——点积和加法。这样,Dense 层就只能学习输入数据的线性变换,该层的假设空间是从输入数据到 8 位空间所有可能的线性变换集合。这种假设空间非常有限,无法利用多个表示层的优势,因为多个线性层堆叠实现的仍是线性运算,添加层数并不会扩展假设空间。为了得到更丰富的假设空间,从而充分利用多个表示层的优势,需要在 Dense 层添加激活函数。relu 函数是深度学习中最常用的激活函数,还有许多其他函数可选,例如 prelu 函数、elu 函数等。

下面的步骤是用 adam 优化器和 binary_crossentropy 损失函数来配置模型,同时在训练过程中监控精度。

```
classifier.compile(optimizer='adam',loss='binary_crossentropy', metrics=
['accuracy'])
```

上述代码将优化器、损失函数和指标作为字符串传入,这是因为 adam、binary_crossentropy 和 accuracy 都是 Keras 内置的一部分。有时可能需要配置自定义优化器的参数,或者传入自定义的损失函数或指标函数,前者可通过向 optimizer 参数传入一个优化器类实例来实现,后者可通过向 loss 和 metrics 参数传入函数对象来实现。本节根据实验结果选择 adam 作为优化器,它对代码坏味类型的分类效果较优。在二分类问题中还可以选择 RMSProp 算法作为优化器,但是需要针对特殊问题根据实验结果进行选取。

【例 14.4】 使用 optimizer 参数传入优化器配置模型。

代码如下：

```
from keras import optimizers
classifier.compile(optimizer='adam',
                   loss='binary_crossentropy',
                   metrics=['accuracy'])
```

【例 14.5】 使用 loss 和 metrics 参数传入函数对象配置模型。

代码如下：

```
from keras import losses
from keras import metrics
#设置优化器和损失函数
classifier.compile(optimizer='adam',
                   loss=losses.binary_crossentropy,
                   metrics=[metrics.binary_accuracy])
```

14.3.3 训练模型

为了在训练过程中监控模型在新的数据上的测试准确度，需要将原始训练数据的一部分样本作为测试集。

现在使用由 10 个样本组成的小规模训练集，让模型训练 500 个轮次（即对 x_train 和 y_train 中的所有样本进行 500 轮迭代）。

【例 14.6】 配置测试模型数据。

代码如下：

```
classifier.compile(optimizer ='adam',
                   loss='binary_crossentropy',
                   metrics =['accuracy'])
classifier.fit(X_train,y_train, batch_size=10, epochs=500)
```

运行程序，每轮结束时会有短暂的停顿，因为模型要计算在训练集的样本上的损失和准确度。在代码中调用 classifier.fit 返回一个 History 类的对象 history，它是一个字典，包含训练过程中的所有数据。

【例 14.7】 查看训练数据。

代码如下：

```
#在 model.fit 训练完以后，返回了一个名为 history 的对象，它保存了训练过程中的所有数据
history_dict = history.history
history_dict.keys()
dict_keys(['val_acc', 'acc', 'val_loss', 'loss'])
```

在 history 字典中包含 4 个条目，对应训练过程和验证过程中监控的指标。

下面使用 Matplotlib 在同一张图上绘制训练准确度以及测试准确度的图形。

【例 14.8】 绘制训练准确度和测试准确度的图形。

代码如下：

```
import matplotlib.pyplot as plt
train_log=classifier.fit(x_train,y_train, batch_size=10, epochs=500)
test_log=classifier.fit(x_test,y_test, batch_size=10, epochs=500)
#绘制图形，使用自带的样式进行美化
plt.style.use("ggplot")
```

```
plt.figure()
#记录训练过程
plt.plot(np.arange(0,500),train_log.history["acc"],label="train_acc",color="g")
plt.plot(np.arange(0,500),train_log.history["loss"],label="train_loss",
color="r")
#记录测试过程
plt.plot(np.arange(0,500),test_log.history["acc"],label="test_acc",color="b")
plt.plot(np.arange(0,500),test_log.history["loss"],label="test_loss",color="y")
#设置标题
plt.title("Training Loss and Accuracy on BPNN classifier")
#以迭代轮数为横坐标
plt.xlabel("迭代轮数")
#以准确度为纵坐标
plt.ylabel("准确度")
#loc参数设置图例显示位置
plt.legend(loc="upper right")
#保存图形
plt.savefig("Loss_Accuracy_alexnet_{:d}e.png".format(500))
```

4 个数据集的训练准确度和测试准确度的图形如图 14.1～图 14.4 所示。

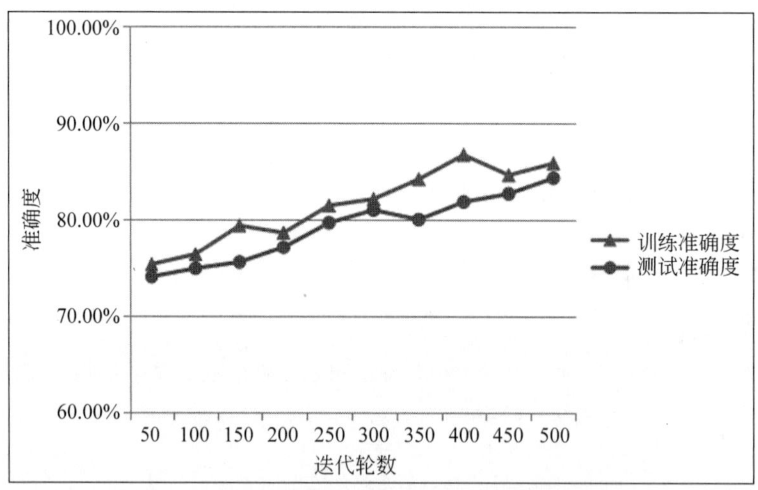

图 14.1　特征依恋训练准确度与测试准确度的图形

由图 14.1～图 14.4 可知，训练损失每轮都在降低，训练准确度每轮都在提升，迭代轮数为 400～500 时训练准确度和测试准确度趋于稳定并达到最优。

【例 14.9】 评估模型。

代码如下：

```
classifier = Sequential()
classifier.add(Dense(16,activation='relu',kernel_initializer='random_normal',
input_dim=83))
```

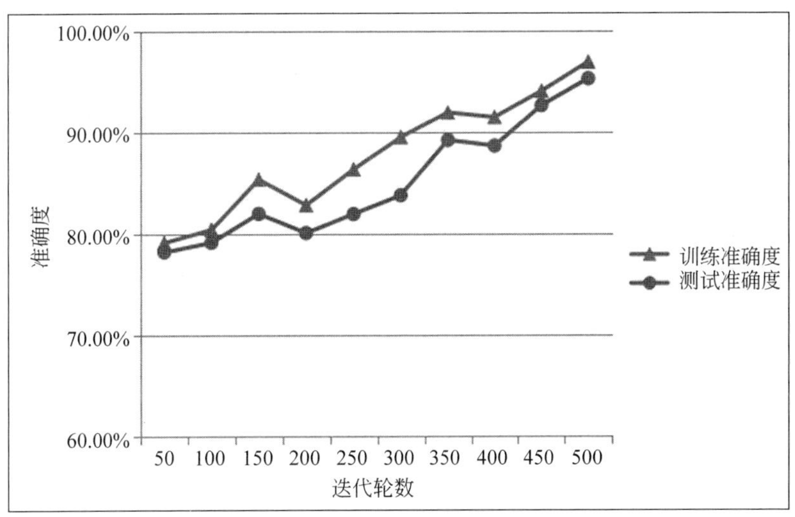

图 14.2　过长方法训练准确度与测试准确度的图形

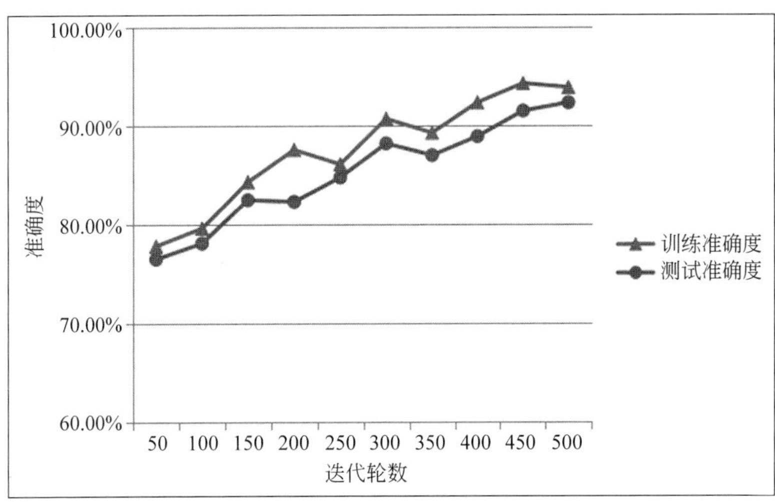

图 14.3　上帝类训练准确度与测试准确度的图形

```
classifier.add(Dense(16,activation='relu',kernel_initializer='random_normal'))
classifier.add(Dense(1, activation='sigmoid', kernel_initializer='random_
normal'))
#编译模型,设置参数,利用 adam 优化器计算更新步长
classifier.compile(optimizer='adam',loss='binary_crossentropy',metrics=
['accuracy'])
#批处理参数的极限值为训练集的样本总数,训练神经网络,迭代轮数设置为 500
classifier.fit(x_train,y_train, batch_size=10, epochs=500)
#评估模型
eval_model=classifier.evaluate(x_train,y_train)results=classifier
.evaluate(x_test, y_test)
```

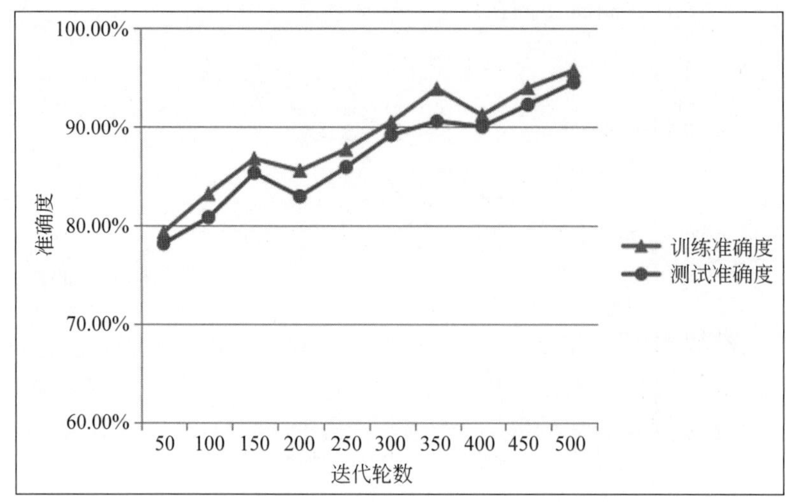

图 14.4　数据类训练准确度与测试准确度的图形

14.3.4　生成预测结果

训练好神经网络之后，可以用 predict 方法得到代码坏味为正的可能性大小，并以混淆矩阵和准确率两个评价指标对模型进行评估。

【例 14.10】 生成预测结果。

代码如下：

```
classifier.fit(x_train,y_train, batch_size=10, epochs=500)
eval_model=classifier.evaluate(x_train, y_train)
y_pred=classifier.predict(x_test)
#混淆矩阵
from sklearn.metrics import confusion_matrix
cm = confusion_matrix(y_test, y_pred)
print(cm)
#准确率
from sklearn.metrics import accuracy_score
print("accuracy:",accuracy_score(y_test,y_pred))
```

以特征依恋数据集为例，预测结果如图 14.5 所示。其余 3 种代码坏味数据集也可以用以上方法进行训练，只需要在数据准备阶段更改 CSV 文件的名字，并对神经网络结构中的神经元节点参数进行调整即可。

```
Epoch 500/500
70/70 [==============================] - 0s 84us/step - loss: 0.0591 - acc: 0.9714
161/161 [==============================] - 0s 311us/step
[[58  0]
 [ 1 11]]
accuracy: 0.9857142857142858
```

图 14.5　特征依恋数据集的混淆矩阵与准确率评价指标

从图 14.5 中可以看出，神经网络模型对特征依恋的代码坏味类型的检测准确率达到 98.57%，说明该模型对代码坏味分类效果表现较为优秀，也体现了神经网络算法解决分类问题的能力较为强大。

14.4　思考与练习

代码坏味的检测已经受到越来越多的关注，因为其对程序的质量具有重要的影响。实验结果证明，基于 BP 神经网络的代码坏味检测模型是可行的，对特征依恋的代码坏味检测准确率达到 98.57%。对于二分类问题，完全随机的分类器通常能够达到 50%的准确率；但在本章的例子中，完全随机的分类器的准确率约为 19%。还可以利用此类神经网络分类器对其他类型的代码坏味进行检测。神经网络模型在软件工程领域的相关项目源代码检测中具有一定的实用价值和辅助作用，为进一步的代码坏味检测研究提供了另一种思路。

对于利用神经网络模型预测代码坏味的研究依然存在很多不足之处。实际上，在代码坏味检测中，数据集中的正样本数量与负样本数量很不平衡，往往负样本数量远远少于正样本数量。为避免数据集中存在的正负样本不平衡性，影响预测的准确性，在很多时候，人们往往手动选取数据集的正负样本数量，以使数据集中的正负样本数量达到平衡。在这种情况下，对数据集的处理会耗费大量的人力，并且得到的数据集难以反映实际需要检测的正确类别。

结合以上分析，未来可以利用基于深度学习技术的生成式对抗神经网络（Generative Adversarial Networks，GAN）针对数据集的正负样本数量不平衡问题展开代码坏味检测的进一步研究，并利用自动化方法生成数据集，以解决数据集的正负样本数量不平衡的问题。大家可以考虑如何实现这项工作。

参 考 文 献

[1] Han J W，Kamber M，Pei J.数据挖掘：概念与技术[M]. 范明，孟晓峰，译. 3 版. 北京：机械工业出版社，2012.

[2] 张良均，谭立云，刘名军，等. Python 数据分析与挖掘实战[M]. 2 版. 北京：机械工业出版社，2019.

[3] 周志华. 机器学习[M]. 北京：清华大学出版社，2016.

[4] Witten I H. 数据挖掘：实用机器学习工具与技术(英文版)[M]. 3 版. 北京：机械工业出版社，2014.

[5] 方巍. Python 数据挖掘与机器学习实战[M]. 北京：机械工业出版社，2019.

[6] McKinney W. 利用 Python 进行数据分析[M]. 徐敬一，译. 2 版. 北京：机械工业出版社，2018.

[7] Nelli F. Python 数据分析实战[M]. 杜春晓，译. 2 版. 北京：人民邮电出版社，2019.

[8] 刘顺祥. 从零开始学 Python 数据分析与挖掘[M]. 北京：清华大学出版社，2018.